网络空间安全学科系列教材

第2版

信息安全数学基础

Essential Mathematics of Information Security

贾春福 李瑞琪 袁科 ◎编著

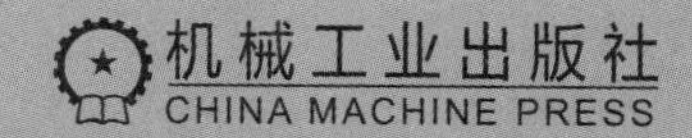

图书在版编目（CIP）数据

信息安全数学基础 / 贾春福，李瑞琪，袁科编著．—2 版．—北京：机械工业出版社，2022.11
网络空间安全学科系列教材
ISBN 978-7-111-71994-6

I. ①信… II. ①贾… ②李… ③袁… III. ①信息安全 - 应用数学 - 教材 IV. ① TP309

中国版本图书馆 CIP 数据核字（2022）第 209188 号

本书系统地介绍了信息安全理论与技术所涉及的数论、代数、椭圆曲线等数学理论基础．内容包括：数论基础，涉及整除、同余、原根与指数以及数论的应用等内容；代数系统，涉及群、环、域的概念，以及有限域理论；椭圆曲线，涉及椭圆曲线的算术理论，包括椭圆曲线与 Weierstrass 方程、椭圆曲线上的群结构、有限域上的椭圆曲线等内容；密码学中的数学问题，涉及书中数学知识在密码学中的应用问题．书中节末配有适量习题，以供学生学习和复习巩固书中所学内容．

本书适合作为高等学校信息安全、网络空间安全和密码科学与技术专业本科生的教材，也适合计算机科学与技术和通信工程等专业的研究生，以及相关领域的科研人员和技术人员参考．

出版发行：机械工业出版社（北京市西城区百万庄大街 22 号　邮政编码：100037）
责任编辑：曲　熠　　　责任校对：张爱妮　李　婷
责任印制：李　昂
印　　刷：河北鹏盛贤印刷有限公司　　　版　　次：2023 年 3 月第 2 版第 1 次印刷
开　　本：185mm×260mm　1/16　　　印　　张：15.25
书　　号：ISBN 978-7-111-71994-6　　　定　　价：59.00 元

客服电话：(010) 88361066　68326294

第2版前言

“信息安全数学基础”是本科信息安全、网络空间安全、密码科学与技术的专业基础课程之一，是进一步深入学习网络空间安全理论与技术、密码技术的重要基础．本书是南开大学信息安全专业和密码科学与技术专业“信息安全数学基础”课程的教材，在上一版的基础上，针对网络空间安全理论与技术的新进展所需的数学知识，综合考虑教学过程中的实际要求和遇到的问题做了修订和调整．

在上一版中，代数系统部分(第8章，域)的难度偏高，本科生接受起来稍显困难．而且，书中数学知识的相关应用内容较少，使得此课程与后继课程的关联性不足，学生不能很好地把握所学知识的应用前景．为此，一方面，我们对上一版中群、环、域部分的内容次序进行了适当调整，并且为了满足密码科学与技术专业的需求，增加了有限域的内容；另一方面，增加了第9章，用于介绍所学数学知识在密码学中的应用．此外，我们删除了上一版中的第1章(预备知识)，将相关内容适当地调整至相关的章节内．而且，我们还将教学过程中积累的部分精选习题补充到各章习题中，帮助学生理解和掌握所学知识并进行能力拓展．

全书分为4个部分，共包括9章内容：

- 数论基础部分(第1～4章)，介绍数论的基础内容，包括整除、同余、同余方程、原根与指数以及数论的应用等内容．
- 代数系统部分(第5～7章)，介绍群、环、域的概念和知识，以及有限域理论．
- 椭圆曲线部分(第8章)，介绍椭圆曲线的算术理论，包括Weierstrass方程与椭圆曲线、椭圆曲线上的群结构、有限域上的椭圆曲线等内容．
- 密码学中的数学问题部分(第9章)，主要介绍书中数学知识在密码学中的应用问题．需要特别说明的是，这一章在内容组织方面涵盖密码算法涉及的多个数学问题，在内容表述方面浅显易懂，利用简单的例子，让读者通过手动推演就能理解问题的实质．

本书适合高等学校信息安全、网络空间安全和密码科学与技术专业的本科生作为教材使用，也适合计算机科学与技术和通信工程等专业的研究生，以及相关领域的科研人员和技术人员作为参考书使用．

本书由贾春福、李瑞琪、袁科编著，钟安鸣参与了第8、9章的编写．本书经过多年的完善逐渐形成，参与本书之前版本编写的包括赵源超(天津理工大学)、杨骏(现于哈佛大学从事博士后研究工作)和高敏芬(南开大学)．

在编写过程中，机械工业出版社的编辑给予了大力支持和帮助，在此深表感谢．

编者

2022年10月于南开园

第1版前言

计算机和网络技术的飞速发展与广泛应用，极大地促进了社会的发展，也彻底改变了人们的生活和工作方式．与此同时，网络与信息安全问题也更多地受到关注，网络空间安全理论与技术已经成为当前重要的研究领域之一，网络空间安全专门人才的培养受到了社会的空前重视．

“信息安全数学基础”是信息安全本科专业的基础课之一，对网络空间安全理论与技术(特别是网络空间安全的核心技术——密码技术)的深入学习具有重要的意义．本书是在南开大学信息安全专业“信息安全数学基础”课程授课讲义的基础上整理而成的．

全书分为4部分，共包括9章内容：

- 第一部分：预备知识(第1章)，介绍书中后续章节所涉及的基本概念和基础知识，包括集合、关系、函数、映射与势以及拓扑空间等．
- 第二部分：数论基础(第2～5章)，介绍数论的基本内容，包括整除(整数的因子分解)、同余、原根与指数、二次剩余以及数论的应用等内容．
- 第三部分：抽象代数基础(第6～8章)，介绍群、环、域的概念和知识，以及初等伽罗瓦理论和有限域理论．
- 第四部分：椭圆曲线(第9章)，介绍椭圆曲线的算术理论，包括仿射空间和射影空间、Weierstrass方程与椭圆曲线、椭圆曲线上的群结构、有限域上的椭圆曲线和椭圆曲线上的离散对数等内容．

书中每节末都配有适量的习题，供学生在复习和巩固书中所学内容时使用．习题包括A、B两组：A组主要用于巩固学生在课堂上所学的内容和知识，B组主要用于拓展学生的知识和技能．

本书依据《高等学校信息安全专业指导性专业规范》(清华大学出版社，2014)中关于“信息安全数学基础”的相关教学要求选取内容，并将编者多年积累的实际教学经验融入其中，力求知识系统化，能较好地覆盖网络空间安全领域所涉及的数学基础知识．书中全面涵盖相关基础知识，对其中的数学结论都给出了详细的证明，书中所配的习题着力于帮助学生巩固所学的内容和拓展能力．本书适合高等学校信息安全、计算机科学技术和通信工程等专业的本科生和研究生使用，也可供相关领域的科研人员和技术人员参考．

本书由贾春福、钟安鸣和杨骏编写．高敏芬老师、李瑞琪、梁爽、吕童童、田美琦、程晓阳和郑万通等参与了书稿的阅读和校对．由于时间仓促，书中难免有疏漏和不当之处，敬请读者批评指正．

编者

2016年10月于南开园

教学建议

教学章节	教学要求	课时
第 1 章 整除	• 掌握整除和带余除法的概念与性质，以及相关的计算方法和应用 • 掌握最大公因子和辗转相除的概念与性质，以及相关的计算方法和应用 • 了解连分数的概念与性质，以及连分数在 RSA 的 Wiener 攻击中的应用 • 了解完全数、梅森素数和费马素数的概念与相关性质	4
第 2 章 同余	• 掌握同余的概念与性质，以及相关的计算方法 • 掌握剩余类和剩余系的概念与性质，以及相关的计算方法 • 掌握欧拉定理和费马小定理及其相关的应用 • 掌握扩展欧几里得算法和威尔逊定理及其相关的应用	6
第 3 章 同余方程	• 掌握线性同余方程、线性同余方程组和中国剩余定理的概念与性质，以及相应的求解方法 • 掌握二次剩余的概念与性质，以及相关的计算方法和应用 • 掌握勒让德符号和雅可比符号的概念与性质，以及相关的应用 • 了解高次同余方程的概念与性质，以及方程的求解方法	6
第 4 章 原根与指数	• 掌握次数的概念与性质，以及相关的计算方法和应用 • 掌握原根的概念与性质，以及相关的计算方法和应用 • 掌握指数和高次剩余的概念与性质，以及相关的计算方法和应用	6
第 5 章 群	• 掌握群的概念与性质 • 掌握陪集、商群等概念及其性质 • 掌握同态和同构的概念及应用，特别是同态基本定理的应用 • 掌握循环群和置换群的概念与性质，了解循环群和置换群在编码与密码学等领域中的应用	10
第 6 章 环与域	• 掌握环和域的概念与性质 • 掌握子环、理想和商环的概念、性质及应用 • 掌握 3 类重要的环——唯一析因环、主理想整环和欧几里得环——的概念、性质及应用 • 掌握多项式环的概念、性质及应用 • 掌握素理想和极大理想的概念、性质及应用	10
第 7 章 有限域	• 理解域扩张的概念与性质 • 掌握有限域的性质及应用 • 掌握基的概念及应用 • 理解有限域上的多项式分解、不可约多项式的概念和方法	10

（续）

教学章节	教学要求	课时
第 8 章 椭圆曲线	• 理解仿射空间与射影空间的概念 • 掌握 Weierstrass 方程与椭圆曲线的概念与性质 • 掌握椭圆曲线上的群结构及应用 • 掌握 $GF(p)$上的椭圆曲线的概念与应用 • 掌握 $GF(2^m)$上的椭圆曲线的概念与应用	6
第 9 章 密码学中的 数学问题	• 理解整数分解及应用 • 理解素性检验及应用 • 理解 RSA 问题与强 RSA 问题 • 理解二次剩余在密码学中的应用 • 理解离散对数问题 • 理解双线性对在密码学中的应用	4

说明：

1. 全书共计 62 课时，其中第 1～4 章和第 8 章每章包括 1～2 课时习题课，第 5～7 章每章包括 2～3 课时习题课．
2. 第 9 章建议以知识拓展、学生探究等自主学习方式组织教学．
3. 课时不充足时，第 7 章和第 9 章可以选学．
4. 书中标记 * 的章节为扩展内容，读者可根据具体情况选择阅读．

目 录

Chapter 1

第1章 整除

本章我们主要介绍数论理论中的整除．数论是关于整数性质的理论，在数学理论体系中占有独特的地位，它的许多问题在概念上很容易理解，但是解决起来却非常困难．数学家高斯曾经说过，“数学是科学的女王，数论是数学的女王”，这代表了许多年以来人们将数论看作纯粹的理论数学而不是应用数学的普遍观点．然而，正是这个数学领域，在当今的网络时代中发挥了巨大作用，它与编码理论、密码学等信息科学领域关系密切．

数论理论的重要基础是整除．在整数集合中，整除是一种重要的二元关系，相关的概念和性质包括素数、公因数与公倍数、辗转相除、算术基本定理等，这些概念和性质又是整数集合中另一种重要的二元关系——同余关系的基础．本章我们将对整数整除的相关概念和性质进行详细的介绍．另外，我们还会讨论连分数及其在公钥密码 RSA 攻击中的应用．最后，我们讨论对于密码学有重要价值的完全数、梅森素数和费马素数等概念．

学习本章之后，我们应该能够：

- 掌握整除和带余除法的概念与性质，以及相关的计算方法及应用；
- 掌握最大公因子和辗转相除的概念与性质，以及相关的计算方法及应用；
- 了解连分数的概念与性质及其在 RSA 的 Wiener 攻击中的应用；
- 了解完全数、梅森素数和费马素数的概念及相关性质.

1.1 整除与带余除法

在数集的表示中，我们通常用 $\mathbb{N}$ 表示正整数(自然数[㊀])集合，即 $\mathbb{N}=\{1,2,3,\cdots\}$；用 $\mathbb{Z}$ 表示整数集合，即 $\mathbb{Z}=\{\cdots,-3,-2,-1,0,1,2,3,\cdots\}$．我们知

㊀ 关于自然数的定义通常有两种，一种从 1 开始计数，一种从 0 开始计数，本书采用第一种。

道，两个整数的和、差、积仍然是整数，但如果我们用一个非零整数去除另一个整数，所得的商则不一定为整数．

定义 1.1.1 设 a，$b\in\mathbb{Z}$，$b\neq 0$. 如果存在 $q\in\mathbb{Z}$ 使得 $a=qb$，那么就称 a 可被 b **整除**或者称 b 整除 a，记为 $b|a$，且称 a 是 b 的**倍数**，b 是 a 的**因子**(也可称为**约数**或**除数**). 若 a 不能被 b 整除，则记为 $b\nmid a$.

需要注意的是，符号 $b|a$ 本身就包含了条件 $b\neq 0$，不过 $a=0$ 是允许的．同时，我们需要记住这个定义的关键在于整除关系是通过整数的乘法定义的，而不是通过除法定义的.

定义 1.1.2 若 b 为 a 的因子，且 $b\neq 1$，$b\neq a$，则称 b 为 a 的**真因子**.

例如，2 和 7 是 14 的真因子；而 1 和 14 虽然是 14 的因子，但不是其真因子．

定理 1.1.1 设 a，$b\in\mathbb{Z}$，则有

(1) $b|a\Leftrightarrow(-b)|a\Leftrightarrow b|(-a)\Leftrightarrow|b|\,\big|\,|a|$；

(2) 设 $a\neq 0$，如果 $b|a$，那么 $|b|\leqslant|a|$.

证明 (1) 可由以下各式两两等价推出：$a=qb$，$a=(-q)(-b)$，$-a=(-q)b$，$|a|=|q||b|$，其中 $q\in\mathbb{Z}$.

(2) 由(1)知 $|a|=|q||b|$. 当 $a\neq 0$ 时，$|q|\geqslant 1$. □

定理 1.1.2 设 a，b，$c\in\mathbb{Z}$，

(1) 若 $b|a$ 且 $c|b$，则 $c|a$；

(2) 若 $b|a$，则 $b|ac$；

(3) 设 $c\neq 0$，则 $b|a\Leftrightarrow bc|ac$；

(4) $b|a$ 且 $b|c\Leftrightarrow$ 对任意的 $m,n\in\mathbb{Z}$ 有 $b|(ma+nc)$.

证明 (1) 因为 $b|a$ 且 $c|b$，则存在整数 q_1 和 q_2 使得 $a=q_1b$，$b=q_2c$，从而推出 $a=(q_1q_2)c$.

(2) 因为 $b|a$，则存在整数 q 使得 $a=qb$，从而可得 $ac=(qc)b$.

(3) 由于 $c\neq 0$，故 $a=qb$ 与 $ac=q(bc)$ 等价，其中 q 为整数．

(4) 因为 $b|a$ 且 $b|c$，则存在整数 q_1 和 q_2 使得 $a=q_1b$，$c=q_2b$，从而可得

$$ma+nc=mq_1b+nq_2b=(mq_1+nq_2)b.$$

必要性得证．取 $m=1,n=0$ 及 $m=0$，$n=1$ 就可以推出充分性. □

我们可以将 $ma+nc(m,n\in\mathbb{Z})$形式的整数称为整数 a 和 c 的**整系数线性组合**．虽然在读者看来这一条也像前面几条那样直观，但是，下面的一些证明中会反复应用整除的这个性质，即如果一个整数整除另外两个整数，那么必然整除它们的任意整系数线性组合.

例 1.1.1 证明：若 $b|a$ 且 $a|b$，则 $b=\pm a$.

证明 因为 $b|a$ 且 $a|b$，则存在整数 q_1 和 q_2 使得

$$a=q_1b,\ b=q_2a,$$

可得 $a=q_1q_2a$. 由于 $a\neq 0$，所以 $q_1q_2=1$，$q_1=q_2=\pm 1$. 从而 $b=\pm a$. □

例 1.1.2 设 $a=2t-1$. 若 $a|2n$，则 $a|n$.

证明 由 $a|2n$ 可知 $a|2tn$，又因为 $a|an$，根据定理 1.1.2(4)，则 $a|(2tn-an)$. 由 $a=2t-1$ 可知 $2tn-an=2tn-2tn+n=n$. 代入即可得 $a|n$. □

例 1.1.3 设 a，b 是两个给定的非零整数，且有整数 x，y，使得 $ax+by=1$. 证明：若$a|n$且$b|n$，则 $ab|n$.

证明 由

$$n=n(ax+by)=(na)x+(nb)y,$$

又 $ab|na$，$ab|nb$，根据定理 1.1.2(4)即得. □

上面几个定理的证明中只需要利用整数的加法、减法和乘法的性质，这三个整数运算的结果都没有超出整数的范围，一旦我们考虑整数的除法，就需要用到整数的另一个性质，即所谓的良序原理.

良序原理 每一个由非负整数组成的非空集合 S 必定含有一个最小元素，也就是说，S 中存在一个元素 a，对任意一个非 0 整数 $b\in S$，都有 $a<b$ 成立.

很显然，良序原理符合我们对整数的直观感受和日常使用要求，但是这个原理是无法证明的，只能够作为公理给出，它是我们证明下面一些定理的关键基础和依据.

定理 1.1.3 设 a 和 b 为任意整数，$b>0$，则存在唯一的一对整数 q 和 r，使

$$a=qb+r,\quad 0\leqslant r<b. \tag{1.1.1}$$

其中 a 称为**被除数**，q 称为**商**，r 称为**余数**(或**非负最小剩余**).

证明 首先证明存在性. 令集合

$$S=\{a-xb\,|\,x\in\mathbb{Z}\text{ 且 }0\leqslant a-xb\}$$

这个集合是非负整数的集合，且不是空集：因为 $b\geqslant1$，所以$|a|b\geqslant|a|$. 那么，

$$a-(-|a|)b=a+|a|b\geqslant a+|a|\geqslant0,$$

即当 $x=-|a|$时，$a-xb\in S$. 根据良序原理，S 含有一个最小的元素 r，由集合 S 的定义可知，存在整数 q 满足

$$r=a-qb,\quad r\geqslant0.$$

我们也能够证明 $r<b$：因为如果 $r<b$ 不成立，则 $r\geqslant b$. 那么，

$$a-(q+1)b=(a-qb)-b=r-b\geqslant0.$$

所以 $a-(q+1)b\in S$. 但是 $a-(q+1)b=(a-qb)-b=r-b<r$，这与 r 是 S 的最小元素相矛盾，因此 $r<b$，存在性得证.

下面证明唯一性. 假设存在另一对整数 q_1 和 r_1 满足式(1.1.1)，即

$$a=q_1b+r_1,\quad 0\leqslant r_1<b. \tag{1.1.2}$$

设 $r<r_1$，则 $0<r_1-r<b$. 将式(1.1.1)和式(1.1.2)两式相减，可得$(q-q_1)b=r_1-r$，故 $b|(r_1-r)$. 这个结果与 $0<r_1-r<b$ 矛盾(由定理 1.1.1(2)可知). 同理如果设 $r_1<r$，结果也会推导出矛盾. 所以 $r=r_1$，进而可得 $q=q_1$，唯一性得证. □

这个定理也被称作带余除法. 如果 $b<0$，由于$-b>0$，这个定理意味着存在整数 q_1 与 r 使得 $a=q_1(-b)+r,0\leqslant r<-b$. 此时，令 $q=-q_1$，我们就能得到这个定理的推广，只要 $b\neq0$，就存在唯一的一对整数 q 和 r，使 $a=qb+r,0\leqslant r<|b|$.

显然，$b|a$ 的充要条件是 $r=0$. 需要注意的是 a 与$-a(a\neq0)$余数不同，但两个余数之和为$|b|$. 例如，如果用 7 去除 60 和-60，得到 $60=7\times8+4$ 和$-60=7\times(-9)+3$.

定义 1.1.3 设 $a,q,r\in\mathbb{Z}$，满足 $a=2q+r$，$0\leqslant r<2$. 若 $r=0$，称 a 为**偶数**；若 $r=1$，则称 a 为**奇数**.

定义 1.1.4　一个大于1的整数 p，若仅以1和自身 p 为其正因子，则称 p 为**素数**(或**质数**). 除1以外非素的正整数则称为**合数**(或**复合数**).

素数具有许多特殊而又美妙的性质，并且在数论科学的发展中起着十分重要的作用. 历史上的许多数学家都不禁为之倾倒. 下面介绍几个关于素数的基本定理.

定理 1.1.4　素数有无穷多个.

证明　用反证法. 假定只有有限个素数 $p_1, p_2, \cdots, p_k$，考虑 $a=p_1p_2\cdots p_k+1$. 由于 a 是合数，所以它必有素因子，不妨假定这个素因子为 $p_j(1\leqslant j\leqslant k)$，显然 $p_j\mid a$. 因为

$$a-p_1p_2\cdots p_k=1,$$

又 $p_j\mid p_1p_2\cdots p_k$，故 $p_j\mid 1$. 但是素数 $p_j\geqslant 2$，所以 $p_j\mid 1$ 是不可能的. 因此推出矛盾，假设错误. □

定理 1.1.5　对任意正整数 n，存在素数 p 满足 $n<p\leqslant n!+1$.

证明　考虑正整数 $a=n!+1$. 如果 a 是素数，则可取 $p=a$. 如果 a 是合数，则必有某个素因子 p 满足 $p\mid a$. 先假定 $p\leqslant n$，那么必有 $p\mid n!$，所以 $p\mid(a-n!)$，即 $p\mid 1$，出现了矛盾，因此 $p>n$. 定理得证. □

注意，该定理也同时证明了素数有无穷多个.

定理 1.1.6　如果整数 $n\geqslant 2$，那么在 $n!+2$ 与 $n!+n$ 之间必没有素数.

证明　由于 $n!$ 是从1到 n 的所有整数的连乘积，所以有

$$2\mid(n!+2),\ 3\mid(n!+3),\ \cdots,\ n\mid(n!+n).$$

定理得证. □

定理 1.1.7　若 n 为合数，则 n 必有素因子 p 满足 $p\leqslant\sqrt{n}$.

证明　不妨设 p 为 n 的最小素因子. 如果有 $n=rs$，其中 r 和 s 均为 n 的真因子，那么 $p\leqslant r$ 且 $p\leqslant s$. 所以 $p^2\leqslant rs=n$，即 $p\leqslant\sqrt{n}$. □

定理1.1.7给出了一种寻找素数的有效方法. 为了求出不超过给定正整数 $x(>1)$ 的所有素数，只要把从2到 x 的所有合数都删去即可. 因为不超过 x 的合数 a 必有一个素因子 $p\leqslant\sqrt{a}\leqslant\sqrt{x}$，所以只要先求出 $\sqrt{x}$ 以内的全部素数 $p_i(1\leqslant i\leqslant k$，其中 k 为 $\sqrt{x}$ 以内的素数个数)，然后把不超过 x 的 p_i 的倍数(p_i 本身除外)全部删去，剩下的就正好是不超过 x 的全部素数. 这种寻找素数的方法称为 Eratosthenes 筛法. 下面是一个具体的应用实例.

例 1.1.4　求出不超过64的所有素数.

解　先求出不超过 $\sqrt{64}=8$ 的全部素数，依次为2,3,5,7. 然后从2到64的所有整数中依次删去除2,3,5,7以外的2的倍数、3的倍数、5的倍数和7的倍数，剩下的即为所求. 具体过程如下所示.

2 3 ~~4~~ 5 ~~6~~ 7 ~~8~~ ~~9~~ ~~10~~ 11 ~~12~~ 13 ~~14~~ ~~15~~ ~~16~~
17 ~~18~~ 19 ~~20~~ ~~21~~ ~~22~~ 23 ~~24~~ ~~25~~ ~~26~~ ~~27~~ ~~28~~ 29 ~~30~~ 31 ~~32~~
~~33~~ ~~34~~ ~~35~~ ~~36~~ 37 ~~38~~ ~~39~~ ~~40~~ 41 ~~42~~ 43 ~~44~~ ~~45~~ ~~46~~ 47 ~~48~~
~~49~~ ~~50~~ ~~51~~ ~~52~~ 53 ~~54~~ ~~55~~ ~~56~~ ~~57~~ ~~58~~ 59 ~~60~~ 61 ~~62~~ ~~63~~ ~~64~~

可以看出，没有删去的数是

$$2,3,5,7,11,13,17,19,23,29,31,37,41,43,47,53,59,61.$$

它们就是不超过64的所有素数. □

习题

A 组

1. 证明若 $2|n$，$5|n$，$7|n$，那么 $70|n$.
2. 利用 Eratosthenes 筛法求出 500 内的全部素数.
3. 证明整数 $Q_n=n^3+1(n>1)$是合数.
4. 证明任意 3 个连续的正整数的乘积都能被 6 整除.
5. 证明每个奇数的平方都具有 $8k+1$ 的形式.

B 组

6. 证明若$(m-p)|(mn+pq)$，则$(m-p)|(mq+np)$.
7. 证明若 a 是整数，则 a^3-a 能被 3 整除.
8. 假设把所有的素数按从小到大排列，p_k表示第 k 个素数，证明素数 $p_n\leqslant p_1p_2\cdots p_{n-1}+1$ 对于所有的 $n\geqslant3$ 成立.
9. 对于任意给定的正整数 k，必有 k 个连续的正整数都是合数.
10. 编写程序求出 1 000 000 以内的所有素数.

1.2 最大公因子与辗转相除法

定义 1.2.1 设 $a_1,a_2,\cdots,a_n$ 是 n 个不全为零的整数. 若整数 d 是它们之中每一个数的因子，那么 d 就称为 $a_1,a_2,\cdots,a_n$ 的一个**公因子**. 在整数 $a_1,a_2,\cdots,a_n$ 的所有公因子中最大的一个称为**最大公因子**，记作$(a_1,a_2,\cdots,a_n)$或者 $\gcd(a_1,a_2,\cdots,a_n)$. 其中，若$(a_1,a_2,\cdots,a_n)=1$，我们称 $a_1,a_2,\cdots,a_n$ **互素**(或**互质**).

例如，12 和-18 的公因子为$\{\pm1,\pm2,\pm3,\pm6\}$，它们的最大公因子$(12,-18)=6$. 而$(12,-18,35)=1$，于是我们说 12、-18 和 35 这三个整数是互素的. 需要注意的是，符号$(a_1,a_2,\cdots,a_n)$本身就包含了条件 $a_1,a_2,\cdots,a_n$ 不全为零.

定理 1.2.1 设 a,b,c 是任意三个不全为零的整数，且 $a=bq+c$，其中 q 是整数，则$(a,b)=(b,c)$.

证明 因为$(a,b)|a$，$(a,b)|b$，又 $c=a-bq$，所以$(a,b)|c$，即(a,b)是 b 和 c 的公因子，因而$(a,b)\leqslant(b,c)$. 同理可证$(b,c)\leqslant(a,b)$，于是$(a,b)=(b,c)$. 定理得证. □

结合带余除法，我们可以得到这样的结论，即被除数与除数的最大公因子等于除数与余数的最大公因子.

由最大公因子的定义，我们不难得到$(a_1,a_2,\cdots,a_n)=(|a_1|,|a_2|,\cdots,|a_n|)$. 另外，若要求一组不全为零的整数的最大公因子，只要求出其中全体非零整数的最大公因子即可，因为它们是相等的. 因此，我们先讨论两个正整数的最大公因子的求法. 当然，我们可以运用最大公因子的定义，先分别求出这两个数的所有因子，再从中挑出它们的最大公因子. 在这两个数比较小的情况下，这种方法是可行的，但若这两个数相对较大，那么分解其因子是十分困难的，我们只能另想办法. 下面我们介绍**辗转相除法**，它可以很好地解决求两个正整数的最大公因子的问题，而且就目前来讲，这也是能在计算机上实现的解决此问题最好的算法. 这个算法也被称作**欧几里得算法**.

给定任意两个正整数 a 和 b，不妨设 $a\geqslant b$，由定理 1.1.3，有下列等式：

$$\begin{aligned} a &= bq_1 + r_1, \quad 0 < r_1 < b, \\ b &= r_1 q_2 + r_2, \quad 0 < r_2 < r_1, \\ &\vdots \\ r_{n-2} &= r_{n-1} q_n + r_n, \quad 0 < r_n < r_{n-1}, \\ r_{n-1} &= r_n q_{n+1} + r_{n+1}, \quad r_{n+1} = 0. \end{aligned} \tag{1.2.1}$$

因为 $b>r_1>r_2>\cdots>r_n>r_{n+1}=0$，所以经过有限步后，总可以得到一个余数是零，即式(1.2.1)中 $r_{n+1}=0$.

定理 1.2.2 若给定任意两个正整数 a 和 b，则 (a,b) 就是式(1.2.1)中最后一个不等于零的余数，即 $(a,b)=r_n$.

证明 由定理 1.2.1 可知

$$r_n=(0,r_n)=(r_n,r_{n-1})=\cdots=(r_2,r_1)=(r_1,b)=(a,b).$$

定理得证. □

定理 1.2.2 实际上给出了计算两个正整数最大公因子的算法，即著名的欧几里得算法，请读者自行编程实现.

定理 1.2.3 对任意两个正整数 a 和 b，一定存在两个整数 m 和 n，使得

$$(a,b)=ma+nb.$$

即 (a,b) 是 a 和 b 的整系数线性组合.

证明 由式(1.2.1)可知

$$r_n=r_{n-2}-r_{n-1}q_n,$$

即 r_n 是 r_{n-2} 和 r_{n-1} 的线性组合；将 $r_{n-1}=r_{n-3}-r_{n-2}q_{n-1}$ 代入得 $r_n=r_{n-2}(1+q_nq_{n-1})-r_{n-3}q_n$，即 r_n 是 r_{n-3} 和 r_{n-2} 的线性组合；再将 $r_{n-2}=r_{n-4}-r_{n-3}q_{n-2}$ 代入，那么 r_n 也是 r_{n-4} 和 r_{n-3} 的线性组合，如此继续下去，直到将式(1.2.1)中最开始的两个式子代入完毕，最终可得 r_n 也是 a 和 b 的线性组合，即存在两个整数 m 和 n，使得 $r_n=ma+nb$. 又根据定理 1.2.2 可知 $(a,b)=r_n$，定理得证. □

显然，定理 1.2.3 中 a 和 b 的取值可推广到全部整数范围.

例 1.2.1 设 $a=8\,656$, $b=-7\,780$，求 (a,b) 和整数 m,n，使 $ma+nb=(a,b)$.

解 $(a,b)=(8\,656,-7\,780)=(8\,656,7\,780)$. 运用辗转相除法，则有

$$\begin{aligned} 8\,656 &= 7\,780\times 1+876, \\ 7\,780 &= 876\times 8+772, \\ 876 &= 772\times 1+104, \\ 772 &= 104\times 7+44, \\ 104 &= 44\times 2+16, \\ 44 &= 16\times 2+12, \\ 16 &= 12\times 1+4, \\ 12 &= 4\times 3+0. \end{aligned}$$

因此，$(a,b)=4$. 再由

$$
\begin{aligned}
4 &= 16-12\times 1 && \text{初始步骤}\\
&= 16-(44-16\times 2) && \text{回代步骤}\\
&= 16\times 3-44 && \text{整理步骤}\\
&= (104-44\times 2)\times 3-44 && \text{回代步骤}\\
&= 104\times 3-44\times 7 && \text{整理步骤}\\
&= 104\times 3-(772-104\times 7)\times 7 && \text{回代步骤}\\
&= 104\times 52-772\times 7 && \text{整理步骤}\\
&= (876-772\times 1)\times 52-772\times 7 && \text{回代步骤}\\
&= 876\times 52-772\times 59 && \text{整理步骤}\\
&= 876\times 52-(7\,780-876\times 8)\times 59 && \text{回代步骤}\\
&= 876\times 524-7\,780\times 59 && \text{整理步骤}\\
&= (8\,656-7\,780\times 1)\times 524-7\,780\times 59 && \text{回代步骤}\\
&= 8\,656\times 524-7\,780\times 583 && \text{整理步骤}\\
&= 8\,656\times 524+(-7\,780)\times 583, && \text{规范步骤}
\end{aligned}
$$

因此，存在整数 $m=524$，$n=583$，使 $ma+nb=(a,b)$. □

从例 1.2.1 中，我们看到在求整数 m 和 n 时，初始步骤是将 $r_{n-2}=r_{n-1}q_n+r_n$ 写成 $r_n=r_{n-2}-r_{n-1}q_n$ 的形式，然后需要交替进行回代步骤和整理步骤直到 a 和 b 出现在等式的右边，最后的规范步骤是为了得到具有正确的正负号的 m 和 n，需要注意的是该步骤的关键在于，中间的符号必须为“+”.

定理 1.2.4 设整数 a,b,c 满足 $c|a$ 且 $c|b$，则 $c|(a,b)$.

证明 由定理 1.2.3 可知，存在两个整数 m,n，使得

$$(a,b)=ma+nb.$$

因为 $c|a$ 且 $c|b$，故 $c|(ma+nb)$，即 $c|(a,b)$(即公因子整除最大公因子). □

定理 1.2.5 设有整数 a,b,c，其中 $c>0$，则 $(ac,bc)=(a,b)c$.

证明 由定理 1.2.3 可知，存在两个整数 m,n 使得

$$(a,b)=ma+nb.$$

将等式左右两端同乘 c，得

$$(a,\ b)c=m(ac)+n(bc).$$

因为 $(ac,bc)\,|\,[m(ac)+n(bc)]$，所以 $(ac,bc)\,|\,(a,b)c$.

又显然有 $(a,b)c\,|\,ac$，$(a,b)c\,|\,bc$，由定理 1.2.4 可知 $(a,b)c\,|\,(ac,\ bc)$.

因此，$(ac,bc)=(a,b)c$. □

例 1.2.2 设 $a=16\times 2\,350$，$b=27\times 2\,350$，求 (a,b).

解 $(a,b)=(16,27)\times 2\,350=1\times 2\,350=2\,350$. □

例 1.2.3 证明：若整数 a,b,d 满足 $d|a,d|b$，则

$$\left(\frac{a}{d},\frac{b}{d}\right)=\frac{(a,b)}{|d|}.$$

特别地，$\left(\frac{a}{(a,b)},\frac{b}{(a,b)}\right)=1$.

证明 因为 $d|a$，$d|b$，则由定理 1.2.5 有

$$(a,b)=\left(\frac{a}{|d|}\cdot|d|,\frac{b}{|d|}\cdot|d|\right)$$

$$= \left(\frac{a}{|d|}, \frac{b}{|d|}\right)|d|$$
$$= \left(\frac{a}{d}, \frac{b}{d}\right)|d|,$$

所以$\left(\frac{a}{d}, \frac{b}{d}\right) = \frac{(a,b)}{|d|}$. 特别地，当$d=(a,b)$时，有

$$\left(\frac{a}{(a,b)}, \frac{b}{(a,b)}\right) = 1.$$ □

定理 1.2.6　整数a，b互素的充分必要条件是存在整数x,y，使得

$$xa + yb = 1.$$

证明　由互素的定义及定理 1.2.3，必要性显然得证．

再证明充分性．不妨设$d=(a,b)$，则$d|a$且$d|b$. 若存在整数x,y，使得

$$xa + yb = 1,$$

则有$d|(xa+yb)$，即$d|1$，所以$d=1$，a与b互素．充分性得证. □

定理 1.2.7　设有整数a,b,c，若$a|bc$且$(a,b)=1$，则$a|c$.

证明　若$c=0$，结论显然成立．下面不妨假定$c\neq 0$.

因为$(a,b)=1$，由定理 1.2.6 可知，存在整数m，n使得

$$ma+nb=1.$$

将等式左右两端同乘c，得

$$mac+nbc=c.$$

因为$a|ac,a|bc$，所以$a|(mac+nbc)$，即$a|c$. □

上文中我们讨论了两个整数的最大公因子的求解问题，那么对于两个以上的整数，我们如何才能求出其最大公因子呢?

定理 1.2.8　设$a_1,a_2,\cdots,a_n$是n个整数，其中$a_1\neq 0$. 令

$$(a_1,a_2) = d_2, (d_2,a_3) = d_3, \cdots, (d_{n-1},a_n) = d_n,$$

则

$$(a_1,a_2,\cdots,a_n) = d_n.$$

证明　由$d_n|a_n,d_n|d_{n-1},d_{n-1}|a_{n-1},d_{n-1}|d_{n-2}$，可知$d_n|a_{n-1},d_n|d_{n-2}$. 以此类推，可得

$$d_n|a_n, d_n|a_{n-1}, \cdots, d_n|a_1,$$

故d_n是$a_1,a_2,\cdots,a_n$的公因子．

不妨设d为$a_1,a_2,\cdots,a_n$的任意公因子．因为$d|a_1$，$d|a_2$，则由定理 1.2.4 有$d|d_2$，又因为$d|a_3$，则$d|d_3$. 以此类推，可得$d|d_n$. 故$d\leqslant d_n$.

根据最大公因子的定义，可知

$$(a_1,a_2,\cdots,a_n) = d_n.$$ □

例 1.2.4　计算(90,30,114,42,81).

解　因为

$$(90,30) = 30,$$
$$(30,114) = 6,$$
$$(6,42) = 6,$$
$$(6,81) = 3,$$

所以 $(90,30,114,42,81)=3$.

□

定义 1.2.2 设 $a_1,a_2,\cdots,a_n$ 是 n 个整数，若 m 是这 n 个数中每一个数的倍数，则 m 就称为这 n 个数的**公倍数**．在 $a_1,a_2,\cdots,a_n$ 的所有公倍数中最小的正整数称为**最小公倍数**，记作 $[a_1,a_2,\cdots,a_n]$，或者 $\mathrm{lcm}(a_1,a_2,\cdots,a_n)$.

例如，12 和 -18 的公倍数为 $\{\pm 36,\pm 72,\cdots\}$，它们的最小公倍数 $[12,-18]=36$. 由于任何正整数都不是零的倍数，故讨论整数的最小公倍数时，总假定这些整数都不为零．类似于最大公因子，我们有 $[a_1,a_2,\cdots,a_n]=[|a_1|,|a_2|,\cdots,|a_n|]$. 于是，我们先讨论两个正整数的最小公倍数的求法．

定理 1.2.9 设 a 和 b 为任意两个互素正整数，则其乘积即为最小公倍数．

证明 设 m 是 a 和 b 的任一公倍数，即 $a|m$，$b|m$. 则有 $m=ak$，即 $b|ak$，其中 k 为正整数．又 $(a,b)=1$，则 $b|k$. 于是存在正整数 t 使 $k=bt$，$m=abt$，即 $ab|m$，故 $ab\leqslant m$. 由于 ab 显然是 a 和 b 的公倍数，且不大于 a 和 b 的任一公倍数 m，所以它就是 a 和 b 的最小公倍数.

□

定理 1.2.10 设 a 和 b 为任意正整数，则

(1) 若 m 是 a 和 b 的任一公倍数，则 $[a,b]|m$；

(2) $[a,b]=\dfrac{ab}{(a,b)}$.

证明 设正整数 x 和 y 满足 $m=ax=by$，令 $a=a_1(a,b)$，$b=b_1(a,b)$，则 $a_1x=b_1y$. 因为 $(a_1,b_1)=1$，所以 $b_1|x$，即存在正整数 t 使 $x=b_1t$. 于是，我们有

$$m=ax=ab_1t=\frac{ab}{(a,b)}t.$$

根据定理 1.2.9，有 $[a_1,b_1]=a_1b_1$，即

$$\left[\frac{a}{(a,b)},\frac{b}{(a,b)}\right]=\frac{ab}{(a,b)^2}.$$

将等式两端同乘 (a,b)，得

$$[a,b]=\frac{ab}{(a,b)},$$

于是(2)得证．所以有 $m=[a,b]t$，即 $[a,b]|m$，(1)也得证.

□

现在我们开始讨论两个以上整数的最小公倍数，给出下面的定理．

定理 1.2.11 设 $a_1,a_2,\cdots,a_n$ 是 n 个整数，令

$$[a_1,a_2]=m_2,[m_2,a_3]=m_3,\cdots,[m_{n-1},a_n]=m_n,$$

则

$$[a_1,a_2,\cdots,a_n]=m_n.$$

证明 因为 $m_i|m_{i+1}(i=2,3,\cdots,n-1)$，且 $a_1|m_2,a_i|m_i(i=2,3,\cdots,n)$，所以 m_n 是 $a_1,a_2,\cdots,a_n$ 的公倍数．又设 m 是 $a_1,a_2,\cdots,a_n$ 的任一公倍数，则由 $a_1|m,a_2|m$，可知 $m_2|m$，又因为 $a_3|m$，可得 $m_3|m$. 以此类推，最后得 $m_n|m$，因此 $m_n\leqslant|m|$．所以 $m_n=[a_1,a_2,\cdots,a_n]$. 定理得证．

□

例 1.2.5 计算 $[90,30,114,42,81]$.

解 因为

$$[90,30]=\frac{90\times 30}{(90,30)}=\frac{90\times 30}{30}=90,$$

$$[90,114]=\frac{90\times 114}{(90,114)}=\frac{90\times 114}{6}=1\ 710,$$

$$[1\ 710,42]=\frac{1\ 710\times 42}{(1\ 710,42)}=\frac{1\ 710\times 42}{6}=11\ 970,$$

$$[11\ 970,81]=\frac{11\ 970\times 81}{(11\ 970,81)}=\frac{11\ 970\times 81}{9}=107\ 730,$$

所以$[90,30,114,42,81]=107\ 730$. □

定理 1.2.12 设 $a_1,a_2,\cdots,a_n$ 是 n 个正整数，如果 $a_1\mid m, a_2\mid m,\cdots,a_n\mid m$，则

$$[a_1,a_2,\cdots,a_n]\mid m.$$

证明 对 n 用数学归纳法.

当 $n=2$ 时，由定理 1.2.10 可知命题成立.

假设 $n=k(2<k<n)$时命题成立，即 $m_k\mid m$，其中 $m_k=[a_1,a_2,\cdots,a_k]$.

当 $n=k+1$ 时，由

$$[m_k,a_{k+1}]=[a_1,a_2,\cdots,a_k,a_{k+1}],$$

可得$[a_1,a_2,\cdots,a_{k+1}]\mid m$. 定理得证. □

习题

A 组

1. 求以下整数对的最大公因子：
   (1)(55,85)； (2)(−15,−35)； (3)(−90,100)；
   (4)(202,282)； (5)(666,1 414)； (6)(20 785,44 350).
2. 求以下整数的最大公因子：
   (1)(10,22,55)； (2)(98,105,280)； (3)(280,330,405,490).
3. 设 a,b 取值如下，运用欧几里得算法，求(a,b)和整数 m,n，使 $ma+nb=(a,b)$.
   (1)(51,87)； (2)(102,222)；
   (3)(981,1 234)； (4)(34 709,100 313).
4. 求以下整数对的最小公倍数：
   (1)(16,60)； (2)(28,36)；
   (3)(231,732)； (4)(−871,728).
5. 证明若整数 a,b 满足$(a,b)=1$，则$(a+b,a-b)=1$ 或 2.
6. 证明若整数 a,b 满足$(a,b)=1$，则$(a+b,a^2+b^2)=1$ 或 2.
7. 证明若 k 为正整数，则 $3k+2$ 与 $5k+3$ 互素.
8. 证明若 m,n 为正整数，a 是大于 1 的整数. 则有$(a^m-1,a^n-1)=a^{(m,n)}-1$.
9. 设 a,b 是正整数，证明若$[a,b]=(a,b)$，则 $a=b$.

B 组

10. 求以下整数对的最大公因子：
    (1)$(2n+1,2n-1)$； (2)$(kn+1,k(n+2))$；

(3)$(2n^2+6n-4, 2n^2+4n-3)$.

11. 证明$\sqrt[3]{5}$为无理数.
12. 证明$(n+1, n^2-n+1)=1$或$3, n\in\mathbb{Z}^+$.
13. 证明$12\mid(n^4+2n^3+11n^2+10n), n\in\mathbb{Z}$.
14. 设$3\mid(a^2+b^2)$，证明$3\mid a$且$3\mid b$.
15. 设n,k是正整数，证明n^k与n^{k+4}的个位数字相同.
16. 证明对于任何整数n,m，等式$n^2+(n+1)^2=m^2+2$不可能成立.
17. 设a是自然数，请问a^4-3a^2+9是素数还是合数?
18. 证明对于任意给定的n个整数，必可以从中找出若干个数相加，使得这个和能被n整除.
19. 设f_k表示斐波那契数列的第k个数，证明$(f_m, f_n)=f_{(m,n)}$.
20. 编写程序计算整数a,b的最大公因子.
21. 编写程序计算整数a,b的最小公倍数.

1.3 算术基本定理

我们前面讨论了一些有关素数和整数分解的问题，知道任意一个大于1的整数都至少有两个正因子，即1和它本身，且必有素因子. 那么是否每个整数一定可以唯一表示成若干素数的乘积呢? 接下来就讨论这个问题.

定理 1.3.1 设p为素数且$p\mid ab$，则$p\mid a$或$p\mid b$.

证明 若a能被p整除，则定理显然得证. 若a不能被p整除，则$(a,p)=1$，可知存在整数m和n，使得

$$ma+np=1,$$

所以

$$mab+npb=b.$$

由于$p\mid ab$，所以$p\mid b$. □

由定理1.3.1，很容易得到如下推论.

推论 1.3.1 设p为素数，若$p\mid a_1a_2\cdots a_n$，其中$a_1,a_2,\cdots,a_n$是n个整数，则$p\mid a_1$，$p\mid a_2,\cdots,p\mid a_n$至少有一个成立.

证明 用数学归纳法.

当$n=2$时，根据定理1.3.1，显然成立.

假设当$n-1$时命题成立，即若$p\mid a_1a_2\cdots a_{n-1}$，则$p\mid a_1, p\mid a_2,\cdots,p\mid a_{n-1}$至少有一个成立.

对于n，由于$p\mid(a_1a_2\cdots a_{n-1})a_n$，所以$p\mid a_1a_2\cdots a_{n-1}$或$p\mid a_n$. 再根据归纳假设，可知$p\mid a_1, p\mid a_2,\cdots,p\mid a_{n-1}, p\mid a_n$至少有一个成立. 命题得证. □

上面的定理1.3.1及推论1.3.1非常重要，因为它们给出了素数最重要的特点之一. 如果p不是素数，上面的结果不一定成立. 例如，$6\mid 12$且$12=3\times 4$，但是$6\nmid 3$且$6\nmid 4$.

定理 1.3.2 设$a_1,a_2,\cdots,a_n,c$是整数，如果$(a_i,c)=1, 1\leqslant i\leqslant n$，则$(a_1a_2\cdots a_n, c)=1$.

证明 用反证法. 假设存在大于1的整数m满足$(a_1a_2\cdots a_n,c)=m$，则必存在素数p，

使 $p|m$，因此 $p|a_1a_2\cdots a_n$ 且 $p|c$. 由推论 1.3.1，可知 $p|a_1, p|a_2, \cdots, p|a_n$ 至少有一个成立，则$(a_i,c)=p$ 至少有一个成立．这与命题中$(a_i,c)=1$ 矛盾，于是假设不成立．定理得证． □

定理 1.3.3　任一大于 1 的整数都可以表示成素数的乘积，且在不考虑乘积顺序的情况下，该表达式是唯一的．即

$$n = p_1 p_2 \cdots p_s, \quad p_1 \leqslant p_2 \leqslant \cdots \leqslant p_s, \tag{1.3.1}$$

其中 $p_1, p_2, \cdots, p_s$是素数，并且若

$$n = q_1 q_2 \cdots q_t, \quad q_1 \leqslant q_2 \leqslant \cdots \leqslant q_t, \tag{1.3.2}$$

其中 $q_1, q_2, \cdots, q_t$ 是素数，则 $s=t, p_i=q_i(i=1,2,\cdots,s)$.

证明　首先，用数学归纳法证明式(1.3.1)成立．

当 $n=2$ 时，式(1.3.1)显然成立．

假设对于一切大于 1 且小于 n 的正整数，式(1.3.1)都成立．

对于正整数 n，若 n 是素数，则式(1.3.1)对 n 成立．

若 n 是合数，则存在正整数 b 和 c 满足条件

$$n = bc, \quad 1 < b \leqslant c < n,$$

由归纳法假设，b 和 c 分别能表示成素数的乘积，故 n 能表示成素数的乘积，即式(1.3.1)成立．

下面证明唯一性．

假设对 n 同时有式(1.3.1)和式(1.3.2)成立，则

$$p_1 p_2 \cdots p_s = q_1 q_2 \cdots q_t. \tag{1.3.3}$$

由定理 1.3.1 可知，$\exists\, p_k, q_j$ 使得 $p_1 \mid q_j, q_1 \mid p_k$，但由于 p_k 和 q_j 均为素数，故 $p_1 = q_j, q_1 = p_k$. 又因为 $p_1 \leqslant p_k, q_1 \leqslant q_j$，故同时有 $p_1 \leqslant q_1, q_1 \leqslant p_1$,因此 $p_1 = q_1$，由式(1.3.3)得

$$p_2 p_3 \cdots p_s = q_2 q_3 \cdots q_t.$$

同理可得 $p_2 = q_2, p_3 = q_3$，以此类推，可知 $s=t$ 时，$p_s = q_s$. 唯一性得证. □

以上定理被称为**算术基本定理**，也叫作整数的**唯一分解定理**，它反映了整数的本质．将式(1.3.2)中相同的素数乘积写成素数幂的形式，可得以下推论．

推论 1.3.2　任一大于 1 的整数都能够唯一地表示为

$$n = p_1^{\alpha_1} p_2^{\alpha_2} \cdots p_s^{\alpha_s}, \alpha_i > 0, \quad i = 1,2,\cdots,s, \tag{1.3.4}$$

其中 $p_i < p_j (i < j)$是素数．

式(1.3.4)称为 n 的**标准分解式**．

定理 1.3.4　设 n 是大于 1 的任一整数，其标准分解式由式(1.3.4)给出，那么 d 是 n 的正因子的充要条件是

$$d = p_1^{\beta_1} p_2^{\beta_2} \cdots p_s^{\beta_s}, \quad \alpha_i \geqslant \beta_i \geqslant 0, \quad i = 1,2,\cdots,s. \tag{1.3.5}$$

证明　先证明充分性．若式(1.3.5)成立，则存在正整数

$$c = p_1^{\alpha_1-\beta_1} p_2^{\alpha_2-\beta_2} \cdots p_s^{\alpha_s-\beta_s},$$

显然有 $n=cd$，所以 $d|n$.

再证明必要性．设 $d|n$，且 d 有素因子分解式

$$d = p_1^{\beta_1} p_2^{\beta_2} \cdots p_s^{\beta_s}, \quad \beta_i \geqslant 0, \quad i = 1,2,\cdots,s,$$

则必有

$$\alpha_i \geqslant \beta_i, \quad i = 1,2,\cdots,s.$$

否则，至少存在一个 i 满足 $1\leqslant i\leqslant s$，使$\alpha_i<\beta_i$. 不妨设$\alpha_1<\beta_1$. 由于 $d\mid n$ 及 $p_1^{\beta_1}\mid d$，所以

$$p_1^{\beta_1} \mid p_1^{\alpha_1} p_2^{\alpha_2} \cdots p_s^{\alpha_s}.$$

又由 $p_1^{\alpha_1}>0$，可得

$$p_1^{\beta_1-\alpha_1} \mid p_1^{\alpha_1} p_2^{\alpha_2} \cdots p_s^{\alpha_s}.$$

根据定理 1.3.1 的推论 1.3.1，可知存在 k 满足 $2\leqslant k\leqslant s$，使 $p_1\mid p_k$，这是不可能的. 于是必要性亦得证. □

由以上定理可知，只要我们知道了正整数 n 的标准分解式，那么其所有的正因子也就都可以知道了，且可以由式(1.3.5)给出. 我们不难得出以下定理.

定理 1.3.5 设正整数 n 的标准分解式为

$$n = p_1^{\alpha_1} p_2^{\alpha_2} \cdots p_s^{\alpha_s}, \quad \alpha_i > 0, \quad i = 1,2,\cdots,s,$$

$\tau(n)$表示 n 的所有正因子的个数，则

$$\begin{aligned}\tau(n) &= \tau(p_1^{\alpha_1}) \cdot \tau(p_2^{\alpha_2}) \cdot \cdots \cdot \tau(p_s^{\alpha_s}) \\ &= (\alpha_1+1)(\alpha_2+1)\cdots(\alpha_s+1), \quad \alpha_i > 0, \quad i = 1,2,\cdots,s.\end{aligned}$$

该定理显然成立，感兴趣的读者可以自己证明.

例 1.3.1 计算 360 的所有正因子的个数.

解 因为 $360=2^3\times 3^2\times 5$，所以

$$\tau(360)=(3+1)(2+1)(1+1)=24.$$ □

再根据最大公因子和最小公倍数的定义，我们可以得到如下结论.

定理 1.3.6 设 a,b 为两个正整数，其素因子分解式分别为

$$a = p_1^{\alpha_1} p_2^{\alpha_2} \cdots p_s^{\alpha_s}, \quad \alpha_i \geqslant 0, \quad i = 1,2,\cdots,s,$$

$$b = p_1^{\beta_1} p_2^{\beta_2} \cdots p_s^{\beta_s}, \quad \beta_i \geqslant 0, \quad i = 1,2,\cdots,s,$$

那么

$$(a,b) = p_1^{\gamma_1} p_2^{\gamma_2} \cdots p_s^{\gamma_s}, \quad \gamma_i = \min(\alpha_i,\beta_i), \quad i = 1,2,\cdots,s,$$

$$[a,b] = p_1^{\delta_1} p_2^{\delta_2} \cdots p_s^{\delta_s}, \quad \delta_i = \max(\alpha_i,\beta_i), \quad i = 1,2,\cdots,s,$$

对于任意的整数 α,β，显然有

$$\min(\alpha,\beta) + \max(\alpha,\beta) = \alpha + \beta,$$

由此可得

$$(a,b)[a,b] = ab,$$

由于(a,b)不可能为 0，所以这个结果和定理 1.2.10 中已经证明过的结果相同.

例 1.3.2 计算整数 90,30,114,42,81 的最大公因子与最小公倍数.

解 先写出这些整数的标准分解式，即

$$\begin{aligned}90 &= 2\times 3^2\times 5,\\ 30 &= 2\times 3\times 5,\\ 114 &= 2\times 3\times 19,\\ 42 &= 2\times 3\times 7,\\ 81 &= 3^4,\end{aligned}$$

于是

$$(90,30)=2\times3\times5=30,$$
$$(30,114)=2\times3=6,$$
$$(6,42)=2\times3=6,$$
$$(6,81)=3,$$

所以整数 90,30,114,42,81 的最大公因子是 3.

由于

$$[90,30]=2\times3^2\times5=90,$$
$$[90,114]=2\times3^2\times5\times19=1\ 710,$$
$$[1\ 710,42]=2\times3^2\times5\times7\times19=11\ 970,$$
$$[11\ 970,81]=2\times3^4\times5\times7\times19=107\ 730,$$

所以整数 90,30,114,42,81 的最小公倍数是 107 730. □

例 1.3.3 证明对于正整数 a,b,c，有$(a,[b,c])=[(a,b),(a,c)]$.

证明 由于其素因子分解式可分别写为

$$a=p_1^{\alpha_1}p_2^{\alpha_2}\cdots p_s^{\alpha_s},\quad \alpha_i\geqslant0,\quad i=1,2,\cdots,s,$$
$$b=p_1^{\beta_1}p_2^{\beta_2}\cdots p_s^{\beta_s},\quad \beta_i\geqslant0,\quad i=1,2,\cdots,s,$$
$$c=p_1^{\gamma_1}p_2^{\gamma_2}\cdots p_s^{\gamma_s},\quad \gamma_i\geqslant0,\quad i=1,2,\cdots,s,$$

则

$$(a,[b,c])=p_1^{\eta_1}p_2^{\eta_2}\cdots p_s^{\eta_s},$$

其中$\eta_i=\min(\alpha_i,\max(\beta_i,\gamma_i)),i=1,2,\cdots,s$.

$$([a,b],[a,c])=p_1^{\tau_1}p_2^{\tau_2}\cdots p_s^{\tau_s},$$

其中$\tau_i=\max(\min(\alpha_i,\beta_i),\min(\alpha_i,\gamma_i)),i=1,2,\cdots,s$.

不难验证，对于 $i=1,2,\cdots,s$，无论 $\alpha_i,\beta_i,\gamma_i$ 有怎样的大小关系，$\eta_i=\tau_i$ 总是成立的．于是命题得证． □

例 1.3.4 证明：若 a,b 是两个正整数，则存在整数 c,d，满足 $c|a$，$d|b$，使得

$$cd=[a,b],(c,d)=1.$$

证明 设 a,b 可写成如下的因子分解式：

$$a=p_1^{\alpha_1}p_2^{\alpha_2}\cdots p_s^{\alpha_s},\quad \alpha_i\geqslant0,\quad i=1,2,\cdots,s,$$
$$b=p_1^{\beta_1}p_2^{\beta_2}\cdots p_s^{\beta_s},\quad \beta_i\geqslant0,\quad i=1,2,\cdots,s,$$

其中，当 $i=1,\cdots,t$ 时，$\alpha_i\geqslant\beta_i\geqslant0$；当 $i=t+1,\cdots,s$ 时，$\beta_i>\alpha_i\geqslant0$.

取

$$c=p_1^{\alpha_1}p_2^{\alpha_2}\cdots p_t^{\alpha_t},\quad d=p_{t+1}^{\beta_{t+1}}p_{t+2}^{\beta_{t+2}}\cdots p_s^{\beta_s}$$

即为所求． □

习题

A 组

1. 求以下整数的标准分解式：

(1) 36；　(2) 69；　(3) 200；　(4) 289.

2. 求以下整数的标准分解式：

(1) 625； (2) 2 154； (3) 2 838； (4) 3 288.

3. 求以下整数的所有正因子的个数：

(1) 1 260； (2) $2\times3^2\times5\times7^2\times11^5\times13^5\times17^{19}\times19$.

4. 求以下整数的最大公因子与最小公倍数：

(1) (15,60,168,66,286)； (2) (30,180,210,55,125).

5. 设 p 是一个素数，a 是一个整数，n 是一个正整数，证明如果 $p|a^n$，则 $p|a$.

6. 设 a,b,c 是三个正整数，证明$[(a,b),(a,c),(b,c)]=([a,b],[a,c],[b,c])$.

7. 设 $\text{rad}(n)$表示整数 n 的所有不同素因子的乘积，证明 $\text{rad}(n)=n$ 的充要条件是n 为无平方因子数．并说明等号在什么情况下成立．

B 组

8. 写出 22 345 680 的标准分解式．

9. 设 a,b,c 是三个正整数，证明如果$(a,b)=1$ 且 $ab=c^n$，则存在正整数 d 和 e，满足 $a=d^n$ 且 $b=e^n$.

10. 证明在 $1,2,3,\cdots,2n$ 中任取 $n+1$ 个数，其中至少有一个能被另一个整除．

11. 证明 $1+\frac{1}{2}+\cdots+\frac{1}{n}(n\geqslant2)$不是整数．

12. 设 a,b 是正整数．证明存在 a_1,a_2,b_1,b_2，使得 $a=a_1a_2$，$b=b_1b_2$，$(a_2,b_2)=1$，并且$[a,b]=a_2b_2$.

13. 证明 n 的标准分解式中次数都是偶数当且仅当n 是完全平方数．

14. 设 p 是一个素数，n 是一个正整数．如果 $p^a|n$，但 $p^{a+1}\nmid n$，我们称 p^a 正好整除 n，记为 $p^a\parallel n$.

(1)证明如果 $p^a|m$ 且 $p^b|n$，则 $p^{a+b}\parallel mn$.

(2)证明如果 $p^a|m$，则 $p^{ka}\parallel m^k$.

(3)证明如果 $p^a|m, p^b|n$ 且 $a\neq b$，则 $p^{\min(a,b)}\parallel(m+n)$.

15. 设 $\text{rad}(n)$表示整数 n 的所有不同素因子的乘积，对于正整数 a 和 b，证明 $\text{rad}(ab)\leqslant\text{rad}(a)\text{rad}(b)$，并说明等号在什么情况下成立．

*1.4[㊀] 连分数

本节内容与 1.2 节的辗转相除法有密切关系，我们可以利用辗转除法来求有理数的连分数表示形式．另外，利用连分数可以巧妙地构造针对 RSA[㊁]公钥加密系统的攻击方案，RSA 是最早且至今最常用的公钥密码系统之一.

1.4.1 连分数的定义和性质

我们首先给出连分数的定义．

㊀ 书中标记*的章节为扩展内容，读者可根据具体情况选择阅读.

㊁ RSA 是 1977 年由罗纳德·李维斯特(Ron Rivest)、阿迪·萨莫尔(Adi Shamir)和伦纳德·阿德曼(Leonard Adleman)一起提出的一种公钥密码算法体制.

定义 1.4.1 设 $a_0, a_1, a_2, \cdots, a_n$ 是一个实数列，除 a_0 以外都大于 0. 对于整数 $n \geqslant 0$，我们将分数

$$a_0 + \cfrac{1}{a_1 + \cfrac{1}{a_2 + \cfrac{1}{a_3 + \cfrac{}{\ddots + \cfrac{1}{a_n}}}}} \tag{1.4.1}$$

叫作 n 阶**有限连分数**. 当 a_0 是整数，$a_1, a_2, \cdots, a_n$ 都是正整数时，式(1.4.1)叫作 n 阶**有限简单连分数**. 为了书写方便，我们将式(1.4.1)简记为

$$[a_0; a_1, \cdots, a_n]. \tag{1.4.2}$$

我们将有限连分数

$$[a_0; a_1, \cdots, a_k], \quad 0 \leqslant k \leqslant n \tag{1.4.3}$$

叫作有限连分数式(1.4.1)的第 k 个**渐近分数**.

当式(1.4.1)中的 $n \to \infty$ 时，则分数

$$a_0 + \cfrac{1}{a_1 + \cfrac{1}{a_2 + \cfrac{1}{a_3 + \ddots}}} \tag{1.4.4}$$

叫作**无限连分数**，可简记为

$$[a_0; a_1, a_2, \cdots]. \tag{1.4.5}$$

当 a_0 是整数，$a_1, \cdots, a_n$ 都是正整数时，分数(1.4.4)叫作**无限简单连分数**. 我们将有限连分数

$$[a_0; a_1, \cdots, a_k], \quad k \geqslant 0 \tag{1.4.6}$$

叫作无限连分数(1.4.4)的第 k 个**渐近分数**.

对于无限连分数，我们有时也将其表示为

$$[a_0; a_1, \cdots, a_n],$$

但这里 $n \to \infty$.

定理 1.4.1 若使连分数$[a_0; a_1, \cdots, a_n]$的渐近分数分别为

$$[a_0; a_1, \cdots, a_i] = \frac{p_i}{q_i}, \quad 0 \leqslant i \leqslant n,$$

则这些渐近分数间存在关系

$$p_0 = a_0, p_1 = a_1 a_0 + 1, \cdots, p_k = a_k p_{k-1} + p_{k-2},$$
$$q_0 = 1, q_1 = a_1, \cdots, q_k = a_k q_{k-1} + q_{k-2},$$

其中 $2 \leqslant k \leqslant n$.

证明 用数学归纳法.

因为

$$\frac{p_0}{q_0} = a_0, \ \frac{p_1}{q_1} = a_0 + \frac{1}{a_1} = \frac{a_1 a_0 + 1}{a_1},$$

$$\frac{p_2}{q_2}=a_0+\cfrac{1}{a_1+\cfrac{1}{a_2}}=\frac{a_2a_1a_0+a_2+a_0}{a_2a_1+1},$$

所以当 $k=0,1,2$ 时可直接验证.

假设当 $k=m(2\leqslant m<n)$时，命题成立，即

$$[a_0;a_1,\cdots,a_m]=\frac{p_m}{q_m}=\frac{a_mp_{m-1}+p_{m-2}}{a_mq_{m-1}+q_{m-2}},$$

则当 $k=m+1$ 时，有

$$\begin{aligned}[a_0;a_1,\cdots,a_m,a_{m+1}]&=\left[a_0;a_1,\cdots,a_m+\frac{1}{a_{m+1}}\right]\\&=\frac{\left(a_m+\frac{1}{a_{m+1}}\right)p_{m-1}+p_{m-2}}{\left(a_m+\frac{1}{a_{m+1}}\right)q_{m-1}+q_{m-2}}\\&=\frac{a_{m+1}(a_mp_{m-1}+p_{m-2})+p_{m-1}}{a_{m+1}(a_mq_{m-1}+q_{m-2})+q_{m-1}}\\&=\frac{a_{m+1}p_m+p_{m-1}}{a_{m+1}q_m+q_{m-1}}\\&=\frac{p_{m+1}}{q_{m+1}}\end{aligned}$$

定理得证. □

定理 1.4.2 若连分数$[a_0;a_1,\cdots,a_n]$的渐近分数分别为

$$[a_0;a_1,\cdots,a_k]=\frac{p_k}{q_k},\quad 0\leqslant k\leqslant n,$$

则 p_k和 q_k满足

$$p_kq_{k-1}-p_{k-1}q_k=(-1)^{k-1},\quad 1\leqslant k\leqslant n,\tag{1.4.7}$$

$$p_kq_{k-2}-p_{k-2}q_k=(-1)^ka_k,\quad 2\leqslant k\leqslant n.\tag{1.4.8}$$

证明 用数学归纳法.

当 $k=1$ 时，式(1.4.7)显然成立.

假设当 $k=m-1(1<m\leqslant n)$时，命题成立，即

$$p_{m-1}q_{m-2}-p_{m-2}q_{m-1}=(-1)^{m-2}=(-1)^m,$$

则当 $k=m$ 时，由定理 1.4.1，有

$$\begin{aligned}p_mq_{m-1}-p_{m-1}q_m&=(a_mp_{m-1}+p_{m-2})q_{m-1}-p_{m-1}(a_mq_{m-1}+q_{m-2})\\&=-(p_{m-1}q_{m-2}-p_{m-2}q_{m-1})\\&=(-1)m^{-1}\end{aligned}$$

因此式(1.4.7)成立.

由式(1.4.7)和定理 1.4.1 可得

$$\begin{aligned}p_kq_{k-2}-p_{k-2}q_k&=(a_kp_{k-1}+p_{k-2})q_{k-2}-p_{k-2}(a_kq_{k-1}+q_{k-2})\\&=a_k(p_{k-1}q_{k-2}-p_{k-2}q_{k-1})\\&=(-1)^ka_k\end{aligned}$$

因此式(1.4.8)成立. □

定理 1.4.3 对于简单连分数，我们有

(1) 当 $k\geqslant 2$ 时，$q_k\geqslant q_{k-1}+1$，因而对任何 k 来说，$q_k\geqslant k$；

(2) $\dfrac{p_{2k+1}}{q_{2k+1}}<\dfrac{p_{2k-1}}{q_{2k-1}}$，$\dfrac{p_{2k}}{q_{2k}}>\dfrac{p_{2k-2}}{q_{2k-2}}$，$\dfrac{p_{2k}}{q_{2k}}<\dfrac{p_{2k+1}}{q_{2k+1}}$；

(3) $\dfrac{p_k}{q_k}$为既约分数，即 p_k 与 q_k 互素.

证明 (1) 根据定理 1.4.1，显然有 $q_k\geqslant 1$，又因为 $a_k\geqslant 1$，所以当 $k\geqslant 2$ 时，有

$$q_k = a_k q_{k-1} + q_{k-2} \geqslant q_{k-1} + 1.$$

又由 $q_0=1>0, q_1=a_1\geqslant 1$，故用数学归纳法，假设当 $k\geqslant 2$ 时，

$$q_{k-1} \geqslant k-1,$$

则应用上面的结论可得

$$q_k \geqslant q_{k-1} + 1 \geqslant (k-1) + 1 = k.$$

于是定理 1.4.3(1)得证.

(2) 根据定理 1.4.2，由

$$p_k q_{k-2} - p_{k-2} q_k = (-1)^k a_k,$$

即

$$\frac{p_k}{q_k} - \frac{p_{k-2}}{q_{k-2}} = \frac{(-1)^k a_k}{q_k q_{k-2}},$$

可知

$$\frac{p_{2k}}{q_{2k}} - \frac{p_{2k-2}}{q_{2k-2}} = \frac{(-1)^{2k} a_{2k}}{q_{2k} q_{2k-2}} = \frac{a_{2k}}{q_{2k} q_{2k-2}} > 0,$$

即

$$\frac{p_{2k}}{q_{2k}} > \frac{p_{2k-2}}{q_{2k-2}}.$$

同理，有

$$\frac{p_{2k+1}}{q_{2k+1}} - \frac{p_{2k-1}}{q_{2k-1}} = \frac{(-1)^{2k+1} a_{2k+1}}{q_{2k+1} q_{2k-1}} = \frac{-a_{2k}}{q_{2k} q_{2k-2}} < 0,$$

即

$$\frac{p_{2k+1}}{q_{2k+1}} < \frac{p_{2k-1}}{q_{2k-1}}.$$

又由

$$p_k q_{k-1} - p_{k-1} q_k = (-1)^{k-1},$$

即

$$\frac{p_k}{q_k} - \frac{p_{k-1}}{q_{k-1}} = \frac{(-1)^{k-1}}{q_k q_{k-1}},$$

可知

$$\frac{p_{2k+1}}{q_{2k+1}} - \frac{p_{2k}}{q_{2k}} = \frac{(-1)^{2k}}{q_{2k+1} q_{2k}} = \frac{1}{q_{2k+1} q_{2k}} > 0,$$

即

$$\frac{p_{2k}}{q_{2k}}<\frac{p_{2k+1}}{q_{2k+1}}.$$

(3) 根据定理 1.4.2，有

$$p_k q_{k-1}-p_{k-1}q_k=(-1)^{k-1}.$$

可知当 k 为奇数时，存在整数 $x=q_{k-1}, y=-p_{k-1}$ 使

$$p_k x+q_k y=1,$$

当 k 为偶数时，存在整数 $x=-q_{k-1}, y=p_{k-1}$ 使

$$p_k x+q_k y=1,$$

再根据定理 1.2.6，可知 p_k 与 q_k 互素，即$\frac{p_k}{q_k}$为既约分数． □

定理 1.4.4 *每一个简单连分数表示一个实数．*

证明 每一个有限简单连分数显然表示一个有理数．我们考虑无限简单连分数

$$[a_0;a_1,\cdots,a_k,\cdots],$$

$\frac{p_k}{q_k}$，$k\geqslant 0$ 是它的渐近分数．由定理 1.4.3 可知

$$\frac{p_0}{q_0},\frac{p_2}{q_2},\cdots,\frac{p_{2k}}{q_{2k}},\cdots$$

是一个单调递增数列，而

$$\frac{p_1}{q_1},\frac{p_3}{q_3},\cdots,\frac{p_{2k+1}}{q_{2k+1}},\cdots$$

是一个单调递减数列，且

$$\frac{p_1}{q_1}>\frac{p_{2k+1}}{q_{2k+1}}>\frac{p_{2k}}{q_{2k}}>\frac{p_0}{q_0},$$

所以这两个数列也是有界的．又因为

$$0<\frac{p_{2k+1}}{q_{2k+1}}-\frac{p_{2k}}{q_{2k}}=\frac{1}{q_{2k+1}q_{2k}}\leqslant\frac{1}{2k(2k+1)},$$

而

$$\lim_{k\to\infty}\frac{1}{2k(2k+1)}=0,$$

所以$\left[\frac{p_{2k}}{q_{2k}},\frac{p_{2k+1}}{q_{2k+1}}\right](k=0,1,2,\cdots)$作为一个区间套，则$\lim\limits_{k\to\infty}\frac{p_k}{q_k}$存在且唯一. □

上面我们证明了任一简单连分数表示唯一的实数，那么任一实数能否唯一地表示成简单连分数呢？下面我们就来讨论这个问题．

首先，我们给出一个直观的理解，将一个有理数写成$\frac{\text{分子}}{\text{分母}}$的形式，当然我们也可以把它看作另一个等效形式$\frac{\text{被除数}}{\text{除数}}$，由带余除法得到

$$\frac{\text{被除数}}{\text{除数}}=\text{商}+\frac{\text{余数}}{\text{除数}}=\text{商}+\frac{1}{\frac{\text{除数}}{\text{余数}}}=\text{商}+\frac{1}{\frac{\text{新的被除数}}{\text{新的除数}}}=\text{商}+\frac{1}{\text{新的商}+\frac{\text{新的余数}}{\text{新的除数}}}=\cdots$$

那么，反复利用这个过程，直到最新的余数为 0，就会得到该有理数的连分数形式，显然

利用辗转相除法很快可以得到上式中的各个商．上面过程的数学形式如下．

设 α 是一给定实数，若 α 是有理数，则 $\alpha=\frac{p}{q}$，其中 p,q 为整数，且 $q>0$．由辗转相除法可得

$$\begin{aligned} p &= a_0 q + r_1, \quad 0 < r_1 < q, \\ q &= a_1 r_1 + r_2, \quad 0 < r_2 < r_1, \\ &\vdots \\ r_{n-2} &= a_{n-1} r_{n-1} + r_n, \quad 0 < r_n < r_{n-1}, \\ r_{n-1} &= a_n r_n + r_{n+1}, \quad r_{n+1} = 0. \end{aligned}$$

于是，有理数 $\alpha=\frac{p}{q}$ 可以表示为如下有限简单连分数：

$$a_0 + \cfrac{1}{a_1 + \cfrac{1}{a_2 + \cfrac{1}{a_3 + \cfrac{}{\ddots + \cfrac{1}{a_n}}}}}$$

即 $\alpha=\frac{p}{q}=[a_0;a_1,\cdots,a_n]$. 因此，任一有理数均可表示成有限简单连分数．

若 α 是无理数，则由 $\alpha=[\alpha]+\{\alpha\},0<\{\alpha\}<1$ 可得

$$\begin{aligned} \alpha &= a_0 + \frac{1}{\alpha_1}, \quad a_0 = [\alpha], \quad \alpha_1 = \frac{1}{\{\alpha\}} > 1, \\ \alpha_1 &= a_1 + \frac{1}{\alpha_2}, \quad a_1 = [\alpha_1], \quad \alpha_2 = \frac{1}{\{\alpha_1\}} > 1, \\ &\vdots \\ \alpha_k &= a_k + \frac{1}{\alpha_{k+1}}, \quad a_k = [\alpha_k], \quad \alpha_{k+1} = \frac{1}{\{\alpha_k\}} > 1, \\ &\vdots \end{aligned}$$

于是，我们有 $\alpha=[a_0;a_1,\cdots,a_k,\alpha_{k+1}]$，显然 $\alpha_{k+1}=[a_{k+1};a_{k+2},\cdots]$.

定理 1.4.5 任一无理数可表示成无限简单连分数．

证明 对于无理数 α，通过上述步骤，可知当 $k\geqslant 1$ 时，$a_k=[\alpha_k]\geqslant 1$，于是我们只要证明

$$\lim_{k\to\infty}[a_0;a_1,\cdots,a_k]=\alpha,$$

即

$$\lim_{k\to\infty}\frac{p_k}{q_k}=\alpha.$$

由于

$$\frac{p_k}{q_k}=\frac{a_k p_{k-1}+p_{k-2}}{a_k q_{k-1}+q_{k-2}},$$

故

$$\alpha=\left[a_0;a_1,\cdots,a_k+\frac{1}{\alpha_{k+1}}\right]$$

$$=\frac{\left(a_k+\frac{1}{\alpha_{k+1}}\right)p_{k-1}+p_{k-2}}{\left(a_k+\frac{1}{\alpha_{k+1}}\right)q_{k-1}+q_{k-2}}$$

$$=\frac{\alpha_{k+1}(a_kp_{k-1}+p_{k-2})+p_{k-1}}{\alpha_{k+1}(a_kq_{k-1}+q_{k-2})+q_{k-1}}$$

$$=\frac{\alpha_{k+1}p_k+p_{k-1}}{\alpha_{k+1}q_k+q_{k-1}}$$

因此，再根据定理 1.4.2，我们有

$$\alpha-\frac{p_k}{q_k}=\frac{q_kp_{k-1}-q_{k-1}p_k}{q_k(\alpha_{k+1}q_k+q_{k-1})}=\frac{(-1)^k}{q_k(\alpha_{k+1}q_k+q_{k-1})}.$$

因为 $\alpha_k>a_k$，所以 $\alpha_{k+1}q_k+q_{k-1}>q_{k+1}$，又由定理 1.4.3，可知

$$\left|\alpha-\frac{p_k}{q_k}\right|<\frac{1}{q_kq_{k+1}}\leqslant\frac{1}{k(k+1)}.$$

于是，由 $\lim\limits_{k\to\infty}\frac{1}{k(k+1)}=0$，可知 $\lim\limits_{k\to\infty}\frac{p_k}{q_k}=\alpha$. □

我们已经知道了任一无理数可表示成无限简单连分数，下面我们来证明其表示的唯一性.

定理 1.4.6 任一无理数只可表示成唯一的无限简单连分数.

证明 我们只需证明如果两个无限简单连分数

$$\alpha_0=[a_0;a_1,\cdots,a_k,\cdots],\quad \beta_0=[b_0;b_1,\cdots,b_k,\cdots]$$

相等，则 $a_k=b_k,k=0,1,2,\cdots$.

令 $\alpha_k=[a_k;a_{k+1},\cdots]$，$\beta_k=[b_k;b_{k+1},\cdots]$，则有

$$\alpha_k=a_k+\frac{1}{\alpha_{k+1}},\quad \alpha_{k+1}>1,$$

$$\beta_k=b_k+\frac{1}{\beta_{k+1}},\quad \beta_{k+1}>1,$$

于是

$$a_k=[\alpha_k],\quad b_k=[\beta_k].$$

利用数学归纳法．因为 $\alpha_0=\beta_0$，所以 $a_0=[\alpha_0]=[\beta_0]=b_0$，且有 $\alpha_1=\beta_1$.

假设对于 k，有 $a_i=b_i,\alpha_{i+1}=\beta_{i+1}$，其中 $i=1,2,\cdots,k$，则对于 $k+1$，我们有

$$a_{k+1}=[\alpha_{k+1}]=[\beta_{k+1}]=b_{k+1},$$

且 $\alpha_{k+2}=\beta_{k+2}$. 定理得证． □

而有理数的情况有些特殊．我们知道任一有限简单连分数表示一个有理数，任一有理数均可表示成有限简单连分数，但这种表示不是唯一的．类似于无理数表示成无限简单连分数的唯一性的证明，我们可得出以下结论．

定理 1.4.7 (1) 若有理分数 $\alpha=[a_0;a_1,\cdots,a_n]=[b_0;b_1,\cdots,b_m]$，且 $a_n>1,b_m>1$，则有

$$m = n, a_i = b_i (i = 0, 1, \cdots, n).$$

(2)任一有理分数 α 有且仅有两种有限简单连分数表示式，即

$$\alpha = [a_0; a_1, \cdots, a_n] = [a_0; a_1, \cdots, a_n - 1, 1],$$

其中 $a_n > 1$.

例 1.4.1 将$\frac{547}{263}$表示成简单连分数．

解 由辗转相除法可得

$$547 = 2 \times 263 + 21$$
$$263 = 12 \times 21 + 11$$
$$21 = 1 \times 11 + 10$$
$$11 = 1 \times 10 + 1$$
$$10 = 10 \times 1$$

于是$\frac{547}{263} = [2; 12, 1, 1, 10] = [2; 12, 1, 1, 9, 1]$. □

例 1.4.2 将$\sqrt{3}$表示成简单连分数．

解 对于无理数 $\alpha = \sqrt{3}$，我们有

$$a_0 = [\sqrt{3}] = 1,\ \alpha_1 = \frac{1}{\sqrt{3} - 1} = \frac{\sqrt{3} + 1}{2},$$

$$a_1 = [\alpha_1] = 1,\ \alpha_2 = \frac{2}{\sqrt{3} - 1} = \sqrt{3} + 1,$$

$$a_2 = [\alpha_2] = 2,\ \alpha_3 = \frac{1}{\sqrt{3} - 1} = \alpha_1,$$

于是$\sqrt{3} = [1; 1, 2, 1, 2, \cdots]$. □

定义 1.4.2 对于无限简单连分数$[a_0; a_1, a_2, \cdots]$，如果存在整数 $m \geqslant 0$，且对于 m 存在正整数 k 使得对于所有 $n \geqslant m$，有

$$a_{n+k} = a_k,$$

那么，我们把这个无限简单连分数叫作**循环简单连分数**，简称**循环连分数**，记为

$$[a_0; a_1, \cdots, a_{m-1}, \overline{a_m, \cdots, a_{m+k-1}}].$$

显然，$\sqrt{3} = [1; \overline{1, 2}]$是循环连分数．

下面我们以定理的形式介绍一些关于利用连分数进行实数的有理逼近的结论，但并不给出证明，感兴趣的读者可以查阅相关书籍.

定理 1.4.8 令 α 是任意实数，$\frac{p_k}{q_k}$为 α 的第 k 个渐近分数．那么，对于任意的 $0 < q \leqslant q_k$ 有

$$\left| \alpha - \frac{p_k}{q_k} \right| \leqslant \left| \alpha - \frac{p}{q} \right|.$$

因此，在分母不超过 q_k 的所有分数中，$\frac{p}{q}$是 α 的最佳有理逼近．

定理 1.4.9 令 α 是任意实数，那么 α 的连续两个渐近分数中的至少一个渐近分数

满足

$$\left|\alpha-\frac{p}{q}\right|<\frac{1}{2q^2}.$$

定理 1.4.10 令 α 是任意实数，若有理数 $\frac{p}{q}$ 满足

$$\left|\alpha-\frac{p}{q}\right|<\frac{1}{2q^2},$$

那么 $\frac{p}{q}$ 一定是 α 的一个渐近分数．

1.4.2 连分数的应用——RSA 的 Wiener 攻击

连分数的一项重要应用是对 RSA 公钥加密算法进行分析．在本小节中，我们将利用上一小节介绍的基础知识来设计一种小私钥情形下对 RSA 算法的攻击手段．首先简要介绍一下 RSA 公钥加密体制．

RSA 公钥加密算法是 Rivest、Shamir 和 Aldeman 于 1977 年提出的一种公钥加密体制，是当前最常用的公钥加密算法之一．RSA 算法包括密钥生成、加密和解密三个过程．密钥生成过程包括如下步骤：随机生成两个大素数 p 和 q(通常来说，选取的 p 和 q 的比特长度相同)；计算 $N=p\cdot q$，称作 RSA 的模数，计算 N 的欧拉函数 $\varphi(N)=(p-1)(q-1)$；随机选取一个整数 e，其满足 $1<e<\varphi(N)$ 且 $(e,\varphi(N))=1$；利用扩展欧几里得算法计算得到一个整数 d，使其满足 $de\equiv1(\mathrm{mod}\varphi(N))$. 令 (N,e) 为公钥，(p,q,d) 为私钥．加解密过程如下：如果用户 B 想要将消息 m 的密文发送给用户 A，那么 B 将使用 A 的公钥来计算得到密文 $C=m^e(\mathrm{mod}N)$，然后将密文 C 发送给 A. A 接收到密文 C 后，使用私钥 d 来计算出明文 $m=C^d(\mathrm{mod}N)$.

在使用过程中，为了加速 RSA 中的公钥加密(或验证)操作，人们会使用一个较小的加密指数 e. 另外有一些时候，在某些特殊应用场景中(如智能卡等)，快速私钥解密(或签名)操作更为重要，人们可能会倾向于选择一个较小的解密指数 d. 显然，这时将导致加密指数 e 的值很大，而且我们又不能为解密指数 d 选择太小的值，否则攻击者可以使用穷举搜索找到 d. Wiener 首次提出了小解密指数情形下针对 RSA 算法的攻击手段，并证明了若 $d<\frac{1}{3}N^{1/4}$，则攻击者可以快速地分解模数 N.

Wiener 的连分数攻击过程如下：假设 RSA 模数 $N=p\cdot q$ 且 $q<p<2q$；此外，假设攻击者知道解密指数 $d<\frac{1}{3}N^{1/4}$，且加密指数 e 提供给了攻击者．此时 d 和 e 满足

$$e\cdot d\equiv 1(\mathrm{mod}\ \varphi(N))$$

其中 $\varphi(N)=(p-1)(q-1)$.

我们注意到，上式意味着存在一个整数 k 使得

$$e\cdot d-k\cdot\varphi(N)=1.$$

因此，我们有

$$\left|\frac{e}{\varphi(N)}-\frac{k}{d}\right|=\frac{1}{d\cdot\varphi(N)}$$

由于 $N=p\cdot q$ 且 $q<p<2q$，有

$$N-\varphi(N)=p+q-1<p+q<3q<3\sqrt{pq}=3\sqrt{N}.$$

由此，我们可以认为分数$\frac{e}{N}$是分数$\frac{k}{d}$的近似值．而且

$$\left|\frac{e}{N}-\frac{k}{d}\right|=\left|\frac{ed-kN}{dN}\right|=\left|\frac{ed-k\varphi(N)-kN+k\varphi(N)}{dN}\right|$$
$$=\left|\frac{1-k(N-\varphi(N))}{dN}\right|$$
$$\leqslant\frac{3k\sqrt{N}}{dN}=\frac{3k}{d\sqrt{N}}.$$

由于 $e<\varphi(N)$，显然我们有 $k<d$. 又由假设私钥 $d<\frac{1}{3}\cdot N^{1/4}$，可得

$$\left|\frac{e}{N}-\frac{k}{d}\right|<\frac{1}{3d^2}<\frac{1}{2d^2}.$$

因此根据定理 1.4.10，可知分数$\frac{k}{d}$一定是有理数$\frac{e}{N}$的一个渐近分数.

因此，当 $d<\frac{1}{3}\cdot N^{1/4}$时，我们可以得到一个高效的分解 RSA 模数 N 的算法：首先计算$\frac{e}{N}$的每个渐近分数$\frac{k_i}{d_i}$，然后计算$T_i=N-\frac{ed_i-1}{k_i}+1$；对二次方程 $y^2-T_iy+N=0$ 进行求解，若解为 p，则 N 被分解；若不是，则继续计算$\frac{k_{i+1}}{d_{i+1}}$，直到 N 被分解．此时，我们不但对 N 进行了分解，也得到了解密指数 d.

例 1.4.3　假设 RSA 模数 $N=9\ 449\ 868\ 410\ 449$，加密指数为 $e=6\ 792\ 605\ 526\ 025$，且被告知解密指数满足

$$d<\frac{1}{3}\cdot N^{1/4}\approx 584.$$

应用 Wiener 攻击，我们需要计算数

$$\alpha=\frac{e}{N}$$

的连分数展开，并检查每一个渐近分数的分母是否为解密指数 d. α 的连分数展开的渐近分数如下：

$$1,\frac{2}{3},\frac{3}{4},\frac{5}{7},\frac{18}{25},\frac{23}{32},\frac{409}{569},\frac{1\ 659}{2\ 308},\cdots$$

依次检查每个分母，我们看到解密指数是由

$$d=569$$

给出的，它是第 7 个渐近分数的分母．

习题

A 组

1. 求以下有理数对应的简单连分数：

(1) $\frac{18}{13}$；　　(2) $\frac{19}{9}$；　　(3) $-\frac{931}{1\ 005}$；　　(4) $\frac{831}{8\ 110}$.

2. 求以下简单连分数对应的有理数：

(1) $[2;7]$；　(2) $[1;2,3]$；　(3) $[0;5,6]$；　(4) $[3;7,15,1]$.

3. 求以下实数对应的简单连分数：

(1) $\sqrt{2}$；　(2) $\sqrt{6}$；　(3) $\sqrt{7}$；　(4) $\frac{\sqrt{5}-1}{2}$.

4. 求以下无理数的无限简单连分数，前 6 个渐近分数，前 7 个完全商，以及该无理数和它的前 6 个渐近分数的差：

(1) $\sqrt{29}$；　(2) $\frac{\sqrt{10}+1}{3}$.

B 组

5. 求以下实数对应的简单连分数：

(1) $\sqrt{59}$；　(2) $\sqrt{29}$；　(3) $1+\sqrt{259}$；　(4) $\frac{2+\sqrt{5}}{3}$.

6. 设 a,b 是两个正整数，且 $b=ac$，证明 $[b;a,b,a,b,a,\cdots]=\frac{b+\sqrt{b^2+4c}}{2}$.

7. 使用连分数算法编写程序，实现对输入正整数的因子分解，并使用所编写的程序验证整数 13 290 059 的两个素因子是否为 3 119 和 4 261.

*1.5 完全数、梅森素数和费马素数

由于素数在数论中占有很重要的地位，数学家一直希望找到能够描述素数的简单规律. 尽管到目前为止这样的规律还没有找到，但是在这个过程中提出的一些问题，尤其是关于具有一些特定形式的素数的问题及相关概念，对密码学等学科具有比较重要的应用价值.

定义 1.5.1 若正整数 n 的所有正因子之和等于 $2n$，则 n 称为**完全数**.

今后我们以 $\sigma(n)$ 表示正整数 n 的所有正因子之和，若 n 为完全数，则有 $\sigma(n)=2n$.

例 1.5.1 判断 6 和 28 是否为完全数.

解 由于 6 的所有正因子为 1,2,3,6，则

$$\sigma(6)=1+2+3+6=2\times 6,$$

所以 6 是完全数. 又由于 28 的所有正因子为 1，2，4，7，14，28，则

$$\sigma(28)=1+2+4+7+14+28=2\times 28,$$

所以 28 也是完全数. □

定理 1.5.1 若正整数 n 的标准分解式为

$$n=p_1^{\alpha_1}p_2^{\alpha_2}\cdots p_s^{\alpha_s},$$

则

$$\sigma(n)=\frac{p_1^{\alpha_1+1}-1}{p_1-1}\cdot\frac{p_2^{\alpha_2+1}-1}{p_2-1}\cdot\cdots\cdot\frac{p_s^{\alpha_s+1}-1}{p_s-1}.$$

证明 由定理 1.3.4 可知，n 的所有因子可表示为

$$p_1^{x_1}p_2^{x_2}\cdots p_s^{x_s},\quad 0\leqslant x_i\leqslant\alpha_i,\quad i=1,2,\cdots,s,$$

故

$$\sigma(n)=\sum_{x_1=0}^{\alpha_1}\sum_{x_2=0}^{\alpha_2}\cdots\sum_{x_s=0}^{\alpha_s}p_1^{x_1}p_2^{x_2}\cdots p_s^{x_s}$$

$$=\sum_{x_1=0}^{\alpha_1}p_1^{x_1}\cdot\sum_{x_2=0}^{\alpha_2}p_2^{x_2}\cdot\cdots\cdot\sum_{x_s=0}^{\alpha_s}p_s^{x_s}$$

$$=\frac{p_1^{\alpha_1+1}-1}{p_1-1}\cdot\frac{p_2^{\alpha_2+1}-1}{p_2-1}\cdot\cdots\cdot\frac{p_s^{\alpha_s+1}-1}{p_s-1}$$

定理得证． □

定理 1.5.2 若 2^n-1 为素数，则 $2^{n-1}(2^n-1)$ 为偶完全数，且无其他偶完全数存在．

证明 令 $p=2^n-1$，则

$$2^{n-1}(2^n-1)=2^{n-1}p,$$

于是

$$\sigma(2^{n-1}p)=\frac{2^n-1}{2-1}\cdot\frac{p^2-1}{p-1}=p(p+1)=2^np.$$

所以 $2^{n-1}(2^n-1)$ 为完全数．又显然有 $n\geqslant 2$，故 $2^{n-1}(2^n-1)$ 为偶完全数．

若 a 为一偶完全数，不妨令 $a=2^{n-1}q$，其中 $n\geqslant 2$，q 为奇数，则有

$$\sigma(a)=2a=2^nq=\frac{2^n-1}{2-1}\cdot\sigma(q),$$

故

$$\sigma(q)=\frac{2^nq}{2^n-1}=q+\frac{q}{2^n-1},$$

可知 $(2^n-1)\mid q$，则 q 和 $\frac{q}{2^n-1}$ 均为 q 的因子，又 $\sigma(q)$ 为 q 的所有正因子之和，故 q 只有两个正因子，由整数的唯一分解定理和素数定义知 q 为素数，且

$$\frac{q}{2^n-1}=1.$$

所以 $q=2^n-1$，即 $a=2^{n-1}(2^n-1)$．定理得证． □

于是，寻找偶完全数的问题就化为寻找形如 2^n-1 的素数的问题．而"2^n-1 是素数"与"n 是素数"之间是否存在着一定的联系呢？当 n 等于 2,3,5,7 时，2^n-1 毫无疑问是素数，但 $2^{11}-1=2\,047=23\times 89$．由此可见，若 n 是素数，2^n-1 不一定是素数．

定理 1.5.3 若 2^n-1 为素数，则 n 必为素数．

证明 对于 $n>1$，假设 n 为合数，即 $n=bc$，其中 b,c 均为大于 1 的整数，则 $(2^b-1)\mid(2^n-1)$，所以 2^n-1 为合数，于是定理得证． □

定义 1.5.2 设 p 是一个素数，形如 2^p-1 的数叫作**梅森数**，记为 $M_p=2^p-1$．当 M_p 为素数时，则称其为**梅森素数**．

梅森(Marin Mersenne，1588—1648)是法国的修道士，也是一位数学家．当时，他无证明地提出，对于不大于 257 的素数 p，当且仅当 $p=2,3,5,7,13,17,19,31,67,127,257$ 时，M_p 为素数．当然，他的结论是错误的．其中，M_{67} 和 M_{257} 是合数，而 M_{61},M_{89},M_{107} 也应该是素数，但全部得出这些结果却是在 300 多年以后的 1947 年．至今已经发现了 40 个梅森素数，下面列出了它们所对应的 40 个 p．

2	3	5	7	13	17	19	31
61	89	107	127	521	607	1 279	2 203
2 281	3 217	4 253	4 423	9 689	9 941	11 213	19 937
21 701	23 209	44 497	86 243	110 503	132 049	216 091	756 839
859 433	1 257 787	1 398 269	2 976 221	3 021 377			
6 972 593	13 466 917	20 996 011					

我们知道，每发现一个梅森素数，就可以相应地得到一个偶完全数．是否存在无穷多个 p 使 M_p 为素数，进而得到无穷多个偶完全数，这是至今尚未解决的数论难题．那么是否存在奇完全数呢？尽管几百年来许多数学家对此问题进行了大量的研究，但至今仍未解决．

定理 1.5.4 *若 2^m+1 为素数，则 $m=2^n$.*

证明 假设 m 有一个奇因子 q，令 $m=qr$，则

$$2^{qr}+1=(2^r)^q+1=(2^r+1)(2^{r(q-1)}-2^{r(q-2)}+\cdots+1),$$

又 $1<2^r+1<2^{qr}+1$，故 2^m+1 不是素数，与已知条件矛盾．所以 m 没有奇因子，定理得证． □

定义 1.5.3 *若 n 为非负整数，则称 $F_n=2^{2^n}+1$ 为**费马数**．当 F_n 为素数时，则称其为**费马素数**．*

前 5 个费马数分别为 $F_0=3, F_1=5, F_2=17, F_3=257, F_4=65\ 537$，它们都是素数．据此，1640 年，法国数学家费马(Pierre de Fermat，1601—1665)猜想凡 F_n 皆为素数．但 1732 年，瑞士数学家欧拉(Leonhard Euler，1707—1783)发现 $F_5=641\times 6\ 700\ 417$，故费马猜想并不正确，并且到目前为止，也只发现了这 5 个费马素数，因此有人推测仅存在有限个费马素数．

定理 1.5.5 *任给两个费马数 $F_a, F_b, a\neq b$，则 F_a, F_b 互素．*

证明 不妨设 $a>b\geqslant 0, a=b+c, c>0$，存在正整数 n，满足 $n\mid F_b$ 且 $n\mid F_{b+c}$，显然 n 必为奇数．令 $t=2^{2^b}$，则有

$$\frac{F_{b+c}-2}{F_b}=\frac{2^{2^{b+c}}-1}{2^{2^b}+1}=\frac{t^{2^c}-1}{t+1}=t^{2^c-1}-t^{2^c-2}+\cdots-1,$$

故 $F_b\mid(F_{b+c}-2)$，又由 $n\mid F_b$ 且 $n\mid F_{b+c}$，可知 $n\mid 2$. 因为 n 是奇数，所以 $n=1$，即 F_a，F_b 互素． □

习题

A 组

1. 判断以下整数是否为完全数：
   (1) 36； (2) 128； (3) 496； (4) 8 128.
2. 写出完全数判定算法．
3. 写出梅森素数判定算法．
4. 写出费马素数判定算法．

B 组

5. 编写程序寻找 10 000 以内的完全数．
6. 编写程序寻找 64 比特内的所有梅森素数．
7. 编写程序寻找 10 000 以内的费马素数．

Chapter 2

第2章 同余

同余是数论中极为重要的另一个概念，在后面的第 5 章和第 6 章中也会提及，如陪集和商群等概念．同余理论在密码学，特别是公钥密码学中有着非常重要的应用．本章我们主要介绍同余、同余关系、剩余类、完全剩余系和缩剩余系等基本概念和性质．另外，我们还将讨论欧拉定理、费马小定理、利用扩展欧几里得算法进行快速模逆运算和威尔逊定理等.

学习本章之后，我们应该能够：

- 掌握同余的概念与性质，以及相关的计算方法；
- 掌握剩余类和剩余系的概念与性质，以及相关的计算方法；
- 掌握欧拉定理和费马小定理及其相关的应用；
- 掌握扩展欧几里得算法和威尔逊定理及其相关的应用．

2.1 同余的概念和性质

在最开始学习整数除法的时候，我们可能比较关注计算得到的商．但是，从这一节开始，我们将要把视角变化一下，关注计算得到的余数．如果两个整数 a 和 b 同时为奇数或者同时为偶数，那么我们早就知道可以称它们具有相同的奇偶性，其充分必要条件是 $a-b$ 是偶数，即 $2|(a-b)$，换个说法就是 a 和 b 被 2 除的时候具有相同的余数．同余的理论就是从推广奇偶性这个概念开始的，只不过奇偶性中整数 2 的角色被某个任意指定的正整数所替代．为此，我们先引入同余与同余式的概念.

定义 2.1.1 给定一个正整数 m，如果用 m 去除两个整数 a 和 b 所得的余数相同，则称 a 和 b 模 m **同余**，记作

$$a \equiv b \pmod{m}; \tag{2.1.1}$$

否则，称 a 和 b 模 m **不同余**，记作

$$a \not\equiv b(\bmod m).$$

式(2.1.1)称为模 m 的同余式，或简称**同余式**．

例如，$26\equiv 2(\bmod 3)$，$63\equiv 3(\bmod 5)$，$23\equiv -5(\bmod 7)$．

定理 2.1.1 整数 a 和 b 模 m 同余的充要条件是 $m\mid(a-b)$．

证明 先证必要性．由 $a\equiv b(\bmod m)$，可设

$$a = mq_1 + r,\quad b = mq_2 + r,\quad 0\leqslant r < m,$$

则 $a-b=m(q_1-q_2)$，即 $m\mid(a-b)$．

再证充分性．设

$$a = mq_1 + r_1,\quad 0\leqslant r_1 < m,$$
$$b = mq_2 + r_2,\quad 0\leqslant r_2 < m,$$

则 $a-b=m(q_1-q_2)+r_1-r_2$．由 $m\mid(a-b)$，可知 $m\mid(r_1-r_2)$，则 $m\mid |r_1-r_2|$．又因 $0\leqslant r_2<m$，所以 $-m<-r_2\leqslant 0$，与 $0\leqslant r_1<m$ 两个不等式相加，得到 $-m<r_1-r_2<m$，即 $|r_1-r_2|<m$，故 $|r_1-r_2|=0$，所以 $r_1=r_2$．定理得证． □

于是，由定理 2.1.1，同余又可以定义如下，即若 $m\mid(a-b)$，则称 a 和 b 模 m 同余．根据整除的定义，我们可以很直观地给出另一个判别同余的充要条件．

定理 2.1.2 整数 a 和 b 模 m 同余的充要条件是存在一个整数 k 使得

$$a = b + km.$$

由同余的定义，可以得到整数之间的同余具有**等价关系**的性质，利用它可以快捷地判断两个整数 a 和 b 是否模 m 同余．等价关系是 2.2 节"剩余类和剩余系"的基础．有关**等价关系**的概念和性质，请参见 5.1 节"映射与关系"．

定理 2.1.3 同余关系是等价关系，即

(1) 自反性，$a\equiv a(\bmod m)$；

(2) 对称性，若 $a\equiv b(\bmod m)$，则 $b\equiv a(\bmod m)$；

(3) 传递性，若 $a\equiv b(\bmod m)$，$b\equiv c(\bmod m)$，则 $a\equiv c(\bmod m)$．

证明 (1)和(2)的证明略．

(3) 由 $m\mid(a-b)$和 $m\mid(b-c)$，得到 $m\mid[(a-b)+(b-c)]$，即 $m\mid(a-c)$． □

定理 2.1.4 设 a_1,a_2,b_1,b_2 为四个整数，如果

$$a_1\equiv b_1(\bmod m),\quad a_2\equiv b_2(\bmod m),$$

则有

(1) $a_1x+a_2y\equiv b_1x+b_2y(\bmod m)$，其中 x,y 为任意整数；

(2) $a_1a_2\equiv b_1b_2(\bmod m)$；

(3) $a_1^n\equiv b_1^n(\bmod m)$，其中 $n>0$．

证明 (1) 由于 $m\mid(a_1-b_1)$，$m\mid(a_2-b_2)$，故 $m\mid[x(a_1-b_1)+y(a_2-b_2)]$，又由于

$$x(a_1-b_1)+y(a_2-b_2)=(a_1x+a_2y)-(b_1x+b_2y),$$

则 $m\mid[(a_1x+a_2y)-(b_1x+b_2y)]$，即 $a_1x+a_2y\equiv b_1x+b_2y(\bmod m)$．

(2) 由于 $m\mid(a_1-b_1)$，$m\mid(a_2-b_2)$，故 $m\mid[a_2(a_1-b_1)+b_1(a_2-b_2)]$，又由于

$$a_2(a_1-b_1)+b_1(a_2-b_2)=a_1a_2-b_1b_2,$$

则 $m\mid(a_1a_2-b_1b_2)$，即 $a_1a_2\equiv b_1b_2(\bmod m)$．

(3) 由(2)可证. □

例 2.1.1 求 $3^{2\,006}$ 和 $3^{2\,009}$ 写成十进制数时的个位数.

解 由于

$$3^2 \equiv 9 \pmod{10},\ 3^4 \equiv 1 \pmod{10},$$

故可得 $3^{4\times 501} \equiv 1 \pmod{10}$. 又因为 $2\,006=4\times 501+2$，因此可得 $3^{2\,006} \equiv 9 \pmod{10}$. 所以 $3^{2\,006}$ 写成十进制数时的个位数是 9.

同样，由于

$$3^1 \equiv 3 \pmod{10},\ 3^4 \equiv 1 \pmod{10},$$

故可得 $3^{4\times 502} \equiv 1 \pmod{10}$. 又因为 $2\,009=4\times 502+1$，因此可得 $3^{2\,009} \equiv 3 \pmod{10}$. 所以 $3^{2\,009}$ 写成十进制数时的个位数是 3. □

例 2.1.2 已知 2009 年 3 月 9 日是星期一，之后第 2^{100} 天是星期几？之后第 2^{200} 天呢？

解 由于

$$2^1 \equiv 2 \pmod 7,\ 2^2 \equiv 4 \pmod 7,\ 2^3 \equiv 1 \pmod 7,$$

故可得 $2^{3\times 33} \equiv 1 \pmod 7$. 又因为 $100=3\times 33+1$，则 $2^{100} \equiv 2 \pmod 7$. 所以之后第 2^{100} 天是星期三.

同样，由于

$$2^2 \equiv 4 \pmod 7,\ 2^3 \equiv 1 \pmod 7,$$

故可得 $2^{3\times 66} \equiv 1 \pmod 7$. 又因为 $200=3\times 66+2$，则 $2^{200} \equiv 4 \pmod 7$. 所以之后第 2^{200} 天是星期五. □

定理 2.1.5 设 $f(t)=a_nt^n+a_{n-1}t^{n-1}+\cdots+a_1t+a_0$ 与 $g(t)=b_nt^n+b_{n-1}t^{n-1}+\cdots+b_1t+b_0$ 是两个整系数多项式，满足

$$a_i \equiv b_i \pmod m,\ 0 \leqslant i \leqslant n,$$

那么，若 $x \equiv y \pmod m$，则

$$f(x) \equiv g(y) \pmod m.$$

证明 由 $x \equiv y \pmod m$，可得

$$x^i \equiv y^i \pmod m,\quad 0 \leqslant i \leqslant n,$$

又因为 $a_i \equiv b_i \pmod m$，$0 \leqslant i \leqslant n$，将它们对应相乘，则有

$$a_ix^i \equiv b_iy^i \pmod m,\quad 0 \leqslant i \leqslant n,$$

将这些同余式左右对应相加，可得

$$a_nx^n+a_{n-1}x^{n-1}+\cdots+a_1x+a_0 \equiv b_ny^n+b_{n-1}y^{n-1}+\cdots+b_1y+b_0 \pmod m,$$

即 $f(x) \equiv g(y) \pmod m$. □

例 2.1.3 证明正整数 n(十进制)能被 9 整除的充要条件是将 n 的各位数字相加所得之和能被 9 整除.

证明 n 可写为十进制表达式：

$$n = 10^ka_k+10^{k-1}a_{k-1}+\cdots+10a_1+a_0,\quad 0 \leqslant a_i < 10,\quad 0 \leqslant i \leqslant k.$$

因为 $10^i \equiv 1 \pmod 9$，$0 \leqslant i \leqslant k$，所以

$$10^ka_k+10^{k-1}a_{k-1}+\cdots+10a_1+a_0 \equiv a_k+a_{k-1}+\cdots+a_1+a_0 \pmod 9.$$

因此，

$$10^k a_k + 10^{k-1} a_{k-1} + \cdots + 10 a_1 + a_0 \equiv 0 (\bmod 9)$$

的充要条件是

$$a_k + a_{k-1} + \cdots + a_1 + a_0 \equiv 0 (\bmod 9).$$

命题得证. □

例 2.1.4 证明：当 n 是奇数时，2^n+1 能被 3 整除；当 n 是偶数时，2^n+1 不能被 3 整除.

证明 因为 $2 \equiv -1 (\bmod 3)$，故 $2^n \equiv (-1)^n (\bmod 3)$，于是

$$2^n + 1 \equiv (-1)^n + 1 (\bmod 3).$$

因此，当 n 是奇数时，

$$2^n + 1 \equiv 0 (\bmod 3),$$

即 2^n+1 能被 3 整除；当 n 是偶数时，

$$2^n + 1 \equiv 2 (\bmod 3),$$

即 2^n+1 不能被 3 整除. 命题得证. □

定理 2.1.6 若 $ac \equiv bc (\bmod m)$，且 $(c, m) = d$，则 $a \equiv b\left(\bmod \frac{m}{d}\right)$.

证明 由 $m \mid c(a-b)$，可知 $\frac{m}{d} \left| \frac{c}{d}(a-b) \right.$，又 $\left(\frac{m}{d}, \frac{c}{d}\right) = 1$，于是 $\frac{m}{d} \left| (a-b) \right.$，即

$$a \equiv b\left(\bmod \frac{m}{d}\right).$$

定理得证. □

例如，通过 $260 \equiv 20 (\bmod 30)$，$(10,30) = 10$，可得 $26 \equiv 2 (\bmod 3)$.

定理 2.1.7 若 $a \equiv b (\bmod m)$，则有 $ak \equiv bk (\bmod mk)$，其中 k 为正整数.

证明 由 $m \mid (a-b)$，可知 $mk \mid (ak-bk)$，即 $ak \equiv bk (\bmod mk)$. 定理得证. □

例如，通过 $26 \equiv 2 (\bmod 3)$，可得 $260 \equiv 20 (\bmod 30)$.

定理 2.1.8 若 $a \equiv b (\bmod m)$，且有正整数 d 满足 $d \mid m$，则 $a \equiv b (\bmod d)$.

证明 由 $m \mid (a-b), d \mid m$，可知 $d \mid (a-b)$，即 $a \equiv b (\bmod d)$. 定理得证. □

例如，通过 $260 \equiv 20 (\bmod 30)$，可得 $260 \equiv 20 (\bmod 3)$.

定理 2.1.9 若 $a \equiv b (\bmod m_i), i = 1, 2, \cdots, n$，则

$$a \equiv b (\bmod [m_1, m_2, \cdots, m_n]).$$

证明 由 $m_i \mid (a-b), i = 1, 2, \cdots, n$，可知 $[m_1, m_2, \cdots, m_n] \mid (a-b)$，即 $a \equiv b (\bmod [m_1, m_2, \cdots, m_n])$. 定理得证. □

例如，通过 $260 \equiv 20 (\bmod 30)$，$260 \equiv 20 (\bmod 80)$，又 $[30, 80] = 240$，可得 $260 \equiv 20 (\bmod 240)$.

定理 2.1.10 若 $a \equiv b (\bmod m)$，则 $(a, m) = (b, m)$.

证明 由 $a \equiv b (\bmod m)$，可知存在整数 k 使得 $a = b + mk$，于是 $(a, m) = (b, m)$. □

以上我们介绍了同余的一些基本性质. 同余是数论中一个十分重要的概念，并且应用领域十分广泛，尤其是随着近代密码学的发展，同余及其相关理论的重要性越发显现出来.

习题

A 组

1. 证明以下同余式成立：

(1) $13\equiv 1 \pmod 2$；　(2) $91\equiv 0 \pmod{13}$；

(3) $-2\equiv 1 \pmod 3$；　(4) $111\equiv -9 \pmod{40}$.

2. 以下同余式对哪些正整数 m 成立：

(1) $28\equiv 6 \pmod m$；　(2) $632\equiv 2 \pmod m$；

(3) $73\equiv 3 \pmod m$；　(4) $1\,331\equiv 0 \pmod m$.

3. (1)求 $7^{2\,046}$ 写成十进制数时的个位数；

(2)求 $2^{1\,000}$ 的十进制表示中的末尾两位数字.

4. 已知 2021 年 10 月 1 日是星期五，之后第 2^{280} 天是星期几？

5. 求 $1^5+2^5+3^5+\cdots+99^5$ 之和被 4 除的余数.

6. 证明如果 $m(m>2)$是整数，则$(a+b)\bmod m\equiv[(a \bmod m)+(b \bmod m)]\bmod m$，对于所有整数 a 和 b 都成立.

7. 证明如果 $m(m>2)$是整数，则$(ab)\bmod m\equiv[(a \bmod m)(b \bmod m)]\bmod m$，对于所有整数 a 和 b 都成立.

8. 证明正整数 n(十进制)能被 3 整除的充要条件是 n 的各位数字相加所得之和能被 3 整除.

9. 设 $A=\{d_1,d_2,\cdots,d_k\}$为非零整数 a 的全体因数的集合，证明 $B=\{a/d_1,a/d_2,\cdots,a/d_k\}$也是 a 的全体因数的集合.

B 组

10. 计算 555^{555} 被 7 除的余数.

11. 证明如果 a 是奇数，则 $a^2\equiv 1 \pmod 8$.

12. 证明如果 a、b 和 m 是整数，且 $m>0$，$a \bmod m\equiv b \bmod m$，则 $a\equiv b \pmod m$.

13. 证明如果 n 是正奇整数，则

$$1+2+3+\cdots+n\equiv 0 \pmod n.$$

如果 n 是正偶整数，此陈述仍然成立吗？

14. 证明：设 $f(x)$是整系数多项式，且 $f(1),f(2),\cdots,f(m)$都不能被 m 整除，则 $f(x)=0$ 没有整数解.

15. 证明如果 $a_j\equiv b_j \pmod m\ (j=1,2,\cdots,n)$，其中 m 是一个正整数，$a_j,b_j\ (j=1,2,\cdots,n)$是整数，则

(1) $\sum_{j=1}^{n}a_j\equiv\sum_{j=1}^{n}b_j \pmod m$；

(2) $\prod_{j=1}^{n}a_j\equiv\prod_{j=1}^{n}b_j \pmod m$.

2.2 剩余类和剩余系

因为同余是一种整数集合上的等价关系，所以我们可利用同余关系把全体整数划分成若干个等价类，并将每个等价类中的整数作为一个整体来考虑，进而可以得到一些相关的性质.

定义 2.2.1 设 m 是一给定正整数，令 C_r 表示所有与整数 r 模 m 同余的整数所组成的集合，则任意一个这样的 C_r 叫作模 m 的一个**剩余类**. 一个剩余类中的任一整数叫作该类的**代表元**.

我们可以用集合的形式来描述剩余类的定义，即

$$C_r = \{a \mid a \in \mathbb{Z}, a \equiv r(\mathrm{mod}\ m)\} = \{\cdots, r-2m, r-m, r, r+m, r+2m, \cdots\}.$$

显然 C_r 非空，因为 $r \in C_r$. 很多书中也使用 $[r]$ 来表示 C_r.

下面的定理将体现整数与剩余类的关系和剩余类之间的关系，尽管整数有无限多个，但是剩余类的个数是有限的.

定理 2.2.1 设 m 为一正整数，$C_0, C_1, \cdots, C_{m-1}$ 是模 m 的剩余类，则

(1) 任一整数必包含在一个 C_r 中，这里 $0 \leqslant r \leqslant m-1$；

(2) $C_a = C_b$ 的充要条件是 $a \equiv b(\mathrm{mod}\ m)$；

(3) C_a 与 C_b 的交集为空集的充要条件是 a 和 b 模 m 不同余.

证明 (1) 设 a 是任一整数，则存在唯一的整数 q，r 使得

$$a = qm + r, 0 \leqslant r < m,$$

因此有 $a \equiv r(\mathrm{mod}\ m)$，故 a 包含在 C_r 中.

(2) 先证必要性. 由于 $a \in C_a$，$b \in C_b$，又 $C_a = C_b$，显然有

$$a \equiv b(\mathrm{mod}\ m).$$

再证充分性. 对任意整数 $c \in C_a$，有

$$a \equiv c(\mathrm{mod}\ m).$$

又因为

$$b \equiv a(\mathrm{mod}\ m),$$

故 $b \equiv c(\mathrm{mod}\ m)$，即 $c \in C_b$，可见 $C_a \subseteq C_b$.

同理，对任意整数 $c \in C_b$，可证 $a \equiv c(\mathrm{mod}\ m)$，即 $c \in C_a$，可见 $C_b \subseteq C_a$. 故 $C_a = C_b$.

(3) 由(2)可知必要性成立. 下面证明充分性.

用反证法. 假设 C_a 与 C_b 的交集非空，即存在整数 c 满足 $c \in C_a$ 且 $c \in C_b$，则有

$$a \equiv c(\mathrm{mod}\ m),$$
$$b \equiv c(\mathrm{mod}\ m).$$

于是，得到 $a \equiv b(\mathrm{mod}\ m)$，与假设矛盾. 因此 C_a 与 C_b 的交集为空集. □

由上面的定理我们可以看到，尽管在剩余类的定义中 C_r 的下标可以在整数范围内任意取值，但是 C_r 本身必然与 $C_0, C_1, \cdots, C_{m-1}$ 中的某一个集合实际上是同一个集合，只不过是给集合取的名字不同而已，换句话说，一共就存在 m 个不同的剩余类. 例如，

$$C_m = \{\cdots, -m, 0, m, 2m, 3m, \cdots\} = C_0.$$

因此，我们在考察剩余类的时候，往往只需要用到 $C_0, C_1, \cdots, C_{m-1}$ 这 m 个名字指称这 m

个集合就可以了.

定义 2.2.2 在模 m 的剩余类 $C_0, C_1, \cdots, C_{m-1}$ 中各取一代表元 $a_i \in C_i, i=0,1,\cdots,m-1$，则此 m 个数 $a_0, a_1, \cdots, a_{m-1}$ 称为模 m 的一个**完全剩余系**(又称**完系**).

由此定义和定理 2.2.1 显然可得到如下定理.

定理 2.2.2 m 个整数 $a_0, a_1, \cdots, a_{m-1}$ 为模 m 的一个完全剩余系的充要条件是它们两两模 m 不同余.

例 2.2.1 以下是几个模 10 的完全剩余系：

$$0,1,2,3,4,5,6,7,8,9;$$
$$1,2,3,4,5,6,7,8,9,10;$$
$$10,21,22,23,34,45,46,67,78,99;$$
$$-9,-8,-7,-6,-5,-4,-3,-2,-1,0.$$

定义 2.2.3 对于正整数 m，

(1) $0,1,\cdots,m-1$ 为模 m 的一个完全剩余系，叫作模 m 的**最小非负完全剩余系**；

(2) $1,2,\cdots,m-1,m$ 为模 m 的一个完全剩余系，叫作模 m 的**最小正完全剩余系**；

(3) $-(m-1),\cdots,-1,0$ 为模 m 的一个完全剩余系，叫作模 m 的**最大非正完全剩余系**；

(4) $-m,-(m-1),\cdots,-1$ 为模 m 的一个完全剩余系，叫作模 m 的**最大负完全剩余系**.

定理 2.2.3 设 k 是满足 $(k,m)=1$ 的整数，b 是任意整数，若 $a_0, a_1, \cdots, a_{m-1}$ 是模 m 的一个完全剩余系，则 $ka_0+b, ka_1+b, \cdots, ka_{m-1}+b$ 也是模 m 的一个完全剩余系. 即若 x 遍历模 m 的一个完全剩余系，则 $kx+b$ 也遍历模 m 的一个完全剩余系.

证明 由定理 2.2.2，我们只需要证明当 $a_0, a_1, \cdots, a_{m-1}$ 是模 m 的一个完全剩余系时，m 个整数

$$ka_0+b, ka_1+b, \cdots, ka_{m-1}+b$$

两两模 m 不同余. 用反证法，假设存在 a_i 和 a_j $(i \neq j)$ 使得

$$ka_i+b \equiv ka_j+b \pmod m,$$

则 $m \mid k(a_i-a_j)$. 由于 $(k,m)=1$，所以 $m \mid (a_i-a_j)$，即 $a_i \equiv a_j \pmod m$，推出了矛盾，假设不成立. 可知，$ka_0+b, ka_1+b, \cdots, ka_{m-1}+b$ 两两模 m 不同余，所以它们是模 m 的一个完全剩余系. 定理得证. □

例如 0,1,2,3,4 为模 5 的一个完全剩余系，若令 $k=7, b=3$，则可以得到模 5 的另一个完全剩余系，即 3,10,17,24,31.

定理 2.2.4 若 x_i $(i=0,1,\cdots,m_1-1)$ 是模 m_1 的完全剩余系，y_j $(j=0,1,\cdots,m_2-1)$ 是模 m_2 的完全剩余系，其中 $(m_1,m_2)=1$，则 $m_2x_i+m_1y_j$ $(i=0,1,\cdots,m_1-1;\ j=0,1,\cdots,m_2-1)$ 是模 m_1m_2 的完全剩余系.

证明 同样由定理 2.2.2，我们只需要证明 $m_2x_i+m_1y_j$ $(i=0,1,\cdots,m_1-1;\ j=0,1,\cdots,m_2-1)$ 这 m_1m_2 个整数两两模 m_1m_2 不同余. 用反证法，假设存在有序对 (x_a, y_c) 和 (x_b, y_d) $(0 \leqslant a \leqslant m_1-1,\ 0 \leqslant b \leqslant m_1-1;\ 0 \leqslant c \leqslant m_2-1,\ 0 \leqslant d \leqslant m_2-1)$，且 $(x_a, y_c) \neq (x_b, y_d)$，使得

$$m_2x_a+m_1y_c\equiv m_2x_b+m_1y_d \pmod{m_1m_2},$$

进而有

$$m_2x_a+m_1y_c\equiv m_2x_b+m_1y_d \pmod{m_1},$$

即

$$m_2x_a\equiv m_2x_b \pmod{m_1}.$$

可知 $m_1\mid m_2(x_a-x_b)$，又因为 $(m_1,m_2)=1$，则 $m_1\mid(x_a-x_b)$，即 $x_a\equiv x_b \pmod{m_1}$，由于它们来自同一个模 m_1 的完全剩余系，所以 $x_a=x_b$. 同理可证，$y_c=y_d$. 说明 $(x_a,y_c)=(x_b,y_d)$，与我们的假设矛盾. 所以假设不成立，定理得证. □

例 2.2.2 例如 0,1,2,3,4 是模 5 的完全剩余系，而 0,1,2,3 是模 4 的完全剩余系，则

$0\times4+0\times5=0$,　$0\times4+1\times5=5$,　$0\times4+2\times5=10$,　$0\times4+3\times5=15$,
$1\times4+0\times5=4$,　$1\times4+1\times5=9$,　$1\times4+2\times5=14$,　$1\times4+3\times5=19$,
$2\times4+0\times5=8$,　$2\times4+1\times5=13$,　$2\times4+2\times5=18$,　$2\times4+3\times5=23$,
$3\times4+0\times5=12$,　$3\times4+1\times5=17$,　$3\times4+2\times5=22$,　$3\times4+3\times5=27$,
$4\times4+0\times5=16$,　$4\times4+1\times5=21$,　$4\times4+2\times5=26$,　$4\times4+3\times5=31$.

是模 20 的完全剩余系.

习题

A 组

1. 写出模 9 的一个完全剩余系，且它的每个数都是奇数.
2. 写出模 9 的一个完全剩余系，且它的每个数都是偶数.
3. 能否写出模 10 的一个完全剩余系，且它的每个数都是奇数(或偶数)?
4. 用模 5 和模 6 的完全剩余系，表示模 30 的完全剩余系.
5. 求模 11 的一个完全剩余系 $\{r_1,r_2,\cdots,r_{11}\}$，使得 $r_i\equiv1 \pmod 3), 1\leqslant i\leqslant 11$.
6. (1) 把剩余类 $1 \pmod 5$ 写成模 15 的剩余类之和；
   (2) 把剩余类 $6 \pmod{10}$ 写成模 80 的剩余类之和.

B 组

7. 证明当 $m>2$ 时，$0^2,1^2,\cdots,(m-1)^2$ 一定不是模 m 的完全剩余系.
8. 设有 m 个整数，它们都不属于模 m 的 0 剩余类，证明其中必有两个数属于同一剩余类.

2.3 欧拉定理和费马小定理

欧拉定理和费马小定理是数论中非常重要的两个定理. 在介绍这两个定理之前，我们先介绍一下相关的概念.

定义 2.3.1 在模 m 的一个剩余类中，若有一个数与 m 互素，则该剩余类中所有数都与 m 互素，此时称该**剩余类与 m 互素**.

定义 2.3.2 设 m 是正整数，在 m 的所有剩余类中，与 m 互素的剩余类的个数称为 m 的**欧拉函数**，记为 $\varphi(m)$.

也可以说，欧拉函数 $\varphi(m)$ 是集合 $\{0,1,\cdots,m-1\}$ 中与模 m 互素的整数的个数，显然，

$\varphi(m)$是一个定义在正整数集上的函数.

例如，由于$\{0,1,2,3,4,5\}$中与6互素的整数只有1和5，因此$\varphi(6)=2$. 显然$\varphi(1)=1$，如果p为素数，则$\varphi(p)=p-1$.

有了欧拉函数的定义，我们就可以推出著名的欧拉定理和费马小定理. 欧拉定理揭示了整数模幂运算的本质特性，在数论理论和代数理论中有重要的地位，也是公钥密码学中的一个重要的基础理论问题. 下面我们从正整数缩系的角度引入欧拉定理.

定义 2.3.3　设m是正整数，在与模m互素的$\varphi(m)$个剩余类中，各取一个代表元

$$a_1, a_2, \cdots, a_{\varphi(m)},$$

它们所组成的集合叫作模m的一个**缩剩余系**(又称**简化剩余系**)，简称为**缩系**(又称**简系**).

例如，模6的缩系为$\{1,5\}$. 当$m=p$为素数时，$\{1,2,\cdots,p-1\}$是模p的缩系.

我们将1到$m-1$的范围内与m互素的整数构成的集合，称为m的**最小正缩系**(亦可称为**最小非负缩系**). 在讨论缩系性质时，最小正缩系是用得比较多的一种缩系.

根据缩系的定义，不难得出以下定理.

定理 2.3.1　若$a_1, a_2, \cdots, a_{\varphi(m)}$是$\varphi(m)$个与$m$互素的整数，则$a_1, a_2, \cdots, a_{\varphi(m)}$是模$m$的一个缩系的充要条件是它们两两模$m$不同余.

定理 2.3.2　若a是满足$(a,m)=1$的整数，$a_1, a_2, \cdots, a_{\varphi(m)}$是模$m$的一个缩系，则$aa_1, aa_2, \cdots, aa_{\varphi(m)}$也是模$m$的一个缩系. 即若$(a,m)=1$，$x$遍历模$m$的一个缩系，则$ax$也遍历模$m$的一个缩系.

证明　由于$(a, m)=1$且$(a_i, m)=1(i=1,2,\cdots,\varphi(m))$，故$(aa_i, m)=1(i=1,2,\cdots,\varphi(m))$. 若存在$a_k$和$a_l(1\leqslant k\leqslant\varphi(m), 1\leqslant l\leqslant\varphi(m)$且$k\neq l)$使得$aa_k\equiv aa_l \pmod m$，由于$(a,m)=1$，可得$a_k\equiv a_l \pmod m$，这与条件$a_k$和$a_l$来自模$m$的一个缩系是矛盾的. 所以假设不成立，$aa_1, aa_2, \cdots, aa_{\varphi(m)}$，两两模$m$不同余，且它们是$\varphi(m)$个不同的整数. 于是，$aa_1, aa_2, \cdots, aa_{\varphi(m)}$是模$m$的一个缩系. □

例 2.3.1　设$a=3, m=8$，则$(a,m)=1$，x遍历模m的最小正缩系，则$ax \pmod m$也遍历模m的最小正缩系，如表2.3.1所示.

表 2.3.1　模8的最小正缩系

x	1	3	5	7
$ax \pmod m$	3	1	7	5

定理 2.3.3　设m是大于1的整数，若a是满足$(a,m)=1$的整数，则

$$a^{\varphi(m)} \equiv 1 \pmod m.$$

证明　设$r_1, r_2, \cdots, r_{\varphi(m)}$是模$m$的一个缩系，则由定理2.3.2可知$ar_1, ar_2, \cdots, ar_{\varphi(m)}$也是模$m$的一个缩系，所以对于第一个缩系的每一个元素，都在第二个缩系中存在唯一的元素与之在同一个剩余类中，因此

$$(ar_1)(ar_2)\cdots(ar_{\varphi(m)}) \equiv r_1 r_2 \cdots r_{\varphi(m)} \pmod m,$$

即

$$a^{\varphi(m)} r_1 r_2 \cdots r_{\varphi(m)} \equiv r_1 r_2 \cdots r_{\varphi(m)} \pmod m.$$

由于

$$(r_i, m) = 1(i = 1, 2, \cdots, \varphi(m)),$$

故

$$(r_1 r_2 \cdots r_{\varphi(m)}, m) = 1.$$

于是，根据定理 2.1.6 可得

$$a^{\varphi(m)} \equiv 1(\bmod m).$$

定理得证．

□

定理 2.3.3 又称作**欧拉定理**，通过这个定理可推出著名的**费马小定理**，即定理 2.3.4.

定理 2.3.4 若 p 是素数，则对任意整数 a，有

$$a^p \equiv a(\bmod p).$$

证明 若 a 不能被 p 整除，即$(a, p)=1$，由欧拉定理，有

$$a^{p-1} \equiv 1(\bmod p),$$

两端同乘 a 即得

$$a^p \equiv a(\bmod p).$$

若 a 能被 p 整除，则

$$a \equiv 0(\bmod p),\ a^p \equiv 0(\bmod p),$$

于是

$$a^p \equiv a(\bmod p).$$

定理得证.

□

关于欧拉定理和费马小定理的应用，我们举两个例子．

例 2.3.2 已知 $x=10$，计算 $115x^{15}+278x^3+12(\bmod 7)$.

解 原式$\equiv 3x^{15}-2x^3-2(\bmod 7)$

$\equiv 3x^3-2x^3-2(\bmod 7)$

$\equiv x^3-2(\bmod 7)$

$\equiv 25(\bmod 7)$

$\equiv 4(\bmod 7)$.

□

例 2.3.3 求证对任意整数 n 有 $3n^5+5n^3+7n\equiv 0(\bmod 15)$.

证明 因为

$$3n^5 \equiv 0(\bmod 3),\quad 5n^3 \equiv 2n(\bmod 3),\quad 7n \equiv n(\bmod 3),$$
$$3n^5 \equiv 3n(\bmod 5),\quad 5n^3 \equiv 0(\bmod 5),\quad 7n \equiv 2n(\bmod 5).$$

所以

$$3n^5 + 5n^3 + 7n \equiv 0(\bmod 3),$$
$$3n^5 + 5n^3 + 7n \equiv 0(\bmod 5).$$

所以

$$3n^5 + 5n^3 + 7n \equiv 0(\bmod 15).$$

□

在使用欧拉定理的时候，需要用到欧拉函数，下面来研究欧拉函数的求解问题.

定理 2.3.5 设 m_1, m_2 为互素的两个正整数，若 x_1, x_2 分别遍历模 m_1 和模 m_2 的缩系，则 $m_2x_1+m_1x_2$ 遍历模 m_1m_2 的缩系.

证明 由$(m_1, m_2)=1$，$(x_1, m_1)=1$，$(x_2, m_2)=1$，可知$(m_2x_1, m_1)=1$，进而有

$$(m_2x_1+m_1x_2,m_1)=1.$$

同理，

$$(m_2x_1+m_1x_2,m_2)=1.$$

于是，我们有

$$(m_2x_1+m_1x_2,m_1m_2)=1.$$

下面证明凡是与 m_1m_2 互素的数 a，必有

$$a\equiv m_2x_1+m_1x_2 \pmod{m_1m_2}，(x_1,m_1)=1，(x_2,m_2)=1.$$

由定理 2.2.4 可知有 x_1,x_2 使 $a\equiv m_2x_1+m_1x_2 \pmod{m_1m_2}$，故只需证明当$(a,m_1m_2)=1$时，$(x_1,m_1)=(x_2,m_2)=1$. 假设$(x_1,m_1)>1$，则存在素数 p，使 $p|x_1,p|m_1$，又因为

$$a\equiv m_2x_1+m_1x_2 \pmod{m_1m_2},$$

于是 $p|a$，故$(a,m_1m_2)>1$，推出了矛盾. 所以$(x_1,m_1)=1$，同理可证$(x_2,m_2)=1$.

最后，由定理 2.2.4 可知，所有的 $m_2x_1+m_1x_2$ 两两模 m_1m_2 不同余. 于是定理得证. □

由定理 2.3.5，我们可推出以下定理，它反映了欧拉函数 $\varphi(m)$的性质，即 $\varphi(m)$为一积性函数.

定理 2.3.6 设 m_1,m_2 为互素的两个正整数，则

$$\varphi(m_1m_2)=\varphi(m_1)\varphi(m_2).$$

证明 当 x_1 遍历模 m_1 的缩系时，其遍历的整数个数为 $\varphi(m_1)$. 当 x_2 遍历模 m_2 的缩系时，其遍历的整数个数为 $\varphi(m_2)$. 由定理 2.3.5 可知，$m_2x_1+m_1x_2$ 遍历模 m_1m_2 的缩系，其遍历的整数个数为 $\varphi(m_1)\varphi(m_2)$. 又因为模 m_1m_2 的缩系的代表元个数为 $\varphi(m_1m_2)$，所以

$$\varphi(m_1m_2)=\varphi(m_1)\varphi(m_2).$$

定理得证. □

以上定理很大程度地简化了求解欧拉函数值的过程. 例如，如果求 $\varphi(55)$的值，以前我们需要列出所有小于 55 且与 55 互素的正整数，而利用定理 2.3.6，我们有

$$\varphi(55)=\varphi(5)\varphi(11)=4\times 10=40.$$

定理 2.3.7 设 m 有标准分解式

$$m=p_1^{\alpha_1}p_2^{\alpha_2}\cdots p_s^{\alpha_s},\alpha_i>0,\quad i=1,2,\cdots,s,$$

则

$$\varphi(m)=m\prod_{i=1}^{s}\left(1-\frac{1}{p_i}\right).$$

证明 由 $\varphi(m)$的定义可知，$\varphi(p^\alpha)$等于 p^α 减去在 $1,2,\cdots,p^\alpha$ 中与 p 不互素的数的个数. 又由于 p 是素数，故 $\varphi(p^\alpha)$等于 p^α 减去在 $1,2,\cdots,p^\alpha$ 中被 p 整除的数的个数. 在

$$1,2,\cdots,p,\cdots,2p,\cdots,p^{\alpha-1}\cdot p$$

中，被 p 整除的数共有 $p^{\alpha-1}$个，故 $\varphi(p^\alpha)=p^\alpha-p^{\alpha-1}$. 由此，我们有

$$\varphi(m)=\prod_{i=1}^{s}\varphi(p_i^{\alpha_i})=\prod_{i=1}^{s}(p_i^{\alpha_i}-p_i^{\alpha_i-1})=\prod_{i=1}^{s}p_i^{\alpha_i}\left(1-\frac{1}{p_i}\right)=m\prod_{i=1}^{s}\left(1-\frac{1}{p_i}\right).$$

定理得证. □

定理 2.3.7 告诉我们，已知一个大整数的所有素因子，可以很容易地求出它的欧拉函数值.

例 2.3.4 求 $\varphi(240)$.

解 $240=2^4\times3\times5$，因此，$\varphi(240)=240\times\left(1-\frac{1}{2}\right)\left(1-\frac{1}{3}\right)\left(1-\frac{1}{5}\right)=64$. □

例 2.3.5 设正整数 n 是两个不同素数的乘积，如果已知 n 和欧拉函数 $\varphi(n)$ 的值，则可求出 n 的因子分解式.

证明 设这两个不同的素因子为 p 和 q，由于

$$\varphi(n)=\varphi(pq)=\varphi(p)\varphi(q)=(p-1)(q-1)=pq-p-q+1,$$

我们有关于 p 和 q 的方程组：

$$\begin{cases}p+q=n+1-\varphi(n)\\ p\cdot q=n\end{cases}$$

于是，p 和 q 可由二次方程

$$x^2-(n+1-\varphi(n))x+n=0$$

求出. □

例 2.3.6 设 $\{x_1,x_2,\cdots,x_{\varphi(m)}\}$ 是模 m 的缩系，求证

$$(x_1x_2\cdots x_{\varphi(m)})^2\equiv1(\mathrm{mod}\ m).$$

证明 记 $P=x_1x_2\cdots x_{\varphi(m)}$，则 $(P,m)=1$. 又记

$$y_i=\frac{P}{x_i},\quad 1\leqslant i\leqslant\varphi(m),$$

则 $\{y_1,y_2,\cdots,y_{\varphi(m)}\}$ 也是模 m 的缩系，因此

$$\prod_{i=1}^{\varphi(m)}x_i\equiv\prod_{i=1}^{\varphi(m)}\frac{P}{x_i}(\mathrm{mod}\ m),$$

再由欧拉定理，推出 $P^2\equiv P^{\varphi(m)}\equiv1(\mathrm{mod}\ m)$. □

例 2.3.7 设 n 是正整数，记 $F_n=2^{2^n}+1$，求证 $2^{F_n}\equiv2(\mathrm{mod}\ F_n)$.

证明 容易验证，当 $n\leqslant4$ 时 F_n 是素数，所以，由费马小定理可知结论显然成立.

当 $n\geqslant5$ 时，有 $n+1<2^n,2^{n+1}\mid2^{2^n}$. 记 $2^{2^n}=k2^{n+1}$，则

$$\begin{aligned}2^{F_n}-2&=2^{2^{2^n}+1}-2=2(2^{2^{2^n}}-1)=2(2^{k2^{n+1}}-1)\\&=2[(2^{2^{n+1}})^k-1]=2Q_1(2^{2^{n+1}}-1)=Q_2(2^{2^n}+1),\end{aligned}$$

其中 Q_1 与 Q_2 是整数. 上式即是 $2^{F_n}\equiv2(\mathrm{mod}\ F_n)$.

我们已经知道，F_5 是合数，因此，例 2.3.7 说明，费马小定理的逆定理不成立. 即若有整数 a，且 $(a,m)=1$，使得

$$a^{m-1}\equiv1(\mathrm{mod}\ m),$$

并不能保证 m 是素数. □

我们通常将形如"$a^m(\mathrm{mod}\ n)$"的运算过程称为模幂运算，其在公钥密码学(例如 RSA 公钥加密体制)中有着重要应用. 从前文的讨论中可以看出，欧拉定理可用来简化模幂运算的过程：若 $m=k\varphi(n)+r$，$0\leqslant r<\varphi(n)$，则有 $a^m\equiv a^{k\varphi(n)+r}\equiv(a^{\varphi(n)})^ka^r\equiv a^r(\mathrm{mod}\ n)$，于是我们可以将一个高次模幂运算转化为一个低次模幂运算，从而简化计算过程.

上述过程中需要对 n 的欧拉函数 $\varphi(n)$ 进行运算，由定理 2.3.7 可知，只有已知一个大整数的所有素因子，才能很容易地求出它的欧拉函数值．然而，在实际应用(特别是密码学)中，n 往往是一个很大的整数，我们很难分解出 n 的素因子(分解出 n 的素因子的问题称作**大整数分解问题**，详见 9.2 节)，因此我们可能无法通过直接应用欧拉定理的方法来简化高次模幂运算．在这里我们介绍一种密码学中常用的快速求解高次模幂运算的算法——**平方-乘算法**(也称作模重复平方算法)．算法思路如下：要计算 $a^m \pmod n$，设 m 的二进制表示为

$$
\begin{aligned}
m &= m_{k-1}2^{k-1} + m_{k-2}2^{k-2} + \cdots + m_1 2^1 + m_0 \\
&= 2(2(\cdots(2(2m_{k-1} + m_{k-2}) + m_{k-3})\cdots) + m_1) + m_0,
\end{aligned}
$$

于是有

$$
\begin{aligned}
a^m &\equiv a^{m_{k-1}2^{k-1} + m_{k-2}2^{k-2} + \cdots + m_1 2^1 + m_0} \pmod n \\
&\equiv ((\cdots((a^{m_{k-1}})^2 a^{m_{k-2}})^2 \cdots a^{m_2})^2 a^{m_1})^2 a^{m_0} \pmod n.
\end{aligned}
$$

根据这一表达式，可以设计计算模幂的快速算法，算法过程如下．

算法 2.3.1　平方-乘算法

输入：a，幂次 m，模 n；

输出：$a^m \pmod n$ 的结果 c；

```
1. c←1;
2. FOR i=k−1 TO 0
3.     c←c^2 (mod n);
4.     IF m_i =1 THEN
5.     c←c · a(mod n)
6.   END IF
7. RETURN c;
```

例 2.3.8　利用平方-乘算法计算 $9\,726^{3\,533} \pmod{11\,413}$．

解　$3\,533=(110111001101)_2$，$a=9\,726$，表 2.3.2 给出了计算过程．

表 2.3.2　$9\,726^{3\,533} \pmod{11\,413}$ 的计算过程

i	m_i	c
11	1	$1^2\times 9\,726\equiv 9\,726 \pmod{11\,413}$
10	1	$9\,726^2\times 9\,726\equiv 2\,659 \pmod{11\,413}$
9	0	$2\,659^2\equiv 5\,634 \pmod{11\,413}$
8	1	$5\,634^2\times 9\,726\equiv 9\,167 \pmod{11\,413}$
7	1	$9\,167^2\times 9\,726\equiv 4\,958 \pmod{11\,413}$
6	1	$4\,958^2\times 9\,726\equiv 7\,783 \pmod{11\,413}$
5	0	$7\,783^2\equiv 6\,298 \pmod{11\,413}$
4	0	$6\,298^2\equiv 4\,629 \pmod{11\,413}$
3	1	$4\,629^2\times 9\,726\equiv 10\,185 \pmod{11\,413}$
2	1	$10\,185^2\times 9\,726\equiv 105 \pmod{11\,413}$
1	0	$105^2\equiv 11\,025 \pmod{11\,413}$
0	1	$11\,025^2\times 9\,726\equiv 5\,761 \pmod{11\,413}$

所以，$9\,726^{3\,533} \pmod{11\,413}=5\,761$．　□

习题

A 组

1. 写出以下整数的最小正缩系：

   (1) 6；　　(2) 12；　　(3) 16；　　(4) 17.

2. 用模 5 和模 6 的缩系，表示模 30 的缩系.
3. 计算以下整数的欧拉函数：

   (1) 24；　　(2) 64；　　(3) 187；　　(4) 360.

4. 利用费马小定理求解以下题目：

   (1) 求数 $a(0\leqslant a<73)$，使得 $a\equiv 9^{794}\pmod{73}$；

   (2) 解方程 $x^{86}\equiv 6\pmod{29}$；

   (3) 解方程 $x^{39}\equiv 3\pmod{13}$.

5. 证明如果$(a,35)=1$，则 $35\mid(a^{12}-1)$.
6. 证明如果 p 是奇素数，则 $1^{p-1}+2^{p-1}+3^{p-1}+\cdots+(p-1)^{p-1}\equiv -1\pmod{p}$.

B 组

7. 证明 $2,2^2,2^3,\cdots,2^{18}$是模 27 的一个缩系.
8. 证明如果 $c_1,c_2,\cdots,c_{\varphi(m)}$是一个模 m 的缩系，其中 m 是一个正整数，且 $m\neq 2$，则 $c_1+c_2+\cdots+c_{\varphi(m)}\equiv 0\pmod{m}$.
9. 证明如果 p 是奇素数，那么

$$1^2\times 3^2\times\cdots\times(p-4)^2\,(p-2)^2\equiv(-1)^{\frac{p+1}{2}}\pmod{p}.$$

10. 证明如果 a 是整数，且$(a,3)=1$，那么 $a^7\equiv a\pmod{63}$.
11. 证明如果 $m>3$，则 $\varphi(m)$总是偶数.
12. 若 p 为素数，n 为整数，证明 $p\nmid n$ 当且仅当 $\varphi(pn)=(p-1)\varphi(n)$.
13. 设 $a>2$ 是奇数，证明：

    (1) 一定存在正整数 $d\leqslant a-1$，使得 $a\mid(2^d-1)$；

    (2) 若 d_0是满足(1)的最小正整数，则 $a\mid(2^h-1)$的充要条件是 $d_0\mid h$.

14. $\varphi(m)$“经常”能被 4 整除，列出所有 $\varphi(m)$不能被 4 整除的 m.
15. 证明对于所有的整数 n，都有 $42\mid(n^7-n)$成立.
16. 证明如果 a 是非负整数，那么 $5\mid 1^n+2^n+3^n+4^n$ 当且仅当 $4\nmid n$.
17. 编写程序计算给定正整数 n 的欧拉函数.
18. 编写程序构造给定正整数 n 的一个模 n 缩系.

2.4　扩展欧几里得算法和威尔逊定理

本节我们来研究模正整数的乘法运算的可逆性问题．先看一个例子.

在模 10 的最小非负完全剩余系$\{0,1,2,3,4,5,6,7,8,9\}$中，在模 10 运算下有

$$1\times 1\equiv 1\pmod{10},$$

$$3\times 7\equiv 1\pmod{10},$$

$$9\times 9\equiv 1\pmod{10},$$

即 $a\in\{1,3,7,9\}$时，存在一个整数 $a'\in\{0,1,2,3,4,5,6,7,8,9\}$，使得 $aa'\equiv 1(\bmod 10)$，而对于$\{0,2,4,5,6,8\}$这个集合中的数，不具有这种性质．而集合$\{1,3,7,9\}$恰好是 10 的最小正缩系．一般地，我们有以下定理：

定理 2.4.1 若 a 是满足$(a,m)=1$的整数，则存在唯一整数 a'，$1\leqslant a'<m$ 且$(a',m)=1$，使得

$$aa'\equiv 1(\bmod m).$$

证明 (存在性)因为$(a,m)=1$，由定理 2.3.2 可知，当 x 遍历模 m 的最小正缩系时，ax 也遍历模 m 的一个缩系．因此，m 的最小正缩系中存在整数 a'，使得 aa'和 1 在同一个剩余类中，即

$$aa'\equiv 1(\bmod m).$$

所以，m 的最小正缩系中存在整数 a'，使得 $aa'\equiv 1(\bmod m)$，

(唯一性)若有整数 $a',a''(1\leqslant a',a''<m)$，使得

$$aa'\equiv 1(\bmod m) \quad 且 \quad aa''\equiv 1(\bmod m)$$

则有 $a(a'-a'')\equiv 0(\bmod m)$，从而 $a'-a''\equiv 0(\bmod m)$，故 $a'=a''$. 定理得证. □

由定理 2.4.1 可以很容易地推出如下定义.

定义 2.4.1 对于正整数 m 和整数 a，满足$(a,m)=1$，存在唯一一个 m 的剩余类，其中每一个元素 a'，都会使 $aa'\equiv 1(\bmod m)$成立，此时称 a'为 a **模 m 的乘法逆元**，记作 $a^{-1}(\bmod m)$.

乘法逆元的概念在公钥密码学中非常重要．当 m 和 a 比较大时，很难用定义来求 $a^{-1}(\bmod m)$. 下面我们来研究乘法逆元的快速求法——扩展欧几里得算法，它是在 1.2 节中介绍的欧几里得算法的基础上发展而来的.

定理 2.4.2 设 r_0,r_1 是两个正整数，且 $r_0>r_1$，设 $r_i(i=2,\cdots,n)$是使用欧几里得算法计算(r_0,r_1)时所得到的余数序列且 $r_{n+1}=0$，则可以使用如下算法求整数 s_n 和 t_n，使得

$$(r_0,r_1)=s_nr_0+t_nr_1.$$

这里 s_n 和 t_n 是如下递归定义的序列的第 n 项，且

$$s_0=1,\ t_0=0;$$

$$s_1=0,\ t_1=1;$$

$$s_i=s_{i-2}-q_{i-1}s_{i-1},t_i=t_{i-2}-q_{i-1}t_{i-1},其中\ q_i=r_{i-1}/r_i,i=2,3,\cdots,n.$$

证明 我们用归纳法证明 $r_i=s_ir_0+t_ir_1,i=0,1,\cdots,n$.

当 $i=0$ 时，$s_ir_0+t_ir_1=s_0r_0+t_0r_1=r_0$，结论成立．

当 $i=1$ 时，$s_ir_0+t_ir_1=s_1r_0+t_1r_1=r_1$，结论成立．

假设 $r_i=s_ir_0+t_ir_1$ 在 $i=2,3,\cdots,k-1$ 时成立，由欧几里得算法可知，$r_k=r_{k-2}-r_{k-1}q_{k-1}$，由归纳假设可得

$$\begin{aligned}r_k=r_{k-2}-r_{k-1}q_{k-1}&=(s_{k-2}r_0+t_{k-2}r_1)-(s_{k-1}r_0+t_{k-1}r_1)q_{k-1}\\&=(s_{k-2}-s_{k-1}q_{k-1})r_0+(t_{k-2}-t_{k-1}q_{k-1})r_1\\&=s_kr_0+t_kr_1.\end{aligned}$$

由欧几里得算法有 $r_n=(r_0,r_1)$，因此，$(r_0,r_1)=r_n=s_nr_0+t_nr_1$.

显然，当$(r_0, r_1)=1$时，有 $s_nr_0+t_nr_1=1$，因此定理 2.4.2 中，$s_n\equiv r_0^{-1}(\bmod r_1)$

且 $t_n \equiv r_1^{-1} \pmod{r_0}$. 定理得证. □

定理 2.4.2 中给出的求乘法逆元的算法称为**扩展欧几里得算法**.

例 2.4.1 求 550 模 1 769 的乘法逆元，以及 1 769 模 550 的乘法逆元.

解 我们可以列表计算定理 2.4.2 中系数 s_n 和 t_n，首先画出表头，并填写初始值，如表 2.4.1 所示.

表 2.4.1 扩展欧几里得算法的计算初始值

i	r_i	q_i	s_i	t_i
0	1 769	—	1	0
1	550		0	1

然后计算 $q_1 = r_0/r_1 = 1\ 769/550 = 3$，并填入表中，再用公式 $s_2 = s_0 - q_1 s_1, t_2 = t_0 - q_1 t_1$ 计算 s_2 和 t_2 并填入表中，得到表 2.4.2.

表 2.4.2 第 1 次循环的计算结果

i	r_i	q_i	s_i	t_i
0	1 769	—	1	0
1	550	3	0	1
2	119		1	−3

重复以上步骤，直到 $r_i = 0$，如表 2.4.3 所示. 此时的 s_{i-1} 和 t_{i-1} 即为要求的系数 s_n 和 t_n.

表 2.4.3 扩展欧几里得算法的完整计算过程

i	r_i	q_i	s_i	t_i
0	1 769	—	1	0
1	550	3	0	1
2	119	4	1	−3
3	74	1	−4	13
4	45	1	5	−16
5	29	1	−9	29
6	16	1	14	−45
7	13	1	−23	74
8	3	4	37	−119
9	1	3	−171	550
	0		stop	stop

所以 $(1\ 769, 550) = 1$，$550^{-1} \equiv 550 \pmod{1\ 769}$，$1\ 769^{-1} \equiv -171 \pmod{550} \equiv 379 \pmod{550}$.

按照以上步骤，很容易写出用扩展欧几里得算法求乘法逆元的程序. □

定理 2.4.3 设 p 为大于 2 的素数，证明：方程 $x^2 \equiv 1 \pmod{p}$ 的解只有 $x \equiv 1 \pmod{p}$ 和 $x \equiv -1 \pmod{p}$.

证明 由 $x^2 \equiv 1 \pmod{p}$，有

$$x^2-1\equiv 0 \pmod p,$$

即

$$(x-1)(x+1)\equiv 0 \pmod p,$$

因此有三种可能：

$$p\mid(x-1)$$

或

$$p\mid(x+1)$$

或

$$p\mid(x-1) \text{ 且 } p\mid(x+1).$$

但若 $p\mid(x-1)$且 $p\mid(x+1)$，则存在两个整数 k 和 j，使得 $x+1=kp, x-1=jp$，两式相减得

$$2=(k-j)p,$$

注意到 k 和 j 为整数，p 为大于 2 的整数，$2=(k-j)p$ 不可能成立．所有只能有 $p\mid(x-1)$或 $p\mid(x+1)$两种可能，由 $p\mid(x-1)$可得 $x\equiv 1 \pmod p$，由 $p\mid(x+1)$可得 $x\equiv -1 \pmod p$，所以方程 $x^2\equiv 1 \pmod p$的解只有 $x\equiv 1 \pmod p$和 $x\equiv -1 \pmod p$．定理得证． □

定理 2.4.3 告诉我们，当 p 为大于 2 的素数时，p 的最小正缩系中模 p 的乘法逆元等于自身的元素只有 1 和 $p-1$.

定理 2.4.4 设 p 是一个素数，则$(p-1)! \equiv -1 \pmod p$.

证明 若 $p=2$，结论显然成立．

设 $p>2$，由定理 2.4.1，对于每个整数 a，$1\leqslant a<p$，存在唯一的整数 a'，$1\leqslant a'<p$，使得

$$aa'\equiv 1 \pmod p.$$

而 $a=a'$充要条件是 a 满足

$$a^2\equiv 1 \pmod p.$$

根据定理 2.4.3，这时有 $a\equiv 1 \pmod p$或 $a\equiv p-1 \pmod p$.

因此，当 $a\in\{2,3,\cdots,p-2\}$时，有 $a'\in\{2,3,\cdots,p-2\}$．我们将$\{2,3,\cdots,p-2\}$中的 a 与 a'两两配对，得到

$$\begin{aligned}1\times 2\times\cdots\times(p-2)(p-1) &\equiv 1\times\prod_a aa'(p-1) \pmod p\\ &\equiv 1\times(p-1) \pmod p\\ &\equiv -1 \pmod p.\end{aligned}$$

即$(p-1)! \equiv -1 \pmod p$，定理得证． □

这个定理又称为**威尔逊定理**．威尔逊定理给出了判定一个自然数是否为素数的充分必要条件．感兴趣的读者可以编程验证一下：对于素数 n，$(n-1)!+1$ 必是素数，而对于合数 n，$(n-1)!+1$ 是合数．

习题

A 组

1. 计算 $8\times 9\times 10\times 11\times 12\times 13 \pmod 7$.

2. 求 $229^{-1}(\bmod 281)$.

3. 求 $3\,169^{-1}(\bmod 3\,571)$.

4. 解方程 $105x+121y=1$.

5. 证明如果 p 是一个奇素数，则 $2(p-3)\equiv -1(\bmod p)$.

B 组

6. 证明如果 p 为素数，且 $0<k<p$，则 $(p-k)!(k-1)!\equiv(-1)^k(\bmod p)$.

7. 证明如果 p 为素数，则 $p\mid[a^p+(p-1)!a]$.

8. 证明如果 p 是一个奇素数，则 $2\times(p-3)\equiv -1(\bmod p)$.

9. 设 p 为素数，且 $a_1,a_2,\cdots,a_p$ 和 $b_1,b_2,\cdots,b_p$ 为模 p 的完全剩余系，证明 $a_1b_1,a_2b_2,\cdots,a_pb_p$ 不是模 p 的一个完全剩余系．

10. 证明正整数 n 和 $n+2$ 是一对孪生素数，当且仅当 $4[(n-1)!+1]+n\equiv 0(\bmod n(n+2))$，$n\neq 1$.

11. 编写程序判断两个正整数 m，n 是否互素，如果互素，求出 $m^{-1}(\bmod n)$和 $n^{-1}(\bmod m)$.

12. 编写程序求所有小于给定正整数 n 的威尔逊素数．

Chapter 3

第3章 同余方程

求解同余方程的各种方法对许多密码算法的设计和分析具有重要作用．本章我们首先介绍同余方程和线性同余方程的基本概念和性质，然后讨论如何使用中国剩余定理求解线性同余方程组，接下来讨论二次同余方程的解法——二次剩余理论，并引入与二次剩余相关的运算函数，即勒让德符号与雅可比符号．最后，我们讨论高次同余方程的解法．

学习本章之后，我们应该能够：

- 掌握线性同余方程、线性同余方程组和中国剩余定理的概念与性质，以及相应的求解方法；
- 掌握二次剩余的概念与性质，以及相关的计算方法和应用；
- 掌握勒让德符号和雅可比符号的概念和性质，以及相关的应用；
- 了解高次同余方程的概念和性质，以及方程的求解方法.

3.1 线性同余方程

上一章我们研究了同余的概念和一些性质，现在我们开始讨论在模 m 的情况下多项式方程的求解问题.

定义 3.1.1 设多项式

$$f(x)=a_nx^n+a_{n-1}x^{n-1}+\cdots+a_1x+a_0,$$

其中 $n>0, a_i(i=0,1,2,\cdots,n)$ 是整数，又设 $m>0$，则同余式

$$f(x)\equiv 0(\bmod m) \tag{3.1.1}$$

称为模 m 的**同余方程**．若 a_n 不能被 m 整除，则 n 称为 $f(x)$ 的**次数**，记为 $\deg f(x)$.

若 x_0 满足

$$f(x_0)\equiv 0(\bmod m),$$

则

$$x \equiv x_0 (\bmod m)$$

叫作同余方程的**解**．如果 $y_0 \equiv x_0 (\bmod m)$，那么必然有 $f(y_0) \equiv f(x_0) \equiv 0 (\bmod m)$，所以，同余方程不同的解是指模 m 互不同余的解．

由定义可知，要求解同余方程，只要将 $0,1,\cdots,m-1$ 逐个代入式(3.1.1)中进行验算即可．然而，当 m 较大时，巨大的计算量会令人望而却步.

例 3.1.1　求解同余方程 $x^4+3x^2-2x+1 \equiv 0 (\bmod 5)$.

解　求解此模 5 的 4 次同余方程，可将 0,1,2,3,4 逐个代入，由于

$$2^4+3\times 2^2-2\times 2+1=25\equiv 0(\bmod 5),$$

故 $x \equiv 2 (\bmod 5)$是该同余方程的解. □

例 3.1.2　求解同余方程 $x^2+1 \equiv 0 (\bmod 7)$.

解　这是一个模 7 的 2 次同余方程，由于将 $0,1,\cdots,6$ 逐个代入方程中均不满足，故此同余方程无解. □

下面我们讨论线性同余方程(也就是一次同余方程)的求解问题.

定理 3.1.1　设 $m>1$，并且$(a, m)=1$，则同余方程

$$ax \equiv b(\bmod m) \tag{3.1.2}$$

有且仅有一个解 $x \equiv ba^{\varphi(m)-1} (\bmod m)$.

证明　由于 $1,2,\cdots,m$ 组成一个模 m 的完全剩余系，又因为$(a,m)=1$，故 $a,2a,\cdots,ma$ 也组成一个模 m 的完全剩余系．所以，其中有且仅有一个数设为 $a\times j$，满足

$$a\times j \equiv b(\bmod m),$$

于是 $x \equiv j (\bmod m)$就是式(3.1.2)的唯一解.

因为

$$a^{\varphi(m)} \equiv 1(\bmod m),$$

所以，有

$$a^{\varphi(m)} b \equiv b(\bmod m),$$

即

$$a\cdot a^{\varphi(m)-1} b \equiv b(\bmod m),$$

故 $x \equiv ba^{\varphi(m)-1} (\bmod m)$是式(3.1.2)的唯一解. □

由定理 3.1.1 可推出，当 $m>1$，并且$(a,m)=1$ 时，$a^{-1} \equiv a^{\varphi(m)-1} (\bmod m)$.

定理 3.1.2　设 $m>1$，$(a,m)=d>1$，则式(3.1.2)有解的充要条件是 $d|b$. 并且在式(3.1.2)有解时，它的解的个数为 d，且若 $x \equiv x_0 (\bmod m)$是式(3.1.2)的特解，则它的 d 个解为

$$x \equiv x_0+\frac{m}{d}t(\bmod m),$$

其中 $t=0,1,2,\cdots,d-1$.

证明　先证必要性．如果式(3.1.2)有解 $x \equiv x_0 (\bmod m)$，则有

$$m|(ax_0-b),$$

又因为

$$d|m,$$

故

$$d \mid (ax_0 - b).$$

又因为 $d|a$，所以有 $d|b$.

再证充分性．如果 $d|b$，则 $\frac{b}{d}$ 为整数，又因为 $\left(\frac{a}{d},\frac{m}{d}\right)=1$，根据定理 3.1.1，同余方程

$$\frac{a}{d}x \equiv \frac{b}{d}\left(\bmod \frac{m}{d}\right)$$

有唯一解，由定理 2.1.7，这个解必满足式(3.1.2)，故式(3.1.2)有解.

若 $x\equiv x_0\left(\bmod \frac{m}{d}\right)$是同余方程

$$\frac{a}{d}x \equiv \frac{b}{d}\left(\bmod \frac{m}{d}\right)$$

的唯一解，则有以下 d 个模 m 不同余的整数

$$x_0, x_0+\frac{m}{d}, x_0+2\frac{m}{d}, \cdots, x_0+(d-1)\frac{m}{d},$$

是式(3.1.2)的解．由于

$$ax_0 \equiv b(\bmod m),$$

且显然有

$$at\frac{m}{d} \equiv 0(\bmod m), \quad t=0,\cdots,d-1,$$

故

$$a\left(x_0+t\frac{m}{d}\right) \equiv b(\bmod m),$$

于是 $x\equiv x_0+\frac{m}{d}t(\bmod m)$是式(3.1.2)的解．又由于

$$x_0, x_0+\frac{m}{d}, x_0+2\frac{m}{d}, \cdots, x_0+(d-1)\frac{m}{d}$$

两两模 m 不同余，且对于其他解，均可在以上这 d 个解中找到一个数与之模 m 同余，即式(3.1.2)式只有 d 个解．定理得证. □

例 3.1.3　求解一次同余方程 $28x\equiv 21(\bmod 35)$.

解　由于 $d=(28,35)=7$，且显然 21 能被 7 整除，故此同余方程有解.

先求出同余方程

$$4x \equiv 3(\bmod 5)$$

的解为 $x\equiv 2(\bmod 5)$，所以原同余方程

$$28x \equiv 21(\bmod 35)$$

的一个特解为 $x_0\equiv 2(\bmod 35)$.

因此原同余方程的全部解为

$$x \equiv 2+5t(\bmod 35), t=0,1,\cdots,4,5,6,$$

即 $x\equiv 2,7,12,17,22,27,32(\bmod 35)$. □

习题

A组

1. 求解下列一次同余方程：

   (1) $27x\equiv12(\bmod 15)$；
   (2) $24x\equiv6(\bmod 81)$；
   (3) $91x\equiv26(\bmod 169)$；
   (4) $71x\equiv32(\bmod 3\ 441)$.

2. 确定下面同余式的不同解的个数，无须求出解.

   (1) $72x\equiv47(\bmod 200)$；
   (2) $4\ 183x\equiv5\ 781(\bmod 15\ 087)$；
   (3) $1\ 537x\equiv2\ 863(\bmod 6\ 731)$.

3. 某天文学家知道某颗卫星绕地球运行的周期是 x 小时，x 是整数且小于24. 如果天文学家注意到卫星从某日0时至另外某日17时的时间间隔内完成11次周期运行，请问卫星的轨道周期是多少小时？

B组

4. 编程判断同余方程 $ax\equiv b(\bmod m)$ 是否有解，如果有解，求出所有的解.
5. 设 p 为一个奇素数，k 为一个正整数，证明同余方程 $x^2\equiv1(\bmod p^k)$ 正好有两个不同余的解，即 $x\equiv\pm1(\bmod p^k)$.
6. 如果在一个密码系统中，明文 x 被加密成密文 y，使得 $y\equiv7x+3(\bmod 26)$，那么由密文 y 解密得到明文 x 的公式是什么？

3.2 线性同余方程组与中国剩余定理

我国古代的一部优秀的数学著作《孙子算经》中，有一类叫作“物不知数”的问题，原文如下：

“今有物不知其数，三三数之剩二，五五数之剩三，七七数之剩二，问物几何？”

这个问题可以表达如下：现有一未知数，被3除余2，被5除余3，被7除余2，求此未知数．我国明代数学家程大位(字汝思，号宾渠，1533—1606)在《算法统宗》这部著作中，把解法用一首优美的诗来总结：

三人同行七十稀，五树梅花廿一枝，
七子团圆整半月，除百零五便得知．

这首诗的意思是，将此未知数被3除所得的余数乘70，被5除所得的余数乘21，被7除所得的余数乘15，再对它们求和，将和除以105，得到的余数即为所求未知数．于是，以上“物不知数”问题可求解如下：

$$2\times70+3\times21+2\times15=233,$$

将233除以105，余数23即为所求.

这个问题为什么可以这样求解？这是不是一种巧合？在这个问题中，我们遇到的是被3、5、7除，如果用其他的数代替3、5、7，能否有同样类似的解法？著名的中国剩余定理，也称为“孙子定理”，就是用来解决这类问题的.

这其实就是一个求一次同余方程组的问题，此同余方程组表示如下，注意其中每一行的模数各不相同而且两两互素：

$$\begin{cases} x \equiv 2 \pmod 3 \\ x \equiv 3 \pmod 5 \\ x \equiv 2 \pmod 7 \end{cases}$$

我们先来直观地看一下这个问题的解法，这个问题看上去是不好解的，但是如果我们换一个类似的问题，就会感觉好解了，例如

$$\begin{cases} x \equiv 0 \pmod 3 \\ x \equiv 0 \pmod 5 \\ x \equiv 0 \pmod 7 \end{cases}$$

由同余的概念马上可知道，$3|x,5|x,7|x$，所以 $3\times5\times7|x$，即 $105|x$，因此方程组的解必为

$$x \equiv 0 \pmod{105}.$$

让我们再换一个稍微复杂的问题

$$\begin{cases} a \equiv 1 \pmod 3 \\ a \equiv 0 \pmod 5 \\ a \equiv 0 \pmod 7 \end{cases}$$

类似于上面问题的思考思路，由第二和第三式知道 $5\times7|a$，即 $35|a$，也就是 a 为 35 的倍数，那么接下来要看 35 的倍数中哪些除以 3 余 1，也就是看 35 的倍数中哪些具有如下的性质

$$35 \times n \equiv 1 \pmod 3),$$

很明显 35 与 n 互为模 3 的逆元，35 本身不行，但是 70 就行了(注意这个时候 $n=2$)，从而 70 +105 的倍数也行，所以方程组的解必为

$$a \equiv 70 \pmod{105}.$$

同样的道理，对于方程组

$$\begin{cases} b \equiv 0 \pmod 3 \\ b \equiv 1 \pmod 5 \\ b \equiv 0 \pmod 7 \end{cases}$$

可得到解为

$$b \equiv 21 \pmod{105}.$$

对于方程组

$$\begin{cases} c \equiv 0 \pmod 3 \\ c \equiv 0 \pmod 5 \\ c \equiv 1 \pmod 7 \end{cases}$$

可得到解为

$$c \equiv 15 \pmod{105}.$$

另外，我们很容易观察到：

$$\begin{cases} 2a \equiv 2 \pmod 3 \\ 2a \equiv 0 \pmod 5 \\ 2a \equiv 0 \pmod 7 \end{cases}$$

$$\begin{cases} 3b \equiv 0 \pmod 3 \\ 3b \equiv 3 \pmod 5 \\ 3b \equiv 0 \pmod 7 \end{cases}$$

和

$$\begin{cases}2c \equiv 0 \pmod 3\\2c \equiv 0 \pmod 5\\2c \equiv 2 \pmod 7\end{cases}$$

所以，原来方程的解必为

$$x \equiv 2a + 3b + 2c \pmod{105}.$$

前面提及的实际数值解答为

$$x \equiv 2 \times 70 + 3 \times 21 + 2 \times 15 = 233 \equiv 23 \pmod{105}.$$

将此问题推广，我们可给出下面定理．

定理 3.2.1 设 $m_1, m_2, \cdots, m_k$ 是 k 个两两互素的正整数，若令

$$m = m_1 m_2 \cdots m_k,$$

$$M_i = m_1 m_2 \cdots m_{i-1} m_{i+1} \cdots m_k,$$

$$(即\ m = m_i M_i), i = 1, 2, \cdots, k$$

则对任意的整数 $b_1, b_1, \cdots, b_k$，同余方程组

$$\begin{cases}x \equiv b_1 \pmod{m_1}\\x \equiv b_2 \pmod{m_2}\\\qquad\vdots\\x \equiv b_k \pmod{m_k}\end{cases} \tag{3.2.1}$$

有唯一解

$$x \equiv M_1' M_1 b_1 + M_2' M_2 b_2 + \cdots + M_k' M_k b_k \pmod m, \tag{3.2.2}$$

其中

$$M_i' M_i \equiv 1 \pmod{m_i}, \quad i = 1, 2, \cdots, k.$$

证明 由于对任意给定的 i 和 j，若满足 $1 \leqslant i, j \leqslant k$ 且 $i \neq j$，则有

$$(m_i, m_j) = 1,$$

故

$$(m_i, M_i) = 1.$$

因此对每一个 M_i，存在一个唯一的 M_i'，$i=1,2,\cdots,k$，使得

$$M_i' M_i \equiv 1 \pmod{m_i}, \quad i = 1, 2, \cdots, k.$$

又由 $m = m_i M_i$，得到 $m_i \mid M_j, i \neq j$，因此

$$M_1' M_1 b_1 + M_2' M_2 b_2 + \cdots + M_k' M_k b_k \equiv M_i' M_i b_i \equiv b_i \pmod{m_i}, \quad i = 1, 2, \cdots, k,$$

即式(3.2.2)是式(3.2.1)的解．

再证明这个解的唯一性．设 x_1, x_2 是满足式(3.2.1)的任意两个整数，则

$$x_1 \equiv x_2 \equiv b_i \pmod{m_i}, \quad i = 1, 2, \cdots, k.$$

因为 $m_1, m_2, \cdots, m_k$ 是 k 个两两互素的正整数，根据定理 2.1.9，进而有

$$x_1 \equiv x_2 \pmod m,$$

即解是唯一的．定理得证． □

这个定理就是著名的**中国剩余定理**.

例 3.2.1 求解同余方程组

$$\begin{cases} x \equiv 1 \pmod 3 \\ x \equiv 2 \pmod 5 \\ x \equiv 4 \pmod 7 \\ x \equiv 6 \pmod{13} \end{cases}$$

解 利用定理3.2.1，其中$m_1=3, m_2=5, m_3=7, m_4=13$. 令$m=m_1m_2m_3m_4=1\ 365$，则

$$M_1 = m_2m_3m_4 = 455,\quad M_2 = m_1m_3m_4 = 273,$$
$$M_3 = m_1m_2m_4 = 195,\quad M_4 = m_1m_2m_3 = 105,$$

分别求解同余方程

$$M_i'M_i \equiv 1 \pmod{m_i},\quad i = 1,2,3,4,$$

得到

$$M_1' = 2,\ M_2' = 2,\ M_3' = 6,\ M_4' = 1,$$

故此同余方程组的解为

$$\begin{aligned} x &\equiv 2\times 455\times 1 + 2\times 273\times 2 + 6\times 195\times 4 + 1\times 105\times 6 \\ &\equiv 7\ 312 \equiv 487 \pmod{1\ 365}. \end{aligned}$$

□

定理 3.2.2 设$m_1, m_2, \cdots, m_k$是k个两两互素的正整数，令

$$m = m_1 m_2 \cdots m_k,$$
$$m = m_i M_i,$$
$$M_i'M_i \equiv 1 \pmod{m_i},\quad i = 1,2,\cdots,k,$$

若$b_1, b_2, \cdots, b_k$分别遍历模$m_1, m_2, \cdots, m_k$的完全剩余系，则

$$M_1'M_1b_1 + M_2'M_2b_2 + \cdots + M_k'M_kb_k$$

遍历模m的完全剩余系.

证明 令

$$x_0 = M_1'M_1b_1 + M_2'M_2b_2 + \cdots + M_k'M_kb_k \pmod m,$$

则当$b_1, b_2, \cdots, b_k$分别遍历模$m_1, m_2, \cdots, m_k$的完全剩余系时，x_0遍历m个整数．下面证明这m个整数两两模m不同余．若

$$M_1'M_1b_1 + \cdots + M_k'M_kb_k \equiv M_1'M_1b_1' + \cdots + M_k'M_kb_k' \pmod m,$$

其中b_i和b_i'在同一个模m_i的完全剩余系中取值，由于$m_i \mid m, m_i \mid M_j, i \neq j$，故根据定理2.1.8有

$$M_i'M_ib_i \equiv M_i'M_ib_i' \pmod{m_i},\quad i = 1,2,\cdots,k,$$

又因为

$$M_i'M_i \equiv 1 \pmod{m_i},\quad i = 1,2,\cdots,k,$$

所以

$$b_i \equiv b_i' \pmod{m_i},\quad i = 1,2,\cdots,k.$$

由于b_i和b_i'在同一个模m_i的完全剩余系中取值，故只能有

$$b_i = b_i',\quad i = 1,2,\cdots,k.$$

定理得证. □

以上定理可以看作是定理2.2.4的推广.

定理 3.2.3 同余方程组

$$\begin{cases} x \equiv b_1 \pmod{m_1} \\ x \equiv b_2 \pmod{m_2} \end{cases}$$

有解的充要条件是$(m_1, m_2) \mid (b_1 - b_2)$. 如果上述条件成立，则同余方程组模$[m_1, m_2]$有唯一解.

证明 设$(m_1, m_2) = d$，先证必要性. 若x_0为同余方程组的解，则有

$$x_0 \equiv b_1 \pmod{d}, \quad x_0 \equiv b_2 \pmod{d},$$

两式相减得$b_1 - b_2 \equiv 0 \pmod{d}$，因此$d \mid (b_1 - b_2)$.

再证充分性. 若$d \mid (b_1 - b_2)$，则因$x \equiv b_1 \pmod{m_1}$的解可写为

$$x = b_1 + m_1 y,$$

将其代入$x \equiv b_2 \pmod{m_2}$中可得

$$m_1 y \equiv b_2 - b_1 \pmod{m_2}.$$

因为$(m_1, m_2) = d$，$d \mid (b_2 - b_1)$，故上式有解，即原同余方程组有解.

设原同余方程组有两个解分别为x_1和x_2，则

$$x_1 - x_2 \equiv 0 \pmod{m_1}, \quad x_1 - x_2 \equiv 0 \pmod{m_2},$$

于是有$x_1 - x_2 \equiv 0 \pmod{[m_1, m_2]}$，即同余方程组模$[m_1, m_2]$有唯一解.

通过以上述定理可知，对于一次同余方程组

$$\begin{cases} x \equiv b_1 \pmod{m_1} \\ x \equiv b_2 \pmod{m_2} \\ \quad \vdots \\ x \equiv b_k \pmod{m_k} \end{cases}$$

其中$k \geqslant 3$，若$(m_1, m_2) \mid (b_1 - b_2)$，可先解前面两个方程得

$$x \equiv b_2' \pmod{[m_1, m_2]}.$$

若$([m_1, m_2], m_3) \mid (b_2' - b_3)$，则可再与后面的$x \equiv b_3 \pmod{m_3}$联立解得

$$x \equiv b_3' \pmod{[m_1, m_2, m_3]}.$$

以此类推，最后可得唯一解

$$x \equiv b_k' \pmod{[m_1, m_2, \cdots, m_k]}.$$

如果中间有一步出现无解，则原同余方程组无解. 定理得证. □

例 3.2.2 判断方程组

$$\begin{cases} x \equiv 11 \pmod{36} \\ x \equiv 7 \pmod{40} \\ x \equiv 32 \pmod{75} \end{cases}$$

是否有解.

解 $(36,40)=4, (36,75)=3, (40,75)=5$.

$$b_1 - b_2 = 11 - 7 = 4,$$

$$b_1 - b_3 = 11 - 32 = -21,$$

$$b_2 - b_3 = 7 - 32 = -25.$$

因此方程组肯定有解，因为方程组满足有解条件，即$4 \mid 4, 3 \mid -21, 5 \mid -25$. 且解的模数是

$[36,40,75]=1\ 800$. 这个方程的解为 $x\equiv 407 \pmod{1\ 800}$. 有兴趣的读者可以自行练习写出全部求解过程. □

定理 3.2.4　设 $m_1, m_2, \cdots, m_k$ 是 k 个两两互素的正整数，令 $m=m_1 m_2 \cdots m_k$，则同余方程

$$f(x)\equiv 0 \pmod{m} \tag{3.2.3}$$

与同余方程组

$$\begin{cases} f(x)\equiv 0 \pmod{m_1} \\ f(x)\equiv 0 \pmod{m_2} \\ \quad\vdots \\ f(x)\equiv 0 \pmod{m_k} \end{cases} \tag{3.2.4}$$

等价. 若用 T_i 表示同余方程

$$f(x)\equiv 0 \pmod{m_i}$$

的解数(即解的个数)，$i=1,2,\cdots,k$，用 T 表示式(3.2.3)的解数，则

$$T=T_1 T_2 \cdots T_k.$$

证明　设 x_0 为式(3.2.3)的解，则

$$f(x_0)\equiv 0 \pmod{m}.$$

由定理 2.1.8 可知

$$f(x_0)\equiv 0 \pmod{m_i},\quad i=1,2,\cdots,k,$$

即 x_0 亦为同余方程组(3.2.4)的解.

若 x_0 为同余方程组(3.2.4)的解，即

$$f(x_0)\equiv 0 \pmod{m_i},\quad i=1,2,\cdots,k.$$

由定理 2.1.9 可知

$$f(x_0)\equiv 0 \pmod{m},$$

即 x_0 亦为同余方程(3.2.3)的解.

设同余方程 $f(x)\equiv 0 \pmod{m_i}$ 的解为 b_i，$i=1,2,\cdots,k$. 由中国剩余定理可知同余方程组

$$\begin{cases} x\equiv b_1 \pmod{m_1} \\ x\equiv b_2 \pmod{m_2} \\ \quad\vdots \\ x\equiv b_k \pmod{m_k} \end{cases}$$

的解为

$$x\equiv M_1'M_1b_1+M_2'M_2b_2+\cdots+M_k'M_kb_k \pmod{m}.$$

由于

$$f(x)\equiv f(b_i)\equiv 0 \pmod{m_i},\quad i=1,2,\cdots,k,$$

故 x 亦为同余方程(3.2.3)的解. 于是当 b_i 遍历 $f(x)\equiv 0 \pmod{m_i}$ 的所有解时，x 遍历同余方程(3.2.3)的所有解. 于是，有 $T=T_1 T_2 \cdots T_k$. 定理得证. □

例 3.2.3　求解同余方程

$$x^4+2x^3+8x+9\equiv 0 \pmod{35}.$$

解　设 $f(x)=x^4+2x^3+8x+9$，由定理3.2.4知同余方程 $f(x)\equiv 0 \pmod{35}$ 等价于同余方程组

$$\begin{cases} f(x) \equiv 0 \pmod 5 \\ f(x) \equiv 0 \pmod 7 \end{cases}$$

用直接验算的方法很容易得到 $f(x)\equiv 0 \pmod 5$ 的解为

$$x \equiv 1,4 \pmod 5,$$

$f(x)\equiv 0 \pmod 7$ 的解为

$$x \equiv 3,5,6 \pmod 7.$$

由中国剩余定理，可求出同余方程组

$$\begin{cases} x \equiv b_1 \pmod 5 \\ x \equiv b_2 \pmod 7 \end{cases}$$

当 (b_1,b_2) 分别取 $(1,3)$，$(1,5)$，$(1,6)$，$(4,3)$，$(4,5)$，$(4,6)$ 时的解为

$$x \equiv 21b_1 + 15b_2 \equiv 31,26,6,24,19,34 \pmod{35}.$$

这6个解即为原同余方程的解.　□

这个定理使我们能够利用中国剩余定理来解单个的具有较大模数的线性同余方程，这种方法可能在计算上更有效率.

例3.2.4　求解 $13x\equiv 71 \pmod{380}$.

解　因为 $380=4\times5\times19$，所以它等价于如下方程组

$$\begin{cases} 13x \equiv 71 \pmod 4 \\ 13x \equiv 71 \pmod 5 \\ 13x \equiv 71 \pmod{19} \end{cases}$$

$$\Rightarrow \begin{cases} (4+4+4+1)x \equiv 71 \pmod 4 \\ (5+5+3)x \equiv 71 \pmod 5 \\ 13x \equiv 71 \pmod{19} \end{cases}$$

$$\Rightarrow \begin{cases} x \equiv 71 \pmod 4 \\ 3x \equiv 71 \pmod 5 \\ 13x \equiv 71 \pmod{19} \end{cases}$$

$$\Rightarrow \begin{cases} x \equiv 3 \pmod 4 \\ 3x \equiv 1 \pmod 5 \\ 13x \equiv 14 \pmod{19} \end{cases}$$

利用单同余方程式的解法可得到

$$\begin{cases} x \equiv 3 \pmod 4 \\ x \equiv 2 \pmod 5 \\ x \equiv 4 \pmod{19} \end{cases}$$

接着利用中国剩余定理求解即可，最后得到的解为

$$x \equiv 327 \pmod{380}.$$

□

前面讨论的同余方程组问题中，我们注意到方程组中每一行的模数都不相同，而且只有一个待解的未知元．还有另一类重要的多元线性同余方程组问题，不同之处在于这类问

题中的模数都相同，而且具有两个或者两个以上的未知元．这样的问题与我们在线性代数中学过的关于实数和复数的方程组问题非常相似，而且可以使用很多线性代数中向量和矩阵的表示及运算方法．下面通过实例来加深读者对此的理解．

例 3.2.5 在古典的 Hill 密码中，如果按对加密，则每一对明文组成的行向量用(x_1, x_2)来表示，加密后的密文对形成的行向量用(y_1, y_2)来表示，y_1, y_2 是由 x_1, x_2 的线性组合计算而来：

$$\begin{cases} y_1 \equiv 11x_1 + 3x_2 \pmod{26} \\ y_2 \equiv 8x_1 + 7x_2 \pmod{26} \end{cases}$$

使用矩阵表达即为

$$(y_1, y_2) \equiv (x_1, x_2)\begin{pmatrix} 11 & 8 \\ 3 & 7 \end{pmatrix} \pmod{26}.$$

其中的 2 乘 2 阶矩阵被称作密钥，那么如何解密，即如何由(y_1, y_2)来计算得到(x_1, x_2)呢？实际上，我们可以采用消元方法来解，先消去未知元 x_2 解得 x_1，然后采用同样的方法，先消去未知元 x_1 解得 x_2. 还可以利用逆矩阵的方法，即

$$(x_1, x_2) \equiv (y_1, y_2)\begin{pmatrix} 11 & 8 \\ 3 & 7 \end{pmatrix}^{-1} \pmod{26},$$

其中

$$\begin{pmatrix} 11 & 8 \\ 3 & 7 \end{pmatrix}^{-1} = \begin{pmatrix} 7 & 18 \\ 23 & 11 \end{pmatrix}.$$

我们可以验证一下这个逆矩阵的正确性：

$$\begin{aligned} & \begin{pmatrix} 11 & 8 \\ 3 & 7 \end{pmatrix}\begin{pmatrix} 7 & 18 \\ 23 & 11 \end{pmatrix} \\ = & \begin{pmatrix} 11 \times 7 + 8 \times 23 & 11 \times 18 + 8 \times 11 \\ 3 \times 7 + 7 \times 23 & 3 \times 18 + 7 \times 11 \end{pmatrix} \\ = & \begin{pmatrix} 261 & 286 \\ 182 & 131 \end{pmatrix} \\ \equiv & \begin{pmatrix} 1 & 0 \\ 0 & 1 \end{pmatrix} \pmod{26} \end{aligned}$$

两者的乘积是单位矩阵，说明它们互为逆矩阵.

如果明文是$(x_1, x_2) = (9, 20)$，计算过程如下：

$$(9, 20)\begin{pmatrix} 11 & 8 \\ 3 & 7 \end{pmatrix} = (99 + 60, 72 + 140) \equiv (3, 4) \pmod{26}.$$

则密文为(3，4). 反过来，接收方收到密文(3，4)后，希望恢复明文，计算过程如下：

$$(3, 4)\begin{pmatrix} 7 & 18 \\ 23 & 11 \end{pmatrix} = (21 + 92, 54 + 44) \equiv (9, 20) \pmod{26},$$

可见的确正确地恢复了明文(9,20). □

那么，在模 26 运算下，如何判断矩阵是否可逆，又如何计算可逆矩阵的逆矩阵呢？下面我们不加证明地给出有关定理.

定理 3.2.5 矩阵 $\boldsymbol{K}$ 在模 26 运算下存在可逆矩阵的充分必要条件是 $(\det \boldsymbol{K}, 26)=1$ ($\det \boldsymbol{K}$ 表示矩阵 $\boldsymbol{K}$ 的行列式的值).

定理 3.2.6 如果二阶矩阵

$$\boldsymbol{K}=\begin{pmatrix} k_{11} & k_{12} \\ k_{21} & k_{22} \end{pmatrix}$$

可逆，则其逆矩阵为

$$\boldsymbol{K}^{-1}=(\det \boldsymbol{K})^{-1}\begin{pmatrix} k_{22} & -k_{12} \\ -k_{21} & k_{11} \end{pmatrix} \pmod{26}.$$

习题

A 组

1. 求解以下同余方程组：

(1) $\begin{cases} x\equiv 9 \pmod{12} \\ x\equiv 6 \pmod{25} \end{cases}$

(2) $\begin{cases} x\equiv 4 \pmod{11} \\ x\equiv 3 \pmod{17} \end{cases}$

(3) $\begin{cases} x\equiv 2 \pmod{9} \\ 3x\equiv 4 \pmod{5} \\ 4x\equiv 3 \pmod{7} \end{cases}$

(4) $\begin{cases} x\equiv 5 \pmod{7} \\ x\equiv 12 \pmod{15} \\ x\equiv 18 \pmod{22} \end{cases}$

2. 求解以下同余方程组(注意不止一个解)：

$$\begin{cases} 2x\equiv 3 \pmod{5} \\ 4x\equiv 2 \pmod{6} \\ 3x\equiv 2 \pmod{7} \end{cases}$$

3. 有总数不满 50 人的一队士兵，一至三报数，最后一人报“一”；一至五报数，最后一人报“二”；一至七报数，最后一人也报“二”. 这队士兵有多少人？

4. 利用转化成联立方程组的方法解 $91x\equiv 419 \pmod{440}$.

5. 求解同余方程 $x^2+18x-823\equiv 0 \pmod{1\,800}$.

6. 对于同余方程组

$$\begin{cases} x\equiv a_1 \pmod{m_1} \\ x\equiv a_2 \pmod{m_2} \end{cases}$$

(1) 证明上述方程组有一个解当且仅当 $(m_1,m_2)\mid(a_1-a_2)$；

(2) 证明当上述方程组有解时，该解模 $[m_1,m_2]$ 是唯一的.

B 组

7. 一个数被 3,5,7,11 除所得的余数均为 2，且为 13 的倍数，求出符合上述条件的最小正整数.

8. 已知有相邻的 4 个正整数，它们依次可被 $2^2,3^2,5^2$ 及 7^2 整除，求出符合上述条件的最小一组正整数 .

9. 对于同余方程组

$$\begin{cases} x\equiv a_1 \pmod{m_1} \\ x\equiv a_2 \pmod{m_2} \\ \quad\vdots \\ x\equiv a_r \pmod{m_r} \end{cases}$$

(1) 证明上述方程组有一个解当且仅当对于所有的(i,j)都满足$(m_i,m_j)\mid(a_i-a_j)$，其中$1\leqslant i<j\leqslant r$；

(2) 证明当上述方程组有解时，该解模$[m_1,m_2,\cdots,m_r]$是唯一的．

10. 编程实现中国剩余定理.

11. 已知 Hill 密码中的明文分组长度是 2，密钥 $\boldsymbol{K}$ 是一个 2 阶可逆方阵．假设明文 3,14,2,19 所对应的密文是 1,14,11,21，试求密钥 $\boldsymbol{K}$.

3.3 二次剩余

本节介绍二次同余方程的解法——二次剩余理论．二次剩余理论在数论中有着广泛应用，是现代类域论的雏形，在椭圆曲线密码学中也有重要的应用．另外，二次剩余还应用于 Rabin 公钥密码算法中．

我们在中学学过一元二次方程理论，我们知道，对于实系数一元二次方程的根，存在判别式用于判断它有没有根，有几个根；如果有根，可以用求根公式求出它的全部根．但是到目前为止，人们还没有找到具有普遍性的有效方法来求解一般的多项式同余方程．除了求根方法的问题以外，还有一个与之相关的问题，即在没有求出方程的根的时候，是否存在一个有效的方法来判断方程的可解性，也就是判断方程有没有解．二次同余方程在后面这个问题上有比较丰富的理论，其核心就是本节的二次剩余和 3.4 节的二次互反律．

设 m 是大于 1 的整数，a 是与 m 互素的整数，若

$$x^2\equiv a(\bmod m) \tag{3.3.1}$$

有解，则 a 叫作模 m 的**二次剩余，或平方剩余**．否则，a 叫作模 m 的**二次非剩余，或平方非剩余**．

下面关于一般形式的二次同余方程的讨论将使我们看到二次同余方程的可解性与二次剩余的概念是紧密联系在一起的．

考虑下面的二次同余方程

$$ax^2+bx+c\equiv 0(\bmod p) \tag{3.3.2}$$

其中 p 是一个奇素数且 $a\not\equiv 0(\bmod p)$，即$(a,p)=1$. 所以$(4a,p)=1$. 因此，方程(3.3.2)与下面的方程等价

$$4a(ax^2+bx+c)\equiv 0(\bmod p),$$

即

$$(2ax+b)^2-(b^2-4ac)\equiv 0(\bmod p),$$

移项后得到

$$(2ax+b)^2\equiv(b^2-4ac)(\bmod p).$$

现在，令 $y=2ax+b,d=b^2-4ac$，则得到

$$y^2\equiv d(\bmod p) \tag{3.3.3}$$

如果 $x\equiv x_0(\bmod p)$是方程(3.3.2)的一个解，那么任意整数 $y_0\equiv 2ax_0+b(\bmod p)$就是方程(3.3.3)的解．反过来，如果 $y\equiv y_0(\bmod p)$是方程(3.3.3)的一个解，那么下面的线性同余方程

$$2ax\equiv y_0-b(\bmod p)$$

的解

$$x \equiv x_0 = (2a)^{-1}(y_0 - b) \pmod{p}$$

就是原方程(3.3.2)的一个解.

例 3.3.1　求解二次同余方程 $5x^2-6x+2\equiv 0 \pmod{13}$.

解　$d=b^2-4ac=36-40=-4$，因此我们需要先解如下的具有简单形式的二次同余方程

$$y^2 \equiv -4 \equiv 9 \pmod{13},$$

它的解是 $y\equiv 3,10 \pmod{13}$. 接着需要分别求解两个线性同余方程

$$10x \equiv 9 \pmod{13},$$

和

$$10x \equiv 16 \pmod{13}.$$

由于10的逆元是4，所以这两个方程的解分别为 $x\equiv 10,12 \pmod{13}$. 这两个解就是原方程的解. □

上面的讨论说明模数为奇素数的一般形式的二次同余方程的可解性问题与 b^2-4ac 是否为二次剩余的问题是等价的. 根据高次同余方程的理论(参见3.6节高次同余方程的相关内容)可知，对于一般的模数来说，总可以将方程化为模数为素数幂的联立方程组，同时模数为素数幂的方程的解可以通过模数为素数的方程的解求得，此外模数为2的二次同余方程求解非常简单，因此，讨论模数为奇素数的二次同余方程的可解性是至关重要的. 相应地，我们将着重讨论模数为奇素数的二次剩余问题，即

$$x^2 \equiv a \pmod{p}, \tag{3.3.4}$$

其中 p 是奇素数.

例 3.3.2　求模13的二次剩余和二次非剩余.

解　首先，我们注意到如果 $a\equiv b \pmod{13}$，那么 a 是模13的二次剩余当且仅当 b 是模13的二次剩余. 因此，我们只需要在1～12的范围内找模13的二次剩余. 通过计算得到

$$1^2 \equiv 12^2 \equiv 1 \pmod{13},$$
$$2^2 \equiv 11^2 \equiv 4 \pmod{13},$$
$$3^2 \equiv 10^2 \equiv 9 \pmod{13},$$
$$4^2 \equiv 9^2 \equiv 3 \pmod{13},$$
$$5^2 \equiv 8^2 \equiv 12 \pmod{13},$$
$$6^2 \equiv 7^2 \equiv 10 \pmod{13},$$

所以，模13的二次剩余是1,3,4,9,10,12. 当然，模13的二次非剩余是2,5,6,7,8,11.

同理可验证，模17的二次剩余是1,2,4,8,9,13,15,16，模17的二次非剩余是3,5,6,7,10,11,12,14；模19的二次剩余是1,4,5,6,7,9,11,16,17，模19的二次非剩余是2,3,8,10,12,13,14,15,18. □

下面，我们给出二次剩余的**欧拉判别条件**，即定理3.3.1.

定理 3.3.1　设 p 是奇素数，$(a,p)=1$，则

(1) a 是模 p 的二次剩余的充要条件是

$$a^{\frac{p-1}{2}} \equiv 1(\bmod p);$$

(2) a 是模 p 的二次非剩余的充要条件是

$$a^{\frac{p-1}{2}} \equiv -1(\bmod p).$$

并且当 a 是模 p 的二次剩余时，式(3.3.4)恰有两解.

证明 (1) 先证必要性．若 a 是模 p 的二次剩余，则有整数 x 满足

$$x^2 \equiv a(\bmod p).$$

因为$(a,p)=1$，所以$(x,p)=1$，应用欧拉定理，可知

$$a^{\frac{p-1}{2}} \equiv (x^2)^{\frac{p-1}{2}} \equiv x^{p-1} \equiv 1(\bmod p).$$

再证充分性．用反证法，假设满足

$$a^{\frac{p-1}{2}} \equiv 1(\bmod p),$$

即 a 不是模 p 的二次剩余．考虑线性同余方程 $sx\equiv a(\bmod p)$，由定理 3.1.1 可知，当 s 从 p 的最小正缩系中取值时，方程 $sx\equiv a(\bmod p)$必有唯一解．亦即 s 取 p 的最小正缩系中的每个元素 i，必有唯一的 $x=x_i$属于 p 的最小正缩系，使得 $sx\equiv a(\bmod p)$成立；若 a 不是模 p 的二次剩余，则 $i\neq x_i$，这样 p 的最小正缩系中的 $p-1$ 个数可以按$<i,x_i>$两两配对相乘，得到

$$(p-1)! \equiv a^{\frac{p-1}{2}}(\bmod p),$$

由威尔逊定理$(p-1)! \equiv -1(\bmod p)$，所以有

$$a^{\frac{p-1}{2}} \equiv -1(\bmod p),$$

这与条件 $a^{(p-1)/2}\equiv 1(\bmod p)$矛盾．所以必定存在一个 i，使得 $i=x_i$，即 a 是模 p 的二次剩余．

(2) 由于 a 与 p 互素，根据欧拉定理，可知

$$a^{p-1} \equiv 1(\bmod p),$$

即 $p\mid(a^{p-1}-1)$．由定理 2.4.3 有

$$p\mid(a^{\frac{p-1}{2}}-1) \quad 或 \quad p\mid(a^{\frac{p-1}{2}}+1).$$

根据(1)的证明，可知 a 是模 p 的二次非剩余的充要条件是

$$p\mid(a^{\frac{p-1}{2}}+1),$$

即

$$a^{\frac{p-1}{2}} \equiv -1(\bmod p).$$

定理得证． □

例 3.3.3 利用欧拉判别条件判断 2 和 3 是否为模 13 的二次剩余或者二次非剩余．

解 由于

$$2^{\frac{(13-1)}{2}} = 2^6 = 64 \equiv 12 \equiv -1(\bmod 13),$$

所以 2 是模 13 的二次非剩余．而

$$3^{\frac{(13-1)}{2}} = 3^6 = 27^2 \equiv 1^2 \equiv 1(\bmod 13),$$

所以 3 是模 13 的二次剩余．此时，$x^2\equiv 3(\bmod 13)$必有两个解，在例 3.3.2 中我们已经知道解为 4 和 9. □

定理 3.3.2 设 p 是奇素数，则模 p 的缩系中二次剩余与非二次剩余的个数各为 $\frac{p-1}{2}$，且 $\frac{p-1}{2}$ 个二次剩余分别与序列

$$1^2, 2^2, \cdots, \left(\frac{p-1}{2}\right)^2 \tag{3.3.5}$$

中的一个数模 p 同余，且仅与一个数模 p 同余．

证明 取模 p 的绝对值最小的缩系

$$-\frac{p-1}{2}, -\frac{p-1}{2}+1, \cdots, -1, 1, \cdots, \frac{p-1}{2}-1, \frac{p-1}{2}$$

来讨论．a 是模 p 的二次剩余当且仅当 a 的值为以下数列

$$\left(-\frac{p-1}{2}\right)^2, \left(-\frac{p-1}{2}+1\right)^2, \cdots, (-1)^2, (1)^2, \cdots, \left(\frac{p-1}{2}-1\right)^2, \left(\frac{p-1}{2}\right)^2 \pmod p$$

中的某一项，而 $(-i)^2 = i^2 \pmod p$，所以 a 是模 p 的二次剩余当且仅当 a 的值为以下数列

$$(1)^2, \cdots, \left(\frac{p-1}{2}-1\right)^2, \left(\frac{p-1}{2}\right)^2 \pmod p$$

中的某一项，又因为 $1 \leqslant i < j \leqslant \frac{p-1}{2}$ 时，$i^2 \not\equiv j^2 \pmod p$，所以模 p 的全部二次剩余即

$$(1)^2, \cdots, \left(\frac{p-1}{2}-1\right)^2, \left(\frac{p-1}{2}\right)^2 \pmod p$$

共有 $\frac{p-1}{2}$ 个，模 p 的二次非剩余共有 $(p-1)-\frac{p-1}{2}=\frac{p-1}{2}$ 个．定理得证． □

例 3.3.2 很好地验证了这个定理．

习题

A 组

1. 求 23,31,37,47 的二次剩余和二次非剩余．
2. 求满足方程 $E: y^2 = x^3 - 3x + 1 \pmod 7$ 的所有点．
3. 求满足方程 $E: y^2 = x^3 + 3x + 2 \pmod 7$ 的所有点．
4. 利用欧拉判别条件判断 2 是否为 29 的二次剩余．

B 组

5. 设 p 为奇素数，证明 -1 是模 p 的二次剩余的充要条件．
6. 编写程序使用欧拉判别条件判别输入的 a 是模 p 二次剩余，或是二次非剩余，如果是二次剩余，输出 $x^2 \equiv a \pmod p$ 的两个解．

3.4 勒让德符号与二次互反律

3.4.1 勒让德符号

3.3 节虽然给出了模 p 的二次剩余的欧拉判别条件，但是当 p 比较大时，很难实际应用．现在我们引入由大数学家勒让德于 1798 年发明的勒让德符号，以此给出一个比较便于实际计算的二次剩余判别方法．

定义 3.4.1 设 p 是奇素数，$(a,p)=1$，定义**勒让德**(Legendre)**符号**如下：

$$\left(\frac{a}{p}\right)=\begin{cases}1, & 若 a 是模 p 的二次剩余；\\ -1, & 若 a 是模 p 的二次非剩余.\end{cases}$$

注：$\left(\frac{a}{p}\right)$读作 a 对 p 的勒让德符号.

例 3.4.1 利用例 3.3.2 写出对 13 的勒让德符号.

解 $\left(\frac{1}{13}\right)=\left(\frac{3}{13}\right)=\left(\frac{4}{13}\right)=\left(\frac{9}{13}\right)=\left(\frac{10}{13}\right)=\left(\frac{12}{13}\right)=1,$

$\left(\frac{2}{13}\right)=\left(\frac{5}{13}\right)=\left(\frac{6}{13}\right)=\left(\frac{7}{13}\right)=\left(\frac{8}{13}\right)=\left(\frac{11}{13}\right)=-1.$ □

利用勒让德符号，我们可以将定理 3.3.1 改写如下.

定理 3.4.1* 设 p 是奇素数，a 是与 p 互素的整数，则

$$\left(\frac{a}{p}\right)\equiv a^{\frac{p-1}{2}}(\bmod p).$$

显然，我们有$\left(\frac{1}{p}\right)=1.$

进一步，我们可以得出有关勒让德符号的一些性质.

定理 3.4.2 设 p 是奇素数，a,b 都是与 p 互素的整数，我们有

(1) 若 $a\equiv b(\bmod p)$，则 $\left(\frac{a}{p}\right)=\left(\frac{b}{p}\right)$；

(2) $\left(\frac{ab}{p}\right)=\left(\frac{a}{p}\right)\left(\frac{b}{p}\right)$；

(3) $\left(\frac{a^2}{p}\right)=1.$

证明 (1) 因为 $a\equiv b(\bmod p)$，所以同余方程

$$x^2\equiv a(\bmod p)$$

等价于同余方程

$$x^2\equiv b(\bmod p).$$

因此

$$\left(\frac{a}{p}\right)=\left(\frac{b}{p}\right).$$

(2) 根据欧拉判别条件，我们有

$$\left(\frac{a}{p}\right)\equiv a^{\frac{p-1}{2}}(\bmod p),\ \left(\frac{b}{p}\right)\equiv b^{\frac{p-1}{2}}(\bmod p),\ \left(\frac{ab}{p}\right)\equiv (ab)^{\frac{p-1}{2}}(\bmod p).$$

因此

$$\left(\frac{ab}{p}\right)\equiv (ab)^{\frac{p-1}{2}}=a^{\frac{p-1}{2}}b^{\frac{p-1}{2}}\equiv\left(\frac{a}{p}\right)\left(\frac{b}{p}\right)(\bmod p).$$

由于勒让德符号取值只有±1，且 p 是奇素数，故

$$\left(\frac{ab}{p}\right)=\left(\frac{a}{p}\right)\left(\frac{b}{p}\right).$$

(**注**：这一结论可得出推论 3.4.1.)

(3) 显然，a^2 是模 p 的二次剩余，所以必有

$$\left(\frac{a^2}{p}\right)=1.$$

定理得证． □

推论 3.4.1　设 p 是奇素数，a,b 都是与 p 互素的整数，那么

(1) 若 a,b 均为模 p 的二次剩余，则 ab 也是模 p 的二次剩余；

(2) 若 a,b 均为模 p 的二次非剩余，则 ab 是模 p 的二次剩余；

(3) 若 a,b 中有一个为模 p 的二次剩余，另一个为模 p 的二次非剩余，则 ab 是模 p 的二次非剩余．

证明　由定理 3.4.2，结论很显然． □

当 $a=\pm 2^k q_1^{l_1} q_2^{l_2}\cdots q_s^{l_s}$，其中 $q_i(i=1,2,\cdots,s)$ 为不同的奇素数，根据上面的定理，我们有

$$\left(\frac{a}{p}\right)=\left(\frac{\pm 1}{p}\right)\left(\frac{2}{p}\right)^k\left(\frac{q_1}{p}\right)^{l_1}\cdots\left(\frac{q_s}{p}\right)^{l_s}.$$

因为 $\left(\frac{1}{p}\right)=1$，所以任给一个与 p 互素的整数 a，计算 $\left(\frac{a}{p}\right)$ 时，只需算出以下三种值：

$$\left(\frac{-1}{p}\right),\left(\frac{2}{p}\right),\left(\frac{q}{p}\right)(q\text{ 为奇素数}).$$

需要注意的是，这种计算方法依赖于对 a 的因子分解，而目前还没有找到高效的因子分解方法，因此这里的勒让德符号的计算方法对大的模数 p 和整数 a 来说不切实际．

根据欧拉判别条件，显然我们可得出以下定理．

定理 3.4.3　设 p 是奇素数，我们有

$$\left(\frac{-1}{p}\right)=(-1)^{\frac{p-1}{2}}=\begin{cases}1, p\equiv 1(\bmod 4),\\ -1, p\equiv 3(\bmod 4).\end{cases}$$

例 3.4.2　判断 $x^2\equiv -46(\bmod 17)$ 是否有解．

解　$\left(\frac{-46}{17}\right)=\left(\frac{-1}{17}\right)\left(\frac{46}{17}\right)=\left(\frac{46}{17}\right)=\left(\frac{17\times 2+12}{17}\right)=\left(\frac{12}{17}\right)=\left(\frac{3}{17}\right)\left(\frac{2^2}{17}\right)=\left(\frac{3}{17}\right)$，而 $\left(\frac{3}{17}\right)\equiv 3^{\frac{17-1}{2}}=3^8=81^2\equiv -1(\bmod 17)$，所以原方程无解． □

3.4.2 高斯引理

关于勒让德符号计算，古典数论得出了非常精彩的研究成果．为此，我们先介绍德国数学家高斯关于二次剩余的**高斯引理**．

定理 3.4.4(高斯引理)　设 p 是奇素数，a 是与 p 互素的整数，如果下列 $\frac{p-1}{2}$ 个整数

$$a\cdot 1, a\cdot 2, a\cdot 3,\cdots, a\cdot\frac{p-1}{2}$$

模 p 后得到的最小正剩余中大于 $\frac{p}{2}$ 的个数是 m，则

$$\left(\frac{a}{p}\right)=(-1)^m.$$

证明 设 $a_1, a_2, \cdots, a_l$ 是整数

$$a \cdot 1, a \cdot 2, a \cdot 3, \cdots, a \cdot \frac{p-1}{2}$$

模 p 后小于 $\frac{p}{2}$ 的最小正剩余，$b_1, b_2, \cdots, b_m$ 是这些整数模 p 后大于 $\frac{p}{2}$ 的最小正剩余，显然

$$l + m = \frac{p-1}{2},$$

则原来的 $\frac{p-1}{2}$ 个整数之积和相应的最小正剩余之间具有如下关系

$$a^{\frac{p-1}{2}}\left(\frac{p-1}{2}\right)! = \prod_{k=1}^{\frac{p-1}{2}} ak \equiv \prod_{i=1}^{l} a_i \prod_{j=1}^{m} b_j \equiv (-1)^m \prod_{i=1}^{l} a_i \prod_{j=1}^{m} (p - b_j) (\bmod p).$$

下面证明 $a_1, a_2, \cdots, a_l, p-b_1, p-b_2, \cdots, p-b_m$ 两两互不相等，这只需证明

$$a_s \neq p - b_t, \quad s = 1, 2, \cdots, l, \quad t = 1, 2, \cdots, m.$$

用反证法，假设存在

$$a_s = p - b_t,$$

则有

$$ak_i \equiv p - ak_j (\bmod p),$$

即

$$ak_i + ak_j \equiv 0 (\bmod p),$$

于是

$$k_i + k_j \equiv 0 (\bmod p),$$

即有 $p \mid (k_i + k_j)$.

因为

$$1 \leqslant k_i \leqslant \frac{p-1}{2}, \quad i = 1, 2, \cdots, \frac{p-1}{2},$$

$$1 \leqslant k_j \leqslant \frac{p-1}{2}, \quad j = 1, 2, \cdots, \frac{p-1}{2},$$

所以

$$1 \leqslant k_i + k_j \leqslant \frac{p-1}{2} + \frac{p-1}{2} < p,$$

这与 $p \mid (k_i + k_j)$ 矛盾，故假设不成立．因此，$a_1, a_2, \cdots, a_l, p-b_1, p-b_2, \cdots, p-b_m$ 这 $\frac{p-1}{2}$ 个整数两两互不相等．

由于

$$1 \leqslant a_s \leqslant \frac{p-1}{2}, \quad s = 1, 2, \cdots, l,$$

$$1 \leqslant p - b_t \leqslant \frac{p-1}{2}, \quad t = 1, 2, \cdots, m,$$

故 $a_1, a_2, \cdots, a_l, p-b_1, p-b_2, \cdots, p-b_m$ 这 $\frac{p-1}{2}$ 个整数就是 $1, 2, \cdots, \frac{p-1}{2}$ 的一个排列，于是

$$a^{\frac{p-1}{2}}\left(\frac{p-1}{2}\right)! \equiv (-1)^m \prod_{i=1}^{l} a_i \prod_{j=1}^{m}(p-b_j) = (-1)^m \left(\frac{p-1}{2}\right)! \pmod p,$$

则

$$a^{\frac{p-1}{2}} \equiv (-1)^m \pmod p.$$

再根据欧拉判别条件，我们有

$$\left(\frac{a}{p}\right) = (-1)^m.$$

定理得证．□

例 3.4.3　利用高斯引理判断 5 是否为模 13 的二次剩余．

解　按照高斯引理，我们首先得到$(13-1)/2=6$个整数，即 5,10,15,20,25,30，模 13 化简得到的最小正剩余为 5,10,2,7,12,4，其中 3 个大于 13/2，所以

$$\left(\frac{5}{13}\right) = (-1)^3 = -1,$$

即 5 不是模 13 的二次剩余．□

定理 3.4.5　设 p 是奇素数，则有

$$\left(\frac{2}{p}\right) = (-1)^{\frac{p^2-1}{8}} = \begin{cases} 1, & p \equiv \pm 1 \pmod 8; \\ -1, & p \equiv \pm 3 \pmod 8). \end{cases}$$

证明　由高斯引理，考虑

$$2\times 1, 2\times 2, 2\times 3, \cdots, 2\times \frac{p-1}{2}$$

模 p 后得到的最小正剩余中大于$\frac{p}{2}$的个数是 m，该数列中最大的数为

$$2\cdot \frac{p-1}{2} = p-1 < p,$$

故不需要考虑模 p 问题．这些形如 $2k\left(k=1,2,\cdots,\frac{p-1}{2}\right)$的数，要满足大于$\frac{p}{2}$且小于 p，则有

$$\frac{p}{2} < 2k < p,$$

于是

$$m = \left\lfloor \frac{p}{2} \right\rfloor - \left\lfloor \frac{p}{4} \right\rfloor.$$

其中符号$\lfloor x \rfloor$表示对 x 下取整．我们在 C 语言课程中学过，对二进制形式的整数右移一个比特，相当于对它除以 2 后下取整．我们可以利用这一性质来求 m 的值．注意到 p 是奇数，设 p 的二进制表示形式为$(x_n\cdots x_3x_2x_1 1)_2$，我们有

$$m = (x_n\cdots x_3x_2x_1)_2 - (x_n\cdots x_3x_2)_2$$

当 $x_1=x_2$ 时，m 二进制表示形式的最后一个比特为 0，因此 m 为偶数；若 2 是模 p 的二次剩余，则此时有

$$p = (x_n\cdots x_4 001)_2 \text{ 或者 } p = (x_n\cdots x_4 111)_2$$

即 $p\equiv \pm 1 \pmod 8$.

当 $x_1 \neq x_2$ 时，m 二进制表示形式的最后一个比特为 1，因此 m 为奇数；若 2 是模 p 的二次非剩余，则此时有

$$p = (x_n \cdots x_4 101)_2 \quad 或者 \quad p = (x_n \cdots x_4 011)_2$$

即 $p \equiv \pm 3 \pmod 8$，定理得证． □

定理 3.4.6 设 p 是奇素数，$(a,2p)=1$，则 $\left(\frac{a}{p}\right) = (-1)^{\sum_{k=1}^{\frac{p-1}{2}}\left[\frac{ak}{p}\right]}$.

证明 由于当$(a,p)=1$ 时，

$$ak = p\left[\frac{ak}{p}\right] + r_k, \quad 0 < r_k < p, \quad k = 1,2,\cdots,\frac{p-1}{2},$$

对 $k=1,2,\cdots,\frac{p-1}{2}$求和，并利用高斯引理的证明中的符号，我们有

$$\begin{aligned} a\frac{p^2-1}{8} &= p\sum_{k=1}^{\frac{p-1}{2}}\left[\frac{ak}{p}\right] + \sum_{i=1}^{l} a_i + \sum_{j=1}^{m} b_j \\ &= p\sum_{k=1}^{\frac{p-1}{2}}\left[\frac{ak}{p}\right] + \sum_{i=1}^{l} a_i + \sum_{j=1}^{m}(p-b_j) + 2\sum_{j=1}^{m} b_j - mp \\ &= p\sum_{k=1}^{\frac{p-1}{2}}\left[\frac{ak}{p}\right] + \frac{p^2-1}{8} - mp + 2\sum_{j=1}^{m} b_j \end{aligned}$$

于是，

$$(a-1)\frac{p^2-1}{8} = p\sum_{k=1}^{\frac{p-1}{2}}\left[\frac{ak}{p}\right] - mp + 2\sum_{j=1}^{m} b_j.$$

因为对每个奇素数 p，都有正整数 d 使

$$p = 2d+1,$$

则有

$$(a-1)\frac{p^2-1}{8} = \sum_{k=1}^{\frac{p-1}{2}}\left[\frac{ak}{p}\right] + m + 2\left(\sum_{j=1}^{m} b_j + d\sum_{k=1}^{\frac{p-1}{2}}\left[\frac{ak}{p}\right] - (d+1)m\right),$$

因此，我们有

$$(a-1)\frac{p^2-1}{8} \equiv \sum_{k=1}^{\frac{p-1}{2}}\left[\frac{ak}{p}\right] + m \pmod 2.$$

若 a 为奇数，即$(a,2p)=1$ 时，有 $a-1 \equiv 0 \pmod 2$，因此有

$$\sum_{k=1}^{\frac{p-1}{2}}\left[\frac{ak}{p}\right] + m \equiv 0 \pmod 2,$$

所以上式中两个加数必然同为奇数或者偶数，即

$$m \equiv \sum_{k=1}^{\frac{p-1}{2}}\left[\frac{ak}{p}\right] \pmod 2.$$

再根据高斯引理，可知

$$\left(\frac{a}{p}\right)=(-1)^m=(-1)^{\sum_{k=1}^{\frac{p-1}{2}}\left\lfloor\frac{ak}{p}\right\rfloor}.$$

定理得证．□

3.4.3　二次互反律

下面我们给出用于计算勒让德符号的著名的**二次互反律**．通过引入二次互反律，可以将模数较大的二次剩余判别问题转换为模数较小的二次剩余判别问题，从而提高勒让德符号的计算效率.

定理 3.4.7　设 p,q 是奇素数，$p\neq q$，则

$$\left(\frac{p}{q}\right)\left(\frac{q}{p}\right)=(-1)^{\frac{p-1}{2}\cdot\frac{q-1}{2}}.$$

证明　因为 p，q 是奇素数，所以

$$(q,2p)=1,\ (p,2q)=1,$$

于是分别有

$$\left(\frac{q}{p}\right)=(-1)^{\sum_{h=1}^{\frac{p-1}{2}}\left\lfloor\frac{qh}{p}\right\rfloor},\quad \left(\frac{p}{q}\right)=(-1)^{\sum_{k=1}^{\frac{q-1}{2}}\left\lfloor\frac{pk}{q}\right\rfloor},$$

因此只需证明

$$\sum_{h=1}^{\frac{p-1}{2}}\left\lfloor\frac{qh}{p}\right\rfloor+\sum_{k=1}^{\frac{q-1}{2}}\left\lfloor\frac{pk}{q}\right\rfloor=\frac{p-1}{2}\cdot\frac{q-1}{2}$$

即可．

考察长为$\frac{p}{2}$、宽为$\frac{q}{2}$的长方形内的整数点个数，如图 3.4.1 所示．

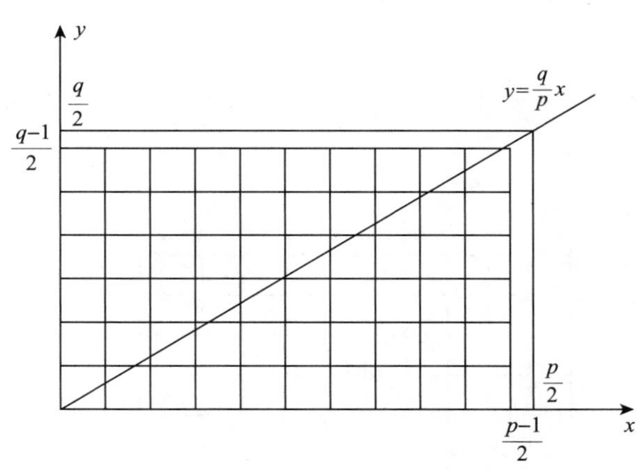

图 3.4.1　长为$\frac{p}{2}$、宽为$\frac{q}{2}$的长方形内的整数点个数(一)

设点 S 的坐标为$(h,0)$，点 T 是直线 $x=h$ 与直线 $y=\frac{q}{p}x$ 的交点，其中 h 为整数，且 $0\leqslant h\leqslant\frac{p-1}{2}$，如图 3.4.2 所示．

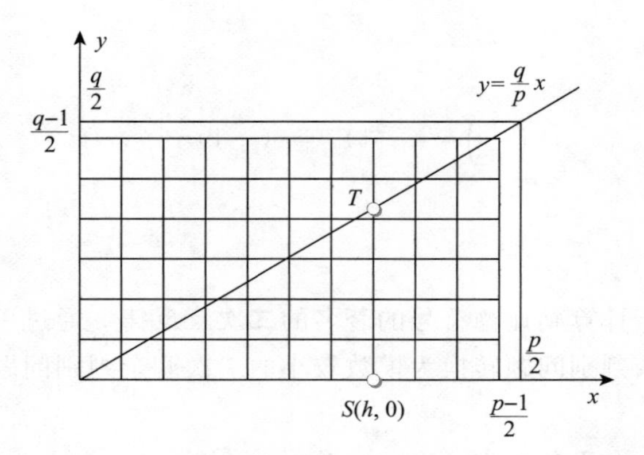

图 3.4.2　长为$\frac{p}{2}$、宽为$\frac{q}{2}$的长方形内的整数点个数(二)

则在垂直直线 ST 上，整数点个数为$\left\lfloor\frac{qh}{p}\right\rfloor$，为图 3.4.3 中灰色实心点的个数．

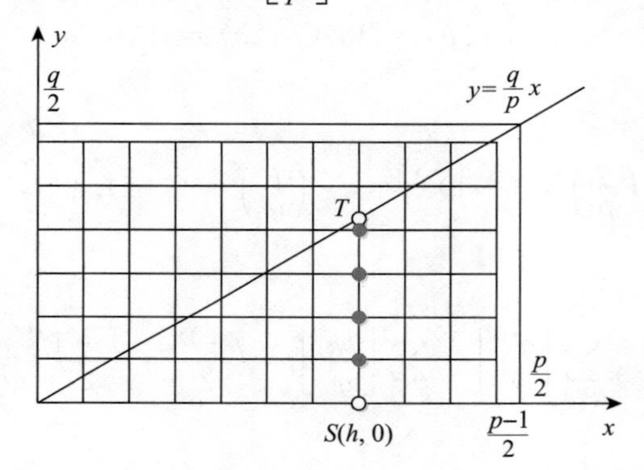

图 3.4.3　长为$\frac{p}{2}$、宽为$\frac{q}{2}$的长方形内的整数点个数(三)

于是，下三角形内的整数点个数为$\sum_{h=1}^{\frac{p-1}{2}}\left\lfloor\frac{qh}{p}\right\rfloor$，如图 3.4.4 中的灰色实心点所示．

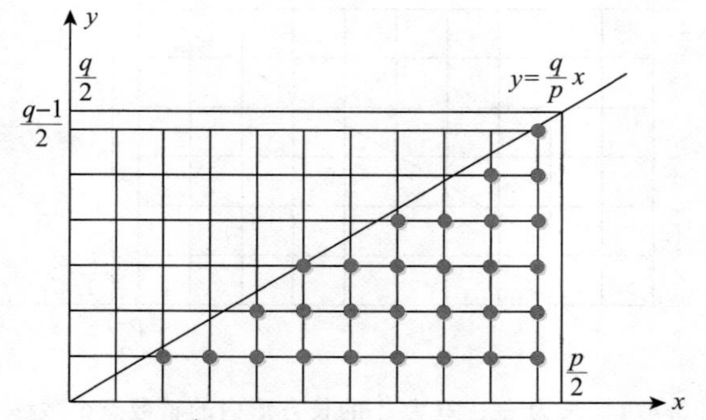

图 3.4.4　长为$\frac{p}{2}$、宽为$\frac{q}{2}$的长方形内的整数点个数(四)

同理，设点 N 的坐标为$(0,k)$，点 M 是直线 $y=k$ 与直线 $y=\frac{q}{p}x$ 的交点，其中 k 为整数，且 $0\leqslant k\leqslant\frac{q-1}{2}$，如图 3.4.5 所示．

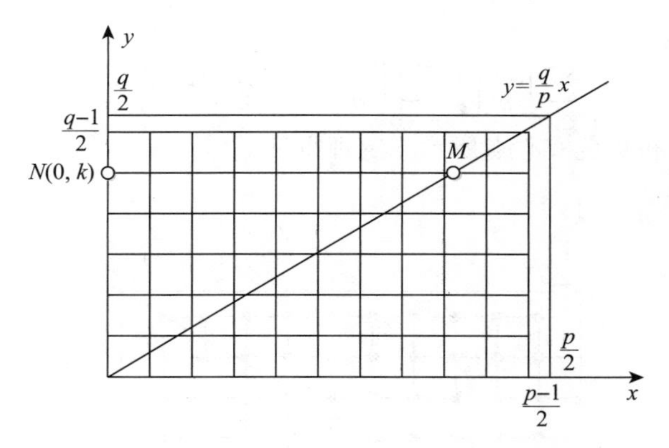

图 3.4.5　长为$\frac{p}{2}$、宽为$\frac{q}{2}$的长方形内的整数点个数(五)

在水平直线 NM 上，整数点个数为$\left\lfloor\frac{pk}{q}\right\rfloor$，如图 3.4.6 中的黑色实心点所示．

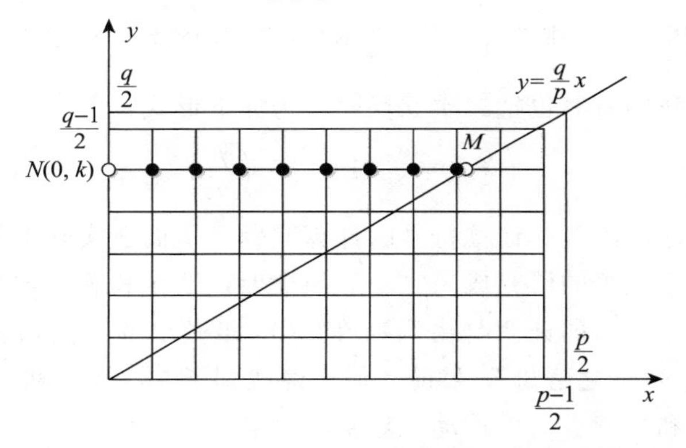

图 3.4.6　长为$\frac{p}{2}$、宽为$\frac{q}{2}$的长方形内的整数点个数(六)

上三角形内的整数点个数为 $\sum\limits_{k=1}^{\frac{q-1}{2}}\left\lfloor\frac{pk}{q}\right\rfloor$，如图 3.4.7 中的黑色实心点所示.

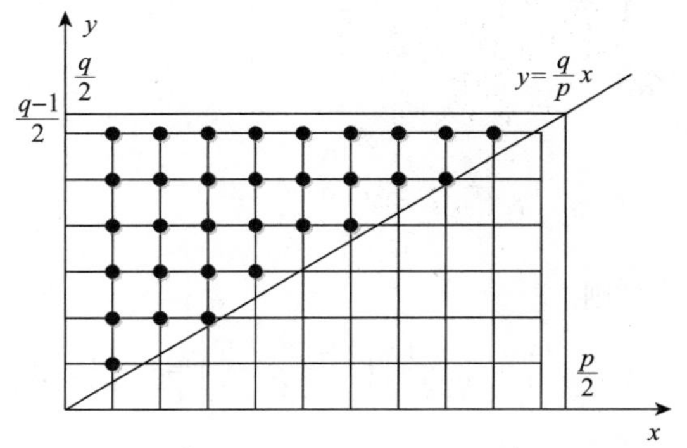

图 3.4.7　长为$\frac{p}{2}$、宽为$\frac{q}{2}$的长方形内的整数点个数(七)

因为对角线上除原点外无整数点，所以长方形内的整数点个数为

$$\sum_{h=1}^{\frac{p-1}{2}}\left\lfloor\frac{qh}{p}\right\rfloor+\sum_{k=1}^{\frac{q-1}{2}}\left\lfloor\frac{pk}{q}\right\rfloor=\frac{p-1}{2}\cdot\frac{q-1}{2}.$$

如图 3.4.8 中的黑色和灰色实心点所示．定理得证．

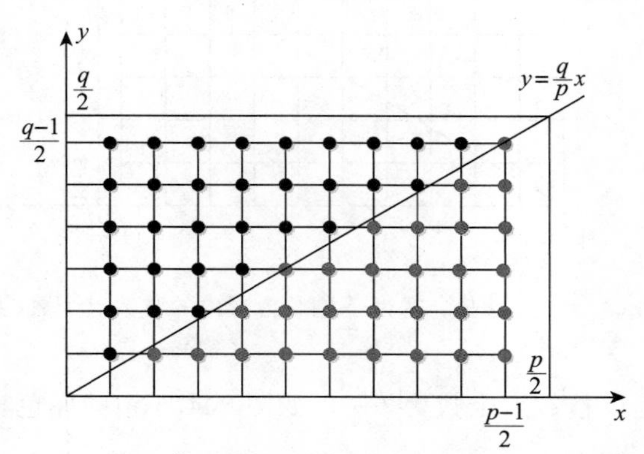

图 3.4.8　长为$\frac{p}{2}$、宽为$\frac{q}{2}$的长方形内的整数点个数(八)

□

在实际应用中，我们有时也把二次互反律写为如下形式：

$$\left(\frac{q}{p}\right)=(-1)^{\frac{p-1}{2}\cdot\frac{q-1}{2}}\left(\frac{p}{q}\right).$$

二次互反律完美地解决了勒让德符号的计算问题，从而在实际上解决了二次剩余的判别问题，是古典数论最优美的研究成果之一．历史上，欧拉和勒让德都曾经提出过二次互反律的猜想，但第一个严格的证明是由高斯在 1796 年做出的．高斯曾把二次互反律誉为算术理论中的宝石和“数论之酵母”．目前人们已经找到了二次互反律的 200 多种证明方法，对二次互反律的研究和探索极大地推动了数论的发展．

此外，在现代经典的代数数论中，类域论的相关深刻结果也被看作二次互反律的延伸.

例 3.4.4　3 是否为模 17 的二次剩余？

解　由二次互反律，有

$$\left(\frac{3}{17}\right)=(-1)^{\frac{3-1}{2}\cdot\frac{17-1}{2}}\left(\frac{17}{3}\right)=\left(\frac{17}{3}\right)=\left(\frac{-1}{3}\right)=(-1)^{\frac{3-1}{2}}=-1,$$

故 3 是模 17 的二次非剩余．

□

例 3.4.5　同余方程

$$x^2\equiv 137(\bmod 227)$$

是否有解？

解　因为 227 为素数，则

$$\left(\frac{137}{227}\right)=\left(\frac{-90}{227}\right)=\left(\frac{-1}{227}\right)\left(\frac{2\cdot 3^2\cdot 5}{227}\right)=-\left(\frac{2}{227}\right)\left(\frac{5}{227}\right),$$

而

$$\left(\frac{2}{227}\right)=(-1)^{\frac{227^2-1}{8}}=(-1)^{\frac{226\cdot 228}{8}}=-1,$$

又由二次互反律，有

$$\left(\frac{5}{227}\right)=(-1)^{\frac{5-1}{2}\cdot\frac{227-1}{2}}\left(\frac{227}{5}\right)=\left(\frac{227}{5}\right)=\left(\frac{2}{5}\right)=(-1)^{\frac{5^2-1}{8}}=-1,$$

因此，

$$\left(\frac{137}{227}\right)=-1,$$

即原同余方程无解．□

下面，我们总结性地给出求解勒让德符号的程序流程图，如图 3.4.9 所示．

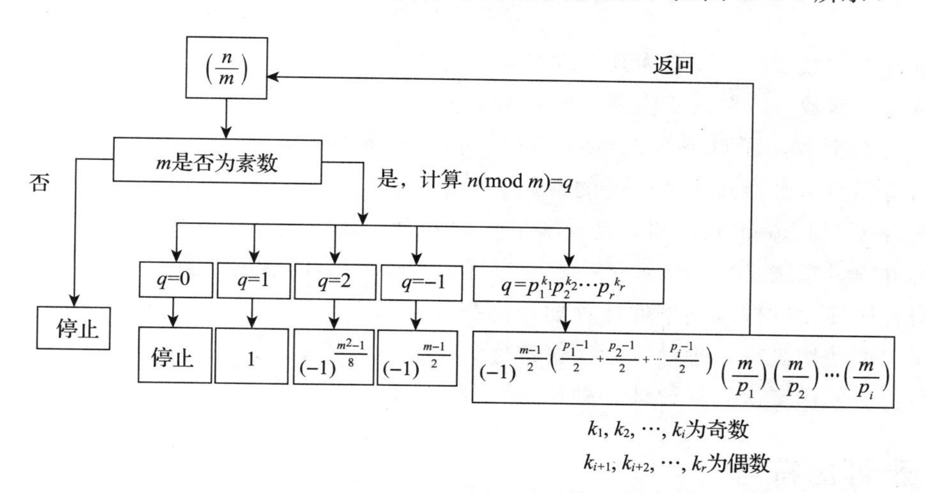

图 3.4.9　求解勒让德符号的流程图

习题

A 组

1. 求出同余方程 $x^2\equiv 8 \pmod{287}$ 的所有解．
2. 下列各方程有几个解？

   (1) $x^2\equiv 19 \pmod{170}$；　(2) $x^2\equiv 38 \pmod{79}$；

   (3) $x^2\equiv 76 \pmod{165}$．
3. 判断同余方程 $x^2\equiv 191 \pmod{397}$ 是否有解．
4. 判断同余方程 $x^2\equiv 11 \pmod{511}$ 是否有解．
5. 求解同余方程 $x^2\equiv 2 \pmod{73}$．
6. 是否存在正整数 n 使得 n^2-3 是 313 的倍数？
7. 计算以下勒让德符号：

   (1) $\left(\frac{17}{37}\right)$；　(2) $\left(\frac{151}{373}\right)$；　(3) $\left(\frac{191}{397}\right)$；

   (4) $\left(\frac{911}{2\,003}\right)$；　(5) $\left(\frac{37}{20\,040\,803}\right)$．
8. 计算勒让德符号 $\left(\frac{7}{11}\right)$：

   (1)使用欧拉判别条件；

   (2)使用高斯引理．

9. 证明如果 p 是奇素数，则

$$\left(\frac{-2}{p}\right)=\begin{cases}1, & p\equiv 1 \text{ 或 } 3 \pmod 8;\\ -1, & p\equiv -1 \text{ 或 } -3 \pmod 8.\end{cases}$$

10. 证明如果 p 是奇素数，则

$$\left(\frac{-3}{p}\right)=\begin{cases}1, & p\equiv 1 \pmod 6;\\ -1, & p\equiv -1 \pmod 6.\end{cases}$$

B 组

11. 求所有奇素数 p，它以 3 为其二次剩余．
12. 求所有奇素数 p，它以 5 为其二次剩余．
13. 设 p 是奇素数，证明 $x^2\equiv 3 \pmod p$ 有解的充要条件是 $p\equiv \pm 1 \pmod{12}$.
14. 证明有无穷多个形式为 $4k+1$ 的素数．
15. 证明若 $p\equiv 1 \pmod 5$，则 5 是模 p 的二次剩余，其中 p 是奇素数．
16. 不解方程，求满足方程 E：$y^2=x^3-3x+10 \pmod{23}$ 的点的个数．
17. 编写程序使用欧拉判别条件计算勒让德符号．
18. 编写程序使用高斯引理计算勒让德符号．
19. 编写程序使用二次互反律计算勒让德符号．

3.5 雅可比符号

在勒让德符号的计算中要求 p 为素数．此外，在使用二次互反律时，也要求 $a=q$ 为素数．为弱化这些条件，雅可比于 1837 年引入另外一种二次剩余判定符号——雅可比(Jacobi)符号．

定义 3.5.1 设正奇数 $m=p_1 p_2\cdots p_r$ 是奇素数 $p_i(i=1,2,\cdots,r)$ 的乘积，定义**雅可比符号**如下：

$$\left(\frac{a}{m}\right)=\left(\frac{a}{p_1}\right)\left(\frac{a}{p_2}\right)\cdots\left(\frac{a}{p_r}\right).$$

从形式上看，雅可比符号只是将勒让德符号中的素数 p 推广到了正奇数 m，但其意义就不相同了．我们知道，若 a 对 p 的勒让德符号为 1，则可知 a 是模 p 的二次剩余，但当 a 对 m 的雅可比符号为 1 时，却不能判断 a 是否是模 m 的二次剩余．例如，3 是模 119 的二次非剩余，但

$$\left(\frac{3}{119}\right)=\left(\frac{3}{7}\right)\left(\frac{3}{17}\right)=-\left(\frac{1}{3}\right)\left(\frac{-1}{3}\right)=(-1)(-1)=1.$$

下面我们来分析雅可比符号的一些性质．

显然，我们有 $\left(\frac{1}{m}\right)=\left(\frac{1}{p_1}\right)\left(\frac{1}{p_2}\right)\cdots\left(\frac{1}{p_r}\right)=1$.

定理 3.5.1 设 m 是正奇数，a,b 都是与 m 互素的整数，我们有

(1) 若 $a\equiv b \pmod m$，则 $\left(\frac{a}{m}\right)=\left(\frac{b}{m}\right)$；

(2) $\left(\frac{ab}{m}\right)=\left(\frac{a}{m}\right)\left(\frac{b}{m}\right)$；

(3) $\left(\frac{a^2}{m}\right)=1$.

证明 设 $m=p_1p_2\cdots p_r$，其中 $p_i(i=1,2,\cdots,r)$是奇素数.

(1) 因为 $a\equiv b(\bmod p)$，所以

$$\left(\frac{a}{m}\right)=\left(\frac{a}{p_1}\right)\left(\frac{a}{p_2}\right)\cdots\left(\frac{a}{p_r}\right)=\left(\frac{b}{p_1}\right)\left(\frac{b}{p_2}\right)\cdots\left(\frac{b}{p_r}\right)=\left(\frac{b}{m}\right).$$

(2)

$$\begin{aligned}\left(\frac{ab}{m}\right)&=\left(\frac{ab}{p_1}\right)\left(\frac{ab}{p_2}\right)\cdots\left(\frac{ab}{p_r}\right)\\&=\left(\frac{a}{p_1}\right)\left(\frac{b}{p_1}\right)\left(\frac{a}{p_2}\right)\left(\frac{b}{p_2}\right)\cdots\left(\frac{a}{p_r}\right)\left(\frac{b}{p_r}\right)\\&=\left(\frac{a}{p_1}\right)\left(\frac{a}{p_2}\right)\cdots\left(\frac{a}{p_r}\right)\left(\frac{b}{p_1}\right)\left(\frac{b}{p_2}\right)\cdots\left(\frac{b}{p_r}\right)\\&=\left(\frac{a}{m}\right)\left(\frac{b}{m}\right)\end{aligned}$$

(3)

$$\left(\frac{a^2}{m}\right)=\left(\frac{a^2}{p_1}\right)\left(\frac{a^2}{p_2}\right)\cdots\left(\frac{a^2}{p_r}\right)=1.$$

定理得证. □

定理 3.5.2 设 m 是正奇数，我们有

(1) $\left(\frac{-1}{m}\right)=(-1)^{\frac{m-1}{2}}$；

(2) $\left(\frac{2}{m}\right)=(-1)^{\frac{m^2-1}{8}}$.

证明 设 $m=p_1p_2\cdots p_r$，其中 $p_i(i=1,2,\cdots,r)$是奇素数.

(1) 因为

$$m=\prod_{i=1}^{r}p_i=\prod_{i=1}^{r}(1+p_i-1)\equiv 1+\sum_{i=1}^{r}(p_i-1)(\bmod 4),$$

则有

$$\frac{m-1}{2}\equiv\sum_{i=1}^{r}\frac{p_i-1}{2}(\bmod 2),$$

于是

$$\left(\frac{-1}{m}\right)=\prod_{i=1}^{r}\left(\frac{-1}{p_i}\right)=(-1)^{\sum\limits_{i=1}^{r}\frac{p_i-1}{2}}=(-1)^{\frac{m-1}{2}}.$$

(2) 因为

$$m^2=\prod_{i=1}^{r}p_i^2=\prod_{i=1}^{r}(1+p_i^2-1)\equiv 1+\sum_{i=1}^{r}(p_i^2-1)(\bmod 16),$$

则有

$$\frac{m^2-1}{8}\equiv\sum_{i=1}^{r}\frac{p_i^2-1}{8}(\bmod 2),$$

于是

$$\left(\frac{2}{m}\right)=\prod_{i=1}^{r}\left(\frac{2}{p_i}\right)=(-1)^{\sum_{i=1}^{r}\frac{p_i^2-1}{8}}=(-1)^{\frac{m^2-1}{8}}.$$

定理得证．□

定理 3.5.3　设 m,n 是互素的正奇数，则

$$\left(\frac{m}{n}\right)\left(\frac{n}{m}\right)=(-1)^{\frac{m-1}{2}\cdot\frac{n-1}{2}}.$$

证明　设 $m=p_1p_2\cdots p_r$，$n=q_1q_2\cdots q_s$，其中 $p_i(i=1,2,\cdots,r)$，$q_j(j=1,2,\cdots,s)$都是奇素数，则

$$\begin{aligned}\left(\frac{m}{n}\right)\left(\frac{n}{m}\right)&=\prod_{j=1}^{s}\left(\frac{m}{q_j}\right)\prod_{i=1}^{r}\left(\frac{n}{p_i}\right)\\&=\prod_{i=1}^{r}\prod_{j=1}^{s}\left(\frac{q_j}{p_i}\right)\left(\frac{p_i}{q_j}\right)\\&=(-1)^{\sum_{i=1}^{r}\sum_{j=1}^{s}\frac{p_i-1}{2}\cdot\frac{q_j-1}{2}}\end{aligned}$$

由定理 3.5.2 中的证明可知

$$\sum_{i=1}^{r}\frac{p_i-1}{2}\equiv\frac{m-1}{2}\pmod 2,$$

则

$$\sum_{i=1}^{r}\sum_{j=1}^{s}\frac{p_i-1}{2}\cdot\frac{q_j-1}{2}=\sum_{i=1}^{r}\frac{p_i-1}{2}\sum_{j=1}^{s}\frac{q_j-1}{2}\equiv\frac{m-1}{2}\cdot\frac{n-1}{2}\pmod 2,$$

所以

$$\left(\frac{m}{n}\right)\left(\frac{n}{m}\right)=(-1)^{\frac{m-1}{2}\cdot\frac{n-1}{2}}.$$

定理得证．□

在实际应用中，我们有时也可把上式写为如下形式：

$$\left(\frac{n}{m}\right)=(-1)^{\frac{m-1}{2}\cdot\frac{n-1}{2}}\left(\frac{m}{n}\right).$$

通过上面这些定理，我们发现雅可比符号具有和勒让德符号一样的计算法则，于是当 m 为正奇数时，不必再把 m 分解成素因子的乘积，因此计算起来更方便．

例 3.5.1　同余方程

$$x^2\equiv 286\pmod{563}$$

是否有解？

解　我们用辗转相除法求得$(286,563)=1$，因此不必考虑 563 是否为素数即可计算雅可比符号，即

$$\left(\frac{286}{563}\right)=\left(\frac{2}{563}\right)\left(\frac{143}{563}\right)=(-1)^{\frac{563^2-1}{8}}(-1)^{\frac{143-1}{2}\cdot\frac{563-1}{2}}\left(\frac{563}{143}\right)=\left(\frac{-9}{143}\right)=\left(\frac{-1}{143}\right)=-1,$$

所以原同余方程无解．□

实际上，由雅可比符号的定义，我们很容易证明，当 a 是模 m 的二次剩余时，则 $\left(\frac{a}{m}\right)=1$ 必然成立，所以，当$\left(\frac{a}{m}\right)=-1$ 时，a 一定是模 m 的二次非剩余．但是，正如前

面所述，$\left(\frac{a}{m}\right)=1$ 不一定能说明 a 是模 m 的二次剩余.

通俗地讲，前面的讨论都是关于如何判断一个整数是否具有模 p(或者 m)的平方根问题的，在这一节的最后我们针对一种特殊情况给出明确的求平方根的计算公式.

定理 3.5.4　*素数 $p\equiv 3(\bmod 4)$，且 a 为模 p 的二次剩余，则 $\pm a^{\frac{p+1}{4}}$ 为 a 的模 p 平方根.*

证明　由欧拉判别条件可以推得

$$(\pm a^{\frac{p+1}{4}})^2=a^{\frac{p+1}{2}}=a^{\frac{p-1}{2}}a\equiv 1a=a(\bmod p)$$

且 $\pm a^{\frac{p+1}{4}}$ 是仅有的两个解，即 $\pm a^{\frac{p+1}{4}}$ 为 a 的模 p 平方根. 定理得证. □

例 3.5.2　Rabin 公钥密码算法中，明文 x 按下式计算得到密文

$$y=x^2 \bmod 77,$$

相应地，我们借用平方根符号，可以将解密过程表示为

$$x=\sqrt{y} \bmod 77.$$

如果密文为 $y=23$，为了解密我们需要先求 23 对模 7 和模 11 的平方根. 因为 7 和 11 都是符合上面定理所设的素数，所以，我们利用公式得到这两个平方根

$$23^{\frac{7+1}{4}}=23^2\equiv 2^2\equiv 4(\bmod 7),$$

$$23^{\frac{11+1}{4}}=23^3\equiv 1^3\equiv 1(\bmod 11).$$

再利用中国剩余定理计算得到明文的四个可能值，$x=10,32,45,67$.

注：由于该密码算法的加密过程本身是一个多对一的函数，所以解密过程必然得到多个解，因此，在实际使用的时候，需要额外的冗余信息来保证恢复到正确的那一个明文.

习题

A 组

1. 计算以下雅可比符号：

(1) $\left(\frac{51}{71}\right)$；　(2) $\left(\frac{35}{97}\right)$；　(3) $\left(\frac{313}{401}\right)$；

(4) $\left(\frac{165}{503}\right)$；　(5) $\left(\frac{1\,009}{2\,307}\right)$.

2. 同余方程 $x^2\equiv 2\,663(\bmod 3\,299)$是否有解？
3. 同余方程 $x^2\equiv 10\,001(\bmod 20\,003)$是否有解？

B 组

4. 设 n 为无平方因子正奇数，证明存在一个整数 a 使得$(a,n)=1$ 且 $\left(\frac{a}{n}\right)=-1$.
5. 证明若正整数 b 不被奇素数 p 整除，则

$$\left(\frac{b}{p}\right)+\left(\frac{2b}{p}\right)+\left(\frac{3b}{p}\right)+\cdots+\left(\frac{(p-1)b}{p}\right)=0.$$

6. 编写程序实现 2^{200} 位的 Rabin 密码算法加密函数和解密函数.
7. 编写程序计算雅可比符号.

*3.6 高次同余方程

我们知道，任一大于 1 的整数 m 均有标准分解式：

$$m = p_1^{\alpha_1} p_2^{\alpha_2} \cdots p_s^{\alpha_s}, \quad \alpha_i > 0, \quad i = 1,2,\cdots,s,$$

其中 $p_i < p_j (i < j)$ 是素数．于是，由定理 3.2.4 可知，欲解 $f(x) \equiv 0 \pmod m$，只需求解同余方程组

$$\begin{cases} f(x) \equiv 0 \pmod{p_1^{\alpha_1}} \\ f(x) \equiv 0 \pmod{p_2^{\alpha_2}} \\ \quad\vdots \\ f(x) \equiv 0 \pmod{p_s^{\alpha_s}} \end{cases}$$

所以，我们先来讨论 p 为素数时，同余方程

$$f(x) = a_n x^n + a_{n-1} x^{n-1} + \cdots + a_1 x + a_0 \equiv 0 \pmod{p^\alpha} \tag{3.6.1}$$

的求解方法，其中 α 为正整数，且 a_n 不能被 p^α 整除．

定理 3.6.1 设 $x \equiv x_1 \pmod p$ 是同余方程

$$f(x) \equiv 0 \pmod p \tag{3.6.2}$$

的一个解，且满足 $(f'(x_1), p) = 1$，则同余方程(3.6.1)有解

$$x \equiv x_\alpha \pmod{p^\alpha}.$$

其中 x_α 由以下关系式递归得到：

$$\begin{cases} x_i \equiv x_{i-1} + p^{i-1} t_{i-1} \pmod{p^i} \\ t_{i-1} \equiv -\dfrac{f(x_{i-1})}{p^{i-1}} (f'(x_1)^{-1} \pmod p) \pmod p \end{cases}$$

$i = 2,3,\cdots,\alpha$．这里，$f'(x) = \sum\limits_{i=1}^{n} i a_i x^{i-1}$ 表示 $f(x)$ 的导函数．

证明 用数学归纳法．

(1)当 $\alpha = 2$ 时，根据假设条件，同余方程(3.6.2)的所有解为

$$x = x_1 + pt_1, \quad t_1 = 0, \pm 1, \pm 2, \cdots$$

于是，我们考虑关于 t_1 的同余方程

$$f(x_1 + pt_1) \equiv 0 \pmod{p^2}.$$

由泰勒公式，有

$$f(x_1) + pt_1 f'(x_1) \equiv 0 \pmod{p^2},$$

又因为 $f(x_1) \equiv 0 \pmod p$，所以上述同余方程可写为

$$t_1 f'(x_1) \equiv -\frac{f(x_1)}{p} \pmod p.$$

由 $(f'(x_1), p) = 1$，根据定理 3.1.2，此同余方程的唯一解为

$$t_1 \equiv -\frac{f(x_1)}{p} ((f'(x_1))^{-1} \pmod p) \pmod p.$$

故

$$x \equiv x_2 \equiv x_1 + pt_1 \pmod{p^2}$$

是同余方程 $f(x)\equiv 0 \pmod{p^2}$ 的解.

(2)当 $\alpha\geqslant 3$ 时，假设对 $i-1(3\leqslant i\leqslant \alpha)$ 成立，即同余方程

$$f(x)\equiv 0 \pmod{p^{i-1}}$$

有解

$$x=x_{i-1}+p^{i-1}t_{i-1},\quad t_{i-1}=0,\pm 1,\pm 2,\cdots$$

于是，我们考虑关于 t_{i-1} 的同余方程

$$f(x_{i-1}+p^{i-1}t_{i-1})\equiv 0 \pmod{p^i}.$$

由泰勒公式及 $p^{2(i-1)}\geqslant p^i$，可知

$$f(x_{i-1})+p^{i-1}t_{i-1}f'(x_{i-1})\equiv 0 \pmod{p^i},$$

因为 $f(x_{i-1})\equiv 0 \pmod{p^{i-1}}$，所以上述同余方程可写为

$$t_{i-1}f'(x_{i-1})\equiv -\frac{f(x_{i-1})}{p^{i-1}} \pmod{p}.$$

又因为 $f'(x_{i-1})\equiv f'(x_{i-2})\equiv\cdots\equiv f'(x_1) \pmod{p}$，进而有

$$(f'(x_{i-1}),p)=\cdots=(f'(x_1),p)=1,$$

再根据定理 3.1.2，此同余方程的唯一解为

$$\begin{aligned}t_{i-1}&\equiv -\frac{f(x_{i-1})}{p^{i-1}}((f'(x_{i-1}))^{-1} \pmod{p})\\&\equiv -\frac{f(x_{i-1})}{p^{i-1}}((f'(x_1))^{-1} \pmod{p}) \pmod{p}\end{aligned}$$

故

$$x\equiv x_i\equiv x_{i-1}+p^{i-1}t_{i-1} \pmod{p^i}$$

是同余方程 $f(x)\equiv 0 \pmod{p^i}$ 的解.

于是，根据数学归纳法，定理得证. □

例 3.6.1　求解同余方程

$$f(x)=x^4+7x+4\equiv 0 \pmod{27}.$$

解　写出 $f(x)$ 的导函数，即

$$f'(x)=4x^3+7.$$

通过直接验算，可知同余方程

$$f(x)\equiv 0 \pmod{3}$$

有一解

$$x_1\equiv 1 \pmod{3}.$$

于是，有

$$f'(x_1)\equiv -1 \pmod{3},$$

进而可得

$$(f'(x_1))^{-1}\equiv -1 \pmod{3}.$$

依次计算如下：

$$\begin{cases}t_1\equiv -\dfrac{f(x_1)}{3}((f'(x_1))^{-1} \pmod{3})\equiv 1 \pmod{3}\\x_2\equiv x_1+3t_1\equiv 4 \pmod{9}\end{cases}$$

$$\begin{cases} t_2 \equiv -\dfrac{f(x_2)}{3^2}((f'(x_1))^{-1}(\bmod 3)) \equiv 2(\bmod 3) \\ x_3 \equiv x_2 + 3^2 t_2 \equiv 22(\bmod 27) \end{cases}$$

所以，原同余方程的解为

$$x_3 \equiv 22(\bmod 27).$$

□

现在我们重点讨论模 p 的同余方程

$$f(x) = a_n x^n + a_{n-1} x^{n-1} + \cdots + a_1 x + a_0 \equiv 0(\bmod p) \tag{3.6.3}$$

的求解方法，其中 a_n 不能被 p 整除.

在此之前，我们先引入多项式的辗转相除法，或称多项式的欧几里得除法.

定理 3.6.2 设

$$f(x) = a_n x^n + a_{n-1} x^{n-1} + \cdots + a_1 x + a_0$$

为 n 次整系数多项式，

$$g(x) = x^m + b_{m-1} x^{n-1} + \cdots + b_1 x + b_0$$

为 m 次首一(最高项系数为 1)整系数多项式，其中 $m \geqslant 1$，则存在整系数多项式 $q(x)$ 和 $r(x)$ 使得

$$f(x) = g(x)q(x) + r(x),$$

其中 $\deg r(x) < \deg g(x)$.

证明 我们可分两种情况讨论.

(1) 若 $n<m$，可取 $q(x)=0, r(x)=f(x)$ 使结论成立.

(2) 若 $n \geqslant m$，可对 $f(x)$ 的次数 n 使用数学归纳法.

当 $n=m$ 时，有

$$f(x) - a_n g(x) = (a_{n-1} - a_n b_{m-1}) x^{n-1} + \cdots + (a_1 - a_n b_0) x + a_0,$$

因此，取 $q(x)=a_n$，$r(x)=f(x)-a_n g(x)$ 可使结论成立.

假设当 $n=k-1$ 时，结论成立，其中 $k-1 \geqslant m$.

当 $n=k$ 时，则有

$$f(x) - a_n x^{n-m} g(x) = (a_{n-1} - a_n b_{m-1}) x^{n-1} + \cdots + (a_{n-m} - a_n b_0) x^{n-m} + a_{n-m-1} x^{n-m-1} + \cdots + a_0.$$

显然 $f(x)-a_n x^{n-m} g(x)$ 是次数小于等于 $n-1$ 的多项式，对其运用归纳假设或情况(1)，可知存在整系数多项式 $q_1(x)$ 和 $r_1(x)$ 使得

$$f(x) - a_n x^{n-m} g(x) = g(x) q_1(x) + r_1(x),$$

其中 $\deg r_1(x) < \deg g(x)$. 因此，取 $q(x)=a_n x^{n-m}+q_1(x), r(x)=r_1(x)$ 可使结论成立.

根据数学归纳法原理，可知结论成立，于是定理得证. □

定理 3.6.3 同余方程(3.6.3)与一个次数小于 p 的模 p 的同余方程等价.

证明 由定理 3.6.2 可知，存在整系数多项式 $q(x)$ 和 $r(x)$ 使得

$$f(x) = (x^p - x)q(x) + r(x),$$

其中 $\deg r(x) < p$. 根据费马小定理，对任意整数 x 都有

$$x^p - x \equiv 0(\bmod p).$$

于是同余方程

$$f(x) \equiv 0(\bmod p)$$

等价于同余方程

$$r(x) \equiv 0 \pmod{p}.$$

定理得证． □

定理 3.6.4　同余方程(3.6.3)最多有 n 个解.

证明　可对 $f(x)$的次数 n 使用数学归纳法．

当 $n=1$ 时，一次同余方程为

$$a_1 x + a_0 \equiv 0 \pmod{p},$$

由于 a_1 不能被 p 整除，即$(a_1, p)=1$，故同余方程恰有一个解，结论成立.

假设定理对次数为 $n-1(n\geqslant 2)$的同余方程成立，即次数为 $n-1$ 的同余方程最多有 $n-1$ 个解. 下面证明同余方程(3.6.3)最多有 n 个解．

根据定理 3.6.3 可知，同余方程(3.6.3)与一个次数小于 p 的模 p 的同余方程等价，所以不妨设 $n\leqslant p-1$. 用反证法，假设同余方程(3.6.3)有 $n+1$ 个解，设它们为

$$x \equiv x_i \pmod{p}, \quad i = 0,1,\cdots,n.$$

由于

$$f(x) - f(x_0) = \sum_{k=1}^{n} a_k (x^k - x_0^k) = (x - x_0) g(x),$$

显然，$g(x)$是首项系数为 a_n 的 $n-1$ 次整系数多项式，根据归纳假设，可知

$$g(x) \equiv 0 \pmod{p}$$

是 $n-1$ 次同余方程，至多有 $n-1$ 个解．而由于

$$f(x_k) - f(x_0) = (x_k - x_0) g(x_k) \equiv 0 \pmod{p}$$

当 $k>0$ 时，$x_k - x_0 \equiv 0 \pmod{p}$不成立，故 $n-1$ 次同余方程 $g(x)\equiv 0 \pmod{p}$有 n 个解，推出矛盾．于是假设不成立，定理得证． □

定理 3.6.4 通常被称为**拉格朗日**(Lagrange)**定理**.

定理 3.6.5　如果同余方程

$$f(x) = a_n x^n + a_{n-1} x^{n-1} + \cdots + a_1 x + a_0 \equiv 0 \pmod{p}$$

的解的个数大于 n，则 $p \mid a_i, i=0,1,\cdots,n$.

证明　用反证法．假设存在某些系数不能被 p 整除，若这些系数的下标最大的为 k，$k\leqslant n$，则原同余方程可写为

$$f(x) \equiv a_k x^k + a_{k-1} x^{k-1} + \cdots + a_1 x + a_0 \equiv 0 \pmod{p}.$$

根据上面的定理可知，此同余方程最多有 k 个解，与所给的条件矛盾，故假设不成立．定理得证. □

定理 3.6.6　如果同余方程(3.6.3)有 k 个不同的解

$$x \equiv x_i \pmod{p}, \quad i = 1,2,\cdots,k, \quad 1 \leqslant k \leqslant n,$$

则对任意整数 x，均有

$$f(x) \equiv (x - x_1)(x - x_2)\cdots(x - x_k) f_k(x) \pmod{p},$$

其中 $f_k(x)$是首项系数为 a_n 的 $n-k$ 次多项式.

证明　由定理 3.6.2 可知，存在整系数多项式 $f_1(x)$和 $r(x)$使得

$$f(x) = (x - x_1) f_1(x) + r(x), \ \deg r(x) < \deg(x - x_1).$$

显然，$f_1(x)$是首项系数为 a_n 的 $n-1$ 次多项式．由于 $\deg(x-x_1)=1$，故 $r(x)=r$ 为整数，又因为 $f(x_1)\equiv 0 \pmod p$，所以有 $r\equiv 0 \pmod p$，即

$$f(x)=(x-x_1)f_1(x) \pmod p.$$

又因为 $f(x_i)\equiv 0 \pmod p$，并且 x_i 与 x_1 模 p 不同余，其中 $i=2,3,\cdots,k$，于是可知

$$f_1(x_i)\equiv 0 \pmod p, i=2,3,\cdots,k.$$

同理，对多项式 $f_1(x)$可找到多项式 $f_2(x)$使得

$$\begin{cases} f_1(x)\equiv(x-x_2)f_2(x) \pmod p \\ f_2(x_i)\equiv 0 \pmod p \end{cases}$$

其中 $i=3,4,\cdots,k$. 依此类推，可得

$$f_{k-1}(x)\equiv(x-x_k)f_k(x) \pmod p.$$

于是，有

$$f(x)\equiv(x-x_1)\cdots(x-x_k)f_k(x) \pmod p,$$

定理得证. □

定理 3.6.7 对于素数 p 与正整数 $n,n\leqslant p$，同余方程

$$f(x)=x^n+a_{n-1}x^{n-1}+\cdots+a_1x+a_0\equiv 0 \pmod p$$

有 n 个解的充要条件是 x^p-x 被 $f(x)$除所得余式的所有系数均能被 p 整除.

证明 由定理 3.6.2 可知，存在整系数多项式 $q(x)$和 $r(x)$，使得

$$x^p-x=f(x)q(x)+r(x),$$

其中 $r(x)$的次数小于 n，$q(x)$的次数为 $p-n$.

现在证明必要性．若原同余方程有 n 个解，则根据费马小定理，这 n 个解都是

$$x^p-x\equiv 0 \pmod p$$

的解，显然这 n 个解也都是

$$r(x)\equiv 0 \pmod p$$

的解．由于 $r(x)$的次数小于 n，故由定理 3.6.5 可知，$r(x)$的所有系数均能被 p 整除.

再来证明充分性．若 $r(x)$的所有系数均能被 p 整除，则显然有

$$r(x)\equiv 0 \pmod p.$$

又由费马小定理，可知对任意整数有

$$x^p-x\equiv 0 \pmod p.$$

因此，对任意整数 x，有

$$f(x)q(x)\equiv 0 \pmod p,$$

即它有 p 个不同的解

$$x\equiv 0,1,\cdots,p-1 \pmod p.$$

假设 $f(x)\equiv 0 \pmod p$的解数小于 n，则 $q(x)\equiv 0 \pmod p$的解数小于等于 $p-n$，故

$$f(x)q(x)\equiv 0 \pmod p$$

的解数小于 p，推出了矛盾．所以 $f(x)\equiv 0 \pmod p$的解数为 n. 定理得证． □

例 3.6.2 判断同余方程

$$2x^3+5x^2+6x+1\equiv 0 \pmod 7$$

解的个数．

解　先将多项式化为首项系数为 1 的多项式．由于 $4\times 2\equiv 1(\mathrm{mod}\ 7)$，故我们有

$$4(2x^3+5x^2+6x+1)\equiv x^3-x^2+3x-3\equiv 0(\mathrm{mod}\ 7).$$

根据多项式的辗转相除法，可得

$$x^7-x=x(x^3+x^2-2x-2)(x^3-x^2+3x-3)+7x(x^2-1).$$

由上面定理可知原同余方程有 3 个解.　□

习题

A 组

1. 求解同余方程

   (1) $3x^{14}+4x^{13}+2x^{11}+x^9+x^6+x^3+12x^2+x\equiv 0(\mathrm{mod}\ 5)$；

   (2) $x^3+5x^2+9\equiv 0(\mathrm{mod}\ 27)$.

2. 证明同余方程

$$2x^3-x^2+3x+11\equiv 0(\mathrm{mod}\ 5)$$

   有 3 个解.

3. 如下各个方程有几个解？

   (1) $x^2-1\equiv 0(\mathrm{mod}\ 168)$；

   (2) $x^2+1\equiv 0(\mathrm{mod}\ 70)$；

   (3) $x^2+x+1\equiv 0(\mathrm{mod}\ 91)$；

   (4) $x^3+1\equiv 0(\mathrm{mod}\ 140)$.

B 组

4. 举例说明对模数为合数的情况，拉格朗日定理一般不成立．

Chapter 4

第4章 原根与指数

原根和指数是数论及其应用中的两个重要概念，是后面一些问题的基础．抽象代数中循环群的概念，就与此紧密相关．同时，其在 ElGamal 密码算法、Diffie-Hellman 密钥交换协议(简记为 DH)、椭圆曲线密码学和数字签名理论中有广泛的应用．本章将介绍原根和指数以及与之相关的基本知识．

学习本章之后，我们应该能够：

- 掌握次数和原根的概念和性质，以及相关的计算方法和应用；
- 掌握指数和高次剩余的概念与性质，以及相关的计算方法和应用。

4.1 次数

次数是本章中的一个重要概念，接下来我们给出其准确的数学定义．

设 m 是大于 1 的整数，a 是与 m 互素的整数，我们考虑 a 的正整数次幂

$$a, a^2, a^3, \cdots$$

由欧拉定理可知，有

$$a^{\varphi(m)} \equiv 1 \pmod m,$$

然而，对很多 m 来说，往往存在比 $\varphi(m)$ 还小的正整数 k，就可以使 $a^k \equiv 1 \pmod m$. 这就提示我们先来研究令

$$a^l \equiv 1 \pmod m$$

成立的最小正整数 l，并进一步讨论关于 l 的一些性质.

定义 4.1.1 设 m 是大于 1 的整数，a 是与 m 互素的整数，使

$$a^l \equiv 1 \pmod m$$

成立的最小正整数 l 叫作 a 对模 m 的**次数**，记作 $\mathrm{ord}_m(a)$ 或 $\delta_m(a)$，在不导致误会的情况下，简记为 $\mathrm{ord}(a)$ 或 $\delta(a)$.

注意：若 $\mathrm{ord}_m(a)=\varphi(m)$，则 a 叫作 m 的**原根**．我们将在4.2节详细讨论．

由次数的定义可知，对任意大于1的整数 m，有 $\mathrm{ord}_m(1)=1,\mathrm{ord}_m(-1)=2$.

例 4.1.1　求 $\mathrm{ord}_{11}(a)$，其中 $a=1,2,\cdots,10$.

解　分别求 $a^i\pmod{11}(i=1,2,\cdots,10)$，直至出现 $a^i\equiv 1\pmod{11}$ 为止，如表4.1.1所示.

表 4.1.1　$a^i\pmod{11}(i=1,2,\cdots,10)$的计算结果

	$a=1$	$a=2$	$a=3$	$a=4$	$a=5$	$a=6$	$a=7$	$a=8$	$a=9$	$a=10$
$a^1\pmod{11}$	1	2	3	4	5	6	7	8	9	10
$a^2\pmod{11}$		4	9	5	3	3	5	9	4	1
$a^3\pmod{11}$		8	5	9	4	7	2	6	3	
$a^4\pmod{11}$		5	4	3	9	9	3	4	5	
$a^5\pmod{11}$		10	1	1	1	10	10	10	1	
$a^6\pmod{11}$		9				5	4	3		
$a^7\pmod{11}$		7				8	6	2		
$a^8\pmod{11}$		3				4	9	5		
$a^9\pmod{11}$		6				2	8	7		
$a^{10}\pmod{11}$		1				1	1	1		

可得

$$\mathrm{ord}_{11}(1)=1;$$
$$\mathrm{ord}_{11}(2)=\mathrm{ord}_{11}(6)=\mathrm{ord}_{11}(7)=\mathrm{ord}_{11}(8)=10;$$
$$\mathrm{ord}_{11}(3)=\mathrm{ord}_{11}(4)=\mathrm{ord}_{11}(5)=\mathrm{ord}_{11}(9)=5;$$
$$\mathrm{ord}_{11}(10)=2.$$
□

需要注意的是，在上面的定义里，只考虑那些与 m 互素的整数 a，对于 $(a,m)>1$ 的情况，不可能存在一个正整数 l，使得关系式

$$a^l\equiv 1\pmod m\quad(l\geqslant 1)$$

成立．于是，当我们谈到"a 对模 m 的次数"时，即使没有明确地陈述条件 $(a,m)=1$，我们也默认这个条件成立(同时，也默认 $m>1$ 这个条件成立)，这样会使许多定理和问题的陈述变得简洁并容易记忆.

定理 4.1.1　设 a 对模 m 的次数是 $\mathrm{ord}_m(a)$，则非负整数 n 使得

$$a^n\equiv 1\pmod m$$

的充要条件是 $\mathrm{ord}_m(a)\mid n$.

证明　先证必要性．用反证法，假设 $\mathrm{ord}_m(a)\mid n$ 不成立，则存在整数 q，r 使得

$$n=\mathrm{ord}_m(a)q+r,\quad 0<r<\mathrm{ord}_m(a).$$

于是有

$$a^r\equiv a^r\,(a^{\mathrm{ord}_m(a)})^q=a^n\equiv 1\pmod m,$$

这与次数的定义中 $\mathrm{ord}_m(a)$的"最小"性质矛盾，故假设不成立，必要性得证．

再证充分性．由于 $\mathrm{ord}_m(a)\mid n$，故存在整数 k 使得 $n=k\,\mathrm{ord}_m(a)$，于是有

$$a^n=(a^{\mathrm{ord}_m(a)})^k\equiv 1\pmod m.$$

定理得证．□

根据定理 4.1.1，我们可以得到关于次数的如下的一些性质．

定理 4.1.2 设 a 对模 m 的次数是 $\mathrm{ord}_m(a)$，则有

(1) $\mathrm{ord}_m(a)\mid\varphi(m)$；

(2) 若 $b\equiv a(\bmod m)$，则 $\mathrm{ord}_m(b)=\mathrm{ord}_m(a)$.

证明 (1) 根据欧拉定理，我们有

$$a^{\varphi(m)}\equiv 1(\bmod m),$$

再根据定理 4.1.1，显然 $\mathrm{ord}_m(a)\mid\varphi(m)$.

(2) 由同余的基本性质，如果 $b\equiv a(\bmod m)$，则 b 和 a 的任意相同次幂都同余，故显然二者次数相同，即 $\mathrm{ord}_m(b)=\mathrm{ord}_m(a)$. 定理得证． □

定理 4.1.2 可用来简化次数的计算，下面举一个例子．

例 4.1.2 计算 5 对模 17 的次数 $\mathrm{ord}_{17}(5)$.

解 由于 $\varphi(17)=16$，而 16 的因子有 1,2,4,8,16，所以只需计算 5 的 1,2,4,8,16 次方

$$\begin{aligned}5^1&\equiv 5(\bmod 17),\\5^2&\equiv 8(\bmod 17),\\5^4&\equiv 13(\bmod 17),\\5^8&\equiv 16(\bmod 17),\\5^{16}&\equiv 1(\bmod 17),\end{aligned}$$

所以 $\mathrm{ord}_{17}(5)=16$. □

由这个定理，我们知道 $\mathrm{ord}_m(a)$ 必然是 $\varphi(m)$ 的因子，但是对于 $\varphi(m)$ 的任意一个选定的因子 d，未必存在整数 a，使得 $\mathrm{ord}_m(a)=d$.

例 4.1.3 对于 $m=12$，有 $\varphi(12)=4$，但是不存在整数对模 12 的次数是 4. 因为我们通过计算可以得到

$$1^1\equiv 5^2\equiv 7^2\equiv 11^2\equiv 1(\bmod 12).$$

因此，任意整数对模 12 的次数只能是 1 或者 2，而不可能是 4.

定理 4.1.3 设 a 对模 m 的次数是 $\mathrm{ord}_m(a)$，则对任意非负整数 s 和 t，

$$a^s\equiv a^t(\bmod m)$$

成立的充要条件是

$$s\equiv t(\bmod \mathrm{ord}_m(a)).$$

证明 先证必要性．设 $s\geqslant t$，若

$$a^s\equiv a^t(\bmod m),$$

即 $m\mid(a^s-a^t)$，则有 $m\mid a^t(a^{s-t}-1)$，因为 $(m,a)=1$，所以 $m\mid(a^{s-t}-1)$，即

$$a^{s-t}\equiv 1(\bmod m),$$

由定理 4.1.1 可知，$\mathrm{ord}_m(a)\mid(s-t)$，即

$$s\equiv t(\bmod \mathrm{ord}_m(a)).$$

再证充分性．若

$$s\equiv t(\bmod \mathrm{ord}_m(a)),$$

则存在整数 q，使得 $s=t+q\,\mathrm{ord}_m(a)$，于是

$$a^s \equiv a^{t+q\,\mathrm{ord}_m(a)} \equiv a^t(a^{\mathrm{ord}_m(a)})^q \equiv a^t(1)^q \equiv a^t \pmod m,$$

即

$$a^s \equiv a^t \pmod m.$$

定理得证．□

例 4.1.4　观察序列 $a^i \pmod 7 (i=1,2,\cdots,6)$，如表 4.1.2 所示，可验证定理 4.1.3 的正确性．

表 4.1.2　$a^i \pmod 7 (i=1,2,\cdots,6)$的计算结果

a	$a^1 \pmod 7$	$a^2 \pmod 7$	$a^3 \pmod 7$	$a^4 \pmod 7$	$a^5 \pmod 7$	$a^6 \pmod 7$	$\mathrm{ord}_m(a)$
2	2	4	1	2	4	1	$\mathrm{ord}_7(2)=3$
3	3	2	6	4	5	1	$\mathrm{ord}_7(3)=6$
4	4	2	1	4	2	1	$\mathrm{ord}_7(4)=3$
5	5	4	6	2	3	1	$\mathrm{ord}_7(5)=6$
6	6	1	6	1	6	1	$\mathrm{ord}_7(6)=2$

定理 4.1.3 揭示了一个深刻的事实，即当 $m>1$，并且$(a,m)=1$ 时，序列 $a^i \pmod m$ $(i=1,2,3,\cdots)$是周期序列，周期为 $\mathrm{ord}_m(a)$.

定理 4.1.4　设 a 对模 m 的次数是 $\mathrm{ord}_m(a)$，则

$$1,a,a^2,\cdots,a^{\mathrm{ord}_m(a)-1}$$

两两模 m 不同余．

证明　假设存在整数 $s,t,0\leqslant s\leqslant t\leqslant \mathrm{ord}_m(a)-1$，使得

$$a^s \equiv a^t \pmod m.$$

则由定理 4.1.3 可知

$$s \equiv t \pmod{\mathrm{ord}_m(a)},$$

显然在 $0\leqslant s\leqslant t\leqslant \mathrm{ord}_m(a)-1$ 这个范围中，$s=t$ 是唯一的可能，定理得证．□

定理 4.1.5　设 a 对模 m 的次数是 $\mathrm{ord}_m(a)$，对任意非负整数 n，有

$$\mathrm{ord}_m(a^n) = \frac{\mathrm{ord}_m(a)}{(\mathrm{ord}_m(a),n)}.$$

证明　由于

$$a^{n\cdot \mathrm{ord}_m(a^n)} = (a^n)^{\mathrm{ord}_m(a^n)} \equiv 1 \pmod m,$$

根据定理 4.1.1，我们有 $\mathrm{ord}_m(a) \mid n\,\mathrm{ord}_m(a^n)$，于是

$$\frac{\mathrm{ord}_m(a)}{(\mathrm{ord}_m(a),n)} \mid \mathrm{ord}_m(a^n)\,\frac{n}{(\mathrm{ord}_m(a),n)}.$$

又因为$\left(\frac{\mathrm{ord}_m(a)}{(\mathrm{ord}_m(a),\ n)},\ \frac{n}{(\mathrm{ord}_m(a),\ n)}\right)=1$，所以

$$\frac{\mathrm{ord}_m(a)}{(\mathrm{ord}_m(a),n)} \mid \mathrm{ord}_m(a^n).$$

另一方面，由于

$$(a^n)^{\frac{\mathrm{ord}_m(a)}{(\mathrm{ord}_m(a),n)}} = (a^{\mathrm{ord}_m(a)})^{\frac{n}{(\mathrm{ord}_m(a),n)}} \equiv 1 \pmod m,$$

根据定理 4.1.1，我们有 $\mathrm{ord}_m(a^n) \mid \dfrac{\mathrm{ord}_m(a)}{(\mathrm{ord}_m(a),\ n)}$.

因此，

$$\mathrm{ord}_m(a^n) = \frac{\mathrm{ord}_m(a)}{(\mathrm{ord}_m(a),n)}.$$

定理得证．□

定理 4.1.6　设 a 对模 m 的次数是 $\mathrm{ord}_m(a)$，存在非负整数 n，使得

$$\mathrm{ord}_m(a) = \mathrm{ord}_m(a^n)$$

的充要条件是 $(\mathrm{ord}_m(a),n)=1$.

证明　略．这个定理实际上就是定理 4.1.5 的推论．后面讨论原根时需要用到该定理．□

例 4.1.5　表 4.1.3 给出了整数 1～12 对模 13 的次数，其中我们可以看到 $\mathrm{ord}_{13}(2)=12$，$\mathrm{ord}_{13}(4)=\mathrm{ord}_{13}(2^2)=6$，$\mathrm{ord}_{13}(8)=\mathrm{ord}_{13}(2^3)=4$，我们很容易验证 $6=12/\gcd(2,12)$ 和 $4=12/\gcd(3,12)$，这正是定理 4.1.5 给出的结论．次数与 $\mathrm{ord}_{13}(2)=12$ 相同的整数是 $6\equiv2^5 \pmod{13}$，$7\equiv2^{11} \pmod{13}$，$11\equiv2^7 \pmod{13}$，显然 5,11,7 都与 12 互素．

表 4.1.3　整数 1～12 对模 13 的次数

整数	1	2	3	4	5	6	7	8	9	10	11	12
次数	1	12	3	6	4	12	12	4	3	6	12	2

为了帮助读者更好地理解整数次数的概念并掌握其应用，下面给出了整数次数的几个性质及其证明，读者可以根据需要阅读．

性质 1　设 m 和 n 都是大于 1 的整数，a 是与 m 和 n 都互素的正整数，则

(1) 若 $n\mid m$，则 $\mathrm{ord}_n(a)\mid\mathrm{ord}_m(a)$.

(2) 若 $(m,n)=1$，则 $\mathrm{ord}_{mn}(a)=[\mathrm{ord}_m(a),\mathrm{ord}_n(a)]$.

证明　(1) 由于

$$a^{\mathrm{ord}_m(a)} \equiv 1 \pmod m,$$

又因为 $n\mid m$，故可知

$$a^{\mathrm{ord}_m(a)} \equiv 1 \pmod n.$$

于是，我们有 $\mathrm{ord}_n(a)\mid\mathrm{ord}_m(a)$.

(2) 由(1)可知

$$\mathrm{ord}_m(a)\mid\mathrm{ord}_{mn}(a),$$
$$\mathrm{ord}_n(a)\mid\mathrm{ord}_{mn}(a),$$

于是

$$[\mathrm{ord}_m(a),\mathrm{ord}_n(a)]\mid\mathrm{ord}_{mn}(a).$$

又因为

$$a^{[\mathrm{ord}_m(a),\mathrm{ord}_n(a)]} \equiv 1 \pmod m,$$
$$a^{[\mathrm{ord}_m(a),\mathrm{ord}_n(a)]} \equiv 1 \pmod n,$$

所以

$$a^{[\mathrm{ord}_m(a),\mathrm{ord}_n(a)]} \equiv 1 \pmod{mn}.$$

因此

$$\mathrm{ord}_{mn}(a) \mid [\mathrm{ord}_m(a), \mathrm{ord}_n(a)].$$

于是，我们得到

$$\mathrm{ord}_{mn}(a) = [\mathrm{ord}_m(a), \mathrm{ord}_n(a)]. \qquad \square$$

由性质 1 的(2)可直接得到下面的性质.

性质 2　设 m 是大于 1 的整数，a 是与 m 互素的正整数，则当 m 的标准分解式为

$$m = p_1^{\alpha_1} p_2^{\alpha_2} \cdots p_s^{\alpha_s}, \quad \alpha_i > 0, \quad i = 1, 2, \cdots, s$$

时，有

$$\mathrm{ord}_m(a) = [\mathrm{ord}_{p_1^{\alpha_1}}(a), \mathrm{ord}_{p_2^{\alpha_2}}(a), \cdots, \mathrm{ord}_{p_s^{\alpha_s}}(a)].$$

性质 3　设 m 和 n 都是大于 1 的整数，且 $(m, n) = 1$，则对与 mn 互素的任意正整数 a，b，存在正整数 c，使得

$$\mathrm{ord}_{mn}(c) = [\mathrm{ord}_m(a), \mathrm{ord}_n(b)].$$

证明　考虑同余方程组

$$\begin{cases} x \equiv a \pmod{m} \\ x \equiv b \pmod{n} \end{cases}$$

由中国剩余定理可知，此同余方程组有唯一解

$$x \equiv c \pmod{mn}.$$

由定理 4.1.2(2)可知

$$\mathrm{ord}_m(c) = \mathrm{ord}_m(a), \mathrm{ord}_n(c) = \mathrm{ord}_n(b),$$

于是，根据性质 1 的(2)，我们有

$$\mathrm{ord}_{mn}(c) = [\mathrm{ord}_m(c), \mathrm{ord}_n(c)] = [\mathrm{ord}_m(a), \mathrm{ord}_n(b)]. \qquad \square$$

习题

A 组

1. 34 对模 37 的次数是多少？
2. 2^{12} 对模 37 的次数是多少？
3. 2 是模 61 的一个原根，利用这个事实，在小于 61 的正整数中，找到所有次数为 4 的整数.
4. 证明 $\mathrm{ord}_3(2)=2$，$\mathrm{ord}_5(2)=4$，$\mathrm{ord}_7(2)=3$.

B 组

5. 设 $ab \equiv 1 \pmod{m}$，求证 $\mathrm{ord}_m(a)=\mathrm{ord}_m(b)$.
6. 设 $m=a^n-1$，其中 a 和 n 是正整数，证明 $\mathrm{ord}_m(a)=n$，且 $n \mid \varphi(m)$.
7. 设 $m>1$，$(a,m)=1$，如果 $\mathrm{ord}_m(a)=st$，证明 $\mathrm{ord}_m(a^s)=t$.
8. 设 a,b,m 是正整数，如果 a,b 分别与 m 互素，且满足 $(\mathrm{ord}_m(a), \mathrm{ord}_m(b))=1$，证明 $\mathrm{ord}_m(ab)=\mathrm{ord}_m(a) \cdot \mathrm{ord}_m(b)$.
9. 证明如果 a^{-1} 是 a 模 n 的逆，则 $\mathrm{ord}_n(a)=\mathrm{ord}_n(a^{-1})$.
10. 证明 $\mathrm{ord}_{F_n}(2) \leqslant 2^{n+1}$，其中 $F_n=2^{2^n}+1$ 是第 n 个费马数.

11. 设 p 是费马数 $F_n=2^{2^n}+1$ 的一个素因子，证明：

(1) $\mathrm{ord}_p(2)=2^{n+1}$；

(2) p 一定形如 $2^{n+1}k+1$.

12. 编写程序求 a 对模 m 的次数，其中 a 与 m 是互素的正整数.

4.2 原根

定义 4.2.1 设 m 是大于 1 的整数，a 是与 m 互素的整数，若

$$\mathrm{ord}_m(a)=\varphi(m),$$

则 a 叫作 m 的**原根**.

在例 4.1.1 中，由于 $\varphi(11)=10$，故 2,6,7,8 是 11 的原根.

例 4.2.1 5 是否是 6 的原根？是否是 8 的原根？

解 由于 5 与 6 互素，$\varphi(6)=2$，又由于

$$5^1\equiv 5,\quad 5^2\equiv 1(\mathrm{mod}\ 6),$$

故 $\mathrm{ord}_6(5)=\varphi(6)$，即 5 是 6 的原根.

由于 5 与 8 互素，$\varphi(8)=4$，又由于

$$5^1\equiv 5,\quad 5^2\equiv 1(\mathrm{mod}\ 8),$$

故 $\mathrm{ord}_8(5)=2\neq\varphi(8)$，即 5 不是 8 的原根. □

在下面的讨论中，基于与上一节同样的道理，当我们谈到“a 是否为 m 的原根”的问题时，即使没有明确陈述定义中的条件“m 是大于 1 的整数，a 是与 m 互素的整数”，我们仍然默认这个条件成立，这样我们的陈述将变得简洁、易记忆.

定理 4.2.1 a 是 m 的原根的充要条件是

$$1,a,a^2,\cdots,a^{\varphi(m)-1}$$

是模 m 的一个缩系.

证明 先证必要性. 若 a 是 m 的原根，则

$$\mathrm{ord}_m(a)=\varphi(m),$$

根据定理 4.1.4，可知

$$1,a,a^2,\cdots,a^{\varphi(m)-1}$$

两两模 m 不同余. 又因为 a 与 m 互素，所以 a 的任意非负整数次幂都与 m 互素，因此这 $\varphi(m)$ 个数组成模 m 的一个缩系.

再证充分性. 若

$$1,a,a^2,\cdots,a^{\varphi(m)-1}$$

这 $\varphi(m)$ 个数是模 m 的一个缩系，则 a 与 m 互素，而且这 $\varphi(m)$ 个数之间两两不同余. 所以这 $\varphi(m)$ 个数中，除了 1 以外，其他 $\varphi(m)-1$ 个数都与 1 不同余，即对任一整数 s，$1\leqslant s\leqslant\varphi(m)-1$，$a^s$ 与 1 模 m 不同余. 根据欧拉定理，

$$a^{\varphi(m)}\equiv 1(\mathrm{mod}\ m).$$

所以由次数的定义可知

$$\mathrm{ord}_m(a)=\varphi(m),$$

即 a 是 m 的原根．定理得证． □

定理 4.2.2 设 a 是 m 的一个原根，t 是非负整数，则 a^t 也是 m 的原根的充要条件是 $(t,\varphi(m))=1$.

证明 因为 $\mathrm{ord}_m(a)=\varphi(m)$，所以由定理 4.1.6 可知，$\mathrm{ord}_m(a^t)=\mathrm{ord}_m(a)=\varphi(m)$ 的充要条件是 $(t,\mathrm{ord}_m(a))=(t,\varphi(m))=1$. 即 a^t 是 m 的原根的充要条件是 $(t,\varphi(m))=1$. 定理得证． □

定理 4.2.3 设 a 是 m 的一个原根，则 m 恰有 $\varphi(\varphi(m))$ 个模 m 不同余的原根．

证明 由于 a 是 m 的原根，故 $\varphi(m)$ 个整数

$$1,a,a^2,\cdots,a^{\varphi(m)-1}$$

构成模 m 的一个缩系．根据定理 4.2.2，a^t 是 m 的原根当且仅当 $(t,\varphi(m))=1$. 因为这样的 t 共有 $\varphi(\varphi(m))$ 个，所以 m 恰有 $\varphi(\varphi(m))$ 个模 m 不同余的原根．定理得证． □

例 4.2.2 在例 4.1.5 中，模 13 的原根是 2,6,7,11，共 4 个原根，易验证

$$\varphi(\varphi(13))=\varphi(12)=\varphi(3\times 2^2)=2\times 2=4.$$

例 4.2.3 试求 8 的原根．

解 先求出 $\varphi(8)=4$. 易知

$$\mathrm{ord}_8(1)=1,\ \mathrm{ord}_8(3)=2,\ \mathrm{ord}_8(5)=2,\ \mathrm{ord}_8(7)=2,$$

因此不存在 8 的原根． □

由例 4.2.3 可以看出，对任意模数 m 来说，不一定存在原根．下面我们重点讨论原根的存在性问题．正式讨论之前，作为预备内容，我们先来证明两个定理.

定理 4.2.4 设 a 和 b 对模 m 的次数分别是 $\mathrm{ord}_m(a)$ 和 $\mathrm{ord}_m(b)$，则

$$(\mathrm{ord}_m(a),\ \mathrm{ord}_m(b))=1$$

的充要条件是

$$\mathrm{ord}_m(ab)=\mathrm{ord}_m(a)\mathrm{ord}_m(b).$$

证明 由于 $(a,m)=1,(b,m)=1$，故 $(ab,m)=1$，且存在 $\mathrm{ord}_m(ab)$.

先证必要性．由

$$a^{\mathrm{ord}_m(b)\mathrm{ord}_m(ab)}\equiv(a^{\mathrm{ord}_m(b)})^{\mathrm{ord}_m(ab)}(b^{\mathrm{ord}_m(b)})^{\mathrm{ord}_m(ab)}\equiv((ab)^{\mathrm{ord}_m(ab)})^{\mathrm{ord}_m(b)}\equiv 1(\mathrm{mod}\ m)$$

可知 $\mathrm{ord}_m(a)\mid\mathrm{ord}_m(b)\mathrm{ord}_m(ab)$，又因为 $(\mathrm{ord}_m(a),\mathrm{ord}_m(b))=1$，所以 $\mathrm{ord}_m(a)\mid\mathrm{ord}_m(ab)$.

同理可证 $\mathrm{ord}_m(b)\mid\mathrm{ord}_m(ab)$. 由于 $(\mathrm{ord}_m(a),\mathrm{ord}_m(b))=1$，所以 $\mathrm{ord}_m(a)\mathrm{ord}_m(b)\mid\mathrm{ord}_m(ab)$.

另一方面，由

$$(ab)^{\mathrm{ord}_m(a)\mathrm{ord}_m(b)}\equiv(a^{\mathrm{ord}_m(a)})^{\mathrm{ord}_m(b)}(b^{\mathrm{ord}_m(b)})^{\mathrm{ord}_m(a)}\equiv 1(\mathrm{mod}\ m)$$

可知 $\mathrm{ord}_m(ab)\mid\mathrm{ord}_m(a)\mathrm{ord}_m(b)$. 因此

$$\mathrm{ord}_m(ab)=\mathrm{ord}_m(a)\mathrm{ord}_m(b).$$

再证充分性．由

$$(ab)^{[\mathrm{ord}_m(a),\mathrm{ord}_m(b)]}\equiv a^{[\mathrm{ord}_m(a),\mathrm{ord}_m(b)]}b^{[\mathrm{ord}_m(a),\mathrm{ord}_m(b)]}\equiv 1(\mathrm{mod}\ m)$$

可知 $\mathrm{ord}_m(ab)\mid[\mathrm{ord}_m(a),\mathrm{ord}_m(b)]$. 又因为

$$\mathrm{ord}_m(ab)=\mathrm{ord}_m(a)\mathrm{ord}_m(b),$$

于是 $\mathrm{ord}_m(a)\mathrm{ord}_m(b)\mid[\mathrm{ord}_m(a),\mathrm{ord}_m(b)]$. 因此

$$(\mathrm{ord}_m(a),\mathrm{ord}_m(b)) = 1.$$

定理得证．□

定理 4.2.5　设 a 和 b 对模 m 的次数分别是 $\mathrm{ord}_m(a)$ 和 $\mathrm{ord}_m(b)$，则存在整数 c，使得

$$\mathrm{ord}_m(c) = [\mathrm{ord}_m(a),\mathrm{ord}_m(b)].$$

证明　因为对于整数 $\mathrm{ord}_m(a)$ 和 $\mathrm{ord}_m(b)$，存在整数 u,v 满足

$$u \mid \mathrm{ord}_m(a),\ v \mid \mathrm{ord}_m(b),$$

并使得

$$(u,v) = 1,\ uv = [\mathrm{ord}_m(a),\ \mathrm{ord}_m(b)].$$

令

$$s = \frac{\mathrm{ord}_m(a)}{u},\quad t = \frac{\mathrm{ord}_m(b)}{v},$$

则

$$\mathrm{ord}_m(a^s) = \frac{\mathrm{ord}_m(a)}{(\mathrm{ord}_m(a),s)} = \frac{\mathrm{ord}_m(a)}{s} = u.\quad \text{同理，} \mathrm{ord}_m(b^t) = v.$$

又由定理 4.2.4 可知

$$\mathrm{ord}_m(a^s b^t) = \mathrm{ord}_m(a^s)\mathrm{ord}_m(b^t) = uv = [\mathrm{ord}_m(a),\mathrm{ord}_m(b)].$$

于是，取 $c \equiv a^s b^t \pmod m$ 即可．定理得证．□

到这里，我们就可以得到第一个原根存在性定理如下．

定理 4.2.6　设 p 是奇素数，则 p 的原根存在．

证明　在模 p 的缩系 $1,2,\cdots,p-1$ 中，记

$$u_r = \mathrm{ord}_p(r),\quad 1 \leqslant r \leqslant p-1,$$

令 $u=[u_1,u_2,\cdots,u_{p-1}]$. 反复应用定理 4.2.5 可知，存在整数 g，使得

$$\mathrm{ord}_p(g) = u.$$

根据定理 4.1.2(1)，可知 $u \mid \varphi(p)$，即 $u \mid (p-1)$，所以 $u \leqslant p-1$.

由于

$$r^{u_r} \equiv 1 \pmod p,\quad 1 \leqslant r \leqslant p-1,$$

又因为 $u_r \mid u$，故

$$r^u \equiv 1 \pmod p,\quad 1 \leqslant r \leqslant p-1,$$

即同余方程

$$x^u \equiv 1 \pmod p,$$

至少有 $p-1$ 个解

$$x \equiv 1,2,\cdots,p-1 \pmod p.$$

又根据拉格朗日关于同余方程解的数量的定理 3.7.4 可知，该方程最多有 u 个解，所以 $p-1 \leqslant u$.

因此，我们有 $u=p-1$，即 $\mathrm{ord}_p(g)=u=p-1=\varphi(p)$. 所以 g 是 p 的原根．定理得证．□

定理 4.2.7　设 g 是奇素数 p 的一个原根，且满足

$$g^{p-1} \not\equiv 1 \pmod{p^2},$$

则对每一个 $l\geqslant 2$，有

$$g^{\varphi(p^{l-1})}\not\equiv 1(\bmod p^l).$$

证明　对 l 用数学归纳法．当 $l=2$ 时，即为题设 $g^{p-1}\not\equiv 1(\bmod p^2)$，显然成立．

假设定理对 $l(l\geqslant 2)$成立，即

$$g^{\varphi(p^{l-1})}\not\equiv 1(\bmod p^l).$$

由欧拉定理可知

$$g^{\varphi(p^{l-1})}\equiv 1(\bmod p^{l-1}).$$

所以存在整数 k 使得

$$g^{\varphi(p^{l-1})}=1+kp^{l-1},$$

由归纳假设可知，其中 k 不能被 p 整除(否则，如果 $k=k_1p$，那么 $g^{\varphi(p^{l-1})}=1+k_1pp^{l-1}=1+k_1p^l$，即 $g^{\varphi(p^{l-1})}\equiv 1(\bmod p^l)$，这与归纳假设矛盾)．将上式两端分别取 p 次方，可得

$$\begin{aligned}(g^{\varphi(p^{l-1})})^p&=(g^{p^{l-1}-p^{l-2}})^p=g^{p^l-p^{l-1}}\\&=g^{\varphi(p^l)}=(1+kp^{l-1})^p=1+kp^l+k^2\frac{p(p-1)}{2}p^{2(l-1)}+rp^{3(l-1)},\end{aligned}$$

其中 r 是一个整数．由于 $2(l-1)\geqslant l+1,3(l-1)\geqslant l+1$，所以上式最右端从第三项起，都能够被 p^{l+1}整除，因此

$$g^{\varphi(p^l)}\equiv 1+kp^l(\bmod p^{l+1}).$$

因为 k 不能被 p 整除，所以有

$$g^{\varphi(p^l)}\not\equiv 1(\bmod p^{l+1}),$$

因此，定理对 $l+1$ 成立．定理得证．　□

定理 4.2.8　设 p 是一个奇素数，则对任意正整数 l，存在 p^l 的原根．

证明　当 $l=1$ 时，定理成立，可设 g 为 p 的原根，则有

$$g^{p-1}\equiv 1(\bmod p).$$

若

$$g^{p-1}-1\not\equiv 0(\bmod p^2),$$

我们取 $r=g$. 反之，若

$$g^{p-1}-1\equiv 0(\bmod p^2),$$

我们取 $r=g+p$，由于 $r\equiv g(\bmod p)$，所以 r 也是 p 的原根，且

$$\begin{aligned}r^{p-1}-1&=(g+p)^{p-1}-1=g^{p-1}+(p-1)pg^{p-2}+p^2\text{ 的倍数项}-1\\&\equiv -pg^{p-2}\not\equiv 0(\bmod p^2).\end{aligned}$$

即我们总能够找到模 p 的原根 r，满足 $r^{p-1}\not\equiv 1(\bmod p^2)$.

下面我们开始证明 r 即为 $p^l(l\geqslant 2)$的原根．设

$$t=\operatorname{ord}_{p^l}(r),$$

则有

$$r^t\equiv 1(\bmod p^l),$$

显然也有

$$r^t \equiv 1 (\bmod p).$$

因为 r 是 p 的原根，所以有 $\varphi(p) \mid t$，于是可记

$$t = \varphi(p) q.$$

由于 $t \mid \varphi(p^l)$，即 $\varphi(p) q \mid \varphi(p^l)$，又因为

$$\varphi(p^l) = p^{l-1}(p-1), \varphi(p) = p-1,$$

故有 $q \mid p^{l-1}$.

不妨设 $q=p^k$，其中 $k \leqslant l-1$. 若不等式 $k<l-1$ 严格成立，则 $k+1 \leqslant l-1$，即

$$l-k-2 \geqslant 0$$

由

$$t = \varphi(p) p^k = (p-1) p^k = p^{k+1} - p^k,$$
$$\varphi(p^{l-1}) = p^{l-1} - p^{l-2} = (p^{k+1} - p^k) p^{l-k-2} = t p^{l-k-2},$$

可知

$$t \mid \varphi(p^{l-1}),$$

因此

$$r^{\varphi(p^{l-1})} \equiv 1 (\bmod p^l).$$

但这个结果显然与定理 4.2.7 矛盾，于是只能有 $k=l-1$，即 $t=\varphi(p^l)$. 所以 r 是 p^l 的一个原根，定理得证. □

从该定理可以看出，素数 p 的原根不一定是 p^2 的原根.

例 4.2.4 8 是 3 的原根，但不是 3^2 的原根，因为 $8^2 \equiv 1 (\bmod 3^2)$.

定理 4.2.9 设 p 是一个奇素数，则对任意正整数 l，存在 $2p^l$ 的原根.

证明 设 g 是 p^l 的一个原根，我们先证当 g 是奇数时，g 也是 $2p^l$ 的一个原根.

因为 $(g, p^l)=1$ 且 $(g, 2)=1$，所以 $(g, 2p^l)=1$，因此由欧拉定理可知

$$g^{\varphi(2p^l)} \equiv 1 (\bmod 2p^l).$$

设 $t=\mathrm{ord}_{2p^l}(g)$，又因为 $\varphi(2p^l)=\varphi(2)\varphi(p^l)=\varphi(p^l)$，故有 $t \mid \varphi(p^l)$.

由

$$g^t \equiv 1 (\bmod 2p^l),$$

可知

$$g^t \equiv 1 (\bmod p^l).$$

又因为 g 是 p^l 的一个原根，所以 $\varphi(p^l) \mid t$.

因此，我们有 $t=\varphi(p^l)=\varphi(2p^l)$，即 g 是 $2p^l$ 的一个原根.

当 g 是偶数时，$g+p^l$ 是奇数且为 p^l 的一个原根(因为 $g \equiv g+p^l (\bmod p^l)$)，可类似地按以上证明得出结论. 定理得证. □

上面讨论了具有原根的一些整数的特征，为了完整地给出具有原根的所有整数的特征，我们还需要排除那些没有原根的整数. 首先下面的定理将说明例 4.2.3 中的整数 8 为什么没有原根.

定理 4.2.10 设 a 是一个奇数，则对任意整数 $k \geqslant 3$，有

$$a^{\frac{1}{2}\varphi(2^k)} \equiv a^{2^{k-2}} \equiv 1 (\bmod 2^k),$$

即 $2^k(k\geqslant 3)$没有原根.

证明　用数学归纳法. 不妨设 $a=2b+1$，则有

$$a^2 = 4b(b+1)+1 \equiv 1 \pmod{2^3},$$

注意其中 $2\mid b(b+1)$，而 $\varphi(2^3)=4$，所以结论对 $k=3$ 成立.

假设结论对 $k-1(k>3)$成立，则有

$$a^{2^{(k-1)-2}} \equiv 1 \pmod{2^{k-1}},$$

即存在整数 q 使得

$$a^{2^{(k-1)-2}} = 1+q2^{k-1}.$$

将等式两端分别平方，可得

$$a^{2^{k-2}} = (1+q2^{k-1})^2 = 1+(q+2^{k-2}q^2)2^k,$$

故

$$a^{2^{k-2}} \equiv 1 \pmod{2^k},$$

即结论对 k 成立. 于是定理得证. □

有了前面的这些定理，我们就不难推出原根存在的充要条件了.

定理 4.2.11　设 m 是大于 1 的整数，则 m 的原根存在的充要条件是 m 为 $2,4,p^l,2p^l$ 之一，其中 $l\geqslant 1$，p 是奇素数.

证明　先证必要性. 设 m 的标准分解式为

$$m = p_1^{l_1}\cdot p_2^{l_2}\cdot\cdots\cdot p_s^{l_s},$$

其中 $p_i<p_j(i<j)$. 又设 a 为一与 m 互素的正整数，则必满足

$$(a,p_i^{l_i}) = 1,\quad i=1,2,\cdots,s.$$

由欧拉定理，可知

$$a^{\varphi(p_i^{l_i})} \equiv 1 \pmod{p_i^{l_i}},\quad i=1,2,\cdots,s.$$

令 $h=[\varphi(p_1^{l_1}),\varphi(p_2^{l_2}),\cdots,\varphi(p_s^{l_s})]$，则

$$a^h \equiv 1 \pmod{p_i^{l_i}},\quad i=1,2,\cdots,s.$$

由于 $p_i^{l_i}(i=1,2,\cdots,s)$两两互素，于是$[p_1^{l_1},p_2^{l_2},\cdots,p_s^{l_s}]=m$，故有

$$a^h \equiv 1 \pmod{m}.$$

因为 $h\leqslant\varphi(m)$，而当 $h<\varphi(m)$时，m 无原根存在，因此，若 m 有原根，则必须

$$h = \varphi(m),$$

即 $\varphi(p_i^{l_i})(i=1,2,\cdots,s)$两两互素.

因为 $\varphi(p^l)=p^{l-1}(p-1)$，当 p 为奇素数时，$\varphi(p^l)$必为偶数，所以当 m 有两个或两个以上的奇素数因子时，m 无原根. 因此，若使 m 有原根，m 只能是 $2^k,p^l,2^tp^l$ 三种形式之一，其中 k，t，l 均为正整数.

若 $t>1$，则 $\varphi(2^t)=2^{t-1}$与 $\varphi(p^l)$不互素，故只能 $t=1$.

若 $k\geqslant 3$，由定理 4.2.10 显然可知 2^k无原根存在，故只能 $k=1$ 或 $k=2$.

综上所述，若 m 有原根，则 m 只能是 $2,4,p^l,2p^l$之一，必要性成立.

再证充分性.

当 $m=2$ 时，$\varphi(2)=1$，1 即为 2 的原根；

当 $m=4$ 时，$\varphi(4)=2$，3 即为 4 的原根；

当 $m=p^l$ 时，由定理 4.2.8 可知 m 的原根存在；

当 $m=2p^l$ 时，由定理 4.2.9 可知 m 的原根存在；

于是充分性也成立，定理得证． □

下面我们再给出一种寻找原根的方法．

定理 4.2.12 设 m 是大于 2 的整数，$\varphi(m)$ 的所有不同的素因子是 $q_1, q_2, \cdots, q_s$，则与 m 互素的正整数 g 是 m 的一个原根的充要条件是

$$g^{\frac{\varphi(m)}{q_i}} \not\equiv 1 \pmod m, \quad i=1,2,\cdots,s.$$

证明 先证必要性．若 g 是 m 的一个原根，则有

$$\mathrm{ord}_m(g)=\varphi(m).$$

而

$$0<\frac{\varphi(m)}{q_i}<\varphi(m), \quad i=1,2,\cdots,s,$$

所以

$$g^{\frac{\varphi(m)}{q_i}} \not\equiv 1 \pmod m, \quad i=1,2,\cdots,s.$$

再证充分性．用反证法，设

$$\mathrm{ord}_m(g)=v,$$

假定 g 不是 m 的一个原根，则 $v<\varphi(m)$，从而 $v \mid \varphi(m)$．于是存在一个素数 q，使得

$$q \mid \frac{\varphi(m)}{v},$$

故又存在一个整数 u，使得

$$\frac{\varphi(m)}{v}=qu,$$

即

$$\frac{\varphi(m)}{q}=uv.$$

于是，我们有

$$g^{\frac{\varphi(m)}{q}}=(g^v)^u \equiv 1 \pmod m,$$

这与所给条件是矛盾的．所以假设不成立，充分性得证．定理得证． □

当 m 数值比较小的时候，我们可以利用这个定理很快找到 m 的原根．但是，当 m 数值比较大的时候，我们可能很难找到 $\varphi(m)$ 的所有素数因子，这个时候就很难应用该定理了．到目前为止，即使知道 m 有原根，人们也没有找到一个具有普遍性的简单方法来找到 m 的原根．然而，如果我们已知一个原根，那么其他的所有原根就可以比较容易地计算出来，该方法就是依据定理 4.2.2.

例 4.2.5 求 41 的原根．

解 因为 $\varphi(m)=\varphi(41)=40=2^3\times 5$，所以 $\varphi(m)$ 的素因子是 $q_1=5$，$q_2=2$，进而有

$$\frac{\varphi(m)}{q_1}=8, \quad \frac{\varphi(m)}{q_2}=20.$$

对 $g=2,3,\cdots$ 逐个验算 g^8 和 g^{20} 是否与1模 m 同余，得出

$$2^8\equiv 10(\bmod 41),\ 2^{20}\equiv 1(\bmod 41)，失败；$$
$$3^8\equiv 1(\bmod 41)，失败；$$
$$4^8\equiv 18(\bmod 41),\ 4^{20}\equiv 1(\bmod 41)，失败；$$
$$5^8\equiv 18(\bmod 41),\ 5^{20}\equiv 1(\bmod 41)，失败；$$
$$6^8\equiv 10(\bmod 41),\ 6^{20}\equiv 40(\bmod 41)，成功.$$

可知6是41的最小原根.

根据定理4.2.2，可知当 t 遍历 $\varphi(m)=40$ 的缩系

$$1,3,7,9,11,13,17,19,21,23,27,29,31,33,37,39$$

时，6^t 遍历41的原根，即

$6^1\equiv 6(\bmod 41)$，　　$6^{17}\equiv 26(\bmod 41)$，　　$6^{29}\equiv 22(\bmod 41)$，
$6^3\equiv 11(\bmod 41)$，　　$6^{19}\equiv 34(\bmod 41)$，　　$6^{31}\equiv 13(\bmod 41)$，
$6^7\equiv 29(\bmod 41)$，　　$6^{21}\equiv 35(\bmod 41)$，　　$6^{33}\equiv 17(\bmod 41)$，
$6^9\equiv 19(\bmod 41)$，　　$6^{23}\equiv 30(\bmod 41)$，　　$6^{37}\equiv 15(\bmod 41)$，
$6^{11}\equiv 28(\bmod 41)$，　　$6^{27}\equiv 12(\bmod 41)$，　　$6^{39}\equiv 7(\bmod 41)$.
$6^{13}\equiv 24(\bmod 41)$，

因此，41的所有原根为6,7,11,12,13,15,17,19,22,24,26,28,29,30,34,35. □

习题

A组

1. 求以下素数原根的个数：
   (1) 7；　(2) 19；　(3) 29；　(4) 47.
2. 求以下整数的一个原根：
   (1) 5^2；　(2) 13^2；　(3) 6；　(4) 338.
3. 求以下整数的一个原根，其中 k 是任意的一个正整数：
   (1) 11^k；　(2) 23^k；　(3) 31^k；　(4) 37^k.
4. 求证3是17的一个原根，找出17的最小正剩余系中的所有原根.
5. 28,47,55,59的原根是否存在？若存在则求出其所有的原根.
6. 求113的最小原根.
7. 求 113^2 的最小原根.
8. 证明整数12没有原根.

B组

9. 求证如果 g^k 是 m 的原根，那么 g 也是 m 的原根.
10. 设 a 与 m 是互素的正整数，证明如果 $a\not\equiv 1 \bmod m$，$a^2\not\equiv 1 \bmod m$，$a^{\frac{p-1}{2}}\not\equiv 1 \bmod m$，则 a 是 m 的原根.
11. 证明整数 m 有一个原根，当且仅当同余方程 $x^2\equiv 1(\bmod m)$的唯一解是 $x\equiv\pm 1(\bmod m)$.
12. 编写程序求解奇素数的原根.
13. 编写程序求解奇素数幂的原根.

4.3 指数与高次剩余

如果 m 有一个原根 g，则根据定理 4.2.1 可知，

$$1, g, g^2, \cdots, g^{\varphi(m)-1}$$

是模 m 的一个缩系．因此，对任何一个与 m 互素的整数 a，存在唯一的非负整数 r，$0 \leqslant r < \varphi(m)$，使得

$$g^r \equiv a \pmod{m}.$$

由于原根具有上述性质，我们可以给出如下定义．

定义 4.3.1 设 m 是大于 1 的整数，g 是 m 的一个原根，a 是与 m 互素的整数，则存在唯一的非负整数 r，$0 \leqslant r < \varphi(m)$，满足

$$a \equiv g^r \pmod{m},$$

于是，我们把 r 叫作以 g 为底 a 对模 m 的**指数**，记作 $\mathrm{ind}_g a$．在不易引起混淆的情况下，可把 $\mathrm{ind}_g a$ 简写成 $\mathrm{ind}\, a$．

显然，根据定义我们有

$$a \equiv g^{\mathrm{ind}_g a} \pmod{m}.$$

有时，也把指数叫作**离散对数**，记作 $\log_g a$，于是

$$a \equiv g^{\log_g a} \pmod{m}.$$

定理 4.3.1 g 是 m 的一个原根，a 是与 m 互素的整数，如果非负整数 k 使得同余式

$$g^k \equiv a \pmod{m}$$

成立，则 k 满足

$$k \equiv \mathrm{ind}_g a \pmod{\varphi(m)}.$$

证明 因为

$$g^k \equiv a \equiv g^{\mathrm{ind}_g a} \pmod{m},$$

根据定理 4.1.3 可知

$$k \equiv \mathrm{ind}_g a \pmod{\mathrm{ord}_m(g)}.$$

又因为 g 是 m 的一个原根，所以

$$\mathrm{ord}_m(g) = \varphi(m),$$

所以

$$k \equiv \mathrm{ind}_g a \pmod{\varphi(m)}.$$

定理得证． □

定理 4.3.2 g 是 m 的一个原根，则

$$g^x \equiv g^y \pmod{m}$$

成立的充要条件是

$$x \equiv y \pmod{\varphi(m)}$$

成立．

证明 直接应用定理 4.1.3 和 $\mathrm{ord}_m(g) = \varphi(m)$，即得证． □

下面的两个定理给出关于指数的几个重要的性质.

定理 4.3.3 g 是 m 的一个原根，整数 a 和 b 均与 m 互素，则

(1) $\mathrm{ind}_g 1 \equiv 0 \pmod{\varphi(m)}$；$\mathrm{ind}_g g \equiv 1 \pmod{\varphi(m)}$；

(2) $\mathrm{ind}_g(ab) \equiv \mathrm{ind}_g a + \mathrm{ind}_g b \pmod{\varphi(m)}$；

(3) $\mathrm{ind}_g a^k \equiv k\,\mathrm{ind}_g a \pmod{\varphi(m)}$，其中 k 为非负整数．

证明　(1) 因为

$$g^0 \equiv 1 \pmod{m},$$

根据定理 4.3.1，可知

$$\mathrm{ind}_g 1 \equiv 0 \pmod{\varphi(m)}.$$

因为

$$g^1 \equiv g \pmod{m},$$

根据定理 4.3.1，可知

$$\mathrm{ind}_g g \equiv 1 \pmod{\varphi(m)}.$$

(2) 因为

$$ab \equiv g^{\mathrm{ind}_g(ab)} \pmod{m}, \quad a \equiv g^{\mathrm{ind}_g a} \pmod{m}, \quad b \equiv g^{\mathrm{ind}_g b} \pmod{m},$$

所以

$$g^{\mathrm{ind}_g(ab)} \equiv g^{\mathrm{ind}_g a + \mathrm{ind}_g b} \pmod{m}.$$

根据定理 4.3.2，可知

$$\mathrm{ind}_g(ab) \equiv \mathrm{ind}_g a + \mathrm{ind}_g b \pmod{\varphi(m)}.$$

(3) 因为

$$a^k \equiv g^{\mathrm{ind}_g a^k} \pmod{m}, \quad a \equiv g^{\mathrm{ind}_g a} \pmod{m},$$

所以

$$g^{\mathrm{ind}_g a^k} \equiv a^k \equiv (g^{\mathrm{ind}_g a})^k \equiv g^{k\,\mathrm{ind}_g a} \pmod{m}.$$

根据定理 4.3.2，可知

$$\mathrm{ind}_g a^k \equiv k\,\mathrm{ind}_g a \pmod{\varphi(m)}.$$

定理得证．　□

定理 4.3.4　g 是 m 的一个原根，整数 a 和 b 均与 m 互素，则 $a \equiv b \pmod{m}$ 的充要条件是 $\mathrm{ind}_g a \equiv \mathrm{ind}_g b \pmod{\varphi(m)}$.

证明　先证必要性．因为 $a \equiv b \pmod{m}$，所以

$$g^{\mathrm{ind}_g a} \equiv g^{\mathrm{ind}_g b} \pmod{m},$$

所以由定理 4.3.2 可知

$$\mathrm{ind}_g a \equiv \mathrm{ind}_g b \pmod{\varphi(m)}.$$

再证充分性．因为 $\mathrm{ind}_g a \equiv \mathrm{ind}_g b \pmod{\varphi(m)}$，所以存在整数 k 使得

$$\mathrm{ind}_g a = \mathrm{ind}_g b + k\varphi(m),$$

所以

$$g^{\mathrm{ind}_g a} = g^{\mathrm{ind}_g b + k\varphi(m)} = g^{\mathrm{ind}_g b}\,(g^{\varphi(m)})^k \equiv g^{\mathrm{ind}_g b}\,(1)^k = g^{\mathrm{ind}_g b} \pmod{m}$$

即

$$a \equiv b \pmod{m}.$$

定理得证．　□

上面两个定理表明指数的性质和实数中对数的性质非常相似，因此我们可以利用原根

做出指数表.

例 4.3.1 做模 41 的指数表.

解 已知 $g=6$ 是 41 的原根，且 $\varphi(41)=40$，直接计算 $g^r \pmod m$，$0\leqslant r\leqslant 39$，即

$$\begin{array}{llllll}
6^0 \equiv 1, & 6^1 \equiv 6, & 6^2 \equiv 36, & 6^3 \equiv 11, & 6^4 \equiv 25, & 6^5 \equiv 27, \\
6^6 \equiv 39, & 6^7 \equiv 29, & 6^8 \equiv 10, & 6^9 \equiv 19, & 6^{10} \equiv 32, & 6^{11} \equiv 28, \\
6^{12} \equiv 4, & 6^{13} \equiv 24, & 6^{14} \equiv 21, & 6^{15} \equiv 3, & 6^{16} \equiv 18, & 6^{17} \equiv 26, \\
6^{18} \equiv 33, & 6^{19} \equiv 34, & 6^{20} \equiv 40, & 6^{21} \equiv 35, & 6^{22} \equiv 5, & 6^{23} \equiv 30, \\
6^{24} \equiv 16, & 6^{25} \equiv 14, & 6^{26} \equiv 2, & 6^{27} \equiv 12, & 6^{28} \equiv 31, & 6^{29} \equiv 22, \\
6^{30} \equiv 9, & 6^{31} \equiv 13, & 6^{32} \equiv 37, & 6^{33} \equiv 17, & 6^{34} \equiv 20, & 6^{35} \equiv 38, \\
6^{36} \equiv 23, & 6^{37} \equiv 15, & 6^{38} \equiv 8, & 6^{39} \equiv 7, & \pmod{41}. &
\end{array}$$

表 4.3.1 为模 41 的指数表，第一行表示 $g^r \pmod m$ 的个位数，第一列表示 $g^r \pmod m$ 的十位数，交叉位置即为 r.

表 4.3.1 模 41 的指数表

	0	**1**	**2**	**3**	**4**	**5**	**6**	**7**	**8**	**9**
0		0	26	15	12	22	1	39	38	30
1	8	3	27	31	25	37	24	33	16	9
2	34	14	29	36	13	4	17	5	11	7
3	23	28	10	18	19	21	2	32	35	6
4	20									

□

我们知道，如果从已知整数 r 来计算 $a\equiv g^r \pmod m$ 很容易，而从已知整数 a 求整数 r 使得 $g^r\equiv a \pmod m$ 有时是很困难的．指数表对我们解决此类问题有一定的帮助．例如，通过查表，我们可以很快地知道以 6 为底 28 对模 41 的指数是 11.

指数表可以用来解一些特殊类型的(高次)同余方程，下面我们就开始讨论这个问题.

定义 4.3.2 设 m 是大于 1 的整数，a 是与 m 互素的整数，若 $n(n\geqslant 2)$ 次同余方程

$$x^n \equiv a \pmod m$$

有解，则 a 叫作模 m 的 **n 次剩余**．否则，a 叫作模 m 的 **n 次非剩余**.

注意：当 $n=2$ 时，我们就可以得到二次剩余的定义．二次剩余在公钥密码中有非常重要的应用价值．其相关理论我们在 3.3～3.5 节已经进行了详细讨论，在此不再赘述.

定理 4.3.5 g 是 m 的一个原根，a 是与 m 互素的整数，则同余方程

$$x^n \equiv a \pmod m \tag{4.3.1}$$

有解的充要条件是 $(n,\varphi(m))\mid \mathrm{ind}_g a$. 并且，若此同余方程有解，则解数恰为 $(n,\varphi(m))$.

证明 我们先来证明同余方程(4.3.1)与同余方程

$$n\,\mathrm{ind}_g x \equiv \mathrm{ind}_g a \pmod{\varphi(m)} \tag{4.3.2}$$

等价．若同余方程(4.3.1)有解，设为

$$x \equiv x_0 \pmod m,$$

则

$$x_0^n \equiv a \pmod m,$$

即

$$g^{\mathrm{ind}_g x_0^n} \equiv g^{n\,\mathrm{ind}_g x_0} \equiv g^{\mathrm{ind}_g a} \pmod m.$$

由定理 4.3.2 可知

$$n\,\mathrm{ind}_g x_0 \equiv \mathrm{ind}_g a \pmod{\varphi(m)}.$$

反之，若同余方程(4.3.2)有解，设为

$$x \equiv x_0 \pmod{\varphi(m)},$$

使得

$$n\,\mathrm{ind}_g x_0 \equiv \mathrm{ind}_g a \pmod{\varphi(m)}.$$

由定理 4.3.2 可知

$$g^{n\,\mathrm{ind}_g x_0} \equiv g^{\mathrm{ind}_g x_0^n} \equiv g^{\mathrm{ind}_g a} \pmod m,$$

即

$$x_0^n \equiv a \pmod m.$$

因此，同余方程(4.3.1)与同余方程(4.3.2)等价．

由于对任一给定整数 X，同余方程

$$X \equiv \mathrm{ind}_g x \pmod{\varphi(m)}$$

总有解，故式(4.3.2)有解的充要条件是

$$nX \equiv \mathrm{ind}_g a \pmod{\varphi(m)}$$

有解．又根据定理 3.5.2，可知同余方程(4.3.1)有解的充要条件是$(n,\varphi(m)) \mid \mathrm{ind}_g a$．并且，若此同余方程有解，则解数恰为$(n,\varphi(m))$．定理得证． □

定理 4.3.6　*g 是 m 的一个原根，a 是与 m 互素的整数，则 a 是模 m 的 n 次剩余的充要条件是*

$$a^{\frac{\varphi(m)}{d}} \equiv 1 \pmod m, d = (n,\varphi(m)).$$

证明　根据定理 4.3.5 可知

$$x^n \equiv a \pmod m$$

有解的充要条件是 $d \mid \mathrm{ind}_g a$，即

$$\mathrm{ind}_g a \equiv 0 \pmod d.$$

而这个式子的一个等价式(充要条件)为

$$\frac{\varphi(m)}{d}\,\mathrm{ind}_g a \equiv 0 \pmod{\varphi(m)}.$$

由定理 4.3.2，可得其充要条件为

$$g^{\frac{\phi(m)}{d}\mathrm{ind}_g a} \equiv a^{\frac{\phi(m)}{d}} \equiv g^0 \equiv 1 \pmod m,$$

于是定理得证． □

定理 4.3.7　*a 是与素数 p 互素的整数，则 a 是模 p 的二次剩余的充要条件是*

$$a^{\frac{p-1}{2}} \equiv 1 \pmod p.$$

证明　略．这个定理就是上面定理 4.3.6 的推论． □

例 4.3.2　求解同余方程

$$x^{12} \equiv 37 \pmod{41}.$$

解 因为$\varphi(41)=40$，$d=(12,40)=4$，查模41的指数表得到$\mathrm{ind}_g 37=32$，所以根据$4\mid 32$可知同余方程有解．由于原同余方程与

$$12\mathrm{ind}_g x \equiv \mathrm{ind}_g 37 = 32 \pmod{40}$$

等价，即

$$3\mathrm{ind}_g x \equiv 8 \pmod{10},$$

由于3模10的逆元是7，所以两边同时乘以7得到

$$\mathrm{ind}_g x \equiv 56 \equiv 6 \pmod{10},$$

可解得

$$\mathrm{ind}_g x \equiv 6,16,26,36 \pmod{40},$$

故通过查模41的指数表可得到原同余方程的解为$x\equiv 39,18,2,23 \pmod{41}$． □

习题

A 组

1. 已知2是19的原根，构造19的指数表，并求出如下各方程的最小正剩余解：
   (1) $8x^4\equiv 3 \pmod{19}$；
   (2) $5x^3\equiv 2 \pmod{19}$；
   (3) $x^7\equiv 1 \pmod{19}$．
2. 已知3是17的原根，构造17的指数表，并求出满足如下各方程的整数x：
   (1) $3^x\equiv 7 \pmod{17}$；
   (2) $3^x\equiv x \pmod{17}$．
3. 求以下同余方程的所有解：
   (1) $3^x\equiv 2 \pmod{23}$；
   (2) $13^x\equiv 5 \pmod{23}$．
4. 求出使同余方程$8x^7\equiv a \pmod{29}$有解的a值．

B 组

5. 求解同余方程$x^{22}\equiv 5 \pmod{41}$．
6. 求同余方程$x^x\equiv x \pmod{23}$的所有解．
7. 证明如果p是一个以g为原根的奇素数，则$\mathrm{ind}_g(p-1)=\dfrac{p-1}{2}$．
8. 设p为奇素数，证明同余方程$x^4\equiv -1 \pmod{p}$有解当且仅当p的形式为$8k+1$．
9. 设$e\geqslant 2$是一个正整数，证明如果k是一个正奇数，则每个奇数a都是$2e$的一个k次剩余．
10. 设p为奇素数，编写程序构造p的指数表，并由此求解n次同余方程$x^n\equiv a \pmod{p}$．
11. 设p为奇素数，编写程序构造p的指数表，并由此快速计算$ab \bmod p$．
12. 编写程序求解形式为$ax^b\equiv c \pmod{m}$的同余方程，其中a和b是整数，c和m是正整数且m有原根．
13. 编写程序求具有原根的正整数m的k次剩余，其中k是正整数．

Chapter 5

第5章 群

从本章起，我们将分群、环与域和有限域三个部分介绍代数系统的基础内容．群、环和域等代数理论是近世代数的基础，对当今数学乃至其他学科都有着非常重要影响，也推动了数论、几何学的发展．近世代数学发源于19世纪上半叶的方程理论，主要研究某一方程(组)是否可解，如何求出方程所有的根，以及方程的根有何性质等问题．法国数学家埃瓦里斯特·伽罗瓦(Évariste Galois)在1832年运用群的思想彻底解决了用根式求解代数方程的可能性问题．同时，现代的编码与密码学等信息科学理论的建立与发展也以此(特别是有限域)为基础.

本章主要介绍群的相关内容、子群的概念、陪集与商群的若干性质，继而介绍重要的同态、同构概念以及同态基本定理，最后介绍两类重要的群——循环群和置换群．此外，为了使内容介绍流畅，我们还介绍了“映射与关系”作为本章后续内容的预备知识.

学习本章之后，我们应该能够：

- 掌握群的概念和性质；
- 掌握陪集、商群等概念及其性质；
- 掌握同态和同构的概念及其应用，特别是同态基本定理的应用；
- 掌握循环群和置换群的概念和性质，了解循环群和置换群在编码与密码学等领域中的应用.

5.1 映射与关系

代数系统的研究对象是具有一种或几种代数运算并满足一系列公理的集合，需要利用集合与映射的语言来进行准确地描述．因此，本章中我们首先介绍一下集合、映射与关系等概念.

集合的概念是现代数学中最基本的概念之一．一般来说，把具有共同性质的一些事物汇集成一个整体，就形成一个**集合**，而这些事物称为**元素**或**成员**.

我们通常用大写英文字母 $A,B,\cdots$ 表示集合，用小写英文字母 $a,b,\cdots$ 表示集合中的元素.

若元素 a 是集合 S 中的元素，记作 $a\in S$，读作 a 属于 S，或 a 在 S 之中．若元素 a 不是集合 S 中的元素，记作 $a\notin S$，读作 a 不属于 S，或 a 不在 S 之中．

如果集合 A 由某个性质 P 决定，那么记 $A=\{x|P(x)\}$.

定义 5.1.1 设 A,B 是两个集合，则称集合

$$A\times B=\{(x,y)\,|\,x\in A,y\in B\}$$

为 A 与 B 的**直积**或**笛卡儿积**.

上述定义可以直接推广到 n 个集合的情形(参考有关集合的相关书籍).

5.1.1 映射

定义 5.1.2 设 A,B 是任意两个集合，若规定一个法则 $f:\forall x\in A$，存在 B 中的一个元素 x' 与之对应，则称 f 是 A 到 B 的一个映射，记作 $f:A\to B$. 记 $x'=f(x)$，称 x' 为 x 在 f 下的**像**，而称 x 为 x' 的一个**原像**.

若 $A_0\subseteq A$，则 A_0 中的元素在 f 下的像的集合记作

$$f(A_0)=\{f(x)\,|\,x\in A_0\}.$$

若 $B_0\subseteq B$，则 B_0 中的元素的所有原像的集合为

$$f^{-1}(B_0)=\{x\in A\,|\,f(x)\in B_0\}.$$

定义 5.1.3 设 A,B,C 为三个集合．如果有映射

$$f:A\to B,\quad g:B\to C$$

那么可以由等式

$$(g\circ f)(x)=g(f(x)),\quad \forall x\in A$$

定义映射 $g\circ f:A\to C$，并称 $g\circ f$ 为映射 g 与 f 的**复合**或**乘积**.

当然，我们可以将上述定义推广到多个映射的复合．

注意：映射的复合是有一定条件的，建议读者查阅相关资料，明确相关的内容．

映射的复合满足**结合律**，即若存在映射 $f:A\to B$，$g:B\to C$，$h:A\to C$，那么有

$$h\circ(g\circ f)=(h\circ g)\circ f.$$

由结合律可知多个映射进行复合时，可以不加括号，$h\circ(g\circ f)$ 和 $(h\circ g)\circ f$ 均可简记为 $h\circ g\circ f$. 同时，运算符 $\circ$ 也可省略，从而 $h\circ g\circ f$ 可记作 hgf.

下面我们讨论映射的几类特殊情况．

定义 5.1.4 对于映射 $f:X\to Y$，如果 $f(X)=Y$，即 Y 中的每一个元素都是 X 中一个或多个元素的像，则称这个映射为**满射**．换言之，若 $f:X\to Y$ 是满射，则有对于任意 $y\in Y$，必存在 $x\in X$ 使得 $f(x)=y$ 成立．

例 5.1.1 设 $A=\{a,b,c,d\}$，$B=\{1,2,3\}$. 若映射 $f:A\to B$ 为 $f(a)=1,f(b)=1,f(c)=3,f(d)=2$，则 f 是满射的．

定义 5.1.5 从 X 到 Y 的映射中，若 X 中没有两个元素有相同的像，则称这个映射为**单射**．换言之，若 $f:X\to Y$ 是单射，则对于任意 $x_1,x_2\in X$，有 $x_1\neq x_2\Rightarrow f(x_1)\neq f(x_2)$ 或 $f(x_1)=f(x_2)\Rightarrow x_1=x_2$.

例 5.1.2 设函数 $f:\{a,b\}\to\{2,4,6\}$ 为 $f(a)=2,f(b)=6$，那么这个函数是单射，但

不是满射.

定义 5.1.6 若一个从 X 到 Y 的映射既是满射又是单射，则称这个映射是**双射**的，也称这样的映射是**一一对应**的.

例 5.1.3 令$[a,b]$表示实数的闭区间，即$[a,b]=\{x|a\leqslant x\leqslant b\}$. 设映射 $f:[0,1]\to[a,b]$满足 $f(x)=(b-a)x+a$，那么这个函数是双射的.

设 $f:A\to B$ 是一一对应，即对任意的 $y\in B$，存在唯一 $x\in A$ 的使得 $f(x)=y$. 这样我们可以得到一个 B 到 A 上的映射 $f^{-1}:f^{-1}(y)=x$. 不难验证，f^{-1}在 B 到 A 上是一一对应的，并且

$$f(f^{-1}(y))=y,\ \forall y\in B;$$
$$f^{-1}(f(x))=x,\ \forall x\in A.$$

定义 5.1.7 若映射$\mathrm{id}_A:A\to A$ 定义为$\mathrm{id}_A(x)=x(\forall x\in A)$，则称$\mathrm{id}_A$为 A 的**恒等映射**.

定理 5.1.1 $f:A\to B$ 是双射的充要条件是存在 $g:B\to A$ 使得

$$gf=\mathrm{id}_A,\quad fg=\mathrm{id}_B.$$

根据定理 5.1.1，我们可以得到可逆映射的定义.

定义 5.1.8 对于 A 到 B 上的双射 f，存在唯一的 B 到 A 上的双射 f^{-1}满足 $gf=\mathrm{id}_A$，$fg=\mathrm{id}_B$. 于是，我们可将双射 f 称为**可逆映射**，而将 f^{-1} 称作 f 的**逆映射**. 自然，f 也是 f^{-1}的逆映射，即$(f^{-1})^{-1}=f$.

定义 5.1.9 设A_0是集合 A 的子集. 由 $i(x)=x(\forall x\in A_0)$定义的映射 $i:A_0\to A$ 称为 A_0到 A 中的**嵌入映射**. 显然，嵌入映射是双射. 又若 $f:A_0\to B$ 与映射 $g:A\to B$ 满足 $gi=f$，即$g(x)=f(x)(\forall x\in A_0)$，则称 g 为 f 的**开拓**，f 为 g 在A_0上的**限制**，记作 $f=g|_{A_0}$.

下面，我们将利用集合与映射的语言来描述一个集合中的二元运算.

定义 5.1.10 设 A 是一个集合. 我们将 $A\times A$ 到 A 的一个映射 φ 称为 A 的一个**二元运算**.

若记 $\varphi(a,b)=ab$，则称 ab 为 a 与 b 的**积**. 若记 $\varphi(a,b)=a+b$，则称 $a+b$ 为 a 与 b 的**和**.

定义 5.1.11 若 A 上的二元运算 $\varphi(a,b)=ab$ 满足

$$(ab)c=a(bc),\quad \forall a,b,c\in A$$

则称此二元运算是**结合的**，即满足**结合律**；若 A 上的二元运算 $\varphi(a,b)=ab$ 满足

$$ab=ba,\quad \forall a,b\in A$$

则称此二元运算是**交换的**，即满足**交换律**.

事实上二元运算对我们来说并不陌生. 例如，数域中的加法和乘法运算都是满足结合律和交换律的二元运算，而减法和非零除数间的除法运算是既不满足结合律，也不满足交换律的二元运算. 一个数域上的 $n(n\geqslant 2)$阶方阵集合中矩阵乘法是一个只满足结合律，而不满足交换律的二元运算. 又如，实数集 $\mathbb{R}$ 上定义的由 $\mathbb{R}\times\mathbb{R}$ 到 $\mathbb{R}$ 的映射$(a,b)\mapsto|a-b|$是一个满足交换律，但不满足结合律的二元运算.

5.1.2 关系

接下来，我们将介绍关系的相关概念，从而引出有二元运算的集合 A 的一种重要关系——同余关系(参考第 2 章).

定义 5.1.12 设$A_1,A_2,\cdots,A_n$是任意给定的集合，直积$A_1\times A_2\times\cdots\times A_n$的任何一个子集$R$称为$A_1,A_2,\cdots,A_n$上的一个$n$**元关系**．特别地，设$A,B$是任意两个集合，则直积$A\times B$的任意一个子集$R$称为从集合$A$到集合$B$的一个**二元关系**．如果一个二元关系是从集合$A$到其自身的关系，那么这样的二元关系称为集合$A$上的关系．

所谓在集合A上定义了两个元素间的一个关系R，也就是给出了集合$A\times A$中元素的一个性质R，若$a,b\in A$，(a,b)有性质R，则称a与b有关系R，记作aRb. 事实上，集合A上的关系R可由$A\times A$的子集

$$\{(a,b)\mid a,b\in A,aRb\}$$

来表示．反之，$A\times A$的一个子集R也可确定A上的一个关系R：若$(a,b)\in R$，则aRb.

例 5.1.4 设$A=\{1,2,3\},B=\{a,b\}$，那么有

$$A\times B=\{(1,a),(1,b),(2,a),(2,b),(3,a),(3,b)\},$$

$$B\times B=\{(a,a),(a,b),(b,a),(b,b)\}.$$

$A\times B$的任意一个子集都是一个关系，如$R_1=\{(1,a)\},R_2=\{(2,a),(3,b)\}$等都是从$A$到$B$的关系；$R_2=\{(a,a),(a,b),(b,b)\}$是集合$B$上的一个二元关系．

定义 5.1.13 若集合A上的一个关系R满足以下条件：

(1) **自反性**，即aRa，$\forall a\in A$；

(2) **对称性**，即若aRb，则bRa；

(3) **传递性**，即若aRb，bRc，则aRc，

则称关系R为集合A上的一个**等价关系**．

常见的等价关系有同一班级中的同学关系、直线间的平行关系等，其主要意义在于它证实了应用抽象的一般原理的正确性，即在某些性质等价的个体中产生等价类，对全体的等价类进行分析往往比对全体本身进行分析更简单(实际上，在2.1节中我们介绍的同余关系就是等价关系，满足自反性、对称性和传递性)．下面介绍等价关系的重要作用．

定义 5.1.14 若R是集合A上的一个等价关系且$a\in A$，则A中所有与a有关系R的元素构成的集合

$$K_a=\{b\in A\mid bRa\}$$

称为a所在的**等价类**，称a为该等价类的**代表元**．

与等价关系密切相关的概念是集合的分划．

定义 5.1.15 若集合A的一个子集族$\{A_\alpha\}$满足

$$A=\bigcup_\alpha A_\alpha,A_\alpha\cap A_\beta=\varnothing(\alpha\neq\beta)$$

则称该子集族为A的一个**分划**．

定理 5.1.2 若R是集合A上的等价关系，则由所有不同等价类构成的子集族$\{K_a\}$是A的分划；反之，若$\{A_a\}$是A的分划，则可在A中定义等价关系，使得每个A_a是一个等价类.

证明 设R是集合A上的等价关系．由等价关系的定义可知，对于任意的$a\in A$有aRa，从而有$a\in K_a$，于是$A=\bigcup\limits_a K_a$. 假设$K_a\cap K_b\neq\varnothing(a\neq b)$，即$\exists c\in K_a\cap K_b$. 根据等价类的定义可知，对于$\forall x\in K_a$有$cRa,xRa$，从而有$xRc$；又由$cRb$可知$xRb$，即$x\in K_b$，故$K_a\subseteq K_b$. 同理可得$K_b\subseteq K_a$，故$K_a=K_b$. 这说明若$K_a\neq K_b$，则$K_a\cap K_b=\varnothing$，也就

证明了$\{K_a\}$是A的一个分划．

反之，设$\{A_\alpha\}$是A一个的分划．A中的关系R定义为

$$aRb \Leftrightarrow \exists A_\alpha \quad 使得 \quad a,b \in A_\alpha.$$

由于$A=\bigcup\limits_{\alpha} A_\alpha$，故对于任意$a\in A$，$\exists A_\alpha$使得$a\in A_\alpha$，因此有$a,a\in A_\alpha$，即$aRa$. 其次，若$aRb$，即$\exists A_\alpha$使得$a,b\in A_\alpha$，则自然有$b,a\in A_\alpha$，故$bRa$. 再次，若$aRb,bRc$，即$\exists A_\alpha$，$A_\beta$使得$a,b\in A_\alpha$且$b,c\in A_\beta$，故$b\in A_\alpha\cap A_\beta$. 由$\{A_\alpha\}$为$A$的分划可知$A_\alpha=A_\beta$，从而有$aRc$. 综合以上三点，可以得出$R$是等价关系．由$R$的定义可知若$a\in A_\alpha$，则$K_\alpha=A_\alpha$. □

定义 5.1.16　设R是集合A上的一个等价关系，以R的等价类为元素的集合$\{K_a\}$称为A对R的**商集合**，记作A/R. 若一个由A到A/R上的映射π满足

$$\pi(a) = K_a, \quad \forall a \in A,$$

则称映射π为A到A/R上的**自然映射**．

下面介绍本节最重要的一个概念——同余关系(第2章中同余关系的一般形式).

定义 5.1.17　设集合A上存在一个二元运算，记作乘法．若A上的一个等价关系$\sim$满足：

$$若\ a \sim b, c \sim d，则\ ac \sim bd, \forall a,b,c,d \in A,$$

则称$\sim$为A上的一个**同余关系**．$a\in A$所在的等价类K_a也称为**同余类**．

例 5.1.5　设$m\in\mathbb{Z},m\neq 0$. 在$\mathbb{Z}$中定义关系

$$a \sim b \Leftrightarrow a \equiv b(\mathrm{mod}\ m),$$

易证$\sim$是等价关系，并且由$a\equiv b(\mathrm{mod}\ m),c\equiv d(\mathrm{mod}\ m)$可得$a+c\equiv b+d(\mathrm{mod}\ m),ac\equiv bd(\mathrm{mod}\ m)$，从而可知$\sim$对于$\mathbb{Z}$中的加法与乘法都是同余关系．

定理 5.1.3　设集合A上有二元运算乘法，$\sim$是A上的同余关系．设$\pi:A\to A/\sim$为自然映射，则在商集合$A/\sim$中可定义二元运算$\odot$，满足

$$\pi(a)\odot\pi(b) = \pi(ab), \quad \forall a,b \in A$$

证明　只需证明定义的二元运算$\odot$是映射，即证由$\pi(a_1)=\pi(a_2),\pi(b_1)=\pi(b_2)$可得$\pi(a_1)\odot\pi(b_1)=\pi(a_2)\odot\pi(b_2)$，即$\pi(a_1b_1)=\pi(a_2b_2)$，其中$a_1,b_1,a_2,b_2\in A$. 由$\pi$的定义可知，若$\pi(a_1)=\pi(a_2)$，则$a_1\sim a_2$；若$\pi(b_1)=\pi(b_2)$，则$b_1\sim b_2$. 由于$\sim$是同余关系，故$a_1b_1\sim a_2b_2$，所以$\pi(a_1b_1)=\pi(a_2b_2)$. □

习题

A组

1. 证明若S为集合X上的二元关系，则
   (1) S是传递的，当且仅当$(S\circ S)\subseteq S$；
   (2) S是自反的，当且仅当$I_X\subseteq S$.
2. 试给出整数集合$\mathbb{Z}$中几类不同的等价关系．
3. 证明矩阵的相似关系是等价关系．
4. 给定实数域$\mathbb{R}$上的n阶方阵$\boldsymbol{A}$，$\boldsymbol{v}$为实数域上的任意n维向量，证明：映射$\boldsymbol{A}:\boldsymbol{v}\mapsto\boldsymbol{A}\,\boldsymbol{v}$是单射当且仅当方阵$\boldsymbol{A}$的行列式值$\det(\boldsymbol{A})\neq 0$.（说明：本书中，箭头“$\mapsto$”表示元素之间的对应关系；箭头“$\to$”表示集合间的映射关系．）

5. 给定实数域上的 n 阶方阵 $\boldsymbol{A}$，$\boldsymbol{T}$ 为实数域上的任意 n 阶方阵，证明：映射 $\boldsymbol{A}:\boldsymbol{T}\mapsto\boldsymbol{AT}$ 是单射当且仅当 $\det(\boldsymbol{A})\neq 0$.
6. 试构造正整数集合$\mathbb{Z}^+$到 $\mathbb{R}$ 上闭区间$[0,1]$的单射.
7. 试构造有理数集合 $\mathbb{Q}$ 到 $\mathbb{R}$ 上闭区间$[0,1]$的单射.
8. 试构造有理数集合 $\mathbb{Q}$ 到正整数集合$\mathbb{Z}^+$的双射.
9. 试给出正整数集合$\mathbb{Z}^+$到$\mathbb{Z}^+\times\mathbb{Z}^+$的一一映射.
10. 试给出正整数集合$\mathbb{Z}^+$到$\mathbb{Z}^+\times\cdots\times\mathbb{Z}^+$($n$ 个)的一一映射.

B 组

11. 试问下面二元运算 $*$ 哪些满足交换律，哪些满足结合律：
    (1) 在 $\mathbb{Z}$ 中，$a*b=a-b$；
    (2) 在 $\mathbb{Q}$ 中，$a*b=ab+1$；
    (3) 在 $\mathbb{Q}$ 中，$a*b=ab/2$；
    (4) 在 $\mathbb{N}$ 中，$a*b=2^{ab}$；
    (5) 在 $\mathbb{N}$ 中，$a*b=a^b$.
12. 下列关系中哪些是函数？哪些是满射？哪些是单射？对于每一个函数写出它的逆函数.
    (1) $f_1:\mathbb{Z}^+\to\mathbb{Z}^+$，$f_1(x)=x^2+1$；
    (2) $f_2:\mathbb{Z}^+\cup\{0\}\to\mathbb{Q}$，$f_2(x)=\dfrac{1}{x}$；
    (3) $f_3:\{1,2,3\}\to\{\alpha,\beta,\gamma\}$，$f_3=\{\langle 1,\alpha\rangle,\langle 2,\beta\rangle,\langle 3,\gamma\rangle\}$.
13. 判断下列关系是否为等价关系并说明理由：
    (1) 在 $\mathbb{R}$ 上，$xRy\Leftrightarrow x\geqslant y$；
    (2) 在 $\mathbb{R}$ 上，$xRy\Leftrightarrow |x|\geqslant |y|$；
    (3) 在 $\mathbb{R}$ 上，$xRy\Leftrightarrow |x-y|\leqslant 3$；
    (4) 在 $\mathbb{Z}$ 上，$xRy\Leftrightarrow x-y$ 为奇数；
    (5) 在$\mathbb{C}^{n\times n}$(复数域 $\mathbb{C}$ 上 n 阶方阵的集合)上，$\boldsymbol{ARB}\Leftrightarrow$存在可逆矩阵 $\boldsymbol{P}$ 和 $\boldsymbol{Q}$ 使得 $\boldsymbol{A}=\boldsymbol{PBQ}$；
    (6) 在$\mathbb{C}^{n\times n}$上，$\boldsymbol{ARB}\Leftrightarrow$存在矩阵 $\boldsymbol{P}$ 和 $\boldsymbol{Q}$ 使得 $\boldsymbol{A}=\boldsymbol{PBQ}$；
    (7) 在$\mathbb{C}^{n\times n}$上，$\boldsymbol{ARB}\Leftrightarrow$存在可逆矩阵 $\boldsymbol{P}$ 使得 $\boldsymbol{A}=\boldsymbol{P}^{-1}\boldsymbol{BP}$.
14. 假设 R 是非空集合 A 上的一个关系，并且有对称性和传递性. 有人断定 R 是一个等价关系，其推理如下：
    “对于 $a,b\in A$，由 aRb 可得 bRa，又由传递性可得 aRa，因而 R 有自反性，故为等价关系.”
    他的推理对吗？
15. 设 R 是非空集合 A 上任一关系，再定义 A 中关系R_1，R_2 分别为
    $$xR_1y\Leftrightarrow x=y,xRy \text{ 与 } yRx \text{ 三者之一成立；}$$
    $$xR_2y\Leftrightarrow \text{存在 } x_0,x_1,\cdots,x_n \text{ 使得 } x_0=x,x_n=y \text{ 且 } x_0R_1x_1,x_1R_1x_2,\cdots,x_{n-1}R_1x_n.$$
    (1) 证明R_2 是一个等价关系；
    (2) 证明若 R 是等价关系，则$R_2=R$，即当且仅当 xRy 时，xR_2y；
    (3) 令 $A=\mathbb{Z}$，n 为一固定整数，R 定义为 xRy；当 $x-y=n$，求关系R_1 与R_2.

5.2 群的概念与性质

从本节开始，我们介绍代数系统的相关内容．我们首先来介绍群的定义及其基本性质．

定义 5.2.1 G是一个非空集合，$*$是定义在集合G上的一个二元运算．如果$(G,*)$满足下列条件：

(1) 封闭，对任意$a,b\in G$，有$a*b\in G$；

(2) 结合律，对任意$a,b,c\in G$，有$a*(b*c)=(a*b)*c$，

则$(G,*)$被称为**半群**.

例 5.2.1 整数集$\mathbb{Z}$、有理数集$\mathbb{Q}$、实数集$\mathbb{R}$、复数集$\mathbb{C}$在普通加法$+$下构成半群，$\mathbb{Z}$、$\mathbb{Q}$、$\mathbb{R}$、$\mathbb{C}$在普通乘法下也构成半群．

定义 5.2.2 如果半群$(G,*)$满足下列条件：

(1) 存在$e\in G$，对任意$a\in G$有$e*a=a$，并称元素e为G的**左幺元**，

(2) 对任意$a\in G$，存在$a'\in G$使得$a'*a=e$，并称元素a'为a的**左逆元**，

则半群$(G,*)$被称为**群**.

例 5.2.2 $\mathbb{Z}$、$\mathbb{Q}$、$\mathbb{R}$、$\mathbb{C}$在普通加法$+$下构成群，$\mathbb{Z}^*=\mathbb{Z}\setminus\{0\}$在普通乘法$\times$下仅构成半群，而$\mathbb{Q}^*=\mathbb{Q}\setminus\{0\}$，$\mathbb{R}^*=\mathbb{R}\setminus\{0\}$，$\mathbb{C}^*=\mathbb{C}\setminus\{0\}$在普通乘法$\times$下构成群.

定理 5.2.1 G是一个群，e为G的**左幺元**，则有

(1) 对任意$a\in G$，b是a的左逆元，则b也是a的右逆元，称b是a的**逆元**；

(2) e也是G的**右幺元**，即对任意$a\in G$有$a*e=a$，故e为G的**幺元**；

(3) 对任意$a\in G$，其逆元唯一．

证明 (1) 设c是b的左逆元，于是有$a*b=e*(a*b)=(c*b)*(a*b)=c*(b*a)*b=c*e*b=c*(e*b)=c*b=e$.

(2) 设b是a的逆元，于是有$a*e=a*(b*a)=(a*b)*a=e*a=a$.

(3) 设b,d是a的逆元，则有$b=b*e=b*(a*d)=(b*a)*d=e*d=d$. □

例 5.2.3 实数域$\mathbb{R}$上的所有n阶方阵构成的集合对于矩阵加法构成群，其中幺元为n阶零方阵．

定义 5.2.3 群$(G,*)$中元素的个数$|G|$被称为群的**阶**，如果$|G|$有限，则称G为有限群．

例 5.2.4 对于任意整数n，定义群$(\mathbb{Z}_n,\oplus)$，其中$\mathbb{Z}_n$为集合$\{0,1,\cdots,n-1\}$，运算$\oplus$为模n加法，则$(\mathbb{Z}_n,\oplus)$为有限群且该群的阶为n.（说明：本书中在不引起歧义的情况下，群$(\mathbb{Z}_n,\oplus)$也写作群$(\mathbb{Z}_n,+)$，也就是将运算符“$\oplus$”记为“$+$”如例 5.4.1 和例 5.4.4 所示）

定义 5.2.4 如果群G中的二元运算$*$还满足交换律，即对任意$a,b\in G$有$a*b=b*a$，我们就称G是一个**交换群**或**阿贝尔群**，否则称之为**非交换群**．

上面的四个例题均为交换群．下面给出非交换群的例子．

例 5.2.5 (1) 设$\mathrm{GL}(n,\mathbb{R})$为实数域$\mathbb{R}$上的所有$n$阶可逆方阵构成的集合，我们称之为实数域上的$n$维**一般变换群**．对于$\mathrm{GL}(n,\mathbb{R})$上的矩阵乘法$\times$以及任意元素$\boldsymbol{A},\boldsymbol{B}$，一般

情况下 $\boldsymbol{A}\times\boldsymbol{B}=\boldsymbol{B}\times\boldsymbol{A}$ 不成立，故 $\mathrm{GL}(n,\mathbb{R})$对于矩阵乘法而言是非交换群，而例 5.2.3 中 n 阶方阵对于矩阵加法构成交换群．同样，设 $\mathrm{SL}(n,\mathbb{R})$为实数域 $\mathbb{R}$ 上的所有行列式值为 1 的 n 阶方阵构成的集合，我们称之为实数域上的 n 维**特殊变换群**，容易验证 $\mathrm{SL}(n,\mathbb{R})$对于矩阵乘法构成非交换群．

(2) 在函数的复合运算下，所有实数域 $\mathbb{R}$ 到 $\mathbb{R}$ 上的可逆函数组成一个群．其中，函数的复合满足结合律，而且两个可逆函数的复合还是可逆函数，单位元是恒等函数，任意元素的逆元是其逆函数．但是，函数的复合不满足交换律．

为了方便符号的使用，我们一般用“1”来表示群的单位元，用 a^{-1} 表示 a 的逆元．

定理 5.2.2 G 是一个群，$a,b\in G$，则方程 $ax=b$ 和 $ya=b$ 有唯一的解．

证明 对 $ax=b$ 两边同时左乘以 a^{-1}，则 $a^{-1}(ax)=a^{-1}b$，所以得到解为 $x=a^{-1}b$，a^{-1}是唯一的，因此该解是唯一解．同理，第二个方程的唯一解为 $y=ba^{-1}$． □

定理 5.2.3 对正整数 m 和 n，群中元素 a 的幂满足：

(1) $(a^{-1})^n=(a^n)^{-1}$；

(2) $a^{m+n}=a^m a^n$；

(3) $(a^n)^m=a^{nm}$．

证明 略(留给读者作为练习)． □

对于一般整数(不一定是正整数)m 和 n，上面的定理也是成立的，虽然很直观，但是证明略烦琐，读者直接使用即可．

另外，当不是抽象地讨论一些特定的群时，我们对群上的运算和元素一般使用自然的表示方法：如果使用“+”表示运算符，则用 0 表示单位元，用 $-a$ 表示 a 的逆元；对正整数 n，用 na 表示$\underbrace{a+a+\cdots+a}_{\text{共}n\text{项}}$，用 $-na$ 表示$\underbrace{-a-a-\cdots-a}_{\text{共}n\text{项}}$，且 $0a=0$. 此时，上面定理中的三个表达式需要改写如下，

(1) $n(-a)=-(na)$；

(2) $(n+m)a=na+ma$；

(3) $m(na)=(mn)a$.

定义 5.2.5 设 G 是一个群，$a\in G$. 我们将使得 $a^n=1$ 成立的最小正整数 n 称为元素 a 的阶，记为 $\mathrm{ord}(a)$. 如果不存在这样的正整数，那么我们称 a 为无限阶元素．

请读者将此概念及其性质与第 4 章中次数的概念及其性质进行比较，对照理解．

例 5.2.6 (1) 在任何群中，$\mathrm{ord}(1)=1$，并且只有单位元的阶为 1；

(2) 普通加法下的 $\mathbb{Z}$、$\mathbb{Q}$、$\mathbb{R}$、$\mathbb{C}$ 中，每个非零数都是无限阶的；

(3) 普通乘法下的 $\mathbb{Q}^*$、$\mathbb{R}^*$、$\mathbb{C}^*$(参见例 5.2.2)中，$\mathrm{ord}(-1)=2$，其他不等于 1 和 -1 的数都是无限阶的.

定理 5.2.4 设群 G 中元素 a 的阶为 k，如果 $a^n=1$，那么 $k\mid n$.

证明 由带余除法可知，$n=qk+r$，其中 $0\leqslant r<k$. 所以有

$$1=a^n=a^{qk+r}=(a^k)^q a^r=a^r,$$

由阶的定义中的“最小”性质可知，只能 $r=0$，故 $k\mid n$. □

定理 5.2.5 有限群 G 中元素 a 的阶必为有限数.

证明 观察如下序列

$$1, a, a^2, \cdots, a^n, \cdots$$

由于以上序列中的元素都属于 G 且 G 是有限群，所以该无限长序列中必然存在重复的元素，设重复的元素为 a^m 和 a^n，其中 $m>n$，即

$$a^m = a^n,$$

所以

$$1 = a^m a^{-n} = a^{m-n},$$

其中 $m-n>0$ 说明 a 的阶必为有限数. □

下面给出一个稍微复杂一些的群的例子.

例 5.2.7 Klein 四元群为集合 $G=\{a,b,c,e\}$，其上二元运算 $\cdot$ 的定义如表 5.2.1 所示.

表 5.2.1 Klein 四元群的定义

$\cdot$	e	a	b	c
e	e	a	b	c
a	a	e	c	b
b	b	c	e	a
c	c	b	a	e

观察表 5.2.1，$\forall x \in G$，有 $x \cdot e = e \cdot x = x$，所以 e 是单位元；$\forall x \in G$，有 $x \cdot x = e$，所以 x 的逆元就是 x 自身．尽管通过验证 $\forall x, y, z \in G$，都有 $(x \cdot y) \cdot z = x \cdot (y \cdot z)$，我们可以证明 $(G, \cdot)$ 满足结合律，但是这种方法相当烦琐．我们后面讲到的知识可以用来提供更好的证明方法.

有限群 G 中元素的运算关系可以通过类似上表的形式给出，此表称为 G 的**群表**.

下面，我们对群概念的演进过程进行一下总结.

设 S 是一个非空集合，其上定义了一个二元运算 o_1，如果 (S, o_1) 满足封闭性，则称为代数系统；如果代数系统 (S, o_1) 满足结合律，则称为半群；如果半群 (S, o_1) 具有单位元，则称为独异点(独异点也是一个代数结构，本章没有做过多介绍，这里仅给出这个概念)；如果独异点 (S, o_1) 中的每个元素都有逆元，则称为群；如果群 (S, o_1) 满足交换律，则称为交换群(也称阿贝尔群).

接下来，我们介绍子群的概念，并讨论群与子群的相关内容.

定义 5.2.6 $(G, *)$ 是一个群，子集 $H \subseteq G$，如果 H 对于运算 $*$ 也构成群，则称 H 是 G 的**子群**，记为 $H \leqslant G$. 由于 $\{1\}$ 和 G 本身必然是 G 的子群，所以为了与其他子群进行区分，我们称 $\{1\}$ 和 G 为**平凡子群**，其他子群为**非平凡子群**；如果子群 $H \neq G$，我们称 H 为**真子群**，记为 $H < G$.

例 5.2.8 在普通加法下，$\mathbb{Z} \leqslant \mathbb{Q} \leqslant \mathbb{R} \leqslant \mathbb{C}$. 严格的表达是 $\mathbb{Z} < \mathbb{Q} < \mathbb{R} < \mathbb{C}$.

例 5.2.9 群的子集是群但不是子群的例子如下.

在普通加法下 $\mathbb{R}$ 是群，在普通乘法下 $\mathbb{Q}^*$ 是群，$\mathbb{Q}^*$ 明显是 $\mathbb{R}$ 的子集，但是，$\mathbb{Q}^*$ 不是 $\mathbb{R}$ 的子群．从这个例子我们看到子群定义中要求子群和群的二元运算具有一致性的重要性.

例 5.2.10 在向量加法下，一个向量空间的任意子空间是它的子群.

例 5.2.11 $\mathrm{SL}(n, \mathbb{R})$ 为 $\mathrm{GL}(n, \mathbb{R})$ 的子群．请读者证明这一结论.

定理 5.2.6 G 是一个群，其非空子集为 H，则下列条件等价：

(1) H 是 G 的子群；

(2) $1\in H$；$a\in H$，则 $a^{-1}\in H$；$a,b\in H$，则 $ab\in H$；

(3) $a,b\in H$，则 $ab\in H$，$a^{-1}\in H$；

(4) $a,b\in H$，则 $ab^{-1}\in H$.

证明 (1)⇒(2). 由 H 对 G 的乘法构成群可知，$a,b\in H$ 则 $ab\in H$. 又因为 H 有幺元 $1'$，即有 $1'\cdot 1'=1'$. 设 $1'$ 在 G 中的逆元为 $1'^{-1}$，则有

$$1=1'\cdot 1'^{-1}=(1'\cdot 1')\cdot 1'^{-1}=1',$$

故 $1\in H$. 设 a 在 H 中的逆元是 a'，于是 $aa'=1'=1$，即 $a'=a^{-1}$，故 $a^{-1}\in H$(子群的定义). 由此可知(2)成立，而且 H 的幺元是 G 的幺元，且 H 中的逆元与 G 中的逆元一致.

(2)⇒(3). 显然.

(3)⇒(4). 若 $a,b\in H$，故 $a,b^{-1}\in H$，进而 $ab^{-1}\in H$.

(4)⇒(1). 由 H 非空，可知 $\exists a\in H$，因而 $1=aa^{-1}\in H$. 由 1，$a\in H$ 得 $a^{-1}=1a^{-1}\in H$. 又若 $a,b\in H$，由 $b^{-1}\in H$ 得 $ab=a(b^{-1})^{-1}\in H$. 由此可知 G 的乘法也是 H 的乘法. 对于 H 而言有幺元 1，对于 $a\in H$ 有逆元；结合律显然成立，故 H 是 G 的子群. □

上述定理可以用于子群的判别，下面用一个例子进行说明.

例 5.2.12 在普通加法下，偶数集合是 $\mathbb{Z}$ 的子群，所有 3 的倍数组成的集合是 $\mathbb{Z}$ 的子群. 更一般地，对固定的整数 n，所有 n 的倍数组成的集合是 $\mathbb{Z}$ 的子群. 命题正式陈述如下：

设 $n\in\mathbb{Z}$，令 $n\mathbb{Z}=\{n\times k\,|\,k\in\mathbb{Z}\}$，则$(n\mathbb{Z},+)$是$(\mathbb{Z},+)$的子群.

证明 显然 $n\mathbb{Z}$ 是 $\mathbb{Z}$ 的一个非空子集，且 $\forall a,b\in n\mathbb{Z}$，存在 $i,j\in\mathbb{Z}$ 使得

$$a=n\times i,\quad b=n\times j,$$

因此

$$a-b=n\times i-n\times j=n\times(i-j)\in n\mathbb{Z}.$$

由“子群判别标准”可知$(n\mathbb{Z},+)$是$(\mathbb{Z},+)$的子群. □

定理 5.2.7 G 是一个有限群，它的非空子集 H 是子群，当且仅当子集 H 在 G 的二元运算下是封闭的.

证明 先证必要性. 由子群的定义即可得.

再证充分性. 子集 H 非空，所以存在 $x\in H$，由于子集 H 在 G 的二元运算下是封闭的，所以对任意正整数次幂有 $x^n\in H$. 因为 G 是一个有限群，所以 x 的阶必然有限，即存在正整数 m，使得 $x^m=1$，所以 $1\in H$. $\forall y\in H$，由于 y 的阶必然有限，即存在正整数 k，使得 $y^k=1$，所以由逆元的定义可知，$y^{k-1}=y^{-1}$，因为 $y^{k-1}\in H$，所以 $y^{-1}\in H$. 因此，我们看到 H 满足子群定义中的所有条件.

需要补充的是，如果定理中的 G 是一个无限群，那么结论不一定成立. □

例 5.2.13 在普通加法下，$\mathbb{Z}$ 是一个无限群，考虑集合 $\mathbb{N}$，非空且在普通加法下封闭，但是 $\mathbb{N}$ 不是 $\mathbb{Z}$ 的子群.

定义 5.2.7 设两个群满足 $K\leqslant G$，如果对任意 $k\in K$ 和 $g\in G$ 都有 $gkg^{-1}\in K$，则称 K 为 G 的**正规子群**，记为 $K\lhd G$.

定理 5.2.8 任意交换群 G 的每个子群 K 都是正规子群.

证明 对任意 $g\in G$, $k\in K$, 我们有

$$gkg^{-1}=kgg^{-1}=ke=k,$$

所以 $gkg^{-1}\in K$, 由正规子群的定义知 $K\lhd G$. 证毕. □

例 5.2.14 设 $n>1$ 是整数, 则 $(n\mathbb{Z},+)$ 是 $(\mathbb{Z},+)$ 的正规子群. 因为对任意 $g\in\mathbb{Z}$, $k\in n\mathbb{Z}$, 由于"+"运算满足交换律, 有

$$g+k-g=k\in n\mathbb{Z},$$

所以 $n\mathbb{Z}$ 是 $\mathbb{Z}$ 的一个正规子群. 注意, $(n\mathbb{Z},+)=(\langle n\rangle,+)$, 以 n 为生成元的循环群(详见下一节).

例 5.2.15 $SL(n,\mathbb{R})$ 为 $GL(n,\mathbb{R})$ 的正规子群. 请读者证明这一结论.

定理 5.2.9 设群 H 是群 G 的子群, 则下列条件等价:

(1) $H\lhd G$;

(2) 对任意 $g\in G, gHg^{-1}=H$;

(3) 对任意 $g\in G, gH=Hg$;

(4) 对任意 $g_1,g_2\in G, g_1Hg_2H=g_1g_2H$.

证明 (1)⇒(2). 对任意 $g\in G$ 和 $h\in H$, 由 $H\lhd G$ 可知 $gHg^{-1}\subseteq H$, 又知 $H=g^{-1}(gHg^{-1})g\subseteq gHg^{-1}$, 故 $gHg^{-1}=H$;

(2)⇒(3). 对任意 $g\in G$ 和 $h\in H$, 有 $gh=ghg^{-1}g\in Hg$, $hg=gg^{-1}hg\in gH$, 故 $gH=Hg$;

(3)⇒(4). 对 $g_1,g_2\in G$ 和 $h_1,h_2,h\in H$, 由(3)可知存在 $h',h'_1\in H$ 使得 $h_1g_2=g_2h'_1$, $g_2h=h'g_2$, 于是有 $g_1h_1g_2h_2=g_1g_2h'_1h_2\in g_1g_2H$, $g_1g_2h=g_1h'g_2\cdot 1\in g_1H\cdot g_2H$, 故 $g_1Hg_2H=g_1g_2H$;

(4)⇒(1). 对任意 $g\in G$ 和 $h\in H$, 有 $ghg^{-1}\in gHg^{-1}H=gg^{-1}H=H$, 则 $H\lhd G$.

定理证毕. □

习题

A 组

1. 试给出若干不是群的半群.
2. 在整数集 $\mathbb{Z}$ 中定义二元运算"$\star$"如下:

   (1) $n\star m=-n-m$, n, $m\in\mathbb{Z}$. 证明这个二元运算是交换的, 但不是结合的.

   (2) $n\star m=n+m-2$, n, $m\in\mathbb{Z}$. 证明 $(\mathbb{Z},\star)$ 是群.
3. 证明群 G 不能写为两个真子群的并.
4. 证明若 G 为有限集且对运算"$\cdot$"封闭, 满足结合律与消去律, 则 $(G,\cdot)$ 构成一个群. 试问结论对无限集合是否成立.
5. 已知群 $(G_1,+_1),(G_2,+_2)$, 构造集合 $G=G_1\times G_2=\{(x,y)\mid x\in G_1,y\in G_2\}$ 以及集合上的运算"+"满足

   $$(x_1,y_1)+(x_2,y_2)=(x_1+_1x_2,y_1+_2y_2)$$

   证明 $(G,+)$ 是群.

B 组

6. 设群 G 中每个非幺元的阶为 2，证明该群是阿贝尔群 .
7. 给定任意集合 S，定义 2^S 为所有 S 子集构成的集合，称为 S 的幂集 . 证明：
   (1) $(2^S, \bigcup)$与$(2^S, \bigcap)$均为半群；
   (2) 若对 S 子集定义运算 $A\Delta B=(A\setminus B)\bigcup(B\setminus A)$，则$(2^S,\Delta)$是群 .
8. 设 M 是幺半群，e 是其幺元，对于元素 $a\in M$，若存在 $a^{-1}\in M$ 使得 $aa^{-1}=a^{-1}a=e$，则称 a 可逆，试证明：
   (1) 若 $a\in M$ 且 $b,c\in M$ 使得 $ab=ca=e$，则 a 可逆且 $a^{-1}=b=c$；
   (2) $a\in M$ 可逆，则 $a^{-1}=b$ 当且仅当 $aba=a$，$ab^2a=e$；
   (3) M 的子集 G 为群的充分必要条件为 G 中的每个元素可逆，并且对 $\forall g_1,g_2\in G$，有 $g_1g_2^{-1}\in G$；
   (4) M 中所有可逆元素构成群.
9. 定义$\mathrm{SO}_n(\mathbb{R})=\{\boldsymbol{A}\in\mathrm{GL}_n(\mathbb{R})\,|\,\boldsymbol{A}\boldsymbol{A}^{\mathrm{T}}=\boldsymbol{I}_n,\det(\boldsymbol{A})=1\}$，证明$\mathrm{SO}_n(\mathbb{R})$是$\mathrm{GL}_n(\mathbb{R})$的子群.
10. 对于群$(G,\cdot)$和其中幺元 e，定义其中的**扭元**为满足 $n\in\mathbb{Z}^+,g^n=e$ 的元素 g，定义扭元集合为 $G_{tor}=\{g\in G\,|\,\exists n\in\mathbb{Z}^+,g^n=e\}$，证明 G_{tor} 是 G 的正规子群.

5.3 陪集与商群

群和它的子群之间有一定的紧密关系，本节我们详细介绍这种重要的关系 . 这就是本节中拉格朗日定理所揭示的内容 .

定义 5.3.1 设 G 为群，$H\leqslant G,a\in G$，我们用符号 aH 表示如下 G 的子集

$$aH=\{ah\,|\,h\in H\},$$

并且称这样的子集为子群 H 的**左陪集** .

显然，$a=a\cdot 1\in aH$. 如果 $a\notin H$，那么 $1\notin aH$，否则 $\exists h\in H$ 使得 $1=ah$，即 $a=h^{-1}\in H$，推导出矛盾，这说明当 $a\notin H$ 时，左陪集 aH 不是群.

注意，如果我们对群上的二元运算采用“$+$”记号，则左陪集应该如下表示：

$$a+H=\{a+h\,|\,h\in H\}.$$

例 5.3.1 令 $3\mathbb{Z}=\{3\times n\,|\,n\in\mathbb{Z}\}$，已知$(3\mathbb{Z},+)$是$(\mathbb{Z},+)$的子群，试求 $3\mathbb{Z}$ 的所有左陪集.

解 若 $a=0$，则相应的左陪集为 $A=\{0+3\times n\,|\,n\in\mathbb{Z}\}=\{k\,|\,k\equiv 0(\mathrm{mod}\ 3)\}$；若 $a=1$，则相应的左陪集为 $B=\{1+3\times n\,|\,n\in\mathbb{Z}\}=\{k\,|\,k\equiv 1(\mathrm{mod}\ 3)\}$；若 $a=2$，则相应的左陪集为 $C=\{2+3\times n\,|\,n\in\mathbb{Z}\}=\{k\,|\,k\equiv 2(\mathrm{mod}\ 3)\}$；当然，我们还可以令 a 取其他数值，然后求相应的左陪集，经过计算不难发现：当 $a\equiv 0(\mathrm{mod}\ 3)$时，得到的左陪集就是 A；当 $a\equiv 1(\mathrm{mod}\ 3)$时，得到的左陪集就是 B；当 $a\equiv 2(\mathrm{mod}\ 3)$时，得到的左陪集就是 C. 因此，这 3 个左陪集是仅有的解 . □

例 5.3.2 考虑向量空间$\mathbb{R}^2$，若定义加法为$(x_1,y_1)+(x_2,y_2)=(x_1+x_2,y_1+y_2)$，则过原点的一条直线是它的子空间，因此必然是它的子群，那么任何一条与该直线平行的直线都是它的陪集.

另一方面，我们研究利用群$(G,\cdot)$的一个子群$(H,\cdot)$来对 G 进行分类的问题，为了

说明这一点，我们先看一个例子．

对于群$(\mathbb{Z},+)$，可以利用模3同余关系(注意同余关系是等价关系)将$\mathbb{Z}$划分成3个剩余类C_0,C_1,C_2．我们尝试用另一种方法来表达这种同余关系，令$3\mathbb{Z}=\{3\times n\mid n\in\mathbb{Z}\}$，则$(3\mathbb{Z},+)$是$(\mathbb{Z},+)$的子群．再来看$\mathbb{Z}$上的模3同余关系，由同余的定义可知，若$a\equiv b(\bmod 3)$，则有$3\mid(a-b)$，也有$3\mid(b-a)$，也就是必存在某个整数$k$使得$-a+b=3\times k$，而$3\times k\in H$，故有$a\equiv b(\bmod 3)$等价于$-a+b\in 3\mathbb{Z}$．因此，$\mathbb{Z}$上的任意两个元素$a$与$b$模3同余的充要条件是$-a+b\in 3\mathbb{Z}$．而同余关系是等价关系，所以此例中$a$与$b$等价相当于$-a+b\in 3\mathbb{Z}$．故我们可以用$-a+b\in H$来确定等价关系，从而对$\mathbb{Z}$进行分类．这样，也可以说$\mathbb{Z}$的剩余类是利用$\mathbb{Z}$的子群$3\mathbb{Z}$来划分的．

我们将这种情况推广至一般的群．

定义 5.3.2 设群$(H,\cdot)$为群$(G,\cdot)$的子群，我们确定G上的一个关系"$\equiv$"(注意该符号含义与同余符号的区别)，$a\equiv b$当且仅当$a^{-1}\cdot b\in H$．这个关系叫G上关于H的**左陪集关系**．

定理 5.3.1 设群$(H,\cdot)$为群$(G,\cdot)$的子群，则G上关于H的左陪集关系"$\equiv$"是等价关系．

证明

(1) 自反性，因为$a^{-1}\cdot a=1\in H$，所以有$a\equiv a$；

(2) 传递性，设$a\equiv b$，$b\equiv c$，则有

$$a^{-1}\cdot b\in H,\quad b^{-1}\cdot c\in H,$$

$$a^{-1}\cdot c=a^{-1}\cdot(b\cdot b^{-1})\cdot c=(a^{-1}\cdot b)\cdot(b^{-1}\cdot c)\in H,$$

故有$a\equiv c$；

(3) 对称性，若$a\equiv b$，则有$a^{-1}\cdot b\in H$，$(a^{-1}\cdot b)^{-1}=b^{-1}\cdot a\in H$，故有$b\equiv a$．

由于左陪集关系"$\equiv$"同时满足以上三个性质，所以它是等价关系． □

因为左陪集关系是一个等价关系，我们可以利用左陪集关系对G进行分类．

定义 5.3.3 群$(G,\cdot)$的子群$(H,\cdot)$所确定的左陪集关系对G划分等价类，我们将下面的等价类叫作**以a为代表元的等价类**，记作

$$[a]=\{x\mid x\in G\text{ 且 }a\equiv x\}.$$

定理 5.3.2 设群$(H,\cdot)$为群$(G,\cdot)$的子群，则$[a]=aH$.

证明 对任意$x\in[a]$，因为$a\equiv x$，所以存在$h\in H$使得$a^{-1}\cdot x=h$，因此$x=ah\in aH$，所以我们可以知道$[a]\subseteq aH$.

反过来，对任意$x\in aH$，存在$h\in H$使得$x=ah$，所以$a^{-1}\cdot x=a^{-1}ah=h\in H$，即$a\equiv x$，所以$x\in[a]$，因此我们知道$aH\subseteq[a]$.

所以$[a]=aH$. 证毕. □

定理 5.3.3 设群$(H,\cdot)$为群$(G,\cdot)$的子群，$a,b\in G$，则

(1) $aH=bH$当且仅当$b^{-1}\cdot a\in H$. 特别地，$aH=H$当且仅当$a\in H$.

(2) 如果$aH\cap bH\neq\varnothing$，那么$aH=bH$.

(3) 对任意$a\in G$，$|aH|=|H|$.

证明 (1) 如果$aH=bH$，那么对任意$x\in aH=bH$，存在$h,h'\in H$使得$x=ah=$

bh'，所以 $b^{-1}\cdot a=h'\cdot h^{-1}$，因为 H 是子群，所以 $h'\cdot h^{-1}\in H$，即 $b^{-1}\cdot a\in H$.

反过来，如果 $b^{-1}\cdot a\in H$，即 $b\equiv a$，那么对任意 $x\in[b]$有 $b\equiv x$，由"≡"的对称性和传递性可知 $a\equiv x$，所以 $x\in[a]$，即$[b]\subseteq[a]$；又由"≡"的对称性可知 $a\equiv b$，则同理可得$[a]\subseteq[b]$. 所以$[a]=[b]$. 由定理 5.3.2 可知 $aH=bH$.

因为 $eH=H$，所以 $aH=H=eH$ 当且仅当 $e^{-1}\cdot a\in H$，即 $a\in H$.

(2) 如果 $aH\cap bH\neq\emptyset$，那么存在 $x\in aH,bH$，于是必然存在 $h,h'\in H$ 使得 $x=ah=bh'$，所以 $b^{-1}\cdot a=h'\cdot h^{-1}$，因为 H 是子群，所以 $h'\cdot h^{-1}\in H$，即 $b^{-1}\cdot a\in H$. 由(1)即可知 $aH=bH$.

(3) 令函数 $f:H\to aH$ 为 $f(h)=ah$，很明显这是一个双射，所以 aH 和 H 等势，即 $|aH|=|H|$.

证毕. □

定理 5.3.4（拉格朗日定理） 设群$(H,\cdot)$为有限群$(G,\cdot)$的子群，则$|H|$是$|G|$的因子.

证明 设 $a_iH(1\leqslant i\leqslant n)$为 H 的所有 n 个不同的左陪集，则

$$G=a_1H\cup a_2H\cup\cdots\cup a_nH.$$

由定理 5.3.3(1)我们知道 $a_iH(1\leqslant i\leqslant n)$两两不相交，所以

$$|G|=|a_1H|+|a_2H|+\cdots+|a_nH|,$$

由定理 5.3.3(3)我们知道$|a_iH|=|H|(1\leqslant i\leqslant n)$，所以$|G|=n|H|$，即$|H|$是$|G|$的因子. □

定义 5.3.4 设群$(G,\cdot)$有一个子群$(H,\cdot)$，则 H 在 G 中的两两不相交左陪集组成的集合$\{aH|a\in G\}$叫作 H 在 G 中的**商集**，记为 G/H;G/H 中两两不相交的左陪集的个数叫作 H 在 G 中的**指标**，记为$[G:H]$.

若$(G,\cdot)$为有限群，其阶为$|G|$，则此时$[G:H]$就是定理 5.3.4 证明中的变量 n，所以

$$|G|=[G:H]|H|,$$

很明显，指标$[G:H]$也是$|G|$的因子.

例 5.3.3 $(n\mathbb{Z},+)(n\in\mathbb{Z})$在整数加法群$(\mathbb{Z},+)$中的商集为

$$\mathbb{Z}/n\mathbb{Z}=\{a+n\mathbb{Z}|a\in\mathbb{Z}\}=\{\{a+nh|h\in\mathbb{Z}\}|a\in\mathbb{Z}\}=\{[0],[1],\cdots,[n-1]\}.$$

有了子群、陪集和商集的定义，我们就可以介绍一个重要的概念——商群.

定理 5.3.5 群$(G,\cdot)$的子群$(N,\cdot)$是正规子群的充要条件是：对任意 $a\in G$，有

$$aN=Na.$$

证明 我们在定理 5.2.9 中已经证明了上述结论，这里仅给出更直接的证明.

先证充分性. 对任意 $a\in G$，因为 $aN=Na$，所以对任意 $n\in N$ 必存在一个 $s\in N$ 使得

$$a\cdot n=s\cdot a,$$

故有

$$a\cdot n\cdot a^{-1}=s\cdot a\cdot a^{-1}=s\in N,$$

即$(N,\cdot)$是正规子群.

再证必要性. 因为$(N,\cdot)$是正规子群，所以对任意 $a\in G$ 和任意 $n\in N$，都有 $a\cdot n\cdot$

$a^{-1}\in N$，故存在一个 $s\in N$ 使得

$$a\cdot n\cdot a^{-1}=s,$$

故有

$$a\cdot n=s\cdot a,$$

因此对任意 $a\cdot n\in aN$ 必存在 $s\in N$ 使得 $a\cdot n=s\cdot a\in Na$，即 $a\cdot n\in Na$，所以 $aN\subseteq Na$.

反过来对任意 $a\in G$ 和任意 $n\in N$，都有 $a^{-1}\cdot n\cdot(a^{-1})^{-1}\in N$，故存在一个 $s\in N$ 使得

$$a^{-1}\cdot n\cdot(a^{-1})^{-1}=s,$$

故有

$$n\cdot a=a\cdot s,$$

因此对任意 $n\cdot a\in Na$ 必存在 $s\in N$ 使得 $n\cdot a=a\cdot s\in aN$，即 $n\cdot a\in aN$，所以 $Na\subseteq aN$.

综上得 $aN=Na$. 证毕. □

由这个定理可知，由正规子群形成的陪集没有左右之分，此时我们就能够使用陪集这个概念，相应地，由正规子群形成的商集 G/N 是由没有左右之分的陪集组成的.

定理 5.3.6 设群$(G,\cdot)$有一个正规子群$(N,\cdot)$，$T=G/N$ 是 N 在 G 中的商集，在商集 T 上定义二元运算"$\odot$"为：对任意 aN，$bN\in T(a,b\in G)$，

$$aN\odot bN=(a\cdot b)N,$$

则$(T,\odot)$构成群.

证明 首先我们证明在运算"$\odot$"的定义中两个任意元素(陪集)的计算结果不依赖于陪集代表元的选择，即要证明对任意 $aN=a'N,bN=b'N$，都有$(ab)N=(a'b')N$ 成立. 事实上，由 G 中的结合律和正规子群的性质，我们有

$$(ab)N=a(bN)=a(b'N)=a(Nb')=(aN)b'=(a'N)b'=a'(Nb')=a'(b'N)=(a'b')N.$$

首先，"$\odot$"满足结合律，因为

$$\begin{aligned}(aN\odot bN)\odot cN&=(a\cdot b)N\odot cN=((a\cdot b)\cdot c)N=(a\cdot(b\cdot c))N=aN\odot(b\cdot c)N\\&=aN\odot(bN\odot cN).\end{aligned}$$

设 e 是$(G,\cdot)$的单位元，则 $eN=N$ 是$(T,\odot)$的单位元. 这是因为对任意 $a\in G$，

$$aN\odot N=aN\odot eN=(a\cdot e)N=aN,$$
$$N\odot aN=eN\odot aN=(e\cdot a)N=aN.$$

对任意 $a\in G,aN$ 存在逆元 $a^{-1}N$. 事实上，

$$aN\odot a^{-1}N=(a\cdot a^{-1})N=eN=N,$$
$$a^{-1}N\odot aN=(a^{-1}\cdot a)N=eN=N.$$

综上所述可知，$(T,\odot)$构成群. 证毕. □

为了方便表示，在不导致混淆的情况下，我们将群$(G,\cdot)$的子群与商群中的运算都记作"$\cdot$".

定义 5.3.5 定理 5.3.6 中的群$(T,\cdot)$叫作群$(G,\cdot)$对正规子群$(N,\cdot)$的**商群**. 记为

$$(T,\cdot)=(G,\cdot)/(N,\cdot)=(G/N,\cdot).$$

例 5.3.4　续例 5.3.3，$(n\mathbb{Z},+)(n\in\mathbb{Z})$在整数加法群$(\mathbb{Z},+)$中的商集为

$$\mathbb{Z}/n\mathbb{Z}=\{a+n\mathbb{Z}\mid a\in\mathbb{Z}\}=\{\{a+nh\mid h\in\mathbb{Z}\}\mid a\in\mathbb{Z}\}=\{[0],[1],\cdots,[n-1]\},$$

对于模 n 加法构成一个群，记作$(\mathbb{Z}_n,+)$，其中$\mathbb{Z}_n=\{[0],[1],\cdots,[n-1]\}$. 模 n 加法定义为

$$[a]+[b]=[a+b],\quad a,b\in\mathbb{Z}$$

模 n 乘法定义为

$$[a]\times[b]=[a\times b],\quad a,b\in\mathbb{Z}$$

注意：模 n 加法和模 n 乘法(也参见第 2 章)在本书中会经常涉及.

习题

A 组

1. 已知群 G_1,G_2 是 G 的有限子群，证明：
$$|G_1G_2|=[G_1:1][G_2:1]/[G_1\cap G_2:1].$$
2. 已知群 G_1,G_2 是 G 的有限子群且 $G_1\subseteq G_2$，证明：
$$[G:G_1]=[G:G_2][G_2:G_1].$$
3. 设 N 是 G 的子群，且$[G:N]=2$，证明 N 是 G 的正规子群.
4. 试举一个反例说明正规子群不具有传递性，即 H 是 K 的正规子群，K 是 G 的正规子群，但 H 不是 G 的正规子群.

B 组

5. 若 N 是 G 的子群，$[G:N]=m$，且 G 的指标为 m 的子群只有一个，证明 N 是 G 的正规子群.
6. 设 H 是群 G 的正规子群，证明商群 G/H 是阿贝尔群的充要条件是：
$$gkg^{-1}k^{-1}\in H,\quad \forall g,k\in G.$$
7. 证明：如果在一个阶为 $2n$ 的群中有一个 n 阶子群，那么它一定为正规子群.
8. 在集合$\mathbb{Z}_{12}=\{[0],[1],[2],\cdots,[11]\}$中，加法定义为$[a]+[b]=[a+b]$. 验证 $H=\{[0],[4],[8]\}$是$\mathbb{Z}_{12}$的子群，写出 H 的所有左陪集.
9. 设 H，K 是群 G 的两个正规子群且 $H\cap K=\{1\}$，证明：
$$hk=kh,\forall h\in H,k\in K.$$

5.4　同态和同构

同态和同构是代数学中至关重要的内容，同态基本定理作为本章的核心内容，在代数学中有广泛的应用，而且也将贯穿后面环与域的内容. 我们首先讨论群同态与同构的基本概念，然后介绍群的同态基本定理.

定义 5.4.1　$(X,\cdot)$与$(Y,*)$是两个群，如果存在一个映射 $f:X\to Y$，使得对任意 $x_1,x_2\in X$，都有

$$f(x_1\cdot x_2)=f(x_1)*f(x_2),$$

则称 f 是一个从$(X,\cdot)$到$(Y,*)$的**同态映射**或称群$(X,\cdot)$与$(Y,*)$**同态**，记作$(X,\cdot)\sim$

$(Y,*)$或 $X\sim Y$.

若 f 是单射，则称此同态为**单同态**；若 f 是满射，则称此同态为**满同态**；若 f 是双射，则称此同态为**同构**. 记作$(X,\cdot)\cong(Y,*)$或 $X\cong Y$.

一个群 G 到自身的同态叫**自同态**，自身的同构叫**自同构**，并记作 Aut G.

例 5.4.1 证明：若群$(\mathbb{Z},+)$到群$(\mathbb{Z}_n,+)$的映射 $f:\mathbb{Z}\to\mathbb{Z}_n$ 定义为

$$f(a)=a(\bmod n)$$

那么 f 是一个同态映射.

证明 对任意 $a,b\in\mathbb{Z}$，有

$$f(a+b)=a+b(\bmod n),$$

$$f(a)+f(b)=(a(\bmod n))+(b(\bmod n))=a+b(\bmod n),$$

所以 $f(a+b)=f(a)+f(b)$. 而且这个同态明显是一个满同态. □

例 5.4.2 证明：群$(\mathbb{R},+)$和$(\mathbb{R}^+,\times)$同构.

证明 $(\mathbb{R},+)$与$(\mathbb{R}^+,\times)$之间存在一个一一对应的映射 $f:\mathbb{R}\to\mathbb{R}^+$ 满足

$$f(x)=e^x,$$

且对任意 $a,b\in\mathbb{R}$，有

$$f(a+b)=e^{a+b}=e^a\times e^b=f(a)\times f(b).$$

这个例子中的映射 f 的逆映射 $g:\mathbb{R}^+\to\mathbb{R}$ 为

$$g(x)=\ln(x),$$

它也是一个同构映射，因为 $g(a\times b)=\ln(a\times b)=\ln a+\ln b=g(a)+g(b)$. □

例 5.4.3 证明：群$(\mathbb{C},+)$和$(\mathbb{R}^2,+)$同构.

证明 $(\mathbb{C},+)$与$(\mathbb{R}^2,+)$之间存在一个一一对应的映射 $f:\mathbb{C}\to\mathbb{R}^2$ 满足

$$f(a+ib)=(a,b),$$

且对任意 $a+ib,c+id\in\mathbb{C}$ 有

$$\begin{aligned}f((a+ib)+(c+id))&=f((a+c)+i(b+d))=(a+c,b+d)=(a,b)+(c,d)\\&=f(a+ib)+f(c+id).\end{aligned}$$ □

定理 5.4.1 设两个群满足$(S,\cdot)\sim(G,\odot)$，e 和 e' 分别为它们的单位元，同态映射为 $f:S\to G$，则有

(1) $f(e)=e'$；

(2) 对任意 $a\in S, f(a^{-1})=f(a)^{-1}$；

(3) 对任意 $n\in\mathbb{Z}$ 和 $a\in S, f(a^n)=f(a)^n$.

证明 (1) 因为群$(S,\cdot)$和群$(G,\odot)$同态，所以

$$f(e)=f(e\cdot e)=f(e)\odot f(e),$$

因此

$$\begin{aligned}e'&=f(e)\odot f(e)^{-1}=(f(e)\odot f(e))\odot f(e)^{-1}=f(e)\odot(f(e)\odot f(e)^{-1})\\&=f(e)\odot e'=f(e).\end{aligned}$$

(2) $e'=f(e)=f(a^{-1}\cdot a)=f(a^{-1})\odot f(a)$，由逆元的定义有

$$f(a)^{-1}=f(a^{-1}).$$

(3) 对于 $n\geqslant 0$，我们能够利用数学归纳法很容易证明 $f(a^n)=f(a)^n$. 对于 $n<0$，有 $f(a^n)=f(a^{-(-n)})=f((a^{-1})^{-n})=f(a^{-1})^{-n}=(f(a)^{-1})^{-n}=f(a)^{-(-n)}=f(a)^n$. □

定义 5.4.2 设两个群满足 $(S,\cdot)\sim(G,\odot)$，e 和 e' 分别为它们的单位元，同态映射为 $f:S\to G$，令集合

$$\ker f=\{a\mid a\in S, f(a)=e'\},$$

我们称该集合为同态 f 的**核**；令集合

$$\operatorname{im} f=f(S)=\{f(a)\mid a\in S\},$$

我们称该集合为同态 f 的**像**.

定理 5.4.2 设两个群满足 $(S,\cdot)\sim(G,\odot)$，e 和 e' 分别为它们的单位元，同态映射为 $f:S\to G$，则有

(1) $\ker f\leqslant S$（我们将 $\ker f$ 称为同态 f 的**核子群**），且 f 是单同态的充要条件是 $\ker f=\{e\}$；

(2) $\operatorname{im} f\leqslant G$（我们将 $\operatorname{im} f$ 称为同态 f 的**像子群**），且 f 是满同态的充要条件是 $f(S)=G$；

(3) 如果 $G'\leqslant G$，$f^{-1}(G')=\{a\mid a\in S, f(a)\in G'\}$，则 $f^{-1}(G')\leqslant S$.

证明 (1) 由定理 5.4.1 可知 $f(e)=e'$，所以 $e\in\ker f$，即 $\ker f$ 不是空集.

对任意 $a,b\in\ker f$，有 $f(a)=e'$，$f(b)=e'$，

$$f(a\cdot b^{-1})=f(a)\odot f(b^{-1})=e'\odot f(b)^{-1}=e'\odot(e')^{-1}=e',$$

因此 $a\cdot b^{-1}\in\ker f$，由定理 5.2.6 的子群判别标准知 $\ker f\leqslant S$.

设 f 为单同态，则 S 中满足 $f(a)=e'=f(e)$ 的元素只有 $a=e$，因此 $\ker f=\{e\}$.

反过来，设 $\ker f=\{e\}$，对任意 $a,b\in S$，若 $f(a)=f(b)$，则必有

$$f(a\cdot b^{-1})=f(a)\odot f(b^{-1})=f(a)\odot f(b)^{-1}=f(a)\odot f(a)^{-1}=e',$$

因此 $a\cdot b^{-1}\in\ker f$，$a\cdot b^{-1}=e$，所以 $a=b$. 因此，f 是单同态.

(2) 由定理 5.4.1 可知 $f(e)=e'$，所以 $e'\in\operatorname{im} f$，即 $\operatorname{im} f$ 不是空集.

对任意 x，$y\in\operatorname{im} f$，必存在 $a,b\in S$ 使得 $f(a)=x$，$f(b)=y$，显然 $a\cdot b^{-1}\in S$（S 是群），

$$x\odot y^{-1}=f(a)\odot f(b)^{-1}=f(a)\odot f(b^{-1})=f(a\cdot b^{-1}).$$

因为 $a\cdot b^{-1}\in S$，所以 $f(a\cdot b^{-1})\in\operatorname{im} f$，即 $x\odot y^{-1}\in\operatorname{im} f$，由定理 5.2.6 的子群判别标准可知 $\operatorname{im} f\leqslant G$.

由满同态的定义知 f 为满同态的充要条件为 $f(S)=G$.

(3) 因为 $G'\leqslant G$，所以 $e'\in G'$，由定理 5.4.1 可知 $f(e)=e'$，所以 $e\in f^{-1}(G')$，即 $f^{-1}(G')$ 不是空集. 对任意 $a,b\in f^{-1}(G')$ 必存在 x，$y\in G'$，满足 $f(a)=x, f(b)=y$，因为 $G'\leqslant G$ 所以有

$$x\odot y^{-1}\in G',$$

即

$$x\odot y^{-1}=f(a)\odot f(b)^{-1}=f(a)\odot f(b^{-1})=f(a\cdot b^{-1})\in G',$$

所以 $a\cdot b^{-1}\in f^{-1}(G')$，由定理 5.2.6 的子群判别标准可知 $f^{-1}(G')\leqslant S$. □

定理 5.4.3 设 f 是群 $(S,\cdot)$ 到群 $(G,\odot)$ 的同态映射，e 和 e' 分别是 $(S,\cdot)$ 和 $(G,\odot)$ 的单位元，则 $\ker f\lhd S$.

证明 对任意 $a\in S, b\in\ker f$，我们有

$$f(a\cdot b\cdot a^{-1})=f(a)\odot f(b)\odot f(a^{-1})=f(a)\odot e'\odot f(a)^{-1}=f(a)\odot f(a)^{-1}=e',$$

所以 $a \cdot b \cdot a^{-1} \in \ker f$，由正规子群的定义 5.2.7 可知 $\ker f \lhd S$. 证毕. □

定理 5.4.4 如果两个群满足 $(N, \cdot) \lhd (S, \cdot)$，构造商群 $(S/N, \odot)$，且定义如下映射 $f: S \to S/N$，

$$f(a) = aN,$$

则 f 是一个同态映射，且 $\ker f = N$.

证明 映射 f 满足

$$f(a \cdot b) = (a \cdot b)N = aN \odot bN = f(a) \odot f(b),$$

所以 f 是从群 $(S, \cdot)$ 到群 $(S/N, \odot)$ 的同态映射. 而群 $(S/N, \odot)$ 的单位元为 N，设 $a \in S$，如果

$$f(a) = N,$$

则有

$$aN = f(a) = N = eN,$$

由定理 5.3.3 可知，$aN = eN$ 的充要条件是 $e^{-1} \cdot a \in N$，即 $a \in N$，因此 $\ker f = N$. □

定义 5.4.3 $(N, \cdot) \lhd (S, \cdot)$，定义映射 $f: S \to S/N$，

$$f(a) = aN,$$

则 f 是群 $(S, \cdot)$ 到其商群 $(S/N, \odot)$ 的一个同态映射，由 f 建立的从群 $(S, \cdot)$ 到群 $(S/N, \odot)$ 的同态叫**自然同态**.

定理 5.4.5(同态基本定理) 设 $f: S \to G$ 是群 $(S, \cdot)$ 到群 $(G, \times)$ 的同态映射，则存在 $S/\ker f$ 到 $\operatorname{im} f$ 的一一映射 $h: S/\ker f \to \operatorname{im} f$ 使得

$$(S/\ker f, \odot) \cong (\operatorname{im} f, \times)$$

即 $S/\ker f \cong \operatorname{im} f$.

证明 设群 $(S, \cdot)$ 的单位元为 e，群 $(G, \times)$ 的单位元为 e'. 由定理 5.4.3 可知

$$(\ker f, \cdot) \lhd (S, \cdot),$$

所以商群 $(S/\ker f, \odot)$ 一定存在，由定理 5.3.6 可知商群 $(S/\ker f, \odot)$ 的单位元为 $\ker f$. 定义映射 $h: S/\ker f \to \operatorname{im} f$，对任意陪集 $x\ker f \in S/\ker f$，有

$$h(x\ker f) = f(x),$$

则对任意 $a\ker f, b\ker f \in S/\ker f$ 有

$$h(a\ker f \odot b\ker f) = h((a \cdot b)\ker f) = f(a \cdot b) = f(a) \times f(b) = h(a\ker f) \times h(b\ker f),$$

因此 h 是从群 $(S/\ker f, \odot)$ 到群 $(\operatorname{im} f, \times)$ 的同态映射.

其次，h 是单同态映射. 事实上，由定理 5.4.2 可知 $(\operatorname{im} f, \times)$ 是 $(G, \times)$ 的子群，故 $(\operatorname{im} f, \times)$ 的单位元是 e'. 对任意 $a\ker f \in \ker h$，下面两式同时成立，

$$h(a\ker f) = f(a),$$

$$h(a\ker f) = e',$$

所以有

$$f(a) = e',$$

即 $a \in \ker f$，又可知当 $a \in \ker f$ 时，$a\ker f = \ker f$，即 $\ker h$ 中只有一个元素 $\ker f$，所以有

$$\ker h = \{\ker f\}.$$

而 $\ker f$ 是商群 $(S/\ker f, \odot)$ 的单位元，由定理 5.4.2 可知 h 为单同态映射.

最后，我们来证明 h 是满同态．事实上，对任意 $c\in \mathrm{im}f$，存在 $a\in S$ 使得 $f(a)=c$，从而有

$$h(a\ker f) = f(a) = c.$$

所以任意 $\mathrm{im}f$ 中的元素 c 在映射 h 下都有原像 $a\ker f$. 至此我们证明了 h 既是群 $(S/\ker f,\odot)$ 到群 $(\mathrm{im}f,\times)$ 的单同态映射又是满同态映射，所以 h 是群 $(S/\ker f,\odot)$ 到群 $(\mathrm{im}f,\times)$ 的同构映射． □

例 5.4.4 例 5.4.1 中群 $(\mathbb{Z},+)$ 到群 $(\mathbb{Z}_n,+)$ 的映射 $f:\mathbb{Z}\to\mathbb{Z}_n$，其中 $f(a)=a(\bmod n)$ 是一个同态映射．显然 $\ker f=\{a\,|\,a\in\mathbb{Z},\ f(a)=0(\bmod n)\}=n\mathbb{Z}$.

同时，容易证明 $n\mathbb{Z}$ 是 $\mathbb{Z}$ 的正规子群．如果考虑 $\mathbb{Z}$ 对 $n\mathbb{Z}$ 的商群，则有

$$\mathbb{Z}/n\mathbb{Z} = \{a+n\mathbb{Z}\,|\,a\in\mathbb{Z}\} = \{\{a+nh\,|\,h\in\mathbb{Z}\}\,|\,a\in\mathbb{Z}\} = \{[0],[1],\cdots,[n-1]\} = \mathbb{Z}_n.$$

进一步地，我们有 $\mathbb{Z}/n\mathbb{Z}\cong\mathbb{Z}_n$.

习题

A 组

1. 设 f 为群 G 到群 H 的映射，分别判断如下的 f 是否为同态，是则给出 $\ker f$.
   (1) 加法群 $G=\mathbb{R},H=\mathbb{Z},f(x)=[x]$，其中 $[x]$ 为 x 取整函数，即为不大于 x 的最大整数；
   (2) 乘法群 $G=\mathbb{R}^*,H=\mathbb{R}^+,f(x)=|x|$；
   (3) $G=GL(n,\mathbb{R}),H=\mathbb{R}^*,f(A)=\det A$；
   (4) $G=\mathbb{Z}_5$，$H=\mathbb{Z}_2,f(x)=x(\bmod 2)$.
2. G 是一个群，证明其自同构集合 $\mathrm{Aut}\ G$ 是一个群.
3. 设 G 是一个群，证明：
   (1) $g\to g^{-1}$ 是 G 的自同构当且仅当 G 是阿贝尔群；
   (2) 若 G 是阿贝尔群，对任意整数 $k,g\to g^k$ 是 G 的自同态．
4. 证明：设 p 是一个素数，任意两个 p 阶群都同构.
5. 设 f 是从 G_1 到 G_2 的群同态映射，证明 f 是单同态的充分必要条件是 $\ker f=\{e\}$.
6. 同构的群具有相同的计算复杂性吗？举例说明．
7. 如何得到同构的群？

B 组

8. 设 a 是群 G 的一个元素．证明：映射 $\sigma:x\to axa^{-1}$ 是 G 到自身的自同构．
9. 给定一组群 $\{G_i\}_{i\in\mathbb{Z}}$，以及同态映射 $\{f_i\}_{i\in\mathbb{Z}}$ 构成的序列：

$$\cdots\to G_{i-1}\xrightarrow{f_{i-1}}G_i\xrightarrow{f_i}G_{i+1}\to\cdots,$$

   若对 $\forall\, i\in\mathbb{Z}$，$f_{i-1}(G_{i-1})=\ker f_i$，则称该序列是**正合**的．规定：$0\to G$ 为将零元映射为 G 中零元的同态映射，$G\to 0$ 为将所有元素映射为零元的同态映射．试证明：
   (1) f 是单同态当且仅当序列 $0\to H\xrightarrow{f}K$ 是正合的；
   (2) f 是满同态当且仅当序列 $H\xrightarrow{f}K\to 0$ 是正合的；
   (3) f 是同构当且仅当序列 $0\to H\xrightarrow{f}K\to 0$ 是正合的.

10. 已知群H_1,H_2分别是G_1,G_2的正规子群，f是G_1到G_2的同态，证明：若$f(H_1)\subseteq H_2$，则f可推导出G_1/H_1到G_2/H_2的映射是一个同态.

11. 设M,N是群G的正规子群. 证明：

(1) $MN=NM$；

(2) MN是G的一正规子群；

(3) 如果$M\cap N=\{e\}$，那么MN/N与M同构.

5.5 循环群

循环群作为一类特殊的群，具有特殊的代数结构. 循环群广泛存在于代数、数论中，在编码、密码学中也有重要的应用. 下面我们来介绍这一类群.

定义 5.5.1 *G是一个群，且$a\in G$，令集合*

$$\langle a\rangle(\text{或} < a >) = \{a^n \mid n \in \mathbb{Z}\},$$

*则称集合$\langle a\rangle$(或$\lt a\gt$)为***由元素 a 生成的 G 的循环子群.**

定理 5.5.1 *$\langle a\rangle$是一个群，且是G的子群.*

证明 由循环子群的定义可知，$1=a^0\in\langle a\rangle$,$(a^n)^{-1}=a^{-n}\in\langle a\rangle$,$a^na^m=a^{n+m}\in\langle a\rangle$，且结合律显然成立，满足群定义中的条件，所以$\langle a\rangle$是一个群. 又由于$\langle a\rangle$显然是$G$的子集，所以$\langle a\rangle$是$G$的子群. □

定义 5.5.2 *G是一个群，如果存在$a\in G$使得*

$$G=\langle a\rangle,$$

*则称G为***循环群***，而且称a为G的***生成元.**

由前面的定义和定理显然可知任何群的循环子群必定是循环群. 另外，一个循环群可以有不止一个生成元. 例如，如果集合

$$G = \langle a\rangle = \{a^n \mid n \in \mathbb{Z}\},$$

则因为

$$\{a^n \mid n \in \mathbb{Z}\} = \{(a^{-1})^n \mid n \in \mathbb{Z}\} = \langle a^{-1}\rangle,$$

所以有$G=\langle a^{-1}\rangle$.

例 5.5.1 $(\mathbb{Z},+)$是交换群，任取$a\in\mathbb{Z}$，则$\langle a\rangle=\{n\times a\mid n\in\mathbb{Z}\}$，则$(\langle a\rangle,+)$是$(\mathbb{Z},+)$的循环子群. 当$a=0$时，这个子群仅由一个元素0组成；当$a=1$时$\langle 1\rangle=\mathbb{Z}$，所以$(\mathbb{Z},+)$是循环群，1是$\mathbb{Z}$的生成元. 当然也有$a=-1$时$\langle -1\rangle=\mathbb{Z}$，所以$-1$也是$\mathbb{Z}$的生成元. 当$a=2$或者$-2$时$\langle 2\rangle=\langle -2\rangle=$偶数集合，所以2和$-2$都是偶数集合的生成元. 注意，奇数集合不是$\mathbb{Z}$的循环子群，其实奇数集合根本不是群，因为不含单位元0.

例 5.5.2 集合$\mathbb{Z}_6=\{0,1,\cdots,5\}$，1是$\mathbb{Z}_6$的生成元，另一个明显的生成元是5. 它的子集$\{0,3\}$是一个循环子群，该子群的生成元只有一个是3. 它的另一个子集$\{0,2,4\}$也是一个循环子群，该子群的生成元是2和4.

例 5.5.3 集合$\mathbb{Z}_5^*=\{1,2,3,4\}$，即从$\mathbb{Z}_5$里去掉元素0，则2和3是它的生成元. 该集合的子集$\{1,4\}$是$(\mathbb{Z}_5^*,\cdot)$的一个循环子群，生成元是4. 我们可以举出很多这样的例

子，详细内容可以参考4.2节.

定理 5.5.2 如果$G=\langle a\rangle$是一个循环群，且$|G|=n$，则当且仅当$(k,n)=1$时，a^k是G的生成元.

证明 先证必要性．如果a^k是G的生成元，则$a\in\langle a^k\rangle$，即存在整数s，使得$(a^k)^s=a$. 两边同时乘以a^{-1}得到$a^{ks-1}=1$. 由定理5.2.4可知，$n|(ks-1)$，即存在整数t使得$tn=ks-1$，即$ks-tn=1$，由之前数论的相关结论可知$(k,n)=1$.

再证充分性．如果$(k, n)=1$，则存在整数s和t使得$ks+tn=1$. 于是$a=a^{ks+tn}=a^{ks}(a^n)^t=a^{ks}(1)^t=a^{ks}$，所以$a\in\langle a^k\rangle$，因此$G=\langle a\rangle\leqslant\langle a^k\rangle$，但是由于明显有$\langle a^k\rangle\leqslant G$，所以$G=\langle a^k\rangle$，即$a^k$是$G$的生成元. □

我们可以得出如下推论.

推论 5.5.1 n阶循环群共有$\varphi(n)$个生成元.

例 5.5.4 考虑集合$\mathbb{Z}_{12}=\{0,1,\cdots,11\}$，注意到$\varphi(12)=4$，所以共有4个生成元，最明显的一个是1. 与12互素的4个k为1,5,7,11. 所以其他3个生成元为5,7,11.

定理 5.5.3 若$G=\langle a\rangle$是一个循环群且$S\leqslant G$，则S必定是循环群，且若k是使得$a^k\in S$的最小正整数，则a^k是S的生成元.

证明 当$S=\{1\}$时，命题显然成立．下面设$S\neq\{1\}$. 因为$G=\langle a\rangle$且$S\leqslant G$，所以S中的元素必然是a的幂．如果$a^k\in S$，由于S是群，那么$a^{-k}\in S$，因此S中必然存在a的正整数次幂．设k是使得$a^k\in S$的最小正整数，则对任意$a^m\in S$，设$m=tk+r$，其中$0\leqslant r<k$，而由S是群可知，$a^{-k}\in S$，所以$a^r=a^m(a^{-k})^t$，因此$a^r\in S$. 由于r是非负数和k是使得$a^k\in S$的最小正整数，我们可知$r=0$，即$k|m$. 由a^m的任意性可知S中的元素都是a^k的幂，且由S是群可知a^k的任意幂都在S中，所以

$$S=\{(a^k)^n\,|\,n\in\mathbb{Z}\},$$

即S必定是循环群，它的生成元是a^k. □

定理 5.5.4 G是有限群且$a\in G$，则$\operatorname{ord}(a)=|\langle a\rangle|$.

证明 因为G是有限群，所以$\operatorname{ord}(a)$一定为有限数．令$k=\operatorname{ord}(a)$，则$1,a,a^2,\cdots,a^{k-1}$这k个元素必然互不相同．这是因为，假设存在重复，即存在$0\leqslant i<j\leqslant k-1$使得$a^i=a^j$，则$a^{j-i}=1$，其中$j-i$显然是小于$k$的正整数，这与$k=\operatorname{ord}(a)$的“最小”性质矛盾.

若令集合$H=\{1,a,a^2,\cdots,a^{k-1}\}$，则$|H|=k$. 显然，$H\subseteq\langle a\rangle$. 对任意$a^i\in\langle a\rangle$，由带余除法得到$i=qk+r$，其中$0\leqslant r<k$，则$a^i=a^{qk+r}=a^{qk}a^r=(a^k)^q a^r=a^r\in H$，所以$\langle a\rangle\subseteq H$，进而可知$\langle a\rangle=H$. 因此$|\langle a\rangle|=|H|=k=\operatorname{ord}(a)$. □

定理 5.5.5 $G=\langle a\rangle$是有限循环群且$|G|=n$，则对任意整除n的正整数d，一定存在一个唯一的阶为d的循环子群，该循环子群为$\langle a^{n/d}\rangle$.

证明 因为$(a^{n/d})^d=a^n=1$，所以$\operatorname{ord}(a^{n/d})\,|\,d$. 又因为$(a^{n/d})^{\operatorname{ord}(a^{n/d})}=1$，故$n\,|\,(n/d)\operatorname{ord}(a^{n/d})$，所以必然有$\operatorname{ord}(a^{n/d})/d$为整数，即$d\,|\operatorname{ord}(a^{n/d})$. 因此$d=\operatorname{ord}(a^{n/d})$. 由定理5.5.4可知

$$|\langle a^{n/d}\rangle|=\operatorname{ord}(a^{n/d})=d,$$

即存在性得证.

下面证明唯一性．令H是G的一个阶为d的循环子群，则H必然是循环子群，当然

可以写成 $H=\langle x\rangle$的形式．由于 $x\in G$，必然存在整数 m 使得 $x=a^m$，因此$(a^m)^d=1$，进而可知 $n|md$，于是存在整数 k 使得 $md=nk$．因此，$x=(a^{n/d})^k$，故 $H=\langle x\rangle\subseteq\langle a^{n/d}\rangle$．由于这两个子群的阶相同，因此必然有 $H=\langle a^{n/d}\rangle$． □

接下来我们讨论由给定的子群构造新子群的问题．

定理 5.5.6 $(G,\cdot)$是群，$\{(H_i,\cdot)|i\in I\}$是$(G,\cdot)$的一族子群，其中 I 是某个指标集合，则$(\bigcap_{i\in I}H_i,\cdot)$是$(G,\cdot)$的一个子群．也就是说，子群的交集还是子群．

证明 对任意 $i\in I$，因为H_i是子群，所以 $1\in H_i$，因此 $1\in\bigcap_{i\in I}H_i$，即$\bigcap_{i\in I}H_i\neq\varnothing$；对任意 $a,b\in\bigcap_{i\in I}H_i$，有 $a,b\in H_i(i\in I)$，即 a,b 属于这一族子群中的每一个子群，由定理 5.2.6 可知 $a\cdot b^{-1}\in H_i(i\in I)$．所以有 $a\cdot b^{-1}\in\bigcap_{i\in I}H_i$．由定理 5.2.6 可知$(\bigcap_{i\in I}H_i,\cdot)$是$(G,\cdot)$的一个子群．定理得证． □

设$(G,\cdot)$为群，S 是 G 的子集，则 S 对运算"$\cdot$"不一定封闭，即使 S 对运算"$\cdot$"封闭，S 也不一定是 G 的子群，那么给定子集 S 时，我们如何由 S 得到一个子群呢？

定义 5.5.3 设$(G,\cdot)$为群，S 是 G 的子集，设$(H_i|i\in I,\cdot)$是$(G,\cdot)$的所有包含集合 S 的子群，即 $S\subseteq H_i(i\in I)$，则$(\bigcap_{i\in I}H_i,\cdot)$叫作**由集合 S 生成的子群**，记为$(\langle S\rangle,\cdot)$，S 中的元素叫子群$(\langle S\rangle,\cdot)$的**生成元**．

容易证明

$$\langle S\rangle=\{b_{k_1}\cdot b_{k_2}\cdot\cdots\cdot b_{k_r}|b_{k_j}\in S\quad 或\quad b_{k_j}^{-1}\in S,j=1,\cdots,r,r\in\mathbb{N}\}.$$

特别是当 S 由一个元素 a 组成时，

$$\langle S\rangle=\langle a\rangle=\{a^n|n\in\mathbb{Z}\}.$$

当$(X,\cdot)$为交换群，且 S 由有限个元素 $a_1,a_2,\cdots,a_m$组成时，

$$\langle S\rangle=\langle a_1,a_2,\cdots,a_m\rangle=\{a_1^{n_1}\cdot\cdots\cdot a_1^{n_m}|n_1,\cdots,n_m\in\mathbb{Z}\}.$$

例 5.5.5 $(G,\cdot)$为群，$S=\varnothing$ 是 G 的子集，求$\langle\varnothing\rangle$．

解 因为 $\varnothing$ 包含于 G 的任意子群 H，所以$\langle\varnothing\rangle$是 G 的所有子群的交集，而$\{1\}$是一个子群且包含于 G 的任意子群 H，所以 G 的所有子群的交集就是$\{1\}$，因此$\langle\varnothing\rangle=\{1\}$． □

例 5.5.6 循环群 $G=\langle a\rangle$是由子集$\{a\}$生成的，我们在书写时使用记号$\langle a\rangle$，而不使用记号$\langle\{a\}\rangle$．

定义 5.5.4 设$(G,\cdot)$为群，如果存在 G 的子集 S 使得 $G=\langle S\rangle$，且对 S 的任一真子集 S'，必有 $G\neq\langle S'\rangle$，那么 S 称为群$(G,\cdot)$的**极小生成集**，也称为群$(G,\cdot)$的一组**基**．当 S 是有限集时就说$(G,\cdot)$是**有限生成群**．

例 5.5.7 对任一 $a\in\mathbb{Z}$，令$\langle a\rangle=\{n\times a|n\in\mathbb{Z}\}$，我们知道$(\langle a\rangle,+)$是$(\mathbb{Z},+)$的子群．当 $a=1$ 时$\langle 1\rangle=\mathbb{Z}$，所以$(\mathbb{Z},+)$是循环群，1 是它的生成元．此外，$\{2,3\}$是它的一个极小生成集，即 $\mathbb{Z}=\langle 1\rangle=\langle\{2,3\}\rangle$，且明显 $\mathbb{Z}\neq\langle 2\rangle=$偶数集合以及 $\mathbb{Z}\neq\langle 3\rangle=3$ 的倍数集合．

定理 5.5.7 设 $a,b\in\mathbb{Z},A=\langle a\rangle,B=\langle b\rangle,C=\{sa+tb|s,t\in\mathbb{Z}\}$，则

(1) $C=\langle d\rangle$，其中 $d=(a,b)$；

(2) $A\cap B=\langle m\rangle$，其中 $m=[a,b]$．

证明 (1) 由集合 C 中元素的形式，我们易知 C 是 $\mathbb{Z}$ 的子群，且 $C=\langle\{a,b\}\rangle$．由于 $\mathbb{Z}$ 是循环群，因此根据定理 5.5.3 可知，它的子群 C 也是循环群，即存在某个正整数 d，使

得 $C=\{d\}$，其中 d 是 C 中的最小正整数．因为 (a,b) 是 a,b 的线性组合，所以 $(a,b)\in C$，且其他 C 中的元素因为都是 a,b 的线性组合，所以必然都是 (a,b) 的倍数，因此 (a,b) 是 C 中的最小正整数．所以 $d=(a,b)$，即 $C=\langle(a,b)\rangle$．

(2) 因为 A 中的元素一定是 a 的倍数且 B 中的元素一定是 b 的倍数，所以 $A\cap B$ 中的元素一定是 a 和 b 的公倍数．反过来，a 和 b 的任意公倍数一定属于 $A\cap B$. 因为 A 和 B 都是 $\mathbb{Z}$ 的子群，所以由定理 5.5.6 可知，$A\cap B$ 也一定是 $\mathbb{Z}$ 的子群，又由于 $\mathbb{Z}$ 是循环群，所以根据定理 5.5.3 可知，$A\cap B$ 也是循环群，即存在某个正整数 m 使得 $A\cap B=\langle m\rangle$，其中 m 为 $A\cap B$ 中的最小正整数．显然，$A\cap B$ 中的最小正整数为 $[a,b]$，所以 $A\cap B=\langle[a,b]\rangle$． □

习题

A 组

1. 证明群中元素与其逆元具有相同的阶.
2. 证明有限群 $(G,\cdot)$ 中的任何元素 a 的阶可整除 $|G|$.
3. 设 $(G,\cdot)$ 是有限群，且 $a\in G$，证明 $\mathrm{ord}(a)$ 是 $|G|$ 的因子．
4. 设 p 是一个素数，群 $(G,\cdot)$ 的阶为 p，证明 G 没有非平凡子群，且一定是循环群．

B 组

5. n 是任意正整数，试通过其标准分解式，给出 $(\mathbb{Z}_n,+)$ 所有生成元，并求出其个数.
6. n 是正整数，试求出 $(\mathbb{Z}_n,+)$ 的所有生成元.
7. 群 G 只有有限个子群，证明 G 为有限群（提示：利用反证法，构造循环子群）.
8. 设 $(G,\cdot)$ 是有限群，证明对任意 $a\in G$，有 $a^{|G|}=1$.
9. 设 G 是阿贝尔群，H，K 是其子群，阶分别为 r，s，试证：
   (1) 若 $(r,s)=1$，则 G 有阶为 rs 的循环子群；
   (2) G 包含一个阶为 $[r,s]$ 的循环子群.

5.6 置换群

置换群是一类重要的群，它们的作用是置换元素．置换群在几何学、编码理论中有着重要的应用．实际上密码学上任何分组加密方法都可以看作将所有可能的明文进行置换得到所有可能的密文．置换群不仅被人们看作一种需要深入研究的群，而且还是最能说明群的各种概念的例子．本节对置换群进行简要的讨论.

定义 5.6.1 给定非空集合 X，我们将任意一个双射 $\alpha: X\to X$ 称作集合 X 的一个**置换**.

由上面的定义可知，置换实际上就是双射函数，如果把函数的复合"∘"看作一种置换间的二元运算，那么由非空集合 X 的所有置换组成的集合就是一个群，我们将这个群用符号记为 $(S_X,\circ)$，满足以下性质．

(1) 封闭性：任意选择两个置换 $\alpha: X\to X$ 和 $\beta: X\to X$，因为它们都是双射，所以复合函数 $\alpha\circ\beta: X\to X$ 也是双射，即置换，因此"∘"是 S_X 上的（封闭的）二元运算.

(2) 结合律：由于一般的函数的复合是满足结合性质的，所以"∘"满足结合律.

(3) 单位元：定义恒等置换 $1_X: X\to X$ 为对任意 $x\in X$ 有 $1_X(x)=x$，则对任意置换

α 有

$$\alpha \circ 1_X = 1_X \circ \alpha = \alpha,$$

所以 1_X 是单位元.

(4) 逆元：对任意置换 $\alpha: X \to X$，因为是双射，存在双射的逆函数 $\alpha^{-1}: X \to X$，满足

$$\alpha \circ \alpha^{-1} = \alpha^{-1} \circ \alpha = 1_X,$$

所以置换 α^{-1} 是 α 的逆元.

综上所述，$(S_X, \circ)$ 满足所有的群的条件，所以的确是一个群.

定义 5.6.2　我们将上述的群 $(S_X, \circ)$ 称为集合 X 上的**全变换群**或**对称群**. 当 $X=\{1, 2, \cdots, n\}$ 时，我们称 S_X 为 ***n* 次全变换群(对称群)**，记作 S_n.

我们可以用如下的两行记号来表达 S_n 中的置换 α：

$$\alpha = \begin{pmatrix} 1 & 2 & \cdots & n \\ \alpha(1) & \alpha(2) & \cdots & \alpha(n) \end{pmatrix}.$$

例 5.6.1　考虑 S_n 的一个重要子群 A_n，首先考虑 n 个变量的多项式

$$A = \prod_{1 \leqslant i < j \leqslant n} (x_i - x_j)$$

对于 $\alpha \in S_n$，令

$$A_\alpha = \prod_{1 \leqslant i < j \leqslant n} (x_{\alpha(i)} - x_{\alpha(j)})$$

我们先说明 $A_\alpha = \pm A$，注意到 A 中没有重因式，现需说明 A_α 中仍然没有重因式. 设有 $\{\alpha(i), \alpha(j)\} = \{\alpha(k), \alpha(l)\}$，则有如下两种可能：

(1) $\alpha(i) = \alpha(k), \alpha(j) = \alpha(l)$，则有 $i=k, j=l$；

(2) $\alpha(i) = \alpha(l), \alpha(j) = \alpha(k)$，则有 $i=l, j=k$.

因而有 $\{i,j\} = \{k,l\}$，故 $A_\alpha = \pm A$.

若 $A_\alpha = A$，则称 A_α 为偶置换，并记 $\mathrm{sgn}(\alpha)=1$；若 $A_\alpha = -A$，则称 A_α 为奇置换，记 $\mathrm{sgn}(\alpha) = -1$，称 $\mathrm{sgn}(\alpha)$ 为 α 的符号，故有 $A_\alpha = \mathrm{sgn}(\alpha) A$.

令 A_n 为 S_n 的所有偶置换的集合，即 $A_n = \{\alpha \in S_n \mid \mathrm{sgn}(\alpha) = 1\}$，则可以证明 A_n 是 S_n 的子群，并称之为 ***n* 次交错群**.

利用排列组合的知识我们很容易得到 S_n 的元素数量是 $n!$. 下面我们讨论如何用另一种方式表达这么多的置换.

定义 5.6.3　设 $\alpha \in S_n, A = \{i_1, i_2, \cdots, i_r\} \subseteq \{1, 2, \cdots, n\}, B = \{1, 2, \cdots, n\} - A$，如果置换 α 满足：

(1)对 A 中的元素有 $\alpha(i_1) = i_2, \alpha(i_2) = i_3, \cdots, \alpha(i_{r-1}) = i_r, \alpha(i_r) = i_1$；

(2)对任意 $i \in B$ 有 $\alpha(i) = i$；

则我们称置换 α 为一个 ***r*-轮换**，记为 $\alpha = (i_1, i_2, \cdots, i_r)$. 我们也把 2-轮换称为**对换**.

例 5.6.2　一个 3-轮换为 $\alpha = (2 \quad 1 \quad 3) \in S_5$，它的意思就是 $\alpha(1)=3, \alpha(2)=1, \alpha(3)=2, \alpha(4)=4, \alpha(5)=5$.

例 5.6.3　有如下的置换之间的等式

$$\begin{pmatrix}1&2&3&4&5\\5&1&4&2&3\end{pmatrix}=(1\quad 5\quad 3\quad 4\quad 2)$$

$$\begin{pmatrix}1&2&3&4&5\\2&3&1&4&5\end{pmatrix}=(1\quad 2\quad 3)$$

我们能够将任意置换分解为多个轮换的乘积(从现在开始，用“乘积”来称呼置换之间的复合，且在用符号表示两个置换复合时省略“∘”)，将此称为置换的轮换分解 .

例 5.6.4 如下的置换 $\alpha \in S_5$ 可以用两种不同的轮换的乘积进行表示：

$$\alpha=(1\quad 2)(1\quad 3\quad 4\quad 2\quad 5)(2\quad 5\quad 1\quad 3)=(1\quad 4)(3\quad 5)(2).$$

观察例 5.6.4，我们可以看到，尽管该置换可以用两种不同的轮换的乘积进行表示，但是显然第 2 种方式更简洁明了，因此引入如下的概念.

定义 5.6.4 设 $\alpha,\beta\in S_n$ 是两个轮换，且这两个轮换的记号中没有共同的数字，则称 α 和 β **不相交**. 如果一组轮换中任意两个轮换都不相交，则称该组轮换**不相交**.

例 5.6.5 如下的置换 $\alpha \in S_5$ 是 3 个不相交的轮换的乘积：

$$\alpha=(1\quad 4)(3\quad 5)(2).$$

由于 1- 轮换都等于恒等置换，所以下面的讨论中一律不再写出 1- 轮换，对于恒等置换，写作 1_n. 例如，例 5.6.5 中的置换写作如下的轮换分解：

$$\alpha=(1\quad 4)(3\quad 5).$$

对于任意$\alpha\in S_n$，如果已知它的轮换分解，那么求出它的逆置换的方法为：将它的轮换分解的每一个轮换中的数字倒排.

另外，由于 S_2 只有两个元素，明显是一个交换群 . 我们需要注意对于 $n\geqslant 3$，S_n 是非交换群.

例 5.6.6 对于任意 $S_n(n\geqslant 3)$都有

$$(1\quad 2)(1\quad 3)=(1\quad 3\quad 2)$$

和

$$(1\quad 3)(1\quad 2)=(1\quad 2\quad 3),$$

所以

$$(1\quad 2)(1\quad 3)\neq(1\quad 3)(1\quad 2).$$

尽管，对于 $n\geqslant 3$，S_n 是非交换群，然而，其中的很多元素是可交换的，特别是，不相交的轮换是可交换的.

定理 5.6.1 不相交的轮换是可交换的.

证明 因为轮换只针对自身记号内的数字进行换位，而对自身记号外的数字的作用只是固定该值，所以两个不相交的轮换在执行上不论谁先谁后，总体效果是一样的，即不相交的轮换是可交换的. □

因此对一个置换的不相交轮换分解来说，随意调整其中各轮换的次序不会改变该置换.

例 5.6.7 (1 4)、(3 5)和(2 6)是 3 个不相交的 2- 轮换，因此有

$$(1\quad 4)(3\quad 5)(2\quad 6)=(3\quad 5)(1\quad 4)(2\quad 6)=(2\quad 6)(3\quad 5)(1\quad 4).$$

注意：实际上，一个轮换有不同的记号方式，即将表示该轮换的记号中的数字进行循

环换位，不会改变该轮换(但是，习惯上我们一般将轮换中最小的数写在第一个位置).

例 5.6.8　$(1\ \ 2\ \ 3)=(2\ \ 3\ \ 1)=(3\ \ 1\ \ 2)$. 其中，我们一般采用$(1\ \ 2\ \ 3)$这个记号.

如果遵守以下的规定，我们将不加证明地给出重要的定理 5.6.2：

(1) 对一个置换的不相交轮换分解，随意调整其中各轮换的次序，把这些不同的记法看作同一个轮换分解.

(2) 把一个轮换的不同的记号方式看作同一个轮换.

(3) 对一个置换的不相交轮换分解，一定去掉任何 1-轮换.

定理 5.6.2　S_n 中的任意置换一定能够分解为不相交轮换的乘积，且这种分解是唯一的.

下面讨论置换的阶.

一个 r-轮换 $\alpha=(i_1,i_2,\cdots,i_r)$ 的 k 次幂α^k就是连续执行 k 次该 r-轮换 α，当 $k\leqslant r-1$ 时，$\alpha^k(i_1)=i_{1+k}\neq i_1$，所以$\alpha^k\neq 1_n$；当 $k=r$ 时，对任意 m，有$\alpha^k(i_m)=i_m$，所以$\alpha^k=1_n$. 综上所述可知，$\mathrm{ord}(\alpha)=r$. 对任意置换来说，为了求得它的阶，首先将该置换进行不相交的轮换分解，那么该置换的阶就等于所有轮换因子的长度的最小公倍数.

例 5.6.9　观察 3-轮换$(1\ \ 2\ \ 3)\in S_3$，

$$(1\ \ 2\ \ 3)=\begin{pmatrix}1&2&3\\2&3&1\end{pmatrix},$$

$$(1\ \ 2\ \ 3)(1\ \ 2\ \ 3)=\begin{pmatrix}1&2&3\\3&1&2\end{pmatrix},$$

$$(1\ \ 2\ \ 3)(1\ \ 2\ \ 3)(1\ \ 2\ \ 3)=\begin{pmatrix}1&2&3\\1&2&3\end{pmatrix},$$

所以，$(1\ \ 2\ \ 3)$的阶是 3.

例 5.6.10　求 $\alpha=(1\ \ 2\ \ 3)(4\ \ 5)\in S_5$ 的阶.

解　$\mathrm{ord}(\alpha)=[3,2]=6$.　□

定义 5.6.5　我们将任意全变换群的任意子群称为一个**置换群**.

例 5.6.11　S_4 的子集 $V=\{(1),(1\ \ 2)(3\ \ 4),(1\ \ 3)(2\ \ 4),(1\ \ 4)(2\ \ 3)\}$是一个子群，即 V 是一个置换群.

证明　恒等置换$(1)\in S_4$；对任意 $\alpha\in V$ 有$\alpha^2=(1)$，所以$\alpha^{-1}=\alpha\in V$ 另外，

$$[(1\ \ 2)(3\ \ 4)][(1\ \ 3)(2\ \ 4)]=[(1\ \ 3)(2\ \ 4)][(1\ \ 2)(3\ \ 4)]=(1\ \ 4)(2\ \ 3),$$

$$[(1\ \ 2)(3\ \ 4)][(1\ \ 4)(2\ \ 3)]=[(1\ \ 4)(2\ \ 3)][(1\ \ 2)(3\ \ 4)]=(1\ \ 3)(2\ \ 4),$$

$$[(1\ \ 3)(2\ \ 4)][(1\ \ 4)(2\ \ 3)]=[(1\ \ 4)(2\ \ 3)][(1\ \ 3)(2\ \ 4)]=(1\ \ 2)(3\ \ 4),$$

即运算在 V 上封闭，所以 V 是一个 S_4 的子群，因此 V 是一个置换群 . 根据 5.4 节介绍的同构的概念，我们可以发现这里的 V 与例 5.2.7 中的群是同构的.　□

习题

A 组

1. 在四次对称群 S_4 中，计算下列置换的乘积，并给出乘积置换的逆元 .

(1)$(1\ \ 2\ \ 3)(2\ \ 4)(1\ \ 3)$；　　(2)$(2\ \ 4)(1\ \ 3)(1\ \ 2\ \ 3)$；

(3)$(3\ \ 4)(1\ \ 2)(1\ \ 2\ \ 3)$；　　(4)$(1\ \ 2)(3\ \ 4)(1\ \ 2\ \ 3)$.

2. 在五次对称群 S_5 中，计算下列置换的阶．

(1)(1 2 3 4 5)； (2)(1 2 3)(4 5)；

(3)(5 4)(2 1)； (4)(4 5)(1 3 2).

3. 把置换(4 5 6)(5 6 7)(6 7 1)(1 2 3)(2 3 4)(3 4 5)写为不相交轮换乘积．

4. 设 $\tau=(3\ \ 2\ \ 7)(2\ \ 6)(1\ \ 4)$，$\sigma=(1\ \ 3\ \ 4)(5\ \ 7)$，求 $\sigma\tau\sigma^{-1}$ 和 $\sigma^{-1}\tau\sigma$.

5. 将置换 $\begin{pmatrix}1&2&3&4&5&6&7&8\\2&5&6&8&1&4&7&3\end{pmatrix}$ 分解成不相交的轮换．

6. 将置换之积 $\begin{pmatrix}1&2&3&4&5&6&7&8\\2&5&6&8&1&4&7&3\end{pmatrix}\circ\begin{pmatrix}1&2&3&4&5&6&7&8\\2&5&6&4&1&8&7&3\end{pmatrix}$ 分解成不相交的轮换.

7. 试确定 S_5 中的元素 $\sigma\tau$，$\sigma^{-1}\tau\sigma$，σ^2，σ^3，其中 $\sigma=\begin{pmatrix}1&2&3&4&5\\2&3&1&5&4\end{pmatrix}$，$\tau=\begin{pmatrix}1&2&3&4&5\\3&4&1&5&2\end{pmatrix}$.

8. 四次对称群 S_4 的一个 4 阶子群为 $H=\{(1),(1\ \ 2)(3\ \ 4),(1\ \ 3)(2\ \ 4),(1\ \ 4)(2\ \ 3)\}$，试写出 H 的全部左陪集．

B 组

9. 证明 n 次交错群 A_n 是 S_n 的子群．

10. 证明一个循环置换的阶等于它所含元素的个数，即 $\mathrm{ord}((1\ \ 2\ \ \cdots\ \ r))=r$.

11. 设 $\sigma,\tau\in S_n$，令 $\tau=(i_1,i_2,\cdots,i_r)$，试证明 $\sigma\tau\sigma^{-1}=(\sigma(i_1)\ \ \sigma(i_2)\ \ \cdots\ \ \sigma(i_r))$.

12. 试证明：

(1) S_n 中每个元素都可以表示为 $\{(1\ \ 2),(1\ \ 3),\cdots,(1\ \ n)\}$ 这 $n-1$ 个对换中有限个对换的乘积；

(2) S_n 中每个元素也可以表示为 $\{(1\ \ 2),(2\ \ 3),\cdots,(n-1\ \ n)\}$ 这 $n-1$ 个对换中有限个对换的乘积．

13. 证明例 5.2.7 中的 Klein 四元群 K 的自同构群 Aut K 与 S_3 同构．

Chapter 6

第6章 环与域

环与域是在群的基础上，引入第二种运算后产生的代数结构．较为常见的环有整数环、多项式环等．在本章中，我们将首先介绍环与域的基本定义和性质，然后讨论理想和相应的商环，以及几种特殊类型的环，最后通过素理想和极大理想的概念，给出一种由已知的环构造域的方法．

学习本章之后，我们应该能够：

- 掌握环、域的概念和性质；
- 掌握子环、理想、商环、环同态与同构的概念和性质；
- 理解唯一析因环、欧几里得环、主理想整环的概念和性质；
- 掌握多项式环的概念和性质及其应用；
- 理解素理想、极大理想的概念和性质，掌握两种理想在整环和域的构造中的应用．

6.1　环与域的概念和性质

环是具有两种运算的代数结构，在继承了群的相关性质的同时，还有若干特有的结论．首先，我们简要介绍环的概念.

定义 6.1.1　设 R 是一个给定的集合，在其上定义了两种二元运算“＋”和“·”，如果满足以下条件：

(1) $(R,+)$是一个交换群；

(2) $(R,\cdot)$是一个半群；

(3) 对于这两种运算有以下的分配律成立，即对任意 $a,b,c\in R$ 有

$$a\cdot(b+c)=(a\cdot b)+(a\cdot c),$$
$$(b+c)\cdot a=(b\cdot a)+(c\cdot a),$$

则我们称$(R,+,\cdot)$为**环**．若$(R,\cdot)$是一个交换半群，则称为**交换环**．

通常把运算“＋”称为环中的“加法”，“·”称为环中的“乘法”．运算“＋”下的单位元称为环的**零元**，记

为 0，且元素 a 在运算"+"下的逆元称为元素 a 的**负元**；如果 R 中存在运算"·"下的单位元，我们称之为交换环的**幺元**，记为 1，且若元素 a 在运算"·"下存在逆元，则称该逆元为元素 a 的**逆元**．同时具有**负元**和**逆元**的元素 a 称为**可逆元素**．

例 6.1.1 一切数域都是环．$(\mathbb{Z},+,\times)$是一个交换环(即整数环)，零元是 0，幺元是 1，可逆元素只有-1 和 1．$(\mathbb{Q},+,\times)$、$(\mathbb{R},+,\times)$和$(\mathbb{C},+,\times)$都是交换环(分别称为有理数环、实数环和复数环)，零元都是 0，幺元都是 1，除了 0 以外，所有的其他元素都是可逆元素.

例 6.1.2 $\mathbb{Z}_n$ 关于模 n 加法和模 n 乘法构成环$(\mathbb{Z}_n,\oplus,\otimes)$，该环称为模 n 剩余类环．模 n 剩余类环 $\mathbb{Z}_n$ 是密码学中经常涉及的一类环．

例 6.1.3 用 $\mathbb{Z}[\mathrm{i}]$表示集合$\{a+b\mathrm{i} \mid a,\ b\in\mathbb{Z}\}$，其中 i 为虚数单位，则 $\mathbb{Z}[\mathrm{i}]$关于复数的加法和乘法构成交换环，称为**高斯整数环**，其零元是 0，幺元是 1，可逆元素只有-1，1，i 和$-$i.

例 6.1.4 令 $\mathbb{Z}[\sqrt{2}]=\{a+b\sqrt{2}\mid a,b\in\mathbb{Z}\}$，则$(\mathbb{Z}[\sqrt{2}],+,\times)$是一个交换环，零元是 0，幺元是 1.

定义 6.1.2 设$(R,+,\cdot)$是交换环，$a\in R$ 且$a\neq 0$，若存在$b\in R$ 且$b\neq 0$ 使得 $a\cdot b=0$ 成立，则称 a 是交换环 R 的**零因子**.

定义 6.1.3 $(R,+,\cdot)$是环，我们可进一步定义：

(1) 若$(R,\cdot)$是一个含幺元的半群，则称为**幺环**；

(2) 若任意两个非零元的积不等于零，则称为**无零因子环**；

(3) 若$(R,\ +,\ \cdot)$是无零因子的幺环，则称为**整环**；

(4) 若非零元对"·"构成群，则称为**体**；

(5) 若非零元对"·"构成阿贝尔群，则称为**域**．

在后面的章节中，除了特别指出外，一般考虑的环均为交换幺环.

例 6.1.5 实数域 $\mathbb{R}$ 上的所有 n 阶方阵构成的集合对于矩阵加法、乘法构成环，其中零元为 n 阶零方阵，幺元为 n 阶单位方阵，但该环是非交换的.

定理 6.1.1 $(R,+,\cdot)$为交换环，则对任意 $a,b,c\in R$，有

(1) $0\cdot a=a\cdot 0=0$；

(2) $a\cdot(-b)=(-a)\cdot b=-(a\cdot b)$；

(3) $(-a)\cdot(-b)=a\cdot b$；

(4) $a\cdot(b-c)=a\cdot b-a\cdot c$；

(5) $(b-c)\cdot a=b\cdot a-c\cdot a$.

证明 (1) 利用分配律可知 $0\cdot a=(0+0)\cdot a=(0\cdot a)+(0\cdot a)$，由加法群$(R,+)$的消去律知

$$0\cdot a=0.$$

同理可证 $a\cdot 0=0$.

(2) 至 (5) 的证明可参照进行，留给读者练习. □

定理 6.1.2 $(R,+,\cdot)$为交换环，$a,b\in R$，$m,n\in\mathbb{Z}$，则

(1) $m(na)=(mn)a$；

(2) $ma+na=(m+n)a$;

(3) $(na)\cdot b=a\cdot(nb)=n(a\cdot b)$;

(4) $(ma)\cdot(nb)=(mn)(a\cdot b)$;

(5) $(ma^h)\cdot(na^k)=(mn)a^{h+k}$.(其中 $h,k\in\mathbb{Z}^+$;当 a 是可逆元时,可取 $h,k\in\mathbb{Z}$.)

定理 6.1.3(一般交换环上的二项式定理) $(R,+,\cdot)$是交换环,$a,b\in R$,则

$$(a+b)^n=\sum_{k=0}^{n}\frac{n!}{k!(n-k)!}a^k\cdot b^{n-k}.$$

证明留给读者练习.

下面我们讨论整环.最常见的整环即为整数环 $\mathbb{Z}$,与此同时,我们还知道有理数域 $\mathbb{Q}$ 是整数环 $\mathbb{Z}$ 通过扩充得到的.最终,我们将证明所有的交换整环都能扩充成一个域.

例 6.1.6 $\mathbb{Z}$ 中没有零因子.很容易证明,$\mathbb{Z}_n$ 中没有零因子的充要条件是 n 为素数.

例 6.1.7 $(\mathbb{Z},+,\times)$、$(\mathbb{Q},+,\times)$、$(\mathbb{R},+,\times)$和$(\mathbb{C},+,\times)$都是整环.$(\mathbb{Z}_n,\oplus,\otimes)$是整环的充要条件是 n 为素数.所以,$\mathbb{Z}_2$、$\mathbb{Z}_3$ 和 $\mathbb{Z}_5$ 等都是整环,而 $\mathbb{Z}_4$、$\mathbb{Z}_6$ 和 $\mathbb{Z}_8$ 等都不是整环.

显然,一切数域都是域,因而也是体.除数域外,是否还有别的域存在?有无不是域的体存在?

定理 6.1.4 模 n 剩余类环$(\mathbb{Z}_n,\oplus,\otimes)$构成域的充要条件是 n 为素数.

证明 显然$(\mathbb{Z}_n,\oplus,\otimes)$是有幺元的交换环.因而只需证明 $\mathbb{Z}_n$ 中的任一非零元都有逆元等价于 n 为素数即可.

先证充分性.若 n 是素数,则对任意 $a\neq 0$,都有$(a,n)=1$,故存在整数 x 和 y 使得 $ax+ny=1$.即 $ax=-yn+1$,这表明 $ax(\mathrm{mod}\ n)=1$,即 a 在 $\mathbb{Z}_n$ 中存在乘法逆元.

再证必要性.设 $n=km$ 是合数且 $1<k<n$,$1<m<n$.若 k 在 $\mathbb{Z}_n$ 中有乘法逆元 x,则有 $kx(\mathrm{mod}\ n)=1$,即存在整数 q 使得 $kx=qn+1$,因此 $1=kx-qn=kx-qkm=k(x-qm)$.但由于 k,x,q,m 都为正整数,因此 $k(x-qm)$不可能等于 1.该矛盾说明 k 在 $\mathbb{Z}_n$ 中没有乘法逆元,即当 n 是合数时$(\mathbb{Z}_n,\oplus,\otimes)$不是域. □

由此可见,模素数剩余类构成的域是最简单的域.这种域在密码学中应用十分广泛.

例 6.1.8 设 p 为一个素数,由于 $\mathbb{Z}_p$ 中任意两个数的商(除数不为 0)运算不满足封闭性,因此 $\mathbb{Z}_p$ 不是数域.但由定理 6.1.4 可知,$\mathbb{Z}_p$ 构成域.

例 6.1.9 $\mathbb{C}^{2\times 2}$的子集

$$H=\left\{\begin{pmatrix}\alpha & \beta\\ -\bar{\beta} & -\bar{\alpha}\end{pmatrix}\middle|\ \alpha,\beta\in\mathbb{C}\right\}$$

是体,而不是域.

容易验证 H 对矩阵的加法为阿贝尔群.又对任意 $\alpha,\beta,\gamma,\delta\in\mathbb{C}$ 有

$$\begin{pmatrix}\alpha & \beta\\ -\bar{\beta} & \bar{\alpha}\end{pmatrix}\begin{pmatrix}\gamma & \delta\\ -\bar{\delta} & \bar{\gamma}\end{pmatrix}=\begin{pmatrix}\alpha\gamma-\beta\bar{\delta} & \alpha\delta+\beta\bar{\gamma}\\ -\bar{\alpha}\bar{\delta}-\bar{\beta}\gamma & \bar{\alpha}\bar{\gamma}-\bar{\beta}\delta\end{pmatrix}\in H,$$

因此,H 对矩阵乘法为幺半群.显然加法与乘法之间的分配律成立,因此,H 为幺环.又如果

$$\begin{pmatrix} \alpha & \beta \\ -\bar{\beta} & \bar{\alpha} \end{pmatrix} \neq 0,$$

则

$$\begin{vmatrix} \alpha & \beta \\ -\bar{\beta} & \bar{\alpha} \end{vmatrix} = \alpha\bar{\alpha} + \beta\bar{\beta} > 0.$$

此时有

$$\begin{pmatrix} \alpha & \beta \\ -\bar{\beta} & \bar{\alpha} \end{pmatrix}^{-1} = (\alpha\bar{\alpha} + \beta\bar{\beta})^{-1} \begin{pmatrix} \bar{\alpha} & -\beta \\ \bar{\beta} & \alpha \end{pmatrix} \in H,$$

即 $H^* = H \setminus \{0\}$为群，因而 H 是体．又由于 H 中有元素

$$\boldsymbol{A} = \begin{pmatrix} \sqrt{-1} & 0 \\ 0 & -\sqrt{-1} \end{pmatrix}, \boldsymbol{B} = \begin{pmatrix} 0 & 1 \\ -1 & 0 \end{pmatrix}.$$

由于 $\boldsymbol{AB} \neq \boldsymbol{BA}$，可知 H 不是域．我们称 H 为 $\mathbb{C}$ 上的**四元数体**．

定义 6.1.4 若交换整环 R 和域 F 满足 $R \subset F$ 且对 $\forall\, a \in F$，$\exists\, b$，$c \in R$ 使得

$$a = bc^{-1}$$

则称 F 为 R 的**分式域**.

例 6.1.10 整数环 $\mathbb{Z}$ 的分式域为有理数域 $\mathbb{Q}$.

定理 6.1.5 设 R 为交换整环，则存在 R 的分式域．

证明 设 $R^* = R \setminus \{0\}$，定义 $R \times R^*$ 中的加法、乘法：对 $\forall\,(a,b)$，$(c,d) \in R \times R^*$，定义

$$(a,b) + (c,d) = (ad + bc, bd)$$
$$(a,b) \cdot (c,d) = (ac, bd)$$

容易证明，$R \times R^*$ 对上述加法、乘法构成交换幺半群，零元为$(0,1)$，幺元为$(1,1)$.

在 $R \times R^*$ 中定义一个关系～：$(a,b) \sim (c,d)$当且仅当 $ad = bc$.

首先，～是等价关系：①因为 $ab = ab$，故$(a,b) \sim (a,b)$；②若$(a,b) \sim (c,d)$，则 $ad = bc$，进而有$(c,d) \sim (a,b)$；③若$(a,b) \sim (c,d)$且$(c,d) \sim (e,f)$，则 $adf = bcf = bde$，又因是交换整环且 $d \neq 0$，所以 $af = be$，进而有$(a,b) \sim (e,f)$.

其次，上述乘法、加法保持～关系：①若$(a,b) \sim (c,d)$，$(e,f) \sim (g,h)$，则有$(a,b)(e,f) = (ae,bf)$，$(c,d)(g,h) = (cg,dh)$，进而有$(ae)(dh) = adeh = bcfg = (bf)(cg)$，所以$(a,b)(e,f) \sim (c,d)(g,h)$；②若$(a,b) \sim (c,d)$，$(e,f) \sim (g,h)$则$(a,b) + (e,f) = (af + be, bf)$，$(c,d) + (g,h) = (ch + dg, dh)$，从而有$(af + be)dh = adfh + bedh = bcfh + fgbd = (ch + dg)bf$，所以$(a,b) + (e,f) \sim (c,d) + (g,h)$.

最后，令 $F = R \times R^* / \sim$ 为 $R \times R^*$ 关于等价关系～的商集合，并设$\frac{a}{b}$为(a,b)所在的等价类．易验证 F 对加法是阿贝尔群，零元为$\frac{0}{1}$，幺元为$\frac{1}{1}$，进而可知 $F \setminus \{0\}$对乘法也构成阿贝尔群，且加法与乘法之间的分配律成立．因此 F 是域，且对其中任意元素$\frac{a}{b}$有$\frac{a}{b} = \frac{a}{1}\frac{1}{b} = \frac{a}{1}\left(\frac{b}{1}\right)^{-1}$，故 F 为 R 的分式域. □

最后我们给出环之间同态、同构的概念．环的同态与同构定义类似于群的同态与同构，但要求考虑加法、乘法两种运算.

定义 6.1.5　X 与 Y 是两个环，若存在一个映射 $f:X\to Y$，使得对 $\forall x_1,x_2\in X$ 都有

$$f(x_1+x_2)=f(x_1)+f(x_2),$$
$$f(x_1\cdot x_2)=f(x_1)\cdot f(x_2),$$

则称 f 是一个从 X 到 Y 的**同态映射**或称环 X 与 Y **同态**，记作 $X\sim Y$. 其中运算"＋"和"·"的定义参照相应元素所在集合，为两个环中相应的加法与乘法．

若 f 是单射，则称此同态为**单同态**；若 f 是满射，则称此同态为**满同态**；如果 f 是双射，则此同态为**同构**，记作 $X\cong Y$.

下面我们给出一个将环同态思想应用于公钥密码学的例子．

例 6.1.11　设$(R,+,\cdot)$为一个环，$\mathcal{E}=(\mathrm{Enc},\mathrm{Dec},\mathrm{Add},\mathrm{Mult})$为一个公钥加密方案．若方案中的 Enc 和 Dec 分别表示公钥加密和解密操作，该操作对 R 中的元素进行加密和解密，即

$$\mathrm{Enc}(m,\mathrm{pk})=c,$$
$$\mathrm{Dec}(c,\mathrm{sk})=m,$$

其中 pk 表示公钥，sk 表示私钥。方案中的函数 Add 和 Mult 以两个密文 $c_1=\mathrm{Enc}(m_1,\mathrm{pk})$ 和 $c_2=\mathrm{Enc}(m_2,\mathrm{pk})$作为输入返回新的密文，且它们分别满足：

$$\mathrm{Dec}(\mathrm{Add}(c_1,c_2),\mathrm{sk})=m_1+m_2,$$
$$\mathrm{Dec}(\mathrm{Mult}(c_1,c_2),\mathrm{sk})=m_1\,m_2,$$

则称方案 $\mathcal{E}$ 是全同态加密方案.

接下来，我们将通过一个具体例子来说明全同态加密的用途．假设 Alice 加密某些消息 m 并将密文 c 存储在远程服务器上．然后，Alice 想要在消息 m 上计算某个函数 F，假如，她可能想知道该消息是否是来自 Bob 的电子邮件，且内容为"我爱你". 看来 Alice 需要从服务器检索密文，并将其解密，然后执行计算．这可能不太方便(尤其是当消息量很大时).

利用全同态加密方案，Alice 可以将函数 F 发送到云服务器，然后云服务器可以计算得到新密文 c_F(对明文 $F(m)$进行加密的结果). 令人惊奇的是，这可以在不需要云服务器获得消息 m 的情况下完成，原因是每个函数都可以表示为环中元素上的一系列加法和乘法，因此我们可以将 F 表示为这样的一系列操作，然后我们应用全同态加密方案的加法和乘法来获得解密所得明文为 $F(m)$的密文.

构造全同态加密方案的想法可以追溯到公钥密码发展的早期，然而直到 2009 年，Craig Gentry 才提出了一种理论架构．Gentry 最初的构造非常复杂，但现在我们可以利用带误差学习(Learning With Errors，LWE)问题和环上 LWE 问题提出相对简单(虽然效率不高)的方案．

习题

A 组

1. 求证高斯整数环的可逆元素只有－1、1、i 和－i.

2. 令 $\mathbb{Z}[\sqrt{2}]=\{a+b\sqrt{2}\mid a,b\in\mathbb{Z}\}$，试问交换环$(\mathbb{Z}[\sqrt{2}],+,\times)$中都有哪些可逆元素？

3. 求证$(\mathbb{Q}(\sqrt{2}),+,\times)$是整环也是域，其中 $\mathbb{Q}(\sqrt{2})=\{a+b\sqrt{2}\mid a,b\in\mathbb{Q}\}$.
4. 设 C 为实数域 $\mathbb{R}$ 上的所有实函数构成的集合，定义加法与乘法为
$$(f+g)(x)=f(x)+g(x),\quad (fg)(x)=f(g(x)),\quad \forall f,g\in C, x\in\mathbb{R}.$$
试问 C 对于上述加法、乘法定义是否构成环.
5. 计算 n 阶方阵环$\mathbb{R}^{n\times n}$中的全部乘法可逆元.
6. 设 R 是无零因子环且只有有限个元素，证明 R 是域.
7. 令 $R=\mathbb{Z}_4$，$S=\{1,3\}$. 求 RS^{-1}.
8. 令 $R=\mathbb{Z}$，$S=\{2^n\mid n\in\mathbb{Z}^+\}$. 求 RS^{-1}.

B 组

9. 试问$(\mathbb{Z}_n,\oplus,\otimes)$中的零因子和可逆元有哪些?
10. 设 $R_1,\cdots,R_n$ 是环，证明 $R_1\oplus\cdots\oplus R_n=\{(a_1,\cdots,a_n)\mid a_i\in R_i\}$具有环的结构，并给出具体定义.
11. 在 $\mathbb{Z}\times\mathbb{Z}$ 中定义加法和乘法：对于任意(a,b)，$(c,d)\in\mathbb{Z}\times\mathbb{Z}$，有
$$(a,b)+(c,d)=(ad+bc,b+d),$$
$$(a,b)(c,d)=(ac,bd),$$
证明 $\mathbb{Z}\times\mathbb{Z}$ 是一个有零因子的交换环.
12. 证明 $\mathbb{Z}[i]=\{a+bi\mid a, b\in\mathbb{Z}\}$关于数的加法和乘法构成一个环(即高斯整数环).
13. 设 a 是环 R 中的可逆元，证明 a 的逆元唯一.
14. 设 $\mathbb{Q}(\sqrt{-1})=\{a+b\sqrt{-1}\mid a,b,\in\mathbb{Q}\}$，证明：$\mathbb{Q}(\sqrt{-1})$关于数的加法和乘法构成一个域.
15. 如果环 R 的加法群是循环群，证明 R 是交换环.
16. 设 a,n 为正整数，$(a,n)=1$，利用环的知识证明：
$$a^{\varphi(n)}\equiv 1(\bmod n).$$
17. 设 a 为正整数，p 为素数，利用环的知识证明：
$$a^{p-1}\equiv 1(\bmod p).$$
18. 证明非零有限整环是一个域.
19. 证明 $\mathbb{Z}[\sqrt{2}]=\{a+b\sqrt{2}\mid a,b,\in\mathbb{Z}\}$是一个交换整环，并确定它的分式域.
20. 设 R 是交换环，S 是 R 的乘法子半群且 S 中任何元素都不是零因子. 在 $R\times S$ 中可如定理 6.1.4 一样定义同余关系. 商集合记为 RS^{-1}，试证：
(1) RS^{-1}为交换幺环；
(2) R 可嵌入RS^{-1}中；
(3) $\forall a\in S\subseteq RS^{-1}$，$a$ 为可逆元.
21. 令 $R=3\mathbb{Z}$，$S=\{6^n\mid n\in\mathbb{Z}^+\}$. 证明 RS^{-1}与$\left\{\dfrac{m}{6^n}\,\middle|\, m\in\mathbb{Z}, n\in\mathbb{Z}^+\right\}$同构.

6.2 子环、理想和商环

如同群与子群的关系一样，环也有子环的概念. 但由于环的结构较群更为复杂，其拥

有一类特殊的子环——理想．我们在介绍子环和理想的概念后，承接子群与商群的概念，将介绍由环的理想生成的商环．

定义 6.2.1　若环 R 的一个子集 S 满足如下 3 个条件：

(1) $0\in S$；

(2) 若 $a,b\in S$，则 $a-b\in S$；

(3) 若 $a,b\in S$，则 $ab\in S$.

我们称 S 是 R 的**子环**，并称 R 是 S 的**扩环**(或**扩张**). 如果 $S=R$ 或 $S=\{0\}$，那么显然 S 是 R 的子环，称为**平凡子环**，平凡子环以外的子环称为**真子环**．

例 6.2.1　$(\mathbb{Z},+,\times)$、$(\mathbb{Q},+,\times)$和$(\mathbb{R},+,\times)$都是$(\mathbb{C},+,\times)$的子环，$(\mathbb{Z},+,\times)$和$(\mathbb{Q},+,\times)$都是$(\mathbb{R},+,\times)$的子环，$(\mathbb{Z},+,\times)$是$(\mathbb{Q},+,\times)$的子环．

定义 6.2.2　I 是环 R 的子环，若满足 $RI\subset I$，即对任意 $i\in I$，$r\in R$ 有 $ri\in I$，则称 I 是 R 的**左理想**，类似地可定义**右理想**．同时为左理想和右理想的子环称为**双边理想**或**理想**.

我们注意到，对于交换环 R，上述 3 个概念是一致的，我们将其统称为**理想**.

子环 0 和 R 本身都是 R 的理想，称为**平凡理想**，平凡理想以外的理想称为**真理想**.

例 6.2.2　$n\mathbb{Z}$ 是交换环$(\mathbb{Z},+,\times)$的一个理想．

证明　$0=n\times 0\in n\mathbb{Z}$。对任意 $a,b\in n\mathbb{Z}$ 存在整数 a' 和 b' 使得 $a=na'$ 和 $b=nb'$，则

$$a+b=na'+nb'=n(a'+b')\in n\mathbb{Z};$$

对任意 $a\in n\mathbb{Z}$ 和任意 $r\in\mathbb{Z}$，存在整数 a' 使得 $a=na'$，则

$$ra=rna'=n(ra')\in n\mathbb{Z};$$

由理想的定义可知，$n\mathbb{Z}$ 是一个理想． □

例 6.2.3　多个理想的交集仍为理想.

利用理想的定义很容易证明．

例 6.2.4　域没有真理想．

证明　设 F 是一个域．如果 I 是 F 的一个非零理想，那么存在 $a\in I$，$a\neq 0$. 由于 F 是域，因此一定存在 $a^{-1}\in F$. 于是根据理想的定义，有 $a^{-1}a=1\in I$. 这意味着对于任何 $b\in F$，$b=b\cdot 1\in I$，所以 $I=F$. 也就是说，F 的非零理想只有 F 本身，故域没有真理想． □

由上述例子可知，对于域而言，理想的概念几乎没有用处．

定理 6.2.1　设 I 是环$(R,+,\cdot)$的子环，对任意 a，$b\in R$，在 R 中定义等价关系$\sim$满足

$$a\sim b \text{ 当且仅当 } a+(-b)=a-b\in I,$$

则关系$\sim$对加法为同余关系，其中 a 所在的等价类记为 $a+I$. 若 I 是 R 的理想，则可在商集合 $R/\sim=R/I$ 中定义加法和乘法为

$$(a+I)+(b+I)=a+b+I,\quad (a+I)\cdot(b+I)=ab+I.$$

那么 $R/\sim$ 对上述定义的加法和乘法构成环，称为 R 对 I 的**商环**．

证明　由定理 5.3.6 和定义 5.3.5 可知，$(R/I,+)$为群$(R,+)$对$(I,+)$的商群，从而由$(R,+)$是交换群可知 R/I 对上述定义的加法为交换群．以下只需说明$(R/I,\cdot)$构成半群以及加法和乘法间的分配律成立.

对任意 a, b, $c\in R$ 有

$$
\begin{aligned}
[(a+I)(b+I)](c+I) &= (ab+I)(c+I) = abc+I \\
&= a(bc)+I = (a+I)[(b+I)(c+I)],
\end{aligned}
$$

且

$$
\begin{aligned}
&[(a+I)+(b+I)](c+I) = (a+b+I)(c+I) \\
&=(a+b)c+I = (ac+bc)+I = (ac+I)+(bc+I) \\
&=(a+I)(c+I)+(b+I)(c+I),
\end{aligned}
$$

类似地，有

$$
(a+I)[(b+I)(c+I)] = (a+I)(b+I)+(a+I)(c+I),
$$

即 R/I 为半群，加法和乘法之间的分配律成立．故 R/I 是一个环． □

下面我们给出关于子环、理想与环同态映射的核与像之间关系的定理．

定理 6.2.2　交换环 R 的任意一族理想的交集是 R 的理想．

证明留给读者，可参考定理 5.5.6 的证明．

定义 6.2.3　$(R,+,\cdot)$是一个交换环，H 是 R 的非空子集，$\{H_i\,|\,i\in\mathbb{N}\}$是 R 的所有包含集合 H 的理想，即 $H\subseteq H_i(i\in\mathbb{N})$，则 $\bigcap_{i\in\mathbb{N}} H_i$ 叫作**由子集 H 生成的理想**，记为$\langle H\rangle$(或 $<H>$)，H 中的元素叫作理想$\langle H\rangle$的**生成元**．如果 $H=\{a_1,a_2,\cdots,a_n\}(n\in\mathbb{N})$，则理想$\langle H\rangle$记为$\langle a_1,a_2,\cdots,a_n\rangle$，并称为**有限生成的理想**．由一个元素生成的理想$\langle a\rangle$叫作**主理想**．

定理 6.2.3　$(R,+,\cdot)$是一个环，$a\in R$，$H=\{a_1,a_2,\cdots,a_n\}\subset R$，于是有

(1) $\langle a\rangle = \left\{\sum_i x_i\cdot a\cdot y_i + s\cdot a + a\cdot r + na \,\middle|\, n\in\mathbb{Z}, x_i, y_i, s, r\in R\right\}$;

(2) 若 R 是幺环，则$\langle a\rangle$可表示为 $\langle a\rangle = \left\{\sum_i x_i\cdot a\cdot y_i \,\middle|\, x_i, y_i\in R\right\}$;

(3) 若 R 是交换幺环，则$\langle a\rangle$可表示为$\langle a\rangle=\{x\cdot a\,|\,x\in R\}$;

(4) 若 R 是交换幺环，则$\langle H\rangle=\langle a_1,a_2,\cdots,a_n\rangle=\{x_1\cdot a_1+x_2\cdot a_2+\cdots+x_n\cdot a_n\,|\,x_i\in R, 1\leqslant i\leqslant n\}$.

证明　(1) 为保证乘法封闭性，在元素 a 上左乘元素(即 $s\cdot a$)、右乘元素(即 $a\cdot r$)以及左右同时乘上两个元素(即 $x_i\cdot a\cdot y_i$)的结果都应当在由 a 生成的理想里．同时，为保证加法封闭性，上述乘法结果的加法和(即 $\sum_i x_i\cdot a\cdot y_i + s\cdot a + a\cdot r$)也应当在理想里．另外，$a$ 自身与自身相加的结果(即 na)也应当在理想里，因此上述所有项的加法和也应当在理想里．

(2) 当 R 为幺环时，(1)中的 $s\cdot a$ 项可表示为 $s\cdot a\cdot 1$，$a\cdot r$ 项可表示为 $1\cdot a\cdot r$，而 na 项可表示为 $n(1\cdot a)$．由定理 6.1.2(3)可知 $n(1\cdot a)=(n1)\cdot a$，由封闭性可知一定存在 $b\in R$ 使得 $n1=b$，因此 na 也可表示为 $b\cdot a\cdot 1$．综上，(1)的表达式中的所有项都可以写作 $x_i\cdot a\cdot y_i$ 的形式，因此当 R 为幺环时，$\langle a\rangle$中的元素都可以表示为 $\sum_i x_i\cdot a\cdot y_i$ 的形式．

(3) 当 R 为交换幺环时，由于乘法可交换，因此(2)的表达式中的 $x_i\cdot a\cdot y_i$ 项可以改写为 $x_i\cdot a\cdot y_i=x_i\cdot y_i\cdot a=z_i\cdot a$ (令 $z_i=x_i\cdot y_i$)，从而有 $\sum_i x_i\cdot a\cdot y_i = \sum_i z_i\cdot a =$

$(\sum_i z_i) \cdot a = x \cdot a$（令$\sum_i z_i = x$）.

（4）很明显，由(3)可知 $x_1 \cdot a_1, x_2 \cdot a_2, \cdots, x_n \cdot a_n$ 都应当在$\langle a_1, a_2, \cdots, a_n \rangle$中，因此由加法封闭性可知，它们的加法和也应当在$\langle a_1, a_2, \cdots, a_n \rangle$中. □

例 6.2.5　$(R, +, \cdot)$是任意一个交换幺环，则 R 必然是自身的主理想，因为 $R=\langle 1 \rangle$.

例 6.2.6　$(R, +, \cdot)$是任意一个交换幺环，则零环$\{0\}$必然是 R 的主理想，因为$\{0\}=\langle 0 \rangle$.

例 6.2.7　$n\mathbb{Z}$ 是交换环$(\mathbb{Z}, +, \times)$的主理想，因为 $n\mathbb{Z}=\{k \times n \mid k \in \mathbb{Z}\}=\langle n \rangle$. 典型地，偶数集合是主理想$\langle 2 \rangle$.

定义 6.2.4　若交换环$(R, +, \cdot)$的所有理想都是主理想，则交换环 R 称为**主理想环**.

例 6.2.8　求证$(\mathbb{Z}, +, \times)$是主理想环.

证明　设 H 是 $\mathbb{Z}$ 的非零理想，则至少存在一个非零整数 $a \in H$，由理想的性质可知，因为$-1 \in \mathbb{Z}$，所以有

$$-a = (-1) \times a \in H,$$

于是 H 中有正整数存在，设 d 为 H 中的最小正整数，则 $H=\langle d \rangle=\{n \times d \mid n \in \mathbb{Z}\}$. 这是因为，对任意 $a \in H$，由欧几里得除法定理可知一定存在整数 q，r 使得

$$a = q \times d + r, 0 \leqslant r < d,$$

这样，由 $a \in H$ 及 $q \times d \in H$ 可知，$r=a-q \times d \in H$. 但由于 $0 \leqslant r < d$，又由于 d 是 H 中的最小正整数，所以

$$r = 0,$$

$$a - q \times d \in \langle d \rangle,$$

从而 $H \subseteq \langle d \rangle$，又显然$\langle d \rangle \subseteq H$，所以 $H=\langle d \rangle$. 即 $\mathbb{Z}$ 的任意理想 H 都可以写成$\langle d \rangle$的形式，因此 $\mathbb{Z}$ 是主理想环. □

定理 6.2.4　环 R 的子集 H 是 R 的理想的充要条件是：

（1）$0 \in H$；

（2）对任意的 a，$b \in H$，都有 $a-b \in H$；

（3）对任意的 $r \in R$ 和 $h \in H$，都有 $rh \in H$.

证明　必要性．当 H 是 R 的理想时，由理想的定义（即定义 6.2.2）可知(1)、(2)、(3)显然成立．

充分性．由已知条件可知，我们只需证明子集 H 是 R 的子环．与子环定义的 3 个条件相比，差别只在第(3)条．显然由于对任意的 $r \in R$ 和 $h \in H$ 都有 $rh \in H$，因此对任意的 a，$b \in H$ 都有 $ab \in H$（因为 $a \in H \subset R$），所以子集 H 是 R 的子环．再由(3)和定义 6.2.2 可知 H 是 R 的理想． □

定理 6.2.4 的(1)和(2)实际上就是(加法)子群的判定定理，因此这个定理告诉我们，理想 H 必然是 R 的加法子群.

定理 6.2.5　设$(R, +, \cdot)$为交换环，H 是其理想，再设 T 是加法群$(R, +)$关于其子群$(H, +)$的所有不同陪集组成的集合，即商群 $T=R/H=\{a+H \mid a \in R\}$，那么$(T, \oplus, \odot)$构成交换环．其中运算“$\oplus$”和“$\odot$”的定义为：对任意 $a+H$，$b+H \in T(a, b \in R)$，有

$$(a+H) \oplus (b+H) = (a+b) + H,$$

$$(a+H)\odot(b+H)=(a\cdot b)+H.$$

证明 由于$(H,+)$是交换群$(R,+)$的子群，所以也是交换子群，当然是正规子群．由商群的定义可知$(T,\oplus)$构成商群，所以本定理中关于加法的结论必然成立．

现在我们只需要证明二元运算$\odot$满足结合律、交换律和存在幺元，以及两种运算满足分配律即可．首先要证明运算$\odot$的定义不依赖于T中元素的代表元的选择，即证明对任意$a+H=a'+H$，$b+H=b'+H$，都有

$$(a\cdot b)+H=(a'\cdot b')+H.$$

由陪集的性质可知

$$a-a'=h_1,b-b'=h_2,\quad 其中h_1,h_2\in H,$$

从而有

$$\begin{aligned}(a\cdot b)+H&=[(a'+h_1)\cdot(b'+h_2)]+H\\&=[(a'\cdot b')+(a'\cdot h_2)+(h_1\cdot b')+(h_1\cdot h_2)]+H\\&=(a'\cdot b')+[(a'\cdot h_2)+(h_1\cdot b')+(h_1\cdot h_2)]+H.\end{aligned}$$

又因为H是R的理想，所以$(a'\cdot h_2)$，$(h_1\cdot b')$，$(h_1\cdot h_2)\in H$，因此

$$(a'\cdot h_2)+(h_1\cdot b')+(h_1\cdot h_2)\in H$$

于是

$$[(a'\cdot h_2)+(h_1\cdot b')+(h_1\cdot h_2)]+H=H,$$
$$(a\cdot b)+H=(a'\cdot b')+H.$$

由运算$\odot$的定义，显然$(a+H)\odot(b+H)=(a\cdot b)+H\in T$，即运算$\odot$对$T$满足封闭性，对任意$a+H$，$b+H$，$c+H\in T(a,b,c\in R)$，则

$$[(a+H)\odot(b+H)]\odot(c+H)=[(a\cdot b)+H]\odot(c+H)=(a\cdot b\cdot c)+H,$$
$$(a+H)\odot[(b+H)\odot(c+H)]=(a+H)\odot[(b\cdot c)+H]=(a\cdot b\cdot c)+H,$$

所以运算$\odot$满足结合律．因为

$$(a+H)\odot(b+H)=(a\cdot b)+H=(b\cdot a)+H=(b+H)\odot(a+H),$$

所以运算$\odot$满足交换律．因为

$$(a+H)\odot(1+H)=(a\cdot 1)+H=a+H,$$
$$(1+H)\odot(a+H)=(1\cdot a)+H=a+H,$$

所以运算$\odot$的幺元是$1+H$.

$$\begin{aligned}[(a+H)\oplus(b+H)]\odot(c+H)&=[(a+b)+H]\odot(c+H)=[(a+b)\cdot c]+H\\&=[(a\cdot c)+(b\cdot c)]+H=(a\cdot c+H)\oplus(b\cdot c+H)\\&=[(a+H)\odot(c+H)]\oplus[(b+H)\odot(c+H)],\end{aligned}$$

所以两种运算都满足分配律．

综上所述，$(T,\oplus,\odot)$构成交换环．证毕． □

定义 6.2.5 定理 6.2.5 中的交换环$(T,\oplus,\odot)=(R/H,\oplus,\odot)$称为 **$R$ 关于理想H的商环**．

例 6.2.9 当$n\geqslant 2$时，$\mathbb{Z}_n$为$\mathbb{Z}$关于理想$n\mathbb{Z}$的**商环**．

在后面 6.4 节介绍多项式环时，我们将给出两个关于多项式环的商环的例子．

定理 6.2.6 设f是交换环S到交换环G的同态映射，则$\mathrm{im}f$(f的像集合)是G的子

环，$\ker f$（f 的核）是 S 的理想．

证明　由同态的定义可知，$1=f(1')\in \mathrm{im} f$，$0=f(0')\in \mathrm{im} f$；对任意 $a,b\in \mathrm{im} f$，存在 $a',b'\in S$，使得 $a=f(a')$和 $b=f(b')$，则

$$a-b=f(a')-f(b')=f(a'-b')\in \mathrm{im} f,$$
$$ab=f(a')f(b')=f(a'b')\in \mathrm{im} f,$$

因此由子环定义可知 $\mathrm{im} f$ 是 G 的子环．

由 $\ker f$ 是 S 的加法群的子群可知，$0\in \ker f$；对任意 a，$b\in \ker f$，必有 $a+b\in \ker f$. 对任意 $a\in \ker f$ 和任意 $r\in S$，必有 $f(ra)=f(r)f(a)=f(r)0=0$，即 $ra\in \ker f$. 因此，由理想定义可知 $\ker f$ 是 S 的理想． □

下面给出关于环同态的两个重要定理，它们是群理论中相应定理在环上的延伸.

定理 6.2.7　若 H 是交换环$(R,+,\cdot)$的理想，则定义的映射 f：$R\to R/H$，

$$f(a)=a+H$$

是核为 H 的同态映射(该同态称为**自然同态**).

证明　定理 6.2.5 已经证明 R/H 是一个交换环，下面只需验证同态的如下条件：

$f(a)\oplus f(b)=(a+H)\oplus(b+H)=(a+b)+H=f(a+b)$；

$f(a)\odot f(b)=(a+H)\odot(b+H)=(a\cdot b)+H=f(a\cdot b)$；

因此，f 是同态映射.

由于 $\ker f=\{a\mid f(a)=0+H=H,\ a\in R\}$，因此对任意 $a\in H$，$f(a)=a+H=H$，得到 $a\in \ker f$，从而有 $H\subseteq \ker f$；反过来，对任意 $a\in \ker f$，则 $a+H=f(a)=H$，得到 $a\in H$，从而有 $\ker f\subseteq H$，所以 $\ker f=H$. □

定理 6.2.8(环的同态基本定理)　设 $f:S\to G$ 是交换环 S 到交换环 G 的同态映射，则存在 $S/\ker f$ 到 $\mathrm{im} f$ 的映射

$$h:S/\ker f\to \mathrm{im} f,$$

使得 $S/\ker f\cong \mathrm{im} f$.

本定理的证明类似于群的同态基本定理，这里不再赘述，只要令 $h(a+\ker f)=f(a)$，读者即可自行证明.

习题

A 组

1. 证明环的同态基本定理，给出完整证明过程.
2. 试在 $\mathbb{Z}$ 内以环 $n\mathbb{Z}$ 的形式定义整除、同余、最大公倍数、最小公因子.
3. 给出商环 $\mathbb{Z}[x]/\langle x^2+x+1\rangle$中的加法、乘法定义.
4. 证明定理 6.2.2.
5. 设 R 是交换环，R_1 为 R 的非零因子的集合．若另一交换环 $K\supseteq R$，且 $\forall a\in R_1$，a 在 K 中有逆元素，证明 RR^{-1}一定与 K 中的一个子环同构．
6. 写出环 L 与它的一个子环 S 的例子，它们分别具有下列性质：

   (1) L 具有单位元，但 S 无单位元；

   (2) L 没有单位元，但 S 有单位元；

   (3) L 和 S 都有单位元，但不相同；

(4) L 不交换，但 S 交换．

7. 找出 $\mathbb{Z}_6$ 的所有理想．

B 组

8. $u=\sqrt{2}+\sqrt{5}$，求出 $\mathbb{Q}[x]$中的理想 I，使得 $\mathbb{Q}[u]\cong\mathbb{Q}[x]/I$.

9. 设 f 是环 R 到环 R'的同态映射，$K=\ker f$，则：

(1) 建立了 R 中包含 K 的子环与 R'的子环的一一对应；

(2) 证明 f 把 R 中包含 K 的理想映射为 R'的理想；

(3) 若 I 是 R 的理想且 $K\subseteq I$，则 $R/I\cong R'/f(I)$.

10. 设 R 是环，$a\in R$. 若 $\exists m\in\mathbb{N}$ 使得 $a^m=0$，则称 a 是一个幂零元．试证明交换环 R 的幂零元集合是 R 的理想．

6.3 三类重要的环

在这一节中，我们讨论三类重要的环——唯一析因环、主理想整环与欧几里得(Euclid)环.

6.3.1 唯一析因环

在整数环 $\mathbb{Z}$ 中，我们通常考虑可除性、因子分解等问题．在这部分中，我们将主要讨论交换整环上的因子分解理论，也就是说在本节中，我们将第 1 章介绍的数论中的整除理论推广到一般的交换整环中．

设 R 是交换整环，U 为 $R^*=R\setminus\{0\}$中可逆元素的集合，易证明 U 是一个阿贝尔群，称为 R 的**单位群**，其中的元素称为 R 的**单位**.

定义 6.3.1 设 $a,b\in R^*$，若 $\exists c\in R^*$ 使得 $b=ac$，则称 a **整除** b，或 a 是 b 的**因子**，记为 $a|b$. 否则称 a 不整除 b，记为 $a\nmid b$.

定理 6.3.1 关于整除有如下性质：

(1) $\forall a\in R^*$，$a|a$；

(2) 若 $a|b$ 且 $b|c$，则 $a|c$；

(3) $\forall u\in U$，$a\in R$，有 $u|a$；

(4) $u\in U$ 当且仅当 $u|1$.

证明 (1)和(2)显然成立.

(3) $\forall u\in U$，则存在$u^{-1}\in U$ 使得 $uu^{-1}=1$，则可得 $u|1$，进而可得 $u|(1\cdot a)$，故 $u|a$.

(4) 若 $u\in U$，则存在$u^{-1}\in U$ 使得 $uu^{-1}=1$，故 $u|1$. 反之，若 $u|1$，则存在 $d\in R^*$，使得 $ud=1$，因此 u 存在逆元，故 $u\in U$. □

定义 6.3.2 设 a，$b\in R^*$ 且 $a|b$，$b|a$，则称 a 与 b **相伴**，记作 $a\sim b$.

定理 6.3.2 关于相伴有如下性质：

(1) $a\sim b$ 当且仅当 $\exists u\in U$ 使得 $b=au$；

(2) 若 $a\sim b$ 且 $c\sim d$，则 $ac\sim bd$；

(3) $u\in U$ 当且仅当 $u\sim 1$.

证明　(1)若 $a\sim b$，则存在 c，$d\in R^*$ 使得 $a=bc$，$b=ad$，从而可得 $b=b(cd)$，进而有 $cd=1$，故 c，$d\in U$. 反之，若 $b=au$，则有 $a=auu^{-1}=bu^{-1}$，又因为 $a|b$，故 $a\sim b$.

(2) 设 u，$v\in U$ 使得 $b=au$，$d=cv$，则 $bd=acuv$. 又容易验证 $uv\in U$，故 $ac\sim bd$.

(3) 证明略.

□

例 6.3.1　整数环 $\mathbb{Z}$ 的单位群为 $\{1,-1\}$，高斯整数环 $\mathbb{Z}[i]$ 的单位元为 $\{1,-1,i,-i\}$.

例 6.3.2　考虑交换整环 $\mathbb{Z}[\sqrt{-5}]=\{a+b\sqrt{-5}\mid a,\ b\in\mathbb{Z}\}$，对于任意 $\alpha=a+b\sqrt{-5}$，给定范数 $N(\alpha)=a^2+5b^2$，易知 $N(\alpha)\geqslant 0$，$N(\alpha\beta)=N(\alpha)N(\beta)$.

考虑 $\mathbb{Z}[\sqrt{-5}]$ 的单位群 U，对于 $\alpha\in U$ 存在 $\alpha^{-1}\in U$ 使得 $\alpha\alpha^{-1}=1$. 进而有 $1=N(1)=N(\alpha\alpha^{-1})=N(\alpha)N(\alpha^{-1})=N(\alpha)^2$，从而可得 $N(\alpha)=1$，易知 $U=\{-1,\ 1\}$.

定义 6.3.3　设 a，$b\in R^*$，若 $b|a$ 且 $a\nmid b$，则称 b 是 a 的**真因子**. 设 $a\in R^*\setminus U$，若 a 无非平凡真因子，则称 a 为**不可约元素**，否则称为**可约元素**.

定义 6.3.4　设 $p\in R^*\setminus U$，满足 $p|ab\Rightarrow p|a$ 或 $p|b$，则称 p 为**素元素**.

定理 6.3.3　素元素是不可约元素.

证明　若 a 是素元素 p 的一个因子，即 $a|p$，则存在 $b\in R^*$ 使得 $p=ab$，由定义 6.3.4 可知 $p|a$ 或 $p|b$. 若 $p|a$，则 a 不是 p 的真因子. 若 $p|b$，则有 $c\in R^*$ 使得 $b=pc$，因此 $p=pac$，所以 $ac=1$，故 a 为平凡因子. 所以，p 没有非平凡的真因子，是不可约元素.

□

值得指出的是，不可约元素不一定是素元素.

例 6.3.3　在交换整环 $\mathbb{Z}[\sqrt{-5}]=\{a+b\sqrt{-5}\mid a,\ b\in\mathbb{Z}\}$ 中，我们已知其单位群为 $U=\{-1,1\}$. 通过例 6.3.2 范数的定义，易验证 3 是不可约元素. 但是，$3\mid 9=(2+\sqrt{-5})(2-\sqrt{-5})$，而 $3\nmid(2+\sqrt{-5})$ 且 $3\nmid(2-\sqrt{-5})$，故 3 不是素元素.

定义 6.3.5　若环 R 中的不可约元素都是素元素，则称 R 满足**素性条件**.

定义 6.3.6　设 b，$c\in R^*$. 若 $d\in R^*$ 满足 $d|b$ 且 $d|c$，则称 d 为 b，c 的**公因子**. 若对 b，c 的任意公因子 d_1，有 $d_1|d$，则称 d 为 b，c 的**最大公因子**，记为 (b,c).

若 R^* 中任意两个元素的最大公因子存在，则称 R 满足**最大公因子条件**.

定理 6.3.4　若 R 满足最大公因子条件，则有：

(1) 若 d_1，d 均为 b，c 的最大公因子，则 $d_1\sim d$，即最大公因子在相伴的意义下唯一，记为 (b,c)；

(2) $R^*\setminus U$ 中任意有限个元素均有最大公因子 c；

(3) $((a,b),c)=(a,(b,c))$；

(4) $c(a,b)=(ca,cb)$；

(5) 若 $(a,b)=1$(称为 a，b **互素**)，$(a,c)=1$，则 $(a,bc)=1$.

证明　按照最大公因子的定义即可证明，具体证明步骤留给读者自行推导.　□

定义 6.3.7　如果交换整环 R 满足如下条件：

(1) $\forall a\in R^*\setminus U$，可分解为有限个不可约元素的乘积，即有不可约元素 $p_i(1\leqslant i\leqslant r)$ 使得

$$a = p_1 p_2 \cdots p_r,$$

该条件称为**有限析因条件**；

(2) 若 $a \in R^* \setminus U$ 有两种不可约元素的分解，即 $a = p_1 p_2 \cdots p_r = q_1 q_2 \cdots q_s$，则 $r = s$ 且存在置换 $\pi \in S_r$ 使得 $p_i = q_{\pi(i)}$.

那么，R 称为**唯一析因环**或**高斯环**，记为 UFD.

直观地说，唯一析因环是使唯一分解定理成立的交换整环．整数环 $\mathbb{Z}$ 以及多项式环 $\mathbb{Z}[x]$(多项式环详见 6.4 节)都是唯一析因环，但 $\mathbb{Z}[\sqrt{-5}]$ 不是唯一析因环，因为 $9 = (2+\sqrt{-5})(2-\sqrt{-5}) = 3 \times 3$ 是两种不同的分解(注意到 $2+\sqrt{-5}$，$2-\sqrt{-5}$ 均与 3 不相伴).

下面给出唯一析因环的一些等价条件.

定义 6.3.8 R^* 中的一个序列 $a_1, a_2, \cdots, a_n, \cdots$ 满足 $a_{i+1} \mid a_i (i = 1, 2, \cdots)$，则称之为 R^* 的一个**因子链**.

若对 R^* 中的任意一个因子链 $a_1, a_2, \cdots, a_n, \cdots$ 存在自然数 m 使得 $a_n \sim a_m (\forall n \geqslant m)$，则称 R^* 满足**因子链条件**.

定理 6.3.5 若交换整环 R 满足因子链条件，则必满足有限析因条件.

证明 设 $a \in R^* \setminus U$. 先说明 a 有不可约因子，不妨设 a 是可约的，则有非平凡的真因子 a_1，即有 $a = a_1 b_1$. 此时 b_1 也是 a 的非平凡因子．若有 a_1，b_1 都可约，则 $a_1 = a_2 b_2$，其中 a_2，b_2 为 a_1 的真因子，如此继续，可得因子链 $a_1, a_2, \cdots, a_n, \cdots$ 且 $a_{i+1} \mid a_i$. 由因子链条件可知存在 m 使得 $a_{m+1} \sim a_m$，因而 a_m 是不可约的，即是 a 的不可约因子.

下面说明 a 可分解为有限多个不可约因子的乘积．设 p_1 是 a 的一个不可约因子，于是 $a = p_1 a'$. 若 $a' \in U$，则完成证明．若 $a' \in R^* \setminus U$，则有不可约因子 p_2，即 $a = p_1 p_2 a''$. 继续上述过程，可得因子链 $a, a', a'', \cdots, a^{(n)}, a^{(n+1)} \cdots$.

于是有 s，使得 $a^{(s)} \sim a^{(s-1)}$. 此时 $a^{(s-1)} = p_s$ 一定是不可约的，故 $a = p_1 p_2 \cdots p_s$，即 R 满足有限析因条件. □

定理 6.3.6 若 R 是交换整环，则下列条件等价：

(1) R 是唯一析因环；

(2) R 满足因子链条件和素性条件；

(3) R 满足因子链条件和最大公因子条件.

证明 略，留给读者自行完成，过程可参照定理 6.3.5 的证明. □

6.3.2 主理想整环

我们曾经讨论过，由一个元素生成的理想 $\langle a \rangle$ 叫作主理想.

若 R 是交换幺环，则 $\langle a \rangle = aR = Ra = \{xa \mid x \in R\}$.

定义 6.3.9 若交换幺环的每个理想都是主理想，则称该环为**主理想环**．若主理想环是整环，则称之为**主理想整环**.

例 6.3.4 整数环 $\mathbb{Z}$ 是主理想整环.

实际上，设 I 是 $\mathbb{Z}$ 的一个非平凡理想，存在 $m \in I$ 使得 $m = \min\{|k| \mid k \in I, k \neq 0\}$. 很容易得出 $I = \langle m \rangle$，故 $\mathbb{Z}$ 是主理想整环.

定理 6.3.7 若 R 是交换整环：

(1) $a|b$ 当且仅当 $\langle a\rangle \supseteq \langle b\rangle$；

(2) $a\sim b$ 当且仅当 $\langle a\rangle = \langle b\rangle$；

(3) $a\sim 1$ 当且仅当 $\langle 1\rangle = R$；

(4) R 满足因子链条件当且仅当 R 满足**主理想的升链条件**，即对任一主理想升链

$$\langle a_1\rangle \subseteq \langle a_2\rangle \subseteq \cdots \subseteq \langle a_n\rangle \subseteq \langle a_{n+1}\rangle \subseteq \cdots$$

一定存在 m 使得当 $n\geqslant m$ 时，有 $\langle a_m\rangle = \langle a_n\rangle$.

按照整除、相伴的定义证明即可，证明过程略.

定理 6.3.8 主理想整环是唯一析因环.

证明 根据唯一析因环等价关系，只需证明主理想整环满足主理想升链条件和最大公因子条件．设

$$\langle a_1\rangle \subseteq \langle a_2\rangle \subseteq \cdots \subseteq \langle a_n\rangle \subseteq \cdots$$

是 R 中的一个主理想升链．令 $I=\bigcup\limits_{i=1}^{\infty}\langle a_i\rangle$. 若 $a,b\in I$，则存在正整数 i，j 使得 $a\in\langle a_i\rangle$，$b\in\langle a_j\rangle$. 不妨设 $j\geqslant i$，则有 $a-b\in\langle a_i\rangle\subseteq I$，故 I 是 R 的加法子群，又易证 $\forall c\in R$ 有 $ac\in\langle a_i\rangle\subseteq I$，故 I 是 R 的理想．进而可知，存在 $d\in R$ 使得 $I=\langle d\rangle$. 因 $d\in I$，存在正整数 m 使得 $d\in\langle a_m\rangle$，因而 $n\geqslant m$ 时有

$$I=\langle d\rangle \subseteq \langle a_m\rangle \subseteq \langle a_n\rangle \subseteq \bigcup_{i=1}^{\infty}\langle a_i\rangle = I,$$

即 $\langle a_m\rangle = \langle a_n\rangle = I$. 满足主理想升链条件.

其次，设 $a,b\in R^*$. 显然 $\langle a\rangle + \langle b\rangle$ 是 R 中的理想．故存在 $d\in R$ 使得 $\langle a\rangle+\langle b\rangle=\langle d\rangle$，因而有 $\langle a\rangle\subseteq\langle d\rangle$，$\langle b\rangle\subseteq\langle d\rangle$，即 $d|a$，$d|b$，d 为 a，b 的公因子．如果 $c|a$，$c|b$，则有 $\langle a\rangle\subseteq\langle c\rangle$，$\langle b\rangle\subseteq\langle c\rangle$，故 $\langle d\rangle=\langle a\rangle+\langle b\rangle\subseteq\langle c\rangle$，即有 $c|d$，故 d 为 a，b 的最大公因子.

综上可知 R 是唯一析因环. □

推论 6.3.1 R 是交换整环，

(1) 若 d 为 a,b 的最大公因子，则 $\exists u$，$v\in R$ 使得 $d=au+bv$；

(2) a,b 互素当且仅当 $\exists u$，$v\in R$ 使得 $au+bv=1$.

6.3.3 欧几里得环

我们比较熟悉整数环 $\mathbb{Z}$ 上的带余除法，该除法也叫作欧几里得辗转相除法．下面我们主要讨论交换整环中的欧几里得辗转相除法，以及具有这种性质的环.

定义 6.3.10 设 R 是交换整环．若存在 R 到非负整数集 $\mathbb{Z}^+\cup\{0\}$ 上的映射 δ，使得 $\forall a,b\in R$，$b\neq 0$，$\exists q,r\in R$，满足

$$a=qb+r,\ \delta(r)<\delta(b) \tag{6.3.1}$$

则称 R 为**欧几里得环**.

例 6.3.5 整数环 $\mathbb{Z}$ 是欧几里得环，令 $\delta(a)=|a|$ 即可.

例 6.3.6 高斯整数环 $\mathbb{Z}[i]=\{a+bi\,|\,a,b\in\mathbb{Z}\}$ 是欧几里得环.

证明 实际上，令 $\delta(a+bi)=a^2+b^2$，很容易验证

$$\delta(\alpha\beta)=\delta(\alpha)\delta(\beta),\ \forall\alpha,\beta\in\mathbb{Z}[i].$$

设 $\beta\neq 0$，则有 $\beta^{-1}\in\mathbb{Q}[i]$，即有

$$\alpha\beta^{-1}=\mu+\nu i,\quad \mu,\nu\in\mathbb{Q}.$$

于是 $\exists\, c,d\in\mathbb{Z}$ 使得 $|c-\mu|\leqslant\frac{1}{2}$，$|d-\nu|\leqslant\frac{1}{2}$. 令 $\varepsilon=\mu-c$，$\eta=\nu-d$，则有 $|\varepsilon|\leqslant\frac{1}{2}$，$|\eta|\leqslant\frac{1}{2}$，而

$$\alpha=\beta[(c+\varepsilon)+(d+\eta)i]=\beta q+r,$$

其中 $q=c+di\in\mathbb{Z}[i]$，$r=\beta(\varepsilon+\eta i)=\alpha-\beta q\in\mathbb{Z}[i]$. 又由于

$$\delta(r)=|r|^2=|\delta(\beta)(\varepsilon^2+\eta^2)|\leqslant\delta(\beta)\left(\frac{1}{4}+\frac{1}{4}\right)<\delta(\beta),$$

故 $\mathbb{Z}[i]$是欧几里得环. □

定理 6.3.9 欧几里得环是主理想整环.

证明 设 I 是欧几里得环 R 的一个理想. 若 $I=\{0\}$，显然是主理想，故假设 $I\neq\{0\}$. 取 I 中元素 b 使得

$$\delta(b)=\min\{\delta(c)\mid c\in I,c\neq 0\},$$

设 $a\in I$，则存在 q，$r\in R$ 使得欧几里得辗转相除式(6.3.1)成立. 因 a，$b\in I$，故 $r=a-qb\in I$. 由 b 的取法可知 $r\notin I\setminus\{0\}$，故 $r=0$，因而 $a\in\langle b\rangle$，故 $I=\langle b\rangle$，即 R 为主理想整环. □

推论 6.3.2 欧几里得环是唯一析因环.

证明 由定理 6.3.8 和定理 6.3.9 可得.

值得指出的是，在欧几里得环中，可以利用式(6.3.1)对两个元素求最大公因子，即反复利用式(6.3.1)，当有限步后 $\delta(r)=0$ 时停止，此时的 b 即为最大公因子. □

习题

A 组

1. 设 R 为主理想整环，I 是 R 的非零理想，试证：
   (1) R/I 的每个理想都是主理想；
   (2) R/I 中仅有有限多个理想.
2. 设 R 为交换整环，但不是域. 证明：$R[x]$不是主理想整环.
3. 在高斯整环中，对 2，3，5，7 进行素元素分解.
4. 证明 $R=\left\{a+\frac{b}{2}(1+3i)\mid a,\ b\in\mathbb{Z}\right\}$是欧几里得环.
5. 证明 $\mathbb{Z}[\sqrt{-3}]$不是唯一析因环.

B 组

6. 证明 $\sqrt{-3}$ 是 $\mathbb{Z}[\sqrt{-3}]$的素元素.
7. 设 R 为欧几里得环且 $\delta(ab)=\delta(a)\delta(b)$，证明：$a\in U$ 当且仅当 $\delta(a)=1$.
8. 证明：任何一个域都是欧几里得环.
9. 证明定理 6.3.7.
10. 设 R 是一个主理想整环，$a\in R$ 且 $a\neq 0$. 证明

(1) 当 a 为素元素时，$R/\langle a\rangle$是域；

(2) 当 a 不是素元素时，$R/\langle a\rangle$不是整环.

11. 设 R 是主理想整环，R_1 是交换整环且 $R_1\supseteq R$. 又设 a，$b\in R^*$，d 为 a，b 在 R 中的最大公因子. 证明 d 也是 a，b 在 R_1 中的最大公因子.

12. 设 R 是欧几里得环，并且 $\delta(ab)=\delta(a)\delta(b)$，$\delta(a+b)\leqslant\max\{\delta(a),\delta(b)\}$，证明 R 或为一个域，或为一个域上的一元多项式环.

6.4 多项式环

在这一节中，我们讨论多项式环，包括交换幺环上的多项式环与域上的一元多项式环. 多项式理论和方法在密码学和编码理论中有广泛的应用，如有限域的构造等.

6.4.1 交换幺环上的多项式环

我们首先介绍交换幺环上的多项式环.

定义 6.4.1 设$(R,+,\cdot)$是交换环，x 是一个变元，n 是非负整数，$a_0,a_1,\cdots,a_n\in R$，则

$$f(x)=a_0+a_1x+\cdots+a_nx^n,$$

称为**交换环 R 上的一元多项式**. 其中 $a_0,a_1,\cdots,a_n$ 称为该多项式的**系数**，a_0 称为**常数项**. 如果一个多项式的所有系数都是0，那么该多项式称为**零多项式**. 如果 $a_n\neq 0$，那么 a_n 称为**首项系数**，n 称为一元多项式 $f(x)$的**次数**，记作

$$\deg f(x)=n.$$

对于交换幺环 R 的情形，我们将 $a_n=1$ 的多项式称为**首一多项式**. 所有交换环 R 上的一元多项式组成的集合记为 $R[x]$.

注意：对于零多项式，我们不定义其次数，因为零多项式没有非零的系数.

需要注意的是，在这个定义中，符号“+”并不是 R 中的加法运算，a_nx^n 也不是 R 中的乘法运算，仅仅是一种符号.

设$(R,+,\cdot)$是交换环，定义在 $R[x]$上的二元运算加法“+”和乘法“×”如下：对任意两个一元多项式

$$f(x)=a_0+a_1x+\cdots+a_nx^n\in R[x],$$
$$g(x)=b_0+b_1x+\cdots+b_mx^m\in R[x],$$

令

$$(f+g)(x)=(a_0+b_0)+(a_1+b_1)x+\cdots+(a_l+b_l)x^l,$$

其中 $l=\max(m,n)$. 当 $n<l$ 时，$a_j=0(n<j\leqslant l)$，当 $m<l$ 时，$b_j=0(m<j\leqslant l)$.

$$(f\times g)(x)=c_0+c_1x+\cdots+c_{n+m}x^{n+m},$$

其中

$$c_k=\sum_{i+j=k}a_i\cdot b_j\quad(0\leqslant i<n,0\leqslant j<m,0\leqslant k\leqslant m+n).$$

定理 6.4.1 $(R,+,\cdot)$是交换环，$f(x)$和 $g(x)$是 $R[x]$中的两个非零多项式，则

(1) $f\times g$=零多项式或者 $\deg(f\times g)\leqslant\deg f+\deg g$；

(2) 如果$(R,+,\cdot)$是整环，那么 $f\times g\neq$零多项式且 $\deg(f\times g)=\deg f+\deg g$.

定理 6.4.1 的证明很容易，留给读者自行练习.

容易验证，当$(R,+,\cdot)$是交换环时，$(R[x],+,\times)$也构成一个交换环，其零元是零多项式，幺元为$f(x)=1$，$f(x)=a_0+a_1x+\cdots+a_nx^n$的负元为$f(x)=(-a_0)+(-a_1)x+\cdots+(-a_n)x^n$. 进一步讨论，由定理 6.4.1(2)可知，当$(R,+,\cdot)$是整环时，$(R[x],+,\times)$也是整环. 另外，我们注意如下的$R[x]$的子集(只含有常数项的多项式的集合，该集合里的元素称为**常多项式**)：

$$S=\{f(x)\mid f(x)=r,r\in R\}.$$

很明显$(S,+,\times)$是$(R[x],+,\times)$的子环. 在R和S之间建立如下双射：

$$r\mapsto f(x)=r,$$

也很明显，该双射是一个同构映射，即$R\cong S$. 因此，我们可以将R看作是$(R[x],+,\times)$的子环. 综上所述，我们有如下的定义.

定义 6.4.2 设$(R,+,\cdot)$是交换环，我们称$(R[x],+,\times)$为**R上的一元多项式环**，或**R上添加x生成的环**.

类似地，我们可以定义$(R[x_1,\cdots,x_n],+,\times)$，且容易验证其具有环的结构.

定义 6.4.3 设$(R,+,\cdot)$是交换环，我们称$(R[x_1,\cdots,x_n],+,\times)$为**$R$上的$n$元多项式环**，或**$R$上添加$x_1,\cdots,x_n$生成的环**.

定义 6.4.4 若存在交换幺环R中的有限多个元素$a_0,a_1,\cdots,a_n$且$a_n\neq 0$，使得

$$a_nu^n+\cdots+a_1u+a_0=0,$$

则称u为R上的**代数元**，使上述关系成立的最小的正整数n称为代数元的**次数**，记作$\deg(u,R)$.

例 6.4.1 考虑整数环$\mathbb{Z}$，易知有理数域$\mathbb{Q}$中的任意元素$\frac{n}{m}$为$\mathbb{Z}$上的代数元，因为$m\frac{n}{m}+(-n)=0$. 容易验证$\sqrt{2}$和$1+i$也是$\mathbb{Z}$上的代数元，但并非所有实数或复数都是$\mathbb{Z}$上的代数元.

类似地，我们给出超越元的定义.

定义 6.4.5 如果对R中任意不全为 0 元素$a_1,\cdots,a_n$，均有

$$a_nu^n+\cdots+a_1u+a_0\neq 0,$$

则称u为R上的**超越元**.

例 6.4.2 自然常数e和圆周率π是$\mathbb{Z}$上的超越元. 这一命题的证明比较烦琐，此处省略.

易知当u为R上的超越元时，$R[u]$与多项式环$R[x]$同构，所以我们将$R[u]$视为R上一元的多项式环. 感兴趣的读者可自行证明.

下面我们给出与前面几节知识相关的多项式环的一些例子. 其中，例 6.4.3 和例 6.4.4 是多项式环的商环的例子，例 6.4.5 和例 6.4.6 是唯一析因环和主理想整环的相关例子.

例 6.4.3 考虑定义在整数环$\mathbb{Z}$上的一元多项式环$(\mathbb{Z}[x],+,\times)$，求$\mathbb{Z}[x]/\langle x\rangle$(注：$\langle x\rangle$表示由多项式$x$生成的理想，也可表示为$<x>$).

解 我们在表示多项式乘法时省略运算符“×”. 由多项式x生成的理想

$$\langle x\rangle=\{xf(x)\mid f(x)\in\mathbb{Z}[x]\},$$

易知$\langle x\rangle$是所有常数项为 0 的一元多项式．

对任意一元多项式 $z(x)\in\mathbb{Z}[x]$，设 $z(x)$的常数项为 $a\in\mathbb{Z}$，则集合(陪集)

$$[z(x)]=\{z(x)+\langle x\rangle\}$$

是商环 $\mathbb{Z}[x]/\langle x\rangle$中的一个元素，显然陪集$[z(x)]$由一系列 $\mathbb{Z}[x]$中的一元多项式组成．而$[z(x)]$中各个多项式的共同特点是它们的常数项都是 a(因为 $xf(x)$的常数项为 0)，即对任意多项式 $p(x)\in[z(x)]$，都有

$$p(x)-a\in\langle x\rangle,$$

所以

$$[z(x)]=\{a+\langle x\rangle\}=[a],$$

即陪集$[z(x)]$和陪集$[a]$中的元素相同，都是一元多项式且该一元多项式与整数 a 的差是理想$\langle x\rangle$中的元素(即常数项为 0 的一元多项式)．于是我们有商环

$$\mathbb{Z}[x]/\langle x\rangle=\{[a]\mid a\in\mathbb{Z}\}.$$

□

例 6.4.4　考虑定义在整数环 $\mathbb{Z}$ 上的一元多项式环($\mathbb{Z}[x]$，$+$，$\times$)，求 $\mathbb{Z}[x]/\langle m\rangle$ ($2\leqslant m\in\mathbb{N}$)．

解　由 m 生成的理想为

$$\langle m\rangle=\{mf(x)\mid f(x)\in\mathbb{Z}[x]\},$$

其中的元素是系数为 m 的倍数的多项式．因此，当求得两个一元多项式 $p_1(x)$和 $p_2(x)$的差 $p(x)=p_1(x)-p_2(x)$后，如果 $p(x)$的系数为 m 的倍数，那么下面的两个陪集相等，

$$[p_1(x)]=[p_2(x)],$$

所以

$$\mathbb{Z}[x]/\langle m\rangle=\{[a_n u^n+\cdots+a_0]\mid 0\leqslant a_i<m,\quad 1\leqslant i\leqslant n,\quad n\in\mathbb{N}\},$$

它同构于整数模 m 的剩余类环 $\mathbb{Z}_m$上的一元多项式环，即 $\mathbb{Z}[x]/\langle m\rangle\cong\mathbb{Z}_m[x]$(请读者自行证明该结论)． □

例 6.4.5　实数域 $\mathbb{R}$ 上的一元多项式环 $\mathbb{R}[x]$的单位群为整环 $\mathbb{R}$ 的单位群，$f(x)\sim g(x)$当且仅当存在 $c\in\mathbb{R}^*=\mathbb{R}\setminus\{0\}$使得 $f(x)=cg(x)$．

例 6.4.6　整数环上的一元多项式环 $\mathbb{Z}[x]$不是主理想整环．

证明　实际上，考虑由 2 和 x^2+1 生成的理想$\langle 2,\ x^2+1\rangle$．若 $\mathbb{Z}[x]$是主理想整环，则存在 $f(x)\in\mathbb{Z}[x]$使得$\langle f(x)\rangle=\langle 2,\ x^2+1\rangle$，进而可知 $f(x)\mid 2$，$f(x)\mid x^2+1$，故 $f(x)=\pm 1$，从而有$\langle f(x)\rangle=\mathbb{Z}[x]$．但$\langle 2,\ x^2+1\rangle$是非平凡理想，而$\langle f(x)\rangle=\langle\pm 1\rangle$，矛盾． □

6.4.2　域上的多项式

上一小节我们介绍了交换幺环上的多项式环，在本小节中我们将关注特殊的交换幺环——域，介绍域上的多项式环的相关性质，主要关注于整数中的整除理论在域上的一元多项式环中的推广．

定义 6.4.6　设 F 是一个域，若 $a_n,\cdots,a_0\in F$，$a_n\neq 0$，则称 $f(x)=a_nx^n+\cdots+a_1x+a_0$ 为**域 F 上的一元多项式**或**多项式**，称 n 为该多项式的**次数**，记为 $\deg f=n$．

显然，若记 $F[x]=\{a_nx^n+\cdots+a_1x+a_0\mid a_n,\cdots,a_0\in F\}$，则 $F[x]$构成环，我们称之为 **F 上的一元多项式环**或**多项式环**．

例 6.4.7　F 是一个域，则 $F[x]$是交换整环．

定义 6.4.7　若 F 上的多项式 $f(x)$等于 F 上其他两个非零次多项式 $g(x)$，$h(x)$的乘积，即 $f(x)=g(x)h(x)$，且 $\deg g$ 和 $\deg h$ 均不为 0，则称多项式 $f(x)$是**可约的**，$g(x)$，$h(x)$称为 $f(x)$的**因式**或 $g(x)$，$h(x)$整除 $f(x)$；否则，称之为**不可约的**.

例 6.4.8　在有理数域 $\mathbb{Q}$ 和实数域 $\mathbb{R}$ 下，x^2+1 是不可约的；在复数域 $\mathbb{C}$ 下，$x^2+1=(x+i)(x-i)$是可约的；在有限域 $\mathbb{Z}_2$ 下，$x^2+1=(x+1)^2$ 是可约的.

定理 6.4.2（带余除法）　设 F 是一个域，$F[x]$是 F 上的一元多项式环，有

(1) 设 $f(x)$，$g(x)\in F[x]$，$f(x)\neq 0$，则存在唯一的 $q(x)$，$r(x)\in F[x]$，使

$$g(x)=q(x)f(x)+r(x),$$

其中 $r(x)=0$ 或 $\deg r(x)<\deg f(x)$. $q(x)$和 $r(x)$分别称为用 $f(x)$去除 $g(x)$所得的**商式**和**余式**.

(2) $F[x]$是欧几里得环.

证明　(1)先证明存在性．设

$$f(x)=a_0+a_1x+\cdots+a_nx^n(a_0\neq 0).$$

若 $n=0$，则 $f(x)=a_0$，取 $q(x)=\dfrac{1}{a_0}g(x)$，$r(x)=0$ 即可．

下面假定 $n>0$. 对 $g(x)$的次数做数学归纳法.

若 $g(x)=0$ 或 $\deg g(x)<n$ 则令 $q(x)=0$，$r(x)=g(x)$即满足要求．设 $\deg g(x)<m$ 时，命题正确，则当 $\deg g(x)=m$ 时，有

$$g(x)=b_m+b_{m-1}x+\cdots+b_0x^m(b_0\neq 0).$$

令

$$g_1(x)=g(x)-\frac{b_0}{a_0}x^{m-n}f(x).$$

若 $g_1(x)=0$，则取 $q(x)=\dfrac{b_0}{a_0}x^{m-n}$，$r(x)=0$. 否则，因 $\deg g_1(x)<m$，按归纳假设，存在 $q_1(x)$，$r_1(x)\in F[x]$，使得

$$g_1(x)=q_1(x)f(x)+r_1(x),$$

这里$r_1(x)=0$ 或 $\deg r_1(x)<\deg f(x)$. 现令

$$q(x)=\frac{b_0}{a_0}x^{m-n}+q_1(x),\ r(x)=r_1(x),$$

则显然有 $g(x)=q(x)f(x)+r(x)$.

再证明唯一性．设 $\tilde{q}(x)$，$\tilde{r}(x)$也满足命题要求，那么有

$$q(x)f(x)+r(x)=\tilde{q}(x)f(x)+\tilde{r}(x),$$

$$[q(x)-\tilde{q}(x)]f(x)=\tilde{r}(x)-r(x).$$

比较两边的次数，可知$\tilde{r}(x)-r(x)=0$，$q(x)-\tilde{q}(x)=0$.

(2) 令 $\delta(f(x))=2^{\deg f(x)}$，由于 $\deg r(x)<\deg f(x)$，则 $\delta(r(x))<\delta(f(x))$，故 $F[x]$是欧几里得环. □

推论 6.4.1　F 是一个域，$F[x]$是主理想整环，因而也是唯一析因环.

证明　因为 $F[x]$是欧几里得环，结合 6.3 节相应结论可得． □

定理6.4.2相当于初等数论中整数的带余除法，又称为多项式的欧几里得除法．我们知道，在初等数论中可以用辗转相除法求两个整数的最大公因子，这种方法同样可以用于求两个多项式的最大公因式．

这种求两个多项式最大公因式的方法称为**多项式的辗转相除法**或**广义欧几里得除法**．类似于整数中的辗转相除法，我们可以利用回代过程将$(f(x), g(x))$表达成$f(x)$和$g(x)$的线性组合，即如下定理．

定理6.4.3 给定不全为零的两个多项式$f(x)$，$g(x)\in F[x]$，则一定存在$a(x)$，$b(x)\in F[x]$，使得$(f(x), g(x))=a(x)f(x)+b(x)g(x)$.

由于域上的一元多项式环$F[x]$本身就是交换幺环，所以交换环中理想的概念仍然适用于$F[x]$中的理想．对任意$f(x)\in F[x]$，

$$\langle f(x)\rangle = \{u(x)f(x) \mid u(x) \in F[x]\}$$

是由$f(x)$生成的主理想．

我们已经指出$F[x]$是主理想整环，即$F[x]$的任一理想都由某个多项式$f(x)$生成．容易证明对任意$c\in F\setminus\{0\}$，有$\langle f(x)\rangle=\langle cf(x)\rangle$，我们指定$f(x)$为最高次数项系数为1的多项式，称作**首一多项式**.

定理6.4.4 主理想具有以下简单性质：

(1) $\langle f(x)\rangle\subseteq\langle g(x)\rangle$且$g(x)\neq 0\Leftrightarrow g(x)\mid f(x)$；

(2) $\langle f(x)\rangle=\langle g(x)\rangle\Leftrightarrow g(x)=cf(x)$，其中$c\in F\setminus\{0\}$.

证明 (1) 如果$g(x)\mid f(x)$，那么$f(x)$的倍式必然也是$g(x)$的倍式，即$\langle f(x)\rangle$的元素必然是$\langle g(x)\rangle$的元素，得到$\langle f(x)\rangle\subseteq\langle g(x)\rangle$.

反过来，设$f(x)=q(x)g(x)+r(x)$，其中$r(x)=0$或$\deg r(x)<\deg g(x)$．由理想的性质可知，$r(x)\in\langle g(x)\rangle$，所以只能$r(x)=0$，即$f(x)=q(x)g(x)$，因此$g(x)\mid f(x)$.

(2) 由(1)可知，$\langle f(x)\rangle=\langle g(x)\rangle$的充要条件是$g(x)\mid f(x)$且$f(x)\mid g(x)$，即$g(x)=cf(x)$，其中$c\in F\setminus\{0\}$. □

定理6.4.5 设$p(x)\in F[x]$为不可约多项式，则商环$F[x]/\langle p(x)\rangle$构成一个域．

证明方法一 由商环的讨论可知，显然$F[x]/\langle p(x)\rangle$是一个交换环，有幺元$[1]$，所以我们只要证明$F[x]/\langle p(x)\rangle$中的非零元在$F[x]/\langle p(x)\rangle$中都有乘法逆元即可．因为$p(x)$是不可约多项式，所以对任意$[f(x)]\in F[x]/\langle p(x)\rangle$且$[f(x)]\neq 0$，都有$(f(x), p(x))=1$. 进而存在多项式$s(x)$，$t(x)\in F[x]$使得

$$s(x)f(x)+t(x)p(x)=1,$$

即$s(x)f(x)\equiv 1 \pmod{p(x)}$，这说明$[f(x)]$为可逆元素，$[s(x)]$为其逆元，因此$F[x]/\langle p(x)\rangle$中的任意非零元素都为可逆元素，即$F[x]/\langle p(x)\rangle$构成一个域．

证明方法二 详见6.5节. □

例6.4.9 设$K=\mathbb{Z}_p$，其中p是素数．设$p(x)$是$F[x]$中的n次不可约多项式，则

$$F[x]/\langle p(x)\rangle = \{[a_{n-1}x^{n-1}+\cdots+a_1x+a_0] \mid a_i \in F\},$$

我们可以将这个集合看作由所有次数小于n、系数在K内的多项式组成．这是一个元素个数有限的域，其元素个数为p^n.

定义6.4.8(理想的和) 设I_1与I_2是$F[x]$的理想，令

$$I_1 + I_2 = \{f(x) + g(x) \mid f(x) \in I_1, g(x) \in I_2\},$$

则$I_1 + I_2$ 也是$F[x]$的一个理想(读者可自证)，称为I_1 与I_2 的和.

定理 6.4.6 域F上的一元多项式环$F[x]$中的两个理想$\langle f(x)\rangle$与$\langle g(x)\rangle$的和等于由$f(x)$与$g(x)$的最大公因子生成的理想.

证明 不妨设$f(x)$，$g(x)$不全为零，则

$$\langle f(x)\rangle + \langle g(x)\rangle \neq \langle 0\rangle,$$

故可设

$$\langle f(x)\rangle + \langle g(x)\rangle = \langle d(x)\rangle,$$

$d(x)$为首一多项式．因$\langle f(x)\rangle \subseteq \langle d(x)\rangle$，故$d(x) \mid f(x)$，同理$d(x) \mid g(x)$，即$d(x)$为$f(x)$和$g(x)$的一个公因式．若$d_1(x)$为$f(x)$和$g(x)$的任一公因式，则由$d_1(x) \mid f(x)$推知$\langle f(x)\rangle \subseteq \langle d_1(x)\rangle$，同理$\langle f(x)\rangle \subseteq \langle d_1(x)\rangle$，于是

$$\langle d(x)\rangle = \langle f(x)\rangle + \langle g(x)\rangle \subseteq \langle d_1(x)\rangle,$$

而这表明$d_1(x) \mid d(x)$，所以$d(x) = (f(x), g(x))$. □

这个定理的3个推论如下.

推论 6.4.2 设$f(x)$与$g(x)$是域F上的一元多项式环$F[x]$中的两个多项式，$f(x)$与$g(x)$的最大公因式为$d(x)$，则存在$u(x)$，$v(x) \in F[x]$，使得$d(x) = u(x)f(x) + v(x)g(x)$.

基于这个推论，我们还可以得到下面两个重要的推论.

推论 6.4.3 设$f(x)$，$g(x)$是$F[x]$内两个不全为零的多项式，则下列命题等价：

(1) $f(x)$与$g(x)$互素；

(2) 存在$u(x)$，$v(x) \in F[x]$，使$u(x)f(x) + v(x)g(x) = 1$；

(3) $\langle f(x)\rangle + \langle g(x)\rangle = F[x]$.

推论 6.4.4 设$f(x)$，$g(x)$，$h(x) \in F[x]$且$f(x) \neq 0$. 若$f(x) \mid g(x)h(x)$且$(f(x), g(x)) = 1$，则$f(x) \mid h(x)$.

根据上面定理 6.4.6 推论 6.4.4，可得下面的引理.

引理 6.4.1 设$p(x)$为$F[x]$内的不可约多项式，$f_1(x), f_2(x), \cdots, f_k(x) \in F[x]$. 若$p(x) \,\Big|\, \prod_{i=1}^{k} f_i(x)$，则$p(x)$整除某个$f_j(x)$.

我们已经证明了$F[x]$是唯一析因环，下面给出更为详细的证明.

定理 6.4.7 (因式分解唯一定理) 设F是一个域，给定多项式

$$f(x) = a_0 x^n + a_1 x^{n-1} + \cdots + a_n (a_i \in F, a_0 \neq 0),$$

则$f(x)$可以分解为

$$f(x) = a_0\, p_1(x)^{k_1}\, p_2(x)^{k_2} \cdots p_r(x)^{k_r} (k_i > 0, i = 1, 2, \cdots, r),$$

其中$p_1(x), \cdots, p_r(x)$是$F[x]$内首项系数为1且两两不同的不可约多项式．而且，除了不可约多项式的排列次序外，上面的分解式是由$f(x)$唯一决定的.

证明 先证明存在性，对$\deg f(x)$做数学归纳法．当$\deg f(x) = 0$时，命题显然成立．设命题对$\deg f(x) < n$的多项式$f(x)$成立．下面考察$\deg f(x) = n$时的情况.

若$f(x)$本身是不可约的，则$p_1(x) = \dfrac{1}{a_0} f(x)$仍为不可约多项式，而$f(x) = a_0 p_1(x)$，

故命题成立．

如果 $f(x)$可约，那么它有一个非平凡因式 $g(x)$，故有分解式 $f(x)=g(x)h(x)$，这里 $0<\deg g(x)<\deg f(x)$，$0<\deg h(x)<\deg f(x)$，按照归纳假设，$g(x)$与 $h(x)$均可分解为互不相同的不可约多项式的幂的乘积，因此，$f(x)$显然也有这样的分解式．

再证明唯一性．对 $\deg f(x)$做数学归纳法．$\deg f(x)=0$ 时命题显然成立．

设命题对 $\deg f(x)<n$ 的多项式 $f(x)$成立．现考察 $\deg f(x)=n$ 的情形．设其有两个分解式．因为 $a_0\neq 0$，约去 a_0 后得到

$$(p_1(x))^{k_1}(p_2(x))^{k_2}\cdots(p_r(x))^{k_r}=(q_1(x))^{l_1}(q_2(x))^{l_2}\cdots(q_s(x))^{l_s},\quad(6.4.1)$$

从上式可知 $p_1(x)\mid(q_1(x))^{l_1}(q_2(x))^{l_2}\cdots(q_s(x))^{l_s}$，因为 $p_1(x)$是不可约多项式，根据引理 6.4.1，$p_1(x)$整除某个 $q_i(x)$，不妨设 $p_1(x)\mid q_1(x)$．然而 $q_1(x)$也是不可约多项式，故只能有

$$p_1(x)=aq_1(x)(a\in F).$$

又因 $p_1(x)$与 $q_1(x)$首项系数都是 1，故 $a=1$，即 $p_1(x)=q_1(x)$，从式(6.4.1)两边消去 $p_1(x)$得

$$g(x)=(p_1(x))^{k_1-1}(p_2(x))^{k_2}\cdots(p_r(x))^{k_r}=(q_1(x))^{l_1-1}(q_2(x))^{l_2}\cdots(q_s(x))^{l_s}.$$

现在 $\deg g(x)=\deg f(x)-\deg p_1(x)<n$，按照归纳法，应有 $r=s$，且适当排列不可约多项式次序后，有 $p_i(x)=q_i(x)$，$k_i=l_i(i=1,2,\cdots,r)$．由此可知，$f(x)$的分解式是唯一的． □

如果将定义 6.4.6 中的一元推广到多元，就可以得到域 F 上的多元多项式．

定义 6.4.9　F 是一个域，若 $x_1,x_2,\cdots,x_n$ 是域 F 上的 n 个未定元，$a_{i_1i_2\cdots i_n}\in F$，$i_1\ i_2\cdots i_n$ 为非负整数，则称

$$f(x_1,x_2,\cdots,x_n)=\sum_{i_1,i_2,\cdots,i_n}a_{i_1i_2\cdots i_n}x_1^{i_1}x_2^{i_2}\cdots x_n^{i_n}$$

为**域 F 上的 n 元多项式**，称 $a_{i_1i_2\cdots i_n}x_1^{i_1}x_2^{i_2}\cdots x_n^{i_n}$ 为一个单项式，$a_{i_1i_2\cdots i_n}$ 为该单项式的系数，$i_1+i_2+\cdots+i_n$ 为单项式的次数．n 元多项式 $f(x_1,x_2,\cdots,x_n)$中系数不为零的单项式的次数的最大值称为该多项式的**次数**，记为 $\deg f$.

与一元多项式一样，在 n 元多项式上也可同样地定义相等、相加、相减和相乘．例如当两个单项式是同类项时，可以通过系数相加而合并成一项；两个单项式相乘则是把指数向量相加，再把系数相乘．

n 元多项式的加法和乘法具有与一元多项式相同的性质，因此我们把域 F 上所有以 $x_1,x_2,\cdots,x_n$ 为变量的 n 元多项式的集合记为 $F[x_1,x_2,\cdots,x_n]$，并称为**域 F 上的 n 元多项式环**．

n 元多项式在后量子时代将有十分重要的用途，是抗量子计算的多变量公钥密码体制的数学基础，感兴趣的读者可以自行查阅相关资料．

习题

A 组

1. 证明域上的一元多项式环 $K[x]$是主理想环，即若 I 是 $K[x]$的任意一个非零理想，则存在 $K[x]$内的首一多项式 $f(x)$，使得 $I=\langle f(x)\rangle$.

2. 试在 $\mathbb{Q}$，$\mathbb{R}$，$\mathbb{C}$，$\mathbb{Z}_5$ 内分解多项式：

(1) x^2+1；　　　　(2) x^2+x+1.

3. 求 x^5-3x^3+2x 在 $\mathbb{Z}_5$ 内的根.

4. 用带余除法求实数域上的多项式 $g(x)$除 $f(x)$的商式 $q(x)$和余式 $r(x)$：

(1) $f(x)=x^3-3x^2-x-1$，$g(x)=3x^2-2x+1$；

(2) $f(x)=x^4-2x+5$，$g(x)=x^2-x+2$；

(3) $f(x)=2x^5-5x^3-8x$，$g(x)=x+3$.

5. 求实数域上的多项式 $f(x)$与 $g(x)$的最大公因式：

(1) $f(x)=x^4+x^3-3x^2-4x-1$，$g(x)=x^3+x^2-x-1$；

(2) $f(x)=x^4-4x^3+1$，$g(x)=x^3-3x^2+1$.

6. 求 $u(x)$和 $v(x)$使得$(f(x),\ g(x))=u(x)f(x)+v(x)g(x)$，其中多项式均取实数域上的多项式.

(1) $f(x)=x^4+2x^3-x^2-4x-2$，$g(x)=x^4+x^3-x^2-2x-2$；

(2) $f(x)=4x^4-2x^3-16x^2+5x+9$，$g(x)=2x^3-x^2-5x+4$；

(3) $f(x)=x^4-x^3-4x^2+4x+1$，$g(x)=x^2-x-1$.

7. 设 $\mathbb{Z}[x]$为整数环上的一元多项式环，理想$\langle 2,x\rangle$由哪些元素组成？$\langle 2,x\rangle$是主理想吗？

8. 试问 x^3+2x+3 是 $\mathbb{Q}[x]$中的不可约多项式吗？作为 $\mathbb{Z}_5[x]$中的多项式是否不可约？若可约，试将它分解为不可约因式的积.

9. 设 R 是交换整环，$R[x]$是 R 上的一元多项式环，f，$g\in R[x]$. 试证明 $\deg fg=\deg f+\deg g$.

B 组

10. 设 p 是素数，$a_n\neq 0\pmod p$，试证 $a_nx^n+\cdots+a_1x+a_0=0\pmod p$在 $\mathbb{Z}_p$ 中最多有 n 个非同余的解.

11. 设 F 是一个域，只有 q 个元素$\alpha_1,\cdots,\alpha_q$，证明在 $F[x]$中有 $x^q-x=(x-\alpha_1)\cdots(x-\alpha_q)$.

12. 证明 $\mathbb{Z}_p[x]$(p 为素数)中有无限多个不可约多项式.

13. 设 F 是一个域，$f(x)\in F[x]$. 证明：存在非平凡 $g(x)\in F[x]$使得 $g^2(x)\mid f(x)$当且仅当 $F[x]/\langle f(x)\rangle$含有非零的幂零元.

14. 设 F 是一个域，$f(x)$，$g(x)\in F[x]$. 证明：

$$N=\{u(x)f(x)+v(x)g(x)\mid u(x),v(x)\in F[x]\}$$

是 $F[x]$的理想. 若 $\deg f(x)\neq\deg g(x)$，$N\neq F[x]$，则 $f(x)$，$g(x)$至少有一个是可约的.

15. 证明多项式互素具有如下基本性质：

(1) 设 $f(x)$，$g(x)\in F[x]$. $(f(x),\ g(x))=1$ 当且仅当存在 $u(x)$，$v(x)\in F[x]$，使得 $u(x)f(x)+v(x)g(x)=1$；

(2) 如果$(f(x),\ g(x))=1$，$(f(x),\ h(x))=1$，那么$(f(x),\ g(x)h(x))=1$；

(3) 如果$(f(x),\ g(x))=1$，并且 $f(x)\mid g(x)h(x)$，那么 $f(x)\mid h(x)$；

(4) 如果 $f_1(x)\mid g(x)$，$f_2(x)\mid g(x)$且$(f_1(x),\ f_2(x))=1$，那么 $f_1(x)f_2(x)\mid g(x)$.

16. 设 $F[x]$是数域 F 上的一元多项式集合，现在 $F[x]$中定义乘法“$\circ$”为 $f(x)\circ g(x)=$

$f(g(x))$，试问 $F[x]$关于多项式的加法和如上定义的乘法"$\circ$"是否构成环？

17. 证明：如果 $d(x)\mid f(x)$，$d(x)\mid g(x)$且 $d(x)$为 $f(x)$与 $g(x)$的一个组合(即存在 $a(x)$和 $b(x)$，使得 $d(x)=a(x)f(x)+b(x)g(x)$)，那么 $d(x)$是 $f(x)$与 $g(x)$的一个最大公因式．
18. 证明：$(f(x)h(x),g(x)h(x))=(f(x),g(x))h(x)$，其中 $h(x)$为首一多项式．
19. 证明下列多项式在有理数域 $\mathbb{Q}$ 上不可约：

    (1) x^4-2x^3+2x-3；

    (2) $2x^5+18x^4+6x^2+6$.
20. 证明：x^4+x^3+1 是 $\mathbb{Z}_2[x]$中的不可约多项式，从而有 $\mathbb{Z}_2[x]/(x^4+x^3+1)$是一个元素个数为 2^4 的域．
21. 设 R 为交换幺环，M 为非负整数对加法构成的幺半群．证明 M 在 R 上的幺半群环 $R[M]$与 R 上一元多项式环 $R[x]$同构．

6.5 素理想和极大理想

本节我们将主要讨论环的两类重要的理想——素理想与极大理想．这两类理想将通过商环的概念对应于整环与域，进而我们可以得到一种由已知的环构造域的方法．

定义 6.5.1 如果交换幺环 R 的理想 P 满足：

(1) $P\neq R$；

(2) 若 $ab\in P$，则 $a\in P$ 或 $b\in P$.

那么称 P 为 R 的**素理想**.

定义 6.5.2 若交换幺环 R 的理想 M 满足：

(1) $M\neq R$；

(2) 不存在理想 A 使得 $M\subset A\subset R$.

则称 M 为 R 的**极大理想**.

例 6.5.1 考虑整数环 $\mathbb{Z}$，易知$\langle p\rangle=p\mathbb{Z}$ 是 $\mathbb{Z}$ 的素理想，同时也是其极大理想.

证明 设 $ab\in p\mathbb{Z}$，则有 $p|ab$. 因为 p 是素数，所以 $p|a$ 或 $p|b$，故 $a\in p\mathbb{Z}$ 或 $b\in p\mathbb{Z}$，从而可知 $p\mathbb{Z}$ 是 $\mathbb{Z}$ 的素理想.

此外，因为 $\mathbb{Z}$ 是主理想整环，所以若 $p\mathbb{Z}$ 不是极大理想，其一定包含在一个主理想 $n\mathbb{Z}$ 中，从而可知 $n|p$，$n=1$ 或 p，矛盾. □

例 6.5.2 考虑多项式环 $\mathbb{Z}[x]$，若 $p(x)$是不可约多项式，则$\langle p(x)\rangle=\{f(x)\in\mathbb{Z}[x]\mid p(x)\mid f(x)\}$是 $\mathbb{Z}[x]$的素理想，同时也是其极大理想．证明过程类似于上例，略.

定理 6.5.1 设 R 为交换幺环，则

(1) R 是整环当且仅当$\{0\}$是 R 的素理想；

(2) R 是域当且仅当$\{0\}$是 R 的极大理想.

证明 (1) 设 R 是整环，若 $a\neq 0$，$b\neq 0$ 即 $a\notin\{0\}$且 $b\notin\{0\}$，则 $ab\neq 0$，即 $ab\notin\{0\}$，故$\{0\}$是 R 的素理想.

反之，若$\{0\}$是 R 的素理想，$a\notin\{0\}$且 $b\notin\{0\}$故 $ab\notin\{0\}$，即由 $a\neq 0$，$b\neq 0$ 可得 $ab\neq 0$，故 R 是整环.

(2) 设$\{0\}$是R的极大理想，对$\forall a\in R$且$a\neq 0$，有$\{0\}\subset\langle a\rangle$，故$\langle a\rangle=R$. R有含幺元1，进而$1\in\langle a\rangle$，故$\exists a^{-1}\in R$使得$aa^{-1}=1$，于是R是域.

反之，若R是域，A是R的理想且$A\neq\{0\}$，即$\exists a\in A$且$a\neq 0$. 又因为是域，故$\exists a^{-1}\in R$使得$aa^{-1}=1\in A$. $\forall b\in R$有$b=b\cdot 1\in A$，因此$A=R$. 故$\{0\}$是R的极大理想.

□

定理 6.5.2 设R为交换幺环，P与M为R的理想，

(1) R/P是整环当且仅当P是素理想；

(2) R/M是域当且仅当M是极大理想.

证明 (1) 设π为R到R/P的自然同态，若P是素理想，设$\pi(a)\neq 0$，$\pi(b)\neq 0$，即a，$b\notin P$，则$ab\notin P$，因此$\pi(ab)=\pi(a)\pi(b)\neq 0$，故$R/P$是整环.

反之，设R/P是整环且$ab\in P$，则有$\pi(ab)=\pi(a)\pi(b)=0$，因此$\pi(a)=0$或$\pi(b)=0$，即$a\in P$或$b\in P$，故P是素理想.

(2) 设R的理想A满足$M\subset A\subset R$，可以证明A/M是R/M的理想．当M为极大理想时，有$M=A$或$R=A$. 故R/M仅有的理想为$\{0\}$与R/M本身，$\{0\}$是R/M的极大理想，由定理 6.5.2 可知R/M是域.

反之，R/M是域，由定理 6.5.2 可知$\{0\}$是R/M的极大理想．因此，若$M\neq A$，则$A/M=R/M$，故$A=R$，M是极大理想. □

此外，由于域是整环，我们有如下推论 6.5.1.

推论 6.5.1 交换幺环的极大理想是素理想.

定理 6.5.3 $\langle f(x)\rangle$为$F[x]$的极大理想当且仅当$f(x)$为不可约多项式.

证明 由$F[x]$是欧几里得环以及定理 6.4.4 易证. □

现在我们给出 6.4 节定理 6.4.5 的另一种证明方法．

定理 6.4.5 证明方法二 由于$\langle p(x)\rangle$是极大理想，由定理 6.5.2 和定理 6.5.3 可知，$F[x]/\langle p(x)\rangle$是域. □

至此，我们给出了环与其理想、商环的一些性质，说明了素理想、极大理想的作用，也给出了一种由已知的环构造域的方法.

例 6.5.3 考虑整数环$\mathbb{Z}$，$\langle p\rangle=p\mathbb{Z}$是$\mathbb{Z}$的素理想，也是其极大理想．故$\mathbb{Z}_p$是整环，同时也是域，且元素个数有限，共$p$个.

例 6.5.4 考虑多项式环$\mathbb{Z}[x]$，$p(x)$是$\mathbb{Z}[x]$中一不可约多项式，则$\langle p(x)\rangle$是素理想，同时也是极大理想，进而可知$\mathbb{Z}[x]/\langle p(x)\rangle$是整环，同时也是域.

例 6.5.5 考虑多项式环$\mathbb{Z}_p[x]$，$p(x)$是$\mathbb{Z}_p[x]$中一不可约多项式，则$\langle p(x)\rangle$是素理想，同时也是极大理想，进而可知$\mathbb{Z}_p[x]/\langle p(x)\rangle$是整环，同时也是域．该域的元素个数有限，共$p^n$个，其中$n=\deg p(x)$为$p(x)$的次数.

例 6.5.6 构造由 4 个元素构成的域.

取域$\mathbb{Z}_2$，构造其上的多项式环$\mathbb{Z}_2[x]$. 可以验证x^2+x+1是$\mathbb{Z}_2[x]$中的不可约多项式，进而可知$\langle x^2+x+1\rangle$构成极大理想，从而$\mathbb{Z}_2[x]/\langle x^2+x+1\rangle$构成域．该域中共有四个元素：$0,1,x,x+1$. 域中加法和乘法的群表分别如表 6.5.1 和表 6.5.2 所示．

表 6.5.1 $\mathbb{Z}_2[x]/\langle x^2+x+1\rangle$的加法群表

加法	0	1	x	$x+1$
0	0	1	x	$x+1$
1	1	0	$x+1$	x
x	x	$x+1$	0	1
$x+1$	$x+1$	x	1	0

表 6.5.2 $\mathbb{Z}_2[x]/\langle x^2+x+1\rangle$的乘法群表

乘法	1	x	$x+1$
1	1	x	$x+1$
x	x	$x+1$	1
$x+1$	$x+1$	1	x

定理 6.5.4 设 R, R'为交换幺环, $H'=\sigma(H)$, σ是R到R'上的同态, 且$N=\ker\sigma$. 若H是R中包含N的素理想(或极大理想), 则H'是R'中的素理想(或极大理想). 反之, 若$\sigma(H)$是R'素理想(或极大理想), 则$\sigma^{-1}(H')=\{x\in R\,|\,\sigma(x)\in H'\}$是$R$中包含$N$的素理想(或极大理想).

证明 由环的同态基本定理可知$R/H\cong R'/\sigma(H)$, 由6.2节习题9的结论, 可知H为包含N的素理想(或极大理想)当且仅当$\sigma(H)$是素理想(或极大理想). □

定理 6.5.5 设R为交换整环, $a\in R^*$, 则由a生成的主理想$\langle a\rangle$为素理想当且仅当a为素元素.

证明 显然, 当且仅当a为R的单位, 即$a\in U$时, $\langle a\rangle=R$, 故设$a\in R^*\setminus U$. 由于$bc\in\langle a\rangle\Leftrightarrow a\,|\,bc$, 因此$\langle a\rangle$为素理想当且仅当$a$为素元素. □

我们知道素元素一定是不可约元素, 反之不一定成立. 但是在唯一析因环中, 两个概念是等价的. 因此以上定理对于唯一析因环与其不可约元素仍旧成立.

定理 6.5.6 设R为主理想整环, $a\in R^*$, 则$\langle a\rangle$为极大理想当且仅当a为素元素.

证明 若$\langle a\rangle$为极大理想, 则其也为素理想, 进而由上一定理可知a为素元素.

反之, 若a为素元素. 设存在R的理想A使得$\langle a\rangle\subseteq A\subseteq R$, 由于$R$为主理想整环, 因而有$n\in R$使得$A=\langle n\rangle$, 因此$n\,|\,a$. 由$a$为素元素即不可约元素可知$n\sim 1$或$n\sim a$, 即$A=\langle n\rangle=R$或$A=\langle n\rangle=\langle a\rangle$. 因此$\langle a\rangle$为极大理想. □

定理 6.5.7 设F是一个域, R是交换整环且$F\subseteq R$, F和R具有相同的幺元, u是R上的代数元, 则存在F上的以u为根的不可约多项式$p(x)$, 使得

$$F[u]\cong F[x]/\langle p(x)\rangle$$

且构成域.

证明 设$I=\{f(x)\,|\,f(x)\in F[x],\ f(u)=0\}$, 根据定理6.4.2可知$F[x]$是欧几里得环, 进而是主理想整环, 从而可证明存在$p(x)\in F[x]$使得$I=\langle p(x)\rangle\cap F=\{0\}$, 同时由$I$的定义可知$p(u)=0$, 即$u$是$p(x)$的根.

由于R是整环, 故可知$F[u]$也是整环. 另外, 由环的同态基本定理可知

$$F[u]\cong F[x]/\langle p(x)\rangle,$$

从而有$F[x]/\langle p(x)\rangle$是整环, 由定理6.5.2可知$\langle p(x)\rangle$为素理想, 进而由定理6.5.5

可知 $p(x)$为素元素，从而可知 $p(x)$是 F 上的以 u 为根的不可约多项式．由定理 6.5.6 以及是主理想整环可知，$\langle p(x)\rangle$为极大理想，从而有 $F[u]\cong F[x]/\langle p(x)\rangle$是一个域． □

上述定理给出了一个**有限域的直接构造方法**，我们将在下一章详细介绍有关有限域的内容．

习题

A 组

1. 试证$\langle x\rangle$是 $\mathbb{Z}[x]$的素理想，但不是极大理想.
2. 试构造由 9 个元素构成的域.
3. 试构造由 8 个元素构成的域.
4. 证明：在无限的主理想整环中，若可逆元有限，则素理想有无穷多个.

B 组

5. (中国剩余定理)若 R 的理想 I，J 满足 $I+J=R$，则称 I,J 互素．令 $I_1,\cdots,I_n$ 是 R 中两两互素的理想，证明：

$$R/\bigcap_{i=1}^{n} I_i \to R/I_n\times\cdots\times R/I_n$$

是同构映射.

6. 设 $m\in\mathbb{N}$，$m>1$，令 $A=\{f(x)\mid f(x)\in\mathbb{Z}[x],\ m\mid f(0)\}$，证明：
   (1) A 是 $\mathbb{Z}[x]$的理想；
   (2) $\langle x\rangle\subset A\subset\mathbb{Z}[x]$；
   (3) m 为素数时，A 是素理想．
7. 证明 M 是 R 的极大理想当且仅当 R/M 是单环(即不包含非平凡理想的环).
8. 设 M 是整环 R 的理想，试证若 R/M 为体，则 M 为极大理想．
9. 试问 $\mathbb{Z}_m(m>1)$有多少理想？有多少素理想？有多少极大理想？
10. 证明 $\mathbb{Z}_p[x]$(p 为素数)中有无限多个不可约多项式．

Chapter 7

第7章　有限域

有限域在通信、密码学和编码理论中有着广泛的应用．在上一章中，我们介绍了域的基本概念和性质．在本章中，我们将对有限域的相关概念和性质进行详细地介绍．我们将从域的扩张出发，给出有限域的一些重要性质，然后介绍有限域中的基，最后，我们将探讨有限域中多项式的相关问题．

学习本章之后，我们应该能够：

- 掌握域扩张的概念与性质；
- 掌握有限域的概念与性质及其应用；
- 理解基的概念及其应用；
- 理解有限域上多项式分解的方法和理论，了解不可约多项式的概念和构造方法．

7.1　域的扩张

本节我们介绍域的扩张的相关概念与性质，这些概念对于理解有限域的代数结构具有重要的意义．

定义 7.1.1　*设 F，E 是域，若 $F\subseteq E$，则称 F 为 E 的***子域***，称 E 为 F 的***扩域***，记为 E/F．若 $F\subset E$，则称 F 为 E 的***非平凡子域***.*

注意：$\{0\}$不是域，因为其非零元构成的集合是空集．

定义 7.1.2　*不包含任何非平凡子域的域称为***素域***.*

定理 7.1.1　*设 Π 为一个素域，则 $\Pi\cong\mathbb{Z}_p$ 或 $\Pi\cong\mathbb{Q}$.*

证明　设 e 是 Π 的幺元，则 $\mathbb{Z}e=\{ne\mid n\in\mathbb{Z}\}$ 为 Π 的子环．$\mathbb{Z}$ 到 $\mathbb{Z}e$ 的同态为 π：$\pi(n)=ne$，由于 π 是满同态，则有 $\mathbb{Z}e\cong\mathbb{Z}/\ker\pi$. 由于 $\mathbb{Z}$ 为主理想整环，故存在 $p\in\mathbb{Z}$ 使得 $\ker\pi=\langle p\rangle$.

因为 Π 是域，所以 $\mathbb{Z}e$ 是交换整环，因此 $\mathbb{Z}/\ker\pi$ 也是交换整环．由定理 6.5.2 可知 $\ker\pi=\langle p\rangle$是素理想，从而可知 p 为素数或零．

若 p 为素数，则$\mathbb{Z}e\cong\mathbb{Z}/\langle p\rangle=\mathbb{Z}_p$ 为域．因为 $\mathbb{Z}e\subseteq\Pi$，又注意到 Π 为素域，因此 $\mathbb{Z}e=\Pi$，故 $\Pi\cong\mathbb{Z}_p$. 若 $p=0$，则 $\mathbb{Z}e\cong\mathbb{Z}$，故 $\mathbb{Z}e$ 的分式域 K 同构于 $\mathbb{Z}$ 的分式

域 $\mathbb{Q}$，即 $\mathbb{Q}\subseteq\Pi$，又因 Π 为素域，故 $\Pi\cong\mathbb{Q}$. □

定义 7.1.3 若域 K 的素域与 $\mathbb{Q}$ 同构，则称 K 的**特征**为零．若域 K 的素域与 $\mathbb{Z}_p$ 同构，则称 K 的**特征**为 p. 将 K 的特征记作 $\mathrm{ch}K$.

定理 7.1.2 设 F 为一个域，p 为素数，则

(1) $\mathrm{ch}F=p$ 当且仅当对 $\forall a\in F$，有 $pa=0$；

(2) $\mathrm{ch}F=0$ 当且仅当对 $\forall a\in F^*$，$\forall n\in\mathbb{N}$ 都有 $na\neq 0$.（**注**：$F^*=F\setminus\{0\}$.）

证明 (1) 若 F 的特征为 p，则其素域 $\Pi\cong\mathbb{Z}_p$，因而 $pe=0$，故对 $\forall a\in F$，有 $pa=pea=0$. 反之，若 $\forall a\in F$ 有 $pa=0$，则 $pe=0$，因此由定理 7.1.1 的证明过程可知 $\Pi\cong\mathbb{Z}_p$，故 $\mathrm{ch}F=p$.

(2) 若 F 的特征为 0，则 $\Pi\cong\mathbb{Q}$，因此 $\mathbb{Z}e\cong\mathbb{Z}$，故 $na\neq 0$，$ne\neq 0$. 又因域 F 是整环，无零因子，故 $\forall a\in F^*$，有 $na\neq 0$. 反之，若 $\forall a\in F^*$，$\forall n\in\mathbb{N}$，有 $na\neq 0$，因此 $ne\neq 0$，即由定理 7.1.1 的证明过程知 $\Pi\cong\mathbb{Q}$，因此 $\mathrm{ch}F=0$. □

推论 7.1.1 数域(有理数域 $\mathbb{Q}$，实数域 $\mathbb{R}$，复数域 $\mathbb{C}$)的特征都是零．

事实上，我们在中学阶段对数的认识过程就是域的扩张过程．我们首先知道整数和分数构成了有理数域，在有理数域上添加无限不循环小数后就可以得到实数域，而在实数域上添加若干形如 $a+b\sqrt{-1}(a,b\in\mathbb{R})$的复数后便可以得到复数域．从上述过程可以看出，域的扩张本质上就是在原有域上添加若干"新的"元素从而得到一个新的域．下面我们开始讨论更一般情况下的域的扩张．

定义 7.1.4 设 K 为域 F 的扩域，S 为 K 的子集．K 中所有包含 $F\cup S$ 的子域的交，即由 F 与 S 生成的子域，称为 F 上**添加** S 所得的域，记为 $F(S)$.

以 $F[S]$表示以下形式的所有有限和所构成的集合：

$$\sum_{i_1,i_2,\cdots,i_n\geqslant 0}\alpha_{i_1i_2\cdots i_n}a_1^{i_1}a_2^{i_2}\cdots a_n^{i_n},$$

其中 $a_j\in S$，$j=1,2,\cdots,n$，$\alpha_{i_1i_2\cdots i_n}\in F$. 显然 $F[S]$是 K 的子环，其分式域恰为 $F(S)$. 当 S 为有限集$\{a_1,\cdots,a_n\}$时，记

$$F[S]=F[a_1,\cdots,a_n],F(S)=F(a_1,\cdots,a_n).$$

定理 7.1.3 设 K 为域 F 的扩域，$S\subseteq K$，则

(1) $F(S)=\bigcup_{S'\subseteq S}F(S')$，此处 S'为遍历 S 的所有有限子集；

(2) 若 $S=S_1\cup S_2$，则 $F(S)=F(S_1)(S_2)$.

证明 (1) 显然 $F(S')\subseteq F(S)$，故 $\bigcup_{S'\subseteq S}F(S')\subseteq F(S)$. 反之，对 $\forall a\in F(S)$有 $a=\dfrac{f}{g}$，其中 f，$g\in F[S]$. 由于 f，g 的表达式均为有限和形式，因此存在 S 的有限子集 S_0'，使得 f，$g\in F[S_0']$，于是 $a=\dfrac{f}{g}\in F[S_0']\subseteq\bigcup_{S'\subseteq S}F(S')$，故结论(1)成立.

(2) 由于 $F(S_1\cup S_2)$是 K 中同时包含 $S_1\cup S_2$ 与 F 的最小子域，而 F，S_1，$S_2\subseteq F(S_1)(S_2)$，故有 $F(S_1\cup S_2)\subseteq F(S_1)(S_2)$. 反之，$F(S_1)(S_2)$是包含 $F(S_1)$与 S_2 的最小子域，而

$$F(S_1)\subseteq F(S_1\cup S_2),\quad S_2\subseteq F(S_1\cup S_2),$$

故 $F(S_1)(S_2)\subseteq F(S_1\cup S_2)$，因此结论(2)成立． □

推论 7.1.2 $F(\alpha_1,\alpha_2,\cdots,\alpha_n)=F(\alpha_1)(\alpha_2)\cdots(\alpha_n)$.

从定理 7.1.3 和推论 7.1.2 可以得出在一个域上添加一个集合 S 的过程可以转化为添加有限个元素的问题，并且可进一步转化为添加一个元素的问题．

定义 7.1.5 设 K 为域 F 的扩域且存在 $\alpha\in K$ 使得 $K=F(\alpha)$，则称 K 为 F 的**单扩张**．若 α 为 F 上的代数元，则称 K 为 F 的**单代数扩张**，若 α 为 F 上的超越元，则称 K 为 F 的**单超越扩张**.

例 7.1.1 设集合 $S=\{a+b\sqrt{-1}\mid a,b\in\mathbb{R},b\neq 0\}$，不难发现复数域 $\mathbb{C}$ 是包含 $\mathbb{R}\cup S$ 的最小域($\mathbb{C}=\mathbb{R}\cup S$)，即 $\mathbb{C}=\mathbb{R}(S)$．事实上，包含 $\mathbb{R}\cup\{\sqrt{-1}\}$的最小域同样是 $\mathbb{C}$，理由如下：在实数集上添加$\sqrt{-1}$后，为了生成一个新域，需满足加法封闭性和乘法封闭性．为保证乘法封闭，形如 $b\sqrt{-1}(b\in\mathbb{R})$的数应当在新域中；为保证加法封闭性，形如 $a+b\sqrt{-1}(a,b\in\mathbb{R})$的数也应当在新域中．因此，包含 $\mathbb{R}\cup\{\sqrt{-1}\}$的最小域可表示为 $\mathbb{C}=\{a+b\sqrt{-1}\mid a,b\in\mathbb{R}\}$，即 $\mathbb{C}=\mathbb{R}(\sqrt{-1})$．从上述过程也可看出在域 $\mathbb{R}$ 上添加一个集合 S 可以转化为添加一个元素$\sqrt{-1}$的问题．另外，由于$\sqrt{-1}$是 $\mathbb{R}$ 上方程 $x^2+1=0$ 的根，因此 $\mathbb{R}(\sqrt{-1})$是单代数扩张．

定理 7.1.4 设 K 为域 F 的扩域，$S\subseteq K$，则

(1) 若 α 为 F 上的超越元，则 $F(\alpha)\cong F(x)$，其中 $F(x)$为 F 上多项式环 $F[x]$的分式域；

(2) 若 α 为 F 上的代数元，则 $F(\alpha)\cong F[x]/\langle p(x)\rangle$，其中 $p(x)$为 $F[x]$中以 α 为根的不可约多项式，即 $p(\alpha)=0$.

证明 $F(\alpha)$是 $F[\alpha]$的分式域，做 $F[x]$到 $F[\alpha]$的映射 π：

$$\pi(a_nx^n+\cdots+a_1x+a_0)=a_n\alpha^n+\cdots+a_1\alpha+a_0,$$

易知 π 是满同态.

(1) 若 α 为 F 上的超越元，则 $\ker\pi=\{0\}$，因此 π 是 $F[x]$到 $F[\alpha]$的同构映射，进而可将 π 作用到 $F[x]$的分式域 $F(x)$上，使得 π 是 $F(x)$到 $F(\alpha)$的同构映射，进而 $F(\alpha)\cong F(x)$.

(2) 若 α 为 F 上的代数元，则 $\ker\pi$ 是 $F[x]$的非零理想．由于 $F[x]$是主理想整环，故 $\ker\pi=\langle p(x)\rangle$，其中 $p(x)$为 $F[x]$中一个非零多项式．若 $p(x)$是首一多项式，则 $p(x)$唯一．若 $p(x)$是可约多项式，则设 $p(x)=g(x)h(x)$，$\deg g(x)>0$，$\deg h(x)>0$. 因 $p(\alpha)=0$ 且 $F[x]$是整环，则 $g(\alpha)=0$ 或 $h(\alpha)=0$，进而可知 $p(x)\mid g(x)$或 $p(x)\mid h(x)$. 故 $\deg g(x)\geqslant\deg p(x)$或 $\deg h(x)\geqslant\deg p(x)$. 矛盾.

由定理 6.4.5 可知，$\langle p(x)\rangle$是极大理想，$F[x]/\langle p(x)\rangle$是域．由环的同态基本定理可知，$F[\alpha]\cong F[x]/\langle p(x)\rangle$是域，而 $F[\alpha]$的分式域 $F(\alpha)$即为 $F[\alpha]$本身，故 $F(\alpha)\cong F[x]/\langle p(x)\rangle$.

注意：首一多项式是指最高次系数为单位元“1”的多项式． □

定义 7.1.6 设 K 为域 F 的扩域，$\alpha\in K$ 为 F 上的代数元，$F[x]$中以 α 为根的次数最低的首一不可约多项式称为**α 在 F 上的极小多项式**，记为 $\mathrm{Irr}(\alpha,F)$，其次数称为 α 在 F 上的**次数**，记为 $\deg(\alpha,F)$，在不造成混乱的情况下可简记为 $\deg(\alpha)$.

由定理 7.1.4 可知，若 α 为 F 上的代数元，则 $\ker\pi=\langle \mathrm{Irr}(\alpha,F)\rangle$ 且

$$F(\alpha)\cong F[x]/\langle \mathrm{Irr}(\alpha,F)\rangle.$$

例 7.1.2 对于 $\mathrm{Irr}(\sqrt{2},\mathbb{Q})=x^2-2$，请读者证明 $\mathbb{Q}(\sqrt{2})\cong\mathbb{Q}[x]/\langle x^2-2\rangle$.

若 K 为域 F 的扩域，K 中有加法和乘法，把 F 对 K 的乘法看作是 F 对 K 的数量乘法，那么 K 自然地成为 F 上的线性空间，进而有如下结论.

定理 7.1.5 设 $F(\alpha)$是 F 的单代数扩张，$\deg(\alpha, F)=n$，则 $F(\alpha)$是 F 上的 n 维线性空间且 $1,\alpha,\cdots,\alpha^{n-1}$ 是 $F(\alpha)$的一组基.

证明 由欧几里得环 $F[x]$上的带余除法可知，设 $\forall f(x)\in F[x]$，$f(x)\neq 0$，则存在唯一的 $q(x)$，$r(x)\in F[x]$，使

$$f(x)=q(x)\cdot \mathrm{Irr}(\alpha,F)+r(x),\quad r(x)=0 \text{ 或 } \deg r(x)<\deg(\alpha,F),$$

故 $f(\alpha)=r(\alpha)$，于是 $1,\alpha,\cdots,\alpha^{n-1}$ 可以生成 F 上的线性空间 $F(\alpha)$. 我们只需要证明 $1,\alpha,\cdots,\alpha^{n-1}$线性无关.

若 $1,\alpha,\cdots,\alpha^{n-1}$ 线性相关，则有 $a_{n-1}\alpha^{n-1}+\cdots+a_1\alpha+a_0=0$，其中 a_i 不全为 0. 设 $h(x)=a_{n-1}x^{n-1}+\cdots+a_1x+a_0$，则 $h(\alpha)=0$，$\mathrm{Irr}(\alpha,F)\mid h(x)$，从而可知 $\deg h(x)\geqslant n$，矛盾. □

定理 7.1.6 (1) 设 $F(\alpha_1)$，$F(\alpha_2)$是 F 的单超越扩张，则 $F(\alpha_1)$，$F(\alpha_2)$是 F 的等价扩张.

(2) 令 $p(x)$为 $F[x]$中的首一不可约多项式，若存在一个 F 的单代数扩张 $F(\beta)$使得 $\mathrm{Irr}(\beta, F)=p(x)$，则满足上述条件的任何单代数扩张一定是 F 的等价扩张.

证明 (1) 若 $F(\alpha_1)$，$F(\alpha_2)$是 F 的单超越扩张，则 $F(\alpha_1)\cong F(x)$，$F(\alpha_2)\cong F(x)$，因此 ϕ：$F(\alpha_1)\cong F(\alpha_2)$，且易知 $\phi\mid_F=\mathrm{id}_F$.

(2) 对任意使得 $\mathrm{Irr}(\beta,F)=p(x)$的 F 的单代数扩张 $F(\beta)$，有 $F(\beta)\cong F[x]/\langle p(x)\rangle$，故满足该条件的扩张均与 $F[x]/\langle p(x)\rangle$同构. 此外，该映射将 F 中元素 a 映射为 $a+\langle p(x)\rangle$，因此该同构作用于 F 上为恒等变换. □

下面介绍域的有限扩张、代数扩张等概念. 这里讨论的是一般域上的线性空间的相关理论(即线性代数中数域上的线性空间理论的推广).

定义 7.1.7 设 K 为域 F 的扩域，K 作为 F 上的线性空间的维数称作 K 对 F 的**扩张次数**，记作$[K：F]$. 若$[K：F]<+\infty$，则称 K 为 F 的**有限扩张(或有限次扩域)**；若$[K：F]=+\infty$，则称 K 为 F 的**无限扩张(或无限次扩域)**.

例 7.1.3 设 $F(\alpha)$是 F 的单扩张. 若 α 是 F 上的代数元，则 $F(\alpha)$是 F 的有限扩张且扩张次数为$[F(\alpha)：F]=\deg(\alpha,F)$；若 α 是 F 上的超越元，则 $F(\alpha)$是 F 的无限扩张.

定义 7.1.8 设 K 为域 F 的扩域，若 K 中每个元素都是 F 上的代数元，则称 K 为 F 的**代数扩张**，否则称为**超越扩张**.

定理 7.1.7 设 $F(\alpha)$为 F 的单扩张，则以下 3 个条件等价：

(1) $F(\alpha)$为 F 的代数扩张；

(2) α 是 F 上的代数元；

(3) $F(\alpha)$为 F 的有限扩张.

证明 (1)⇒(2) $F(\alpha)$是 F 的代数扩张，而 $\alpha\in F(\alpha)$，故 α 是 F 上的代数元；

(2)⇒(3)由于α是F上的代数元，因此由定理7.1.5可知$F(\alpha)$为F上的线性空间且$[F(\alpha):F]=\deg(\alpha,F)<+\infty$，故(3)成立.

(3)⇒(1)设$[F(\alpha):F]=n<+\infty$. $\forall\beta\in F(\alpha)$，$1,\beta,\cdots,\beta^n$这$n+1$个元素一定线性相关，即存在不全为0的$a_0$，$a_1$，…，$a_n\in F$使得$a_0+a_1\beta+\cdots+a_n\beta^n=0$，因此$\beta$是$F$上的代数元，进而可知$F(\alpha)$为$F$的代数扩张. □

定理 7.1.8　设E是F的扩域，K是E的扩域，即$F\subseteq E\subseteq K$，那么当且仅当$[K:F]<+\infty$时，有$[E:F]<+\infty$，$[K:E]<+\infty$，且有

$$[K:F]=[K:E][E:F].$$

证明　留给读者自行证明. □

从定理7.1.8可以得到以下几个重要的推论.

推论 7.1.3　若$[K:F]$是素数，则K与F之间无中间域，即不存在域E使得$F\subset E\subset K$.

推论 7.1.4*　若K是F的有限扩张，则有中间域的升链

$$F=F_0\subset F_1\subset F_2\subset\cdots\subset F_r=K,$$

且F_{i+1}是F_i的单代数扩张，$i=0,1,2,\cdots,r-1$（此升链称为**单代数扩张升链**）. 反之，若K对F有单代数扩张升链，则K是F的有限扩张.

证明　设$[K:F]<+\infty$且$K\neq F$($K=F$时显然成立). 取$\alpha_1\in K\setminus F$，令$F_1=F(\alpha_1)$，于是有$F=F_0\subset F_1$. 若此时$F_1=K$，则$r=1$；若$F_1\neq K$，则重复上面的做法，有限次后即可得单代数扩张升链.

反之，由于F_{i+1}是F_i的单代数扩张，因此根据定理7.1.7可知$[F_{i+1}:F_i]<+\infty$，从而有

$$[K:F]=[K:F_{r-1}][F_{r-1}:F_{r-2}]\cdots[F_1:F]<+\infty.$$ □

推论 7.1.5　若K是E的代数扩张，E是F的代数扩张，则K是F的代数扩张.

证明　只需证明任意$\alpha\in K$都是F上的代数元. 现已知α是E上的代数元，于是我们记$\mathrm{Irr}(\alpha,E)=x^n+a_1x^{n-1}+\cdots+a_{n-1}x+a_n$，$a_i\in E$. 易知$\mathrm{Irr}(\alpha,E)\in F(a_1,a_2,\cdots,a_n)[x]$. 由于$F\subset F(a_1)\subset F(a_1)(a_2)\subset\cdots\subset F(a_1)(a_2)\cdots(a_n)\subset F(a_1,a_2,\cdots,a_n)(\alpha)$是单代数扩张升链，故$F(a_1,a_2,\cdots,a_n)(\alpha)$是$F$的有限扩张，从而也是代数扩张，因此$\alpha$是$F$上的代数元. □

定义 7.1.9*　设K为F的扩域，K中所有F上的代数元的集合K_0称为F在K中的**代数闭包**.

定理 7.1.9*　设K为F的扩域，K_0是K在F上的代数闭包，那么K_0是包含于K的F的最大代数扩域(扩张). 对于$\forall\alpha\in K\setminus K_0$，$\alpha$必是$K_0$上的超越元.

证明　只需证明K_0是F的扩域，由定义即可知K_0是K中F的最大代数扩域. 设$\forall\alpha,\beta\in K_0(\beta\neq0)$，于是有$\alpha\pm\beta$，$\alpha\beta^{\pm1}\in F(\alpha,\beta)=F(\alpha)(\beta)$. $F(\alpha)(\beta)$是$F(\alpha)$的代数扩张，$F(\alpha)$是F的代数扩张，于是根据推论7.1.5可知$F(\alpha,\beta)$是F的代数扩张，因此$\alpha\pm\beta$，$\alpha\beta^{\pm1}$均是F上的代数元，即$\alpha\pm\beta$，$\alpha\beta^{\pm1}\in K_0$，故$K_0$是$F$的扩域. 对于$\forall\alpha\in K\setminus K_0$，假设$\alpha$是$K_0$上的代数元，则$K_0(\alpha)$是$K_0$的代数扩张. 由于$F\subset K_0\subset K_0(\alpha)$，因此$K_0(\alpha)$是$F$的代数扩张，即$\alpha$是$F$上的代数元，从而有$\alpha\in K_0$，与假设矛盾. 故$\alpha$必是$K_0$上的超

越元． □

下面介绍与域的扩张有直接关系的一种重要的群，其在有限域中有着重要作用．

定义 7.1.10 设 K_1,K_2 为域 F 的扩域，若存在K_1 到K_2 的同构 ϕ 使得 $\phi|_F=\mathrm{id}_F$，则称K_1,K_2 为 F 的**等价扩张**，称 ϕ 为 **F-同构**；特别地，当$K_1=K_2$ 时，称 ϕ 为 **F-自同构**．

定义 7.1.11 设 K 是一个域，K 的全体自同构映射组成的集合关于映射的复合运算构成一个群，称为 K 的**自同构群**，记作 $\mathrm{Aut}K$. 若 K 是域 F 的扩域，K 的所有 F- 自同构组成的集合关于映射的复合运算构成 $\mathrm{Aut}K$ 的一个子群，称为 K 在 F 上的**伽罗瓦(Galois)群**，记作 $\mathrm{Gal}(K/F)$.

例 7.1.4 定义 $\mathbb{C}$ 到 $\mathbb{C}$ 的映射 τ：

$$\tau(a+b\sqrt{-1})=a-b\sqrt{-1},\quad \forall a,b\in\mathbb{R},$$

容易验证 τ 是 $\mathbb{C}$ 的 $\mathbb{R}$- 自同构，故 $\tau\in\mathrm{Gal}(\mathbb{C}/\mathbb{R})\subseteq\mathrm{Aut}\mathbb{C}$. 同时可以验证，$\tau^2(a+b\sqrt{-1})=a+b\sqrt{-1}$，即$\tau^2=\mathrm{id}_{\mathbb{C}}$，因此可知 $\mathrm{Gal}(\mathbb{C}/\mathbb{R})=\{\mathrm{id}_{\mathbb{C}},\ \tau\}=\langle\tau\rangle$(或$<\tau>$).

习题

A 组

1. 证明定理 7.1.8.
2. 求下列域扩张的次数：
   (1) $[\mathbb{Q}(\sqrt{3},\sqrt{5})：\mathbb{Q}]$； (2) $[\mathbb{Q}(\sqrt{3}+\sqrt{5})：\mathbb{Q}]$；
   (3) $[\mathbb{Q}(\sqrt[3]{2},\sqrt{5})：\mathbb{Q}]$； (4) $[\mathbb{Q}(\sqrt{3},\sqrt{5})：\mathbb{Q}(\sqrt{3}+\sqrt{5})]$.
3. 若 K 为 F 的扩域，$[K:F]=p$ 是素数，则对于 $\forall\alpha\in K\setminus F$，有 $K=F(\alpha)$.
4. 证明：若 a，$b\in\mathbb{Q}$，$\sqrt{a}+\sqrt{b}\neq0$，则 $\mathbb{Q}(\sqrt{3},\sqrt{5})=\mathbb{Q}(\sqrt{3}+\sqrt{5})$.

B 组

5. 若 K 为 F 的扩域，$\alpha,\beta\in K\setminus F$，$\deg(\alpha,F)$与 $\deg(\beta,F)$互素，求证：$\mathrm{Irr}(\alpha,F)$是 $F(\beta)[x]$上的不可约多项式，从而有$[F(\alpha,\beta):F]=\deg(\alpha,F)\deg(\beta,F)$.
6. (1) 证明 $\mathbb{Q}(\sqrt{3})$和 $\mathbb{Q}(\sqrt{5})$作为 $\mathbb{Q}$ 上的线性空间是同构的，但作为域不是同构的；
   (2) 证明若 $K=F(\alpha)$为 F 的扩域，则 $L_\alpha:x\to\alpha x$，$\forall x\in K$ 是K 到自身的线性变换，并且 $\det(xI-L_\alpha)=\mathrm{Irr}(\alpha,F)$.

7.2 有限域及其性质

本节将简要介绍有限域的结构及其若干代数性质.

7.2.1 有限域及其子域

定义 7.2.1 包含元素个数有限的域称为**有限域**，或者**伽罗瓦域**．

由上一节内容可知有限域的特征必为素数，并且我们知道对于任一素数 p，一定存在特征为 p 的有限域 $\mathbb{Z}/p\mathbb{Z}=\mathbb{Z}_p$. 事实上，$\mathbb{Z}_p$ 是最简单的有限域，它含有 p 个元素，但有限域不仅包含这种形式．我们在 6.5 节介绍过环与其极大理想的商环构成域，构造 $\mathbb{Z}_p[x]/\langle f(x)\rangle$，其中 $f(x)$为 $\mathbb{Z}_p[x]$中的 n 次不可约多项式，即可得到元素个数为 p^n 的有限域.

定理 7.2.1 有限域 F 中包含的元素个数为 $q=p^n$，其中 p 为 F 的特征，n 为 F 对其素子域的扩张次数．

证明 有限域的特征为素数 p，故 $\mathbb{Z}_p$ 为 F 的素子域，由 F 有限可知 F 对 $\mathbb{Z}_p$ 的扩张次数$[F:\mathbb{Z}_p]$有限．设$[F:\mathbb{Z}_p]=n$. 取 $\alpha_1,\cdots,\alpha_n$ 为 F 在 $\mathbb{Z}_p$ 上的一组基(此处“基”的概念可参考线性代数中的概念)，于是 F 中的每个元素都可以唯一地表示为 $\alpha_1,\cdots,\alpha_n$ 的线性组合 $a_1\alpha_1+\cdots+a_n\alpha_n$. 由于 $a_1,\cdots,a_n\in\mathbb{Z}_p$，每个系数有 p 种可能的取值，故 $|F|=p^n$. □

我们已经证明有限域中的元素个数一定是素数方幂，下面的定理则说明了给定任意的素数 p 和正整数 n，一定存在 p^n 阶有限域.

定理 7.2.2 对于任意的素数 p 和任一正整数 n，必然存在阶为 p^n 的有限域．

证明 考虑 $\mathbb{Z}_p$ 上的多项式 $f(x)=x^{p^n}-x$. 容易发现对于任意的 $\alpha\in\mathbb{Z}_p$，有 $f(\alpha)=0$. 令 S 为 $f(x)$所有根的集合，F 为包含 S 的最小的域，易知 F 的特征为 p 且 $\mathbb{Z}_p\subset F$. 对于任意的 $\alpha,\beta\in S$，有

$$f(\alpha-\beta)=(\alpha-\beta)^{p^n}-(\alpha-\beta)=(\alpha^{p^n}-\alpha)-(\beta^{p^n}-\beta)=f(\alpha)-f(\beta)=0,$$

$$f(\alpha\beta^{-1})=(\alpha\beta^{-1})^{p^n}-(\alpha\beta^{-1})=\beta^{-p^n}f(\alpha)+\alpha f(\beta^{-1})=0.$$

因此，S 是一个域，即 $F=S$. 显然 S 中有 p^n 个元素，定理得证. □

注意：在同构意义下元素个数为 p^n 的有限域是唯一的．(感兴趣的读者可自行证明．)

由于唯一性，我们通常将 $q=p^n$ 元域记作 $\mathbb{F}_q=\mathbb{F}_{p^n}$或 $\mathrm{GF}(q)=\mathrm{GF}(p^n)$，这里的 GF 表示 Galois 域，以纪念法国数学家 Galois.

下面我们讨论有限域 $K=\mathbb{F}_{p^n}$的子域的一些特性．

定理 7.2.3 有限域 $K=\mathbb{F}_{p^n}$的子域的阶为 p^d，其中 $d|n$. 反之，对于任意的 $d|n$，K 存在唯一一个 p^d 元子域．

证明 设F为K的子域，且$|F|=p_1^d$，其中 p_1 为素数．设$[K:F]=t$，则$|K|=|F|^t$，于是有 $p^n=(p_1^d)^t=p_1^{dt}$. 由于 p 和 p_1 均为素数，因此 $p_1=p$ 且 $n=dt$，故$|F|=p^d$ 且 $d|n$. 另一方面，由于K是 p^n 元域，因此有 $x^{p^n}-x=\prod\limits_{\alpha\in F}(x-\alpha)$. 当 $d|n$ 时，$(x^{p^d}-x)|(x^{p^n}-x)$，于是多项式 $x^{p^d}-x$ 可在K上分解为一次因式的乘积．由于 $x^{p^d}-x$ 无重根，因此 $F=\{\alpha\in F|\alpha^{p^d}=\alpha\}$中恰有 p^d 个元素．易知 $\forall\alpha,\beta\in F,\alpha\pm\beta,\alpha\beta^{\pm1}\in F$，故 F 是K 的子域．若存在 $F_1\neq F_2$ 都是 K 的 p^d 阶子域，则有$|F_1\cup F_2|>p^d$；又知 $F_1\cup F_2$ 中的元素都是 $x^{p^d}-x$ 的根，而 $x^{p^d}-x$ 的根至多有 p^d 个，矛盾．故 K 存在唯一一个 p^d 元子域. □

此定理说明有限域和其子域的**特征**是相同的．

例 7.2.1 写出有限域 $\mathbb{F}_{2^{12}}$的所有子域．

解 将 12 的所有因子不重复地按照下图的方式列出来，图中的连线表示下面的数能够整除上面的数，连续的连线具有整除的连续性，即连线上面的数与下面的数只差一个素因子，而没有整除关系的数之间没有连线．我们通常将图 7.2.1 称为 12 的因子构成的格.

所以有限域 $\mathbb{F}_{2^{12}}$的子域结构如图 7.2.2 所示。

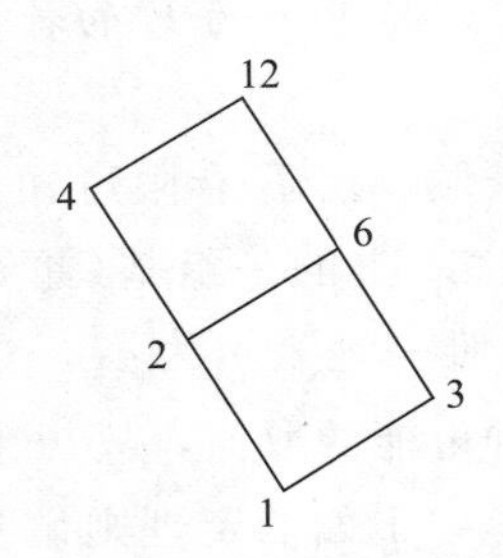

图 7.2.1 12 的因子构成的格

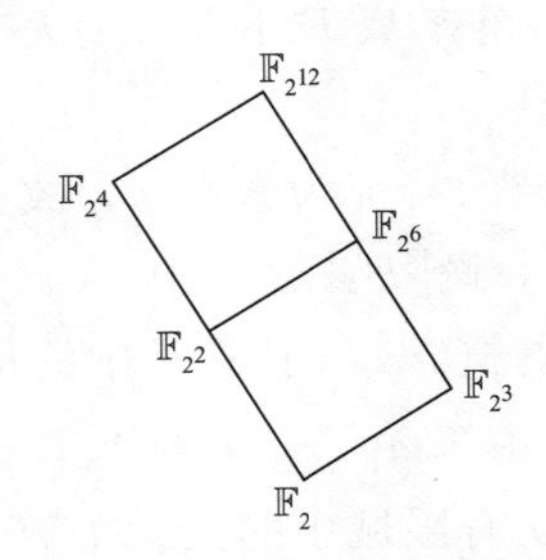

图 7.2.2 $\mathbb{F}_{2^{12}}$ 的子域结构 □

7.2.2 有限域的群结构

接下来，我们讨论有限域的群结构.

首先我们来观察有限域的加法群结构. 从定理 7.1.2 的证明过程可知，特征为 p 的有限域 F 可以看作 $\mathbb{F}_p$ 上的线性空间，若线性空间的维数为 n，那么 F 中的元素可以表示为 $\mathbb{F}_p$ 中元素构成的 n 维向量，且 F 的加法就是向量的对应分量相加. 因为 $\mathbb{F}_p$ 的加法群为 p 阶循环群，所以 F 的加法群为 n 个 p 阶循环群的直积，即初等交换 p-群(对初等交换 p-群感兴趣的读者可参考相关的抽象代数书籍).

下面讨论有限域的乘法群结构. 设 F 为有限域，$F^*=F\setminus\{0\}$ 为 F 的乘法群. F^* 包含 $q-1$ 个元素，因此 F^* 是一个 $q-1$ 阶群.

定理 7.2.4 设 F 为 q 元域，E 为 F 的扩域. E 中的元素 β 落在 F 中当且仅当 $\beta^q=\beta$. 特别地，F 中的每个元素都是多项式 x^q-x 的根.

证明 设 $\beta\in F$. 若 $\beta=0$，显然有 $\beta^q=\beta$；若 $\beta\neq0$，由于 F^* 为 $q-1$ 阶群，因此 $\beta^{q-1}=1$，故 $\beta^q=\beta$，于是 F 中的 q 个元素已给出多项式 x^q-x 的 q 个根. 而多项式 x^q-x 至多有 q 个根，所以 $E\setminus F$ 中的元素不是 x^q-x 的根. 故对于 $\beta\in E$，若 $\beta^q=\beta$，则 $\beta\in F$. □

定义 7.2.2 设 $a\in F^*$，称使 $a^t=1$ 成立的最小正整数 $t(t\geqslant1)$ 为 a 的**阶**，记作 $\mathrm{ord}(a)$.

通常 a 取不同值时，a 的阶也可能不同，并且计算有可能会很困难. 但是，利用如下的结论我们可以很明确地求出 t 阶元素的个数.

定理 7.2.5 设 F 为 q 元域. 对于任意的 $a\in F^*$，若 $\mathrm{ord}(a)=t$，则 $t\mid(q-1)$.

证明 因为 $\mathrm{ord}(a)=t$，所以 $\{1,a,a^2,\cdots,a^{t-1}\}$ 构成了一个 F^* 的子群. 由拉格朗日定理(即定理 5.3.4)可知，子群的元素个数一定是整个群的元素个数的因子，故 $t\mid(q-1)$. □

定理 7.2.6 若 F^* 中有 t 阶元 α，存在 $\beta^t=1$，则 β 一定为 α 的方幂.

证明 易知 $1,\alpha,\alpha^2,\cdots,\alpha^{t-1}$ 是方程 $x^t-1=0$ 的 t 个不同的根，而此方程至多有 t 个根，也就是说除了上述的 t 个根之外不会再有其他根. 于是，每个满足 $x^t=1$ 的 F 中的元素一定在 $\{1,\alpha,\alpha^2,\cdots,\alpha^{t-1}\}$ 中，即可以表示为 α 的方幂. □

定理 7.2.7 若 $\mathrm{ord}(\alpha)=t$，则 $\mathrm{ord}(\alpha^i)=t/\gcd(i,t)$.

证明 由于 $(\alpha^i)^{t/\gcd(i,t)}=(\alpha^t)^{i/\gcd(i,t)}=1$，因此 $\mathrm{ord}(\alpha^i)\mid(t/\gcd(i,t))$；由于 $\alpha^{i\cdot\mathrm{ord}(\alpha^i)}=(\alpha^i)^{\mathrm{ord}(\alpha^i)}=1$，有 $\mathrm{ord}(\alpha)\mid i\cdot\mathrm{ord}(\alpha^i)$，于是有

$$\frac{\mathrm{ord}(\alpha)}{\gcd(i,t)}\Bigg|\,\mathrm{ord}(\alpha^i)\cdot\frac{i}{\gcd(i,t)},$$

因为$\left(\frac{\mathrm{ord}(\alpha)}{\gcd(i,t)}, \frac{i}{\gcd(i,t)}\right)=1$，所以$(t/\gcd(i,t)) \mid \mathrm{ord}(\alpha^i)$．综上，可得$\mathrm{ord}(\alpha^i)=t/\gcd(i,t)$． □

由定理7.2.7可知，我们只需知道有限域F中一个元素的阶，即可计算出任意元素的阶，而无须利用有限域F的特性．

例7.2.2 设有限域F中元素α的阶为$\mathrm{ord}(\alpha)=12$，写出F中其他非零元素的阶．

解 我们可以利用定理7.2.7计算α^i的阶如表7.2.1所示(其中$i=0,1,\cdots,11$)．

表7.2.1 $\alpha^i(i=0,1,\cdots,11)$的阶

i	0	1	2	3	4	5	6	7	8	9	10	11
$(i,12)$	12	1	2	3	4	1	6	1	4	3	2	1
$\mathrm{ord}(\alpha^i)$	1	12	6	4	3	12	2	12	3	4	6	12

□

观察例7.2.2中的表可以发现，该例子中恰有4个12阶元，2个6阶元，2个4阶元，2个3阶元，1个2阶元，1个1阶元，于是可以利用欧拉函数将例7.2.2的结果进行一般性的推广．首先对欧拉函数的性质进行进一步补充，关于欧拉函数的基础内容见第2章．

引理7.2.1 设n为正整数，d是n的因子，φ为欧拉函数，那么有

$$\sum_{d \mid n}\varphi(d)=n.$$

证明 设$G=\langle a\rangle$为n阶循环群．对任意$b\in G$，存在正整数$0\leqslant k\leqslant n-1$使得$b=a^k$．而$\mathrm{ord}(a^k)=\frac{\mathrm{ord}(a)}{(\mathrm{ord}(a),\ k)}=\frac{n}{(n,\ k)}$．若$d=\mathrm{ord}(a^k)$，则有$(n,\ k)=\frac{n}{d}$，等价于$\left(d,\ \frac{kd}{n}\right)=1$．故这样的$k$有$\varphi(d)$个，把$G$中的元素按阶来进行分类，于是可得$\sum_{d\mid n}\varphi(d)=n$． □

定理7.2.8 设t，q为正整数，F为q元域．若$t\nmid(q-1)$，则F中无t阶元；若$t\mid(q-1)$，则F中恰有$\varphi(t)$个t阶元．

证明 $t\nmid(q-1)$时，显然F中无t阶元．下面说明$t\mid(q-1)$时，F中将总是有$\varphi(t)$个t阶元．设F中的t阶元的个数为$\psi(t)$．由域F中的每个非零元的阶都必定整除$q-1$可知

$$\sum_{t\mid(q-1)}\psi(t)=q-1,$$

而由引理7.2.1可知$\sum_{t\mid(q-1)}\varphi(t)=q-1$，两式相减有

$$\sum_{t\mid(q-1)}(\varphi(t)-\psi(t))=0$$

但是对于满足$t\mid(q-1)$的所有正整数t，有$\varphi(t)-\psi(t)\geqslant 0$，故对于$q-1$的每个正因子$t$，均有$\varphi(t)-\psi(t)=0$，即$\varphi(t)=\psi(t)$． □

推论7.2.1 任意q元域都有$\varphi(q-1)(\geqslant 1)$个$q-1$阶元素，因此任意有限域的乘法群都是循环群．

推论7.2.2 设F为$q(q\geqslant 3)$元域，有以下结论：

(1) F中任意非零元α的逆为$\alpha^{-1}=\alpha^{q-2}$；

(2) F中所有元素之和为0.

证明 (1) F中任意非零元α满足$\alpha^{q-1}=1$，有$\alpha\cdot\alpha^{-1}=1=\alpha\cdot\alpha^{q-2}$，故$\alpha^{-1}=\alpha^{q-2}$；

(2) 取 F 中的一个 $q-1$ 阶元素 α，则 F 中所有元素之和可以表示为

$$\sum_{\beta\in F}\beta = 0+1+\alpha+\alpha^2+\cdots+\alpha^{q-2} = \frac{1-\alpha^{q-1}}{1-\alpha} = 0.$$ □

由于有限域的乘法群是循环群，因此存在生成元．下面我们对该生成元进行讨论．

定义 7.2.3 q 元域 F 中的 $q-1$ 阶元素，即循环群 F^* 的生成元，称为域 F 的**本原元素**，或简称为**本原元**．

例 7.2.3 给出有限域 $\mathbb{Z}_7$ 的本原元．

解 计算 2 的方幂得到 $2^0=1$，$2^1=2$，$2^2=4$，$2^3=1$，所以 2 及其各个方幂都不是 $\mathbb{Z}_7$ 的本原元；再检验元素 3，计算 3 的方幂得到 $3^0=1$，$3^1=3$，$3^2=2$，$3^3=6$，$3^4=4$，$3^5=5$，$3^6=1$，所以 $\text{ord}(3)=6$，而 $\text{ord}(5)=\text{ord}(3^5)=6/\gcd(5,6)=6$，故 3 和 5 是 $\mathbb{Z}_7$ 的本原元．$\mathbb{Z}_7$ 有 $\varphi(7-1)=\varphi(6)=2$ 个本原元． □

在例 7.2.3 中我们通过试验的方式找到了域的本原元，但是当域中的元素很多时，这种方法并不适用．事实上，在 q 元域 F 中任取 F^* 中的一个元素，其为本原元的概率为 $\frac{\varphi(q-1)}{q-1}$，而在某些情况下，$\frac{\varphi(q-1)}{q-1}$的值可以任意小．一般来说，当前没有一个确定的有效算法来找到有限域的一个本原元，下面给出一个寻找任意有限域的本原元的随机算法，称为 Gauss 算法．

Gauss 算法

第一步：令 $i=1$，在域 F 中随机选取一个非零元α_1，设 $\text{ord}(\alpha_1)=t_1$.

第二步：设 $\text{ord}(\alpha_i)=t_i$. 若 $t_i=q-1$，则算法停止，α_i就是所求的本原元；否则跳转到第三步．

第三步：在域 F 中选一个非零元 β 使其不是α_i的方幂，设 $\text{ord}(\beta)=s$. 若 $s=q-1$，则令$\alpha_{i+1}=\beta$，算法停止；否则跳转到第四步．

第四步：选取整数 d 和 e 满足 $d\mid t_i$，$e\mid s$，$(d,e)=1$ 且 $de=[t_i,s]$. 令$\alpha_{i+1}=\alpha_i^{t_i/d}\cdot\beta^{s/e}$，则 $\text{ord}(\alpha_{i+1})=t_{i+1}=de=[t_i,s]$，$i$ 值增加 1 并返回第二步．

注意：

(1) 在第三步中，因为 β 不是α_i的方幂，所以 β 的阶 s 不会是 t_i的因子，进而$[t_i,s]$将会是 t_i的倍数，且严格大于 t_i.

(2) 在第四步中，对于任意给定的两个正整数 m 和 n，一定存在整数 d 和 e 满足$d\mid m$，$e\mid n$，$(d,e)=1$ 且 $de=[m,n]$. 事实上，根据算术基本定理，我们可以将 m 和 n 分解为 $m=p_1^{\alpha_1}p_2^{\alpha_2}\cdots p_r^{\alpha_r}$，$n=p_1^{\beta_1}p_2^{\beta_2}\cdots p_r^{\beta_r}$，其中$\alpha_i$，$\beta_i\geqslant 0$，$1\leqslant i\leqslant r$. 令 $d=\prod\limits_{\alpha_i\geqslant\beta_i}p_i^{\alpha_i}$，$e=\prod\limits_{\alpha_i<\beta_i}p_i^{\beta_i}$，则 d 和 e 即为所求．例如，若 $m=12=2^2\times 3$，$n=18=2\times 3^2$，则 $d=2^2=4$，$e=3^2=9$.

(3) 在第四步中，元素 $\alpha_i^{t_i/d}$的阶为 $t_i/(t_i,t_i/d)=d$，$\beta^{s/e}$的阶为 $s/(s,s/e)=e$，由于 $(d,e)=1$，因此$\alpha_i^{t_i/d}\cdot\beta^{s/e}$的阶为 de. 于是，元素 $\alpha_{i+1}=\alpha_i^{t_i/d}\cdot\beta^{s/e}$的阶 t_{i+1}为 $\text{ord}(\alpha_i)$的倍数且严格大于它，有限步后这个算法必定会终止于找到一个本原元．

例 7.2.4 利用 $f(x)=x^2-2$ 构造一个有限域，并找出域中的本原元．

解 这里只给出了构造有限域的多项式，并未给出构造域所需的环，因此我们可以任

选一个环使得 x^2-2 为其中的不可约多项式即可．我们注意到，在 $\mathbb{Z}_5$ 中 $f(0)=3$，$f(1)=f(4)=4$，$f(2)=f(3)=2$，因此 $f(x)$是 $\mathbb{Z}_5[x]$中的一个不可约多项式，我们可以构造一个 25 元域 $F=\mathbb{Z}_5[x]/\langle x^2-2\rangle=\{[ax+b]\mid a, b\in\mathbb{Z}_5=\{0,1,2,3,4\}\}$. F 中的加法定义为系数模 5 的多项式加法，乘法定义为模 x^2-2 和 5 的多项式乘法．F 中的元素同样可以看成是二维向量(a,b)，其中 a，$b\in\mathbb{Z}_5$. 在向量表示法下，F 中的加法可以表示为

$$(a_1,b_1)+(a_2,b_2)=(a_1+a_2(\bmod 5),b_1+b_2(\bmod 5)),$$

F 中的乘法可以表示为

$$(a_1,b_1)\cdot(a_2,b_2)=(a_1b_2+a_2b_1(\bmod 5),2a_1a_2+b_1b_2(\bmod 5)).$$

(这是因为多项式形式下 F 中乘法的计算过程为$(a_1x+b_1)(a_2x+b_2)(\bmod x^2-2)=a_1a_2x^2+(a_1b_2+a_2b_1)x+b_1b_2-a_1a_2(x^2-2)=(a_1b_2+a_2b_1)x+(2a_1a_2+b_1b_2)$.)

下面利用 Gauss 算法寻找 F 中的本原元．首先取 $\alpha_1=(1,0)$，为了计算 $\mathrm{ord}(\alpha_1)$，我们计算如表 7.2.2 的方幂．

表 7.2.2　α_1 的方幂

i	0	1	2	3	4	5	6	7
α^i	(0,1)	(1,0)	(0,2)	(2,0)	(0,4)	(4,0)	(0,3)	(3,0)

所以 $\mathrm{ord}(\alpha_1)=8$，即在 Gauss 算法中我们有 $t_1=8$. 由于 $t_1\neq q-1=24$，因此 α_1 不是本原元，我们需要跳转到第三步，选取一个不是 α_1 方幂的元素 $\beta=(1, 1)$，计算表 7.2.3 可以看出 $\mathrm{ord}(\beta)=12$.

表 7.2.3　$\beta(1,1)$的方幂

i	0	1	2	3	4	5	6	7	8	9	10	11
β^i	(0,1)	(1,1)	(2,3)	(0,2)	(2,2)	(4,1)	(0,4)	(4,4)	(3,2)	(0,3)	(3,3)	(1,4)

现在我们已知$\alpha_1=(1,0)$，$t_1=8=2^3$，$\beta=(1,1)$，$s=12=2^2\cdot 3$. 然后，我们进入第四步，这里取 $d=2^3=8$，$e=3$，则$(d,e)=1$ 且 $de=24=[8,12]$. 于是，$\alpha_2=\alpha_1^{t_1/d}\cdot\beta^{s/e}=\alpha_1\beta^4=(1,0)\cdot(2,2)=(2,4)$的阶为 24，即 $t_2=24$. 返回第二步，停止．这样我们就求出了 F 中的一个本原元(2, 4). □

下面介绍一个与本原元直接相关的概念——**本原多项式**.

设 F 是一个 q 元域，K 是 F 的扩域．设 K 关于 F 的扩张次数为 n，即$[K:F]=n$，则 $K=\mathbb{F}_{q^n}$. 由于 K 是 F 的有限扩张，故为代数扩张，从而任取 $\alpha\in K$，α 是 F 上的代数元．下面我们将讨论 α 在 F 上的极小多项式．显然元素 0 在 F 上的极小多项式为 x，所以我们只讨论 $\alpha\neq 0$ 的情形．

设 $\mathrm{ch}K=\mathrm{ch}F=p$，$q$ 即为 p 的方幂．设 $p(x)=p_0+p_1x+p_2x^2+\cdots+p_dx^d\in F[x]$以 α 为根，即 $p(\alpha)=p_0+p_1\alpha+p_2\alpha^2+\cdots+p_d\alpha^d=0$. 对方程两边都取 q 次方可得

$$(p_0+p_1\alpha+p_2\alpha^2+\cdots+p_d\alpha^d)^q=p_0^q+p_1^q\alpha^q+p_2^q\alpha^{2q}+\cdots+p_d^q\alpha^{dq}=0.$$

因为 $p_i\in F$，所以有 $p_i^q=p_i$，于是有

$$p_0^q+p_1^q\alpha^q+p_2^q\alpha^{2q}+\cdots+p_d^q\alpha^{dq}=p_0+p_1\alpha^q+p_2\alpha^{2q}+\cdots+p_d\alpha^{dq}=p(\alpha^q)=0.$$

因此，若 α 是 $p(x)$的根，那么α^q 也是 $p(x)$的根．利用相同的推导过程可以发现，α^{q^2}，α^{q^3}，…

都是 $p(x)$的根．于是，我们有如下的定义．

定义 7.2.4　我们称 $\alpha,\alpha^q,\alpha^{q^2},\alpha^{q^3},\cdots$ 为 α(关于子域 F)的**共轭根系**．

由于 K 是有限域，因此序列 $\alpha,\alpha^q,\alpha^{q^2},\alpha^{q^3},\cdots$中一定有重复，于是我们可以得到如下定理．

定理 7.2.9　若 α 的共轭根系中的元素个数为 d，则 d 为满足 $q^d\equiv 1(\mathrm{mod}\ \mathrm{ord}(\alpha))$的最小正整数.

证明　设$\alpha^{q^d}=\alpha^{q^j}$为共轭根系中的第一个重复，其中 $j<d$，则 $1=\alpha^{q^d-q^j}=\alpha^{q^j(q^{d-j}-1)}$，所以 $\mathrm{ord}(\alpha)\mid q^j(q^{d-j}-1)$．由于 $\mathrm{ord}(\alpha)\mid(q^n-1)$，这便得到$(\mathrm{ord}(\alpha),\ q^j)=1$，因此有 $\mathrm{ord}(\alpha)\mid(q^{d-j}-1)$，由此可以推出$\alpha^{q^{d-j}}=\alpha$，即出现了$\alpha^{q^{d-j}}$的第一个重复元素，但$\alpha^{q^d}$为最先出现重复的元素，因此 $j=0$，即$\alpha^{q^d}=\alpha$．由 d 的最小性和 $\mathrm{ord}(\alpha)\mid(q^d-1)$可知 d 为满足 $q^d\equiv 1(\mathrm{mod}\ \mathrm{ord}(\alpha))$的最小正整数．□

由定理 7.2.9 我们知道 α 的共轭根系中的 d 个元素 $\alpha,\alpha^q,\alpha^{q^2},\cdots,\alpha^{q^{d-1}}$ 必定都是 α 在 F 上的极小多项式的根．定义

$$f_\alpha(x)=(x-\alpha)(x-\alpha^q)(x-\alpha^{q^2})\cdots(x-\alpha^{q^{d-1}}),$$

则 $f_\alpha(x)$为 α 的极小多项式的因式，并且有如下定理．

定理 7.2.10　设 K 是一个 q^n 元域，F 是其 q 元子域．设 $\alpha\in K^*$，则 α 在 F 上的极小多项式为

$$f_\alpha(x)=(x-\alpha)(x-\alpha^q)(x-\alpha^{q^2})\cdots(x-\alpha^{q^{d-1}}),$$

其中 d 为满足 $q^d\equiv 1(\mathrm{mod}\ \mathrm{ord}(\alpha))$的最小正整数．

证明　首先将 $f_\alpha(x)$展开为

$$f_\alpha(x)=(x-\alpha)(x-\alpha^q)\cdots(x-\alpha^{q^{d-1}})=x^d+A_{d-1}x^{d-1}+\cdots+A_1x+A_0,$$

其中$A_i\in K$．等式两边同时取 q 次幂得到

$$(x-\alpha)^q(x-\alpha^q)^q\cdots(x-\alpha^{q^{d-1}})^q=x^{qd}+A_{d-1}^qx^{q(d-1)}+\cdots+A_1^qx^q+A_0^q.$$

由于$(x-\beta)^q=x^q+(-1)^q\beta^q=x^q-\beta^q$，因此

$$(x-\alpha)^q(x-\alpha^q)^q\cdots(x-\alpha^{q^{d-1}})^q=(x^q-\alpha^q)(x^q-\alpha^{q^2})\cdots(x^q-\alpha^{q^{d-1}})(x^q-\alpha)=f_\alpha(x^q).$$

再由 $f_\alpha(x)$的展开式得到

$$f_\alpha(x^q)=x^{qd}+A_{d-1}x^{q(d-1)}+\cdots+A_1x^q+A_0,$$

所以$A_i^q=A_i$，$0\leqslant i\leqslant d-1$，也就是说$A_i$都是$F$ 中的元素．由于 $f_\alpha(x)$是 α 在F 上的极小多项式的因子，又因为 $f_\alpha(x)\in F[x]$，因此 $f_\alpha(x)$就是 α 在 F 上的极小多项式．

进一步地，我们可以发现$[F(\alpha):F]=d$，由 $n=[K:F]=[K:F(\alpha)][F(\alpha):F]$可知 $d\mid n$，即 α 在 F 上的次数 $\deg(\alpha,\ F)$为 n 的因子．对于任意正整数 l，若 $l=ud+r$，其中 $0\leqslant r\leqslant d-1$，则 $\alpha^{q^l}=\alpha^{q^r}$．□

定义 7.2.5　若 α 为 K 的本原元，则 α 在 F 上的极小多项式称为 F 上的**本原多项式**.

我们也可以以另一种方式来叙述上述定义：有限域 $\mathbb{F}_q$ 上的 n 次本原多项式就是一个以 $\mathbb{F}_q$ 上的 n 次扩张 $\mathbb{F}_{q^n}$ 的本原元为根的 $\mathbb{F}_q$ 上的 n 次首一不可约多项式．另外，可以发现极小多项式的根彼此共轭，它们拥有相同的阶，所以 $\mathbb{F}_q$ 上的本原多项式的每个根都是 $\mathbb{F}_{q^n}$ 的本

原元．$\mathbb{F}_{q^n}$ 中有 $\varphi(q^n-1)$ 个本原元，而 n 次本原多项式有 n 个根，由此我们可得如下定理.

定理 7.2.11* 有限域 $\mathbb{F}_q$ 上的 n 次本原多项式的个数为 $\frac{1}{n}\varphi(q^n-1)$.

例 7.2.5 设 $q=2$，$n=4$，易知 x^4+x+1 为 $\mathbb{F}_2$ 上的本原多项式．利用此多项式构造一个 16 元有限域 $F=\mathbb{F}_2[x]/\langle x^4+x+1\rangle$，令 $\alpha=x+\langle x^4+x+1\rangle=[x]$(即以 x 为代表元的等价类)，可以表示为向量(0,0,1,0)，α 为域 F 的本原元．我们可以通过计算得到 F 中非零元素在 $\mathbb{F}_2$ 上的极小多项式，如表 7.2.4 所示．

表 7.2.4　F 中非零元素在 $\mathbb{F}_2$ 上的极小多项式

i	α^i	ord(α^i)	deg(α^i)	极小多项式
0	0001	1	1	$x+1$
1	0010	15	4	$(x-\alpha)(x-\alpha^2)(x-\alpha^4)(x-\alpha^8)=x^4+x+1$
2	0100	15	4	x^4+x+1
3	1000	5	4	$(x-\alpha^3)(x-\alpha^6)(x-\alpha^{12})(x-\alpha^9)=x^4+x^3+x^2+x+1$
4	0011	15	4	x^4+x+1
5	0110	3	2	$(x-\alpha^5)(x-\alpha^{10})=x^2+x+1$
6	1100	5	4	$x^4+x^3+x^2+x+1$
7	1011	15	4	$(x-\alpha^7)(x-\alpha^{14})(x-\alpha^{13})(x-\alpha^{11})=x^4+x^3+1$
8	0101	15	4	x^4+x+1
9	1010	5	4	$x^4+x^3+x^2+x+1$
10	0111	3	2	x^2+x+1
11	1110	15	4	x^4+x^3+1
12	1111	5	4	$x^4+x^3+x^2+x+1$
13	1101	15	4	x^4+x^3+1
14	1001	15	4	x^4+x^3+1

如上计算的几点注记：

(1) $i=0$. 元素 1 在任意域中的极小多项式均为 $x-1$，在特征为 2 的域中 $x-1$ 和 $x+1$ 是一样的．

(2) $i=1$. 因为 $\alpha=x+\langle x^4+x+1\rangle=[x]$，所以 α 的极小多项式就是定义这个有限域的不可约多项式，即 $f_\alpha(x)=x^4+x+1$. 当然，α 的极小多项式也可以通过直接计算 $(x-\alpha)(x-\alpha^2)(x-\alpha^4)(x-\alpha^8)$ 来得到．

(3) $i=2$. 因为 α，α^2，α^4，α^8 互相共轭，所以他们具有相同的极小多项式．因此，α^2(以及 α^4 和 α^8)的极小多项式为 x^4+x+1.

(4) $i=3$. 我们可以通过直接计算 $(x-\alpha^3)(x-\alpha^6)(x-\alpha^{12})(x-\alpha^9)$ 来得到 α^3 的极小多项式为 $x^4+x^3+x^2+x+1$. 我们也可以通过如下方式来计算：由 $(\alpha^3)^5=1$ 可知 α^3 为 x^5-1 的根，又已知 $\alpha^3\neq1$，所以 α^3 一定是 $(x^5-1)/(x-1)$ 的根．因为 $\deg(\alpha^3)=4$，所以 α^3 的极小多项式为 $x^4+x^3+x^2+x+1$.

(5) $i=7$. 我们可以通过直接计算 $(x-\alpha^7)(x-\alpha^{14})(x-\alpha^{13})(x-\alpha^{11})$ 来得到 α^7 的极小多项式为 x^4+x^3+1. 另外，可以发现 $f_{\alpha^7}(x)$ 的根 α^7，α^{14}，α^{13}，α^{11} 恰好为 $f_\alpha(x)$ 的根的逆，具有这样性质的两个多项式之间具有重要的联系．设 $f(x)=\sum_{i=0}^{m}a_ix^i\in\mathbb{F}_q[x]$ 且 $a_0a_m\neq0$，

定义 $\tilde{f}(x)=x^m f(1/x)=\sum_{i=0}^{m} a_{m-i}x^i$，称其为 $f(x)$ 的**互反多项式**，也就是把 $f(x)$ 的系数反方向写出来得到的多项式．显然 $f(\alpha)=0$ 当且仅当 $\tilde{f}(\alpha^{-1})=0$，即以 $f(x)$ 的全部根的逆为根的多项式就是 $f(x)$ 的互反多项式 $\tilde{f}(x)$．由于 α 与 α^{-1} 的阶相同，因此若 $f(x)$ 是 $\mathbb{F}_q$ 上的 m 次本原多项式，则 $f(0)^{-1}\tilde{f}(x)$ 也是 $\mathbb{F}_q$ 上的 m 次本原多项式．在本例中，由于 $f_{\alpha^7}(x)$ 的根 α^7，α^{14}，α^{13}，α^{11} 恰好为 $f_\alpha(x)$ 的根的逆，因此 $f_{\alpha^7}(x)$ 就是 $f_\alpha(x)=x^4+x+1$ 的互反多项式，即 $f_{\alpha^7}(x)=x^4+x^3+1$．因为 $f_\alpha(x)$ 是 $\mathbb{F}_2$ 上的本原多项式，所以 $f_{\alpha^7}(x)$ 也是 $\mathbb{F}_2$ 上的本原多项式．另外，若多项式 $f(x)$ 满足 $\tilde{f}(x)=f(x)$，则称其为自互反的．

(6) $i>7$．这时的 α^i 与某个 α^j 共轭(其中 $j<7$)，它们的阶、次数以及极小多项式均相同．

下面讨论有限域的 Galois 群的相关问题．

定理 7.2.12　若映射 σ_j 满足 $\sigma_j(\alpha)=\alpha^{q^j}$，$\forall\alpha\in\mathbb{F}_{q^n}$，$0\leqslant j\leqslant n-1$．则 $\sigma_0,\sigma_1,\cdots,\sigma_{n-1}$ 是 $\mathbb{F}_{q^n}$ 关于 $\mathbb{F}_q$ 的自同构映射．进一步地，这些自同构映射互不相同．

证明　容易验证 σ_j 是自同态映射，而域的自同态一定是单同态，又由于 $\mathbb{F}_{q^n}$ 是有限集合，单射一定是满射，因此 σ_j 为域 $\mathbb{F}_{q^n}$ 的自同构．再注意到 $\mathbb{F}_q$ 中的每个元素 a 满足 $a^q=a$，所以对于 $\alpha\in\mathbb{F}_q$，有 $\sigma_j(\alpha)=\alpha$，故 σ_j 是 $\mathbb{F}_{q^n}$ 的 $\mathbb{F}_q$-自同构.

另一方面，设 σ 是一个 $\mathbb{F}_{q^n}$ 关于 $\mathbb{F}_q$ 的自同构映射，α 为 $\mathbb{F}_{q^n}$ 的一个本原元且 α 在 $\mathbb{F}_q$ 上的极小多项式为 $f(x)=x^n+a_{n-1}x^{n-1}+\cdots+a_1x+a_0\in\mathbb{F}_p[x]$．由

$$0=\sigma(0)=\sigma(\alpha^n+a_{n-1}\alpha^{n-1}+\cdots+a_0)=\sigma^n(\alpha)+a_{n-1}\sigma^{n-1}(\alpha)+\cdots+a_0$$

可知 $\sigma(\alpha)$ 也是 $f(x)$ 在域 $\mathbb{F}_{q^n}$ 中的根，而又知 $f(x)$ 的根是 α 的共轭元，故存在某个 $0\leqslant j\leqslant n-1$ 使得 $\sigma(\alpha)=\alpha^{q^j}$．因为 σ 保持乘法且 α 生成群 $\mathbb{F}_{q^n}^*$，所以对于任意的 $\beta\in\mathbb{F}_{q^n}$ 有 $\sigma(\beta)=\beta^{p^j}$，即 $\sigma=\sigma_j$．　□

定义 7.2.6　我们称映射 $\sigma:\alpha\mapsto\alpha^q$ 为 $\mathbb{F}_{q^n}$ 关于 $\mathbb{F}_q$ 的 **Frobenius 自同构**．

定理 7.2.13　$\mathrm{Gal}(\mathbb{F}_{q^n}/\mathbb{F}_q)$ 是 n 阶循环群，且生成元为 Frobenius 自同构 $\sigma:\alpha\mapsto\alpha^q$.

证明　留给读者自行证明．　□

推论 7.2.3　任意有限域的自同构群为循环群．

证明　注意到素域的自同构只有恒等映射．设 p 为素数，则有 $\mathrm{Aut}(\mathbb{F}_{p^n})=\mathrm{Gal}(\mathbb{F}_{p^n}/\mathbb{F}_p)=\langle\tau\rangle$，其中 τ：$\alpha\mapsto\alpha^p$，$\forall\alpha\in\mathbb{F}_{p^n}$．推论得证.　□

7.2.3　有限域中元素的表示

要进行有限域中的运算，首先需要对域中的元素进行表示，所以有限域中元素的表示是有限域实际应用时需要解决的基础问题．有限域中的元素表示形式的不同会带来有限域中运算效率的变化，下一节将要介绍的有限域的基也与有限域中元素的表示形式相关．通常来说，我们主要有三种表示有限域元素的方式．

1. 有限域中的非零元素表示为该有限域一个本原元的方幂

设 $\alpha\in\mathbb{F}_q$ 是 $\mathbb{F}_q$ 的一个本原元，则 $\mathbb{F}_q=\{0,1,\alpha,\alpha^2,\cdots,\alpha^{q-2}\}$．对于 $\beta\in\mathbb{F}_q^*$，存在唯一整

数 r 满足 $0\leqslant r\leqslant q-2$ 使得 $\beta=\alpha^r$，这个整数 r 称为以 α 为底 β 的**对数**，记作$\log_\alpha\beta$，有些文献也称其为 β 的**指数**，记作$\mathrm{ind}_\alpha\beta$. 在本原元 α 取定且不会引起歧义的情况下，β 的对数和指数可简记为 $\log(\beta)$和 $\mathrm{ind}(\beta)$. 在这种表示方式下，计算域中两个元素的乘积和非零元素的逆是很容易的，具体来说，对于 β，$\gamma\in\mathbb{F}_q^*$，有 $\mathrm{ind}(\beta\gamma)\equiv\mathrm{ind}(\beta)+\mathrm{ind}(\gamma)\pmod{q-1}$以及 $\mathrm{ind}(\beta^{-1})=q-1-\mathrm{ind}(\beta)$. 然而，使用这种表示方式来做加法就不容易了，这时我们可以利用 **Jacobi 对数**. 对于 $r\in\mathbb{Z}_{q-1}$，定义其 Jacobi 对数 $L(r)$满足 $1+\alpha^r=\alpha^{L(r)}$，去掉 $\alpha^r=-1$ 的情况(即若 q 为奇数，则去掉 $r=\frac{q-1}{2}$；若 q 为偶数，则去掉 $r=0$). 对于一个有限域 $\mathbb{F}_q$，我们可以列出它的 Jacobi 对数表，这样我们就可以借助此 Jacobi 对数表来进行域中的加法运算，计算方法为 $\alpha^r+\alpha^s=\alpha^r(1+\alpha^{s-r})=\alpha^{r+L(s-r)}$.

例 7.2.6 设 $\mathbb{F}_{16}=\mathbb{F}_2[x]/\langle x^4+x+1\rangle$，令 $\alpha=x+\langle x^4+x+1\rangle=[x]$，则 α 是 $\mathbb{F}_{16}$的本原元. 计算$(\alpha^6+\alpha^{10}+\alpha^{14})(1+\alpha^9)^{-1}+\alpha^8$.

解 我们可以计算得到如表 7.2.5 所示的 $\mathbb{F}_{16}$ 的 Jacobi 对数表.

表 7.2.5 $\mathbb{F}_{16}$的 Jacobi 对数表

r	0	1	2	3	4	5	6	7	8	9	10	11	12	13	14
$L(r)$	*	4	8	14	1	10	13	9	2	7	5	12	11	6	3

首先计算 $\alpha^6+\alpha^{10}=\alpha^{6+L(4)}=\alpha^7$，$\alpha^7+\alpha^{14}=\alpha^{7+L(7)}=\alpha^{16}$，$1+\alpha^9=\alpha^{L(9)}=\alpha^7$，然后计算$(\alpha^6+\alpha^{10}+\alpha^{14})(1+\alpha^9)^{-1}=\alpha^{16}\alpha^{-7}=\alpha^9$，最后可得 $\alpha^9+\alpha^8=\alpha^{8+L(12)}=\alpha^{12}$. □

2. 利用向量来表示有限域中的元素

设 p 为素数，$q=p^n$，取 $f(x)$是 $\mathbb{F}_p$ 上的一个 n 次不可约多项式，设 $\mathbb{F}_q=\mathbb{F}_p[x]/\langle f(x)\rangle$，$\alpha=x+\langle f(x)\rangle=[x]\in\mathbb{F}_p[x]/\langle f(x)\rangle$，则 $\mathbb{F}_q$ 中的每个元素可以唯一地表示成 $a_{n-1}\alpha^{n-1}+\cdots+a_1\alpha+a_0$ 的形式，其中 $a_i\in\mathbb{F}_p$，$0\leqslant i\leqslant n-1$，也可以表示为 $\mathbb{F}_p$ 上的 n 维向量$(a_{n-1}, \cdots, a_1, a_0)$. 在这种表示方法下，域中的加法就是通常的向量加法，即对应分量相加(在 $\mathbb{F}_p$ 中)；然而域中的乘法和求逆就相对烦琐，可以以如下方法进行乘法和求逆：令 β，$\gamma\in\mathbb{F}_q$，设 $\beta=b_{n-1}\alpha^{n-1}+\cdots+b_1\alpha+b_0$，$\gamma=c_{n-1}\alpha^{n-1}+\cdots+c_1\alpha+c_0$，其中 b_i，$c_i\in\mathbb{F}_p$，$0\leqslant i\leqslant n-1$. 令 $b(x)=\sum\limits_{i=0}^{n-1}b_ix^i$，$c(x)=\sum\limits_{i=0}^{n-1}c_ix^i$，则 $b(x)$，$c(x)\in\mathbb{F}_p[x]$且 $b(\alpha)=\beta$，$c(\alpha)=\gamma$. 在 $\mathbb{F}_p[x]$中进行带余除法，设

$$b(x)c(x)=q(x)f(x)+r(x),$$

其中 $q(x)$，$r(x)\in\mathbb{F}_p[x]$且 $\deg r(x)<n$. 令 $r(x)=r_{n-1}x^{n-1}+\cdots+r_1x+r_0$，将 $x=\alpha$ 带入，可得 $\beta\gamma=b(\alpha)c(\alpha)=r_{n-1}\alpha^{n-1}+\cdots+r_1\alpha+r_0$，即

$$(b_{n-1},\cdots,b_1,b_0)\cdot(c_{n-1},\cdots,c_1,c_0)=(r_{n-1},\cdots,r_1,r_0).$$

设 $\beta\neq0$，下面计算β^{-1}. 我们注意到$(b(x), f(x))=1$，利用扩展 Euclid 算法，我们可以得到

$$g(x)b(x)+h(x)f(x)=1,$$

其中 $g(x)$，$h(x)\in\mathbb{F}_p[x]$且 $\deg g(x)<\deg f(x)$，$\deg h(x)<\deg b(x)$. 将 $x=\alpha$ 带入，我们可以得到 $g(\alpha)b(\alpha)=1$，所以 $\beta^{-1}=g(\alpha)$. 记 $g(x)=g_{n-1}x^{n-1}+\cdots+g_1x+g_0$，则有

$$(b_{n-1},\cdots,b_1,b_0)^{-1}=(g_{n-1},\cdots,g_1,g_0).$$

3. 利用矩阵表示有限域中的元素

除了可用 $\mathbb{F}_p$ 上的 n 维向量来表示 $\mathbb{F}_q$ 中的元素之外，还可以用 $\mathbb{F}_p$ 上的 n 阶矩阵来表示．我们设 $f(x)=x^n+a_{n-1}x^{n-1}+\cdots+a_1x+a_0\in\mathbb{F}_p[x]$是一个不可约多项式，定义 $\mathbb{F}_p$ 上的 n 阶矩阵

$$\boldsymbol{A}=\begin{pmatrix}0 & & & & -a_0\\ 1 & 0 & & & -a_1\\ & 1 & \ddots & & \vdots\\ & & \ddots & 0 & -a_{n-2}\\ & & & 1 & -a_{n-1}\end{pmatrix},$$

我们称矩阵 $\boldsymbol{A}$ 为多项式 $f(x)$ 的**伴随矩阵**（或**友矩阵**）．容易验证矩阵 $\boldsymbol{A}$ 的特征多项式 $\det(x\boldsymbol{I}-\boldsymbol{A})$就是多项式 $f(x)$，从而有 $f(\boldsymbol{A})=0$；又由 $f(x)$不可约可知矩阵 $\boldsymbol{A}$ 的极小多项式也是 $f(x)$．令 $F=\{g(\boldsymbol{A})\mid g(x)\in\mathbb{F}_p[x]\}$，集合中的运算为通常的矩阵加法和乘法．

设 α 为 $f(x)$的一个根，容易验证 φ：$\mathbb{F}_p(\alpha)=\mathbb{F}_p[x]/\langle f(x)\rangle\to F$，$g(\alpha)\mapsto g(\boldsymbol{A})$是一个同构映射，这表明 F 在通常的矩阵加法和乘法下构成一个 q 元域．令 $\mathbb{F}_q=F$，这时 $\mathbb{F}_q$ 中的每个元素都是关于矩阵$\boldsymbol{A}$ 的、系数在 $\mathbb{F}_p$ 上的多项式，故为 $\mathbb{F}_p$ 上的 n 阶矩阵，运算为通常的矩阵运算．需要注意的是，对于任意的 $g(A)\in F$，可以要求其对应的多项式 $g(x)\in\mathbb{F}_p[x]$的次数小于 n，这是因为对任意 $g(x)\in\mathbb{F}_p[x]$做带余除法 $g(x)=h(x)f(x)+r(x)$，其中 $r(x)$的次数小于 n，可以看出 $g(\boldsymbol{A})=r(\boldsymbol{A})$．进一步地，与 $\mathbb{F}_p(\alpha)$中的元素用 α 的多项式形式表示类似，域 F 中的所有元素与 $\mathbb{F}_p$ 上所有次数小于 n 的多项式之间有一一对应的关系，即 F 中的每个元素可以唯一地表示为 $g(\boldsymbol{A})$，其对应的多项式 $g(x)$的次数小于 n.

例 7.2.7 $f(x)=x^2+1\in\mathbb{F}_3[x]$是 $\mathbb{F}_3$ 上的不可约多项式．试用 $f(x)$构造一个 9 元域，并以矩阵表示形式列出域中的元素．

解 $f(x)$的伴随矩阵为

$$\boldsymbol{A}=\begin{pmatrix}0 & -1\\ 1 & 0\end{pmatrix}=\begin{pmatrix}0 & 2\\ 1 & 0\end{pmatrix},$$

由此我们可以利用**加法封闭性**得到如下的 9 元域

$$\mathbb{F}_9=\{0,\boldsymbol{I},2\boldsymbol{I},\boldsymbol{A},\boldsymbol{I}+\boldsymbol{A},2\boldsymbol{I}+\boldsymbol{A},2\boldsymbol{A},\boldsymbol{I}+2\boldsymbol{A},2\boldsymbol{I}+2\boldsymbol{A}\},$$

或具体表示为

$$\mathbb{F}_9=\left\{\begin{pmatrix}0&0\\0&0\end{pmatrix},\begin{pmatrix}1&0\\0&1\end{pmatrix},\begin{pmatrix}2&0\\0&2\end{pmatrix},\begin{pmatrix}0&2\\1&0\end{pmatrix},\begin{pmatrix}1&2\\1&1\end{pmatrix},\begin{pmatrix}2&2\\1&2\end{pmatrix},\begin{pmatrix}0&1\\2&0\end{pmatrix},\begin{pmatrix}1&1\\2&1\end{pmatrix},\begin{pmatrix}2&1\\2&2\end{pmatrix}\right\}.$$

同时可以发现，域中的运算就是普通的矩阵运算（矩阵元素间的运算是在 $\mathbb{F}_3$ 上的），例如

$$(2\boldsymbol{I}+\boldsymbol{A})(\boldsymbol{I}+2\boldsymbol{A})=\begin{pmatrix}2&2\\1&2\end{pmatrix}\begin{pmatrix}1&1\\2&1\end{pmatrix}=\begin{pmatrix}0&1\\2&0\end{pmatrix}=2\boldsymbol{A}.$$ □

如果我们将 $f(x)$取为 $\mathbb{F}_p$ 上的本原多项式，$\boldsymbol{A}$ 为 $f(x)$的伴随矩阵，那么 $\mathbb{F}_q$ 中的每个非零元可以表示为$\boldsymbol{A}$ 的方幂．

例 7.2.8 $f(x)=x^2+x+2\in\mathbb{F}_3[x]$是 $\mathbb{F}_3$ 上的不可约多项式．试用 $f(x)$构造一个 9 元域，并以矩阵表示形式列出域中的元素．

解　注意到 $f(x)=x^2+x+2$ 是 $\mathbb{F}_3$ 上的本原多项式，它的伴随矩阵为

$$\boldsymbol{A}=\begin{pmatrix}0 & 1\\ 1 & 2\end{pmatrix}.$$

由于 $f(x)$是本原多项式，因此 $\boldsymbol{A}$ 是本原元，于是可以利用本原元的特性得到如下的 9 元域

$$\mathbb{F}_9=\{0,\boldsymbol{A},\boldsymbol{A}^2,\boldsymbol{A}^3,\boldsymbol{A}^4,\boldsymbol{A}^5,\boldsymbol{A}^6,\boldsymbol{A}^7,\boldsymbol{A}^8=\boldsymbol{I}\}.$$

在这种表示下乘法运算依然容易，而加法是矩阵的加法，需要把具体的矩阵求出来，例如

$$\boldsymbol{A}^6+\boldsymbol{A}=\begin{pmatrix}2 & 1\\ 1 & 2\end{pmatrix}+\begin{pmatrix}0 & 1\\ 1 & 2\end{pmatrix}=\begin{pmatrix}2 & 2\\ 2 & 0\end{pmatrix}=\boldsymbol{A}^3.$$ □

习题

A 组

1. 在有限域 $\mathbb{F}_{73}$ 中，计算：
   (1) ord(2)和 ord(3)；
   (2) 找到一个阶为[ord(2)，ord(3)]的元素．
2. 令 $\mathbb{F}_{49}=\mathbb{Z}_7[x]/\langle x^2-3\rangle$，$\alpha=x+\langle x^2-3\rangle$. 回答下列问题：
   (1) 求出 α 在 $\mathbb{F}_{49}$ 的阶；
   (2) 找到 $\mathbb{F}_{49}$ 的一个本原元，并将其表示为 α 的方幂；
   (3) 求出(2)中得到的本原元的极小多项式．
3. 利用本原多项式 x^3+2x+1 构造有限域 $\mathbb{F}_{27}$，列出所有 27 个元素，并求出每个元素的阶和极小多项式．
4. 分别画出 $\mathbb{F}_{p^{16}}$，$\mathbb{F}_{p^{20}}$ 和 $\mathbb{F}_{p^{24}}$ 的子域构成的格．
5. 构造域 $\mathbb{F}_9$ 和 $\mathbb{F}_{17}$ 的 Jacobi 对数表．
6. 利用 $\mathbb{F}_2$ 上的不可约多项式 x^3+x+1，给出域 $\mathbb{F}_8$ 的矩阵表示．

B 组

7. 在 $\mathbb{F}_{73}$ 中计算 $\sqrt[30]{64}$ 和 $\sqrt[30]{59}$.　（提示：令 α 是 $\mathbb{F}_{73}$ 的本原元，若 $\beta=\alpha^x$，$\gamma=\alpha^y$，则 $\beta^{30}=\gamma$ 等价于 $30x\equiv y \pmod{72}$.）
8. 证明定理 7.2.10.
9. 设 F 为任意有限域，证明 F 的乘法群 F^* 的每个有限子群都是循环群．进一步地，若 F^* 为循环群，则 F 一定有限．
10. 编程实现 Gauss 算法．

7.3　基

设 $F=\mathbb{F}_q$，$K=\mathbb{F}_{q^n}$ 是 F 的 n 次扩张，则 K 是 F 上的一个 n 维线性空间．给定 K 在 F 上的一组基 $\{\alpha_1,\alpha_2,\cdots,\alpha_n\}$，则任意的 $\alpha\in K$ 可以唯一地表示为 $\alpha=a_1\alpha_1+a_2\alpha_2+\cdots+a_n\alpha_n$，其中 $a_i\in F$，$1\leqslant i\leqslant n$. 在计算机、通信、编码以及密码等领域中，我们经常需要在很大的域(例如 $\mathbb{F}_{2^{1000}}$)中做代数运算，如加法、乘法、方幂、求逆等，而特别的基可以使某些运算更快捷，因此在本节中我们将讨论基的问题.

7.3.1 迹和范数

为了更好地介绍有关基的内容，首先我们先介绍一些所需的基础概念——迹和范数．

定义 7.3.1 设 $F=\mathbb{F}_q$，$K=\mathbb{F}_{q^n}$．对于 $\alpha\in K$，我们将 $\mathrm{Tr}_{K/F}(\alpha)=\alpha+\alpha^q+\alpha^{q^2}+\cdots+\alpha^{q^{n-1}}$ 称作 α 在 F 上的**迹**；将 $\mathrm{N}_{K/F}(\alpha)=\alpha\cdot\alpha^q\cdot\alpha^{q^2}\cdot\cdots\cdot\alpha^{q^{n-1}}$ 称作 α 在 F 上的**范数**．设 σ 为 K 在 F 上的 Frobenius 自同构，即 $\sigma(\alpha)=\alpha^q$，$\forall\alpha\in K$，$\mathrm{Gal}(K/F)=\langle\sigma\rangle$，从而有

$$\mathrm{Tr}_{K/F}(\alpha)=\sum_{i=0}^{n-1}\sigma^i(\alpha)=\sum_{\varphi\in\mathrm{Gal}(K/F)}\varphi(\alpha),$$

$$\mathrm{N}_{K/F}(\alpha)=\prod_{i=0}^{n-1}\sigma^i(\alpha)=\prod_{\varphi\in\mathrm{Gal}(K/F)}\varphi(\alpha).$$

在讨论的域不会产生歧义时，我们可以在迹和范数的符号中省略相应的域而只记为 Tr 和 N. 在下面的定理中我们就将使用简略符号来给出迹和范数的一些性质．

定理 7.3.1 对于所有 $\alpha,\beta\in K$，我们有

(1) $\mathrm{Tr}(\alpha)\in F$，$\mathrm{N}(\alpha)\in F$，即 Tr 和 N 都是 K 到 F 的映射，分别称为 K 到 F 的迹映射和范数映射；

(2) $\mathrm{Tr}(\alpha+\beta)=\mathrm{Tr}(\alpha)+\mathrm{Tr}(\beta)$，$\mathrm{N}(\alpha\beta)=\mathrm{N}(\alpha)\mathrm{N}(\beta)$；

(3) 若 $a\in F$，则 $\mathrm{Tr}(a\alpha)=a\mathrm{Tr}(\alpha)$，$\mathrm{N}(a\alpha)=a^n\mathrm{N}(\alpha)$；

(4) $\mathrm{Tr}(\alpha^q)=\mathrm{Tr}(\alpha)$，$\mathrm{N}(\alpha^q)=\mathrm{N}(\alpha)$．进一步地，若 $\beta\in K$ 为 α 的共轭元素，则 $\mathrm{Tr}(\beta)=\mathrm{Tr}(\alpha)$ 且 $\mathrm{N}(\beta)=\mathrm{N}(\alpha)$；

(5) Tr 是 K 到 F 的满线性函数，N 是群 K^* 到 F^* 的满同态．

证明 我们只对迹的情形进行证明，范数情形的证明是类似的，留给读者自行证明．

(1) 因为 $\alpha^{q^n}=\alpha$，所以

$$\mathrm{Tr}(\alpha)^q=(\alpha+\alpha^q+\alpha^{q^2}+\cdots+\alpha^{q^{n-1}})^q=\alpha^q+\alpha^{q^2}+\cdots+\alpha^{q^{n-1}}+\alpha=\mathrm{Tr}(\alpha)$$

由定理 7.2.4 可知，$\mathrm{Tr}(\alpha)\in F$.

(2) 对于任意 $i\geqslant0$，有 $(\alpha+\beta)^{q^i}=\alpha^{q^i}+\beta^{q^i}$．

(3) 由定理 7.2.4 可知对于任意 $a\in F$ 和 $i\geqslant0$，有 $a^{q^i}=a$. 于是有，$\mathrm{Tr}(a\alpha)=(a\alpha)+(a\alpha)^q+(a\alpha)^{q^2}+\cdots+(a\alpha)^{q^{n-1}}=a\alpha+a\alpha^q+a\alpha^{q^2}+\cdots+a\alpha^{q^{n-1}}=a\mathrm{Tr}(\alpha)$.

(4) 由 $\alpha^{q^n}=\alpha$ 可知

$$\mathrm{Tr}(\alpha^q)=\alpha^q+\alpha^{q^2}+\cdots+\alpha^{q^{n-1}}+\alpha^{q^n}=\alpha^q+\alpha^{q^2}+\cdots+\alpha^{q^{n-1}}+\alpha=\mathrm{Tr}(\alpha).$$

(5) 由(1)(2)(3)可知映射 Tr 是 K 到 F 的线性映射．由线性映射基本定理(同态基本定理)，有 $K/\ker(\mathrm{Tr})\cong\mathrm{Tr}(K)\leqslant F$. 已知 $\ker(\mathrm{Tr})=\{\alpha\in K\mid\alpha+\alpha^q+\alpha^{q^2}+\cdots+\alpha^{q^{n-1}}=0\}$，且多项式 $x+x^q+x^{q^2}+\cdots+x^{q^{n-1}}$ 在 K 中至多有 q^{n-1} 个根，所以 $|\ker(\mathrm{Tr})|\leqslant q^{n-1}$，于是有 $|\mathrm{Tr}(K)|\geqslant q$. 又由于 $|\mathrm{Tr}(K)|\leqslant|F|=q$，因此 $\mathrm{Tr}(K)=F$. 综上，$\mathrm{Tr}:K\to F$ 是满射. □

由定理 7.3.1 中(5)的证明可知 $|\ker(\mathrm{Tr})|=q^{n-1}$. 对于任意的 $a\in F$，a 在 Tr 下的原像为陪集 $\alpha+\ker(\mathrm{Tr})$，其中 $\mathrm{Tr}(\alpha)=a$. 由此可知，对于任意的 $a\in F$，恰有 K 中 q^{n-1} 个元素的迹为 a. 类似地，0 的范数为 0，而对于 F 中的任意非零元素 a，恰有 K 中 $\dfrac{q^{n}-1}{q-1}$ 个

元素的范数为 a.

例 7.3.1　设 $F=\mathbb{F}_2$，$K=\mathbb{F}_{2^4}=\mathbb{F}_2[x]/\langle f(x)\rangle$，其中 $f(x)=x^4+x^3+x^2+x+1$ 在 $\mathbb{F}_2$ 上不可约．令 $\alpha=x+\langle f(x)\rangle=[x]$，则 α 为 $f(x)$(在 K 中)的根．对于任意 $\beta\in K$，β 可以唯一地表示为 $\beta=a_0+a_1\alpha+a_2\alpha^2+a_3\alpha^3$，其中 $a_i\in F$. 试求 $\mathrm{Tr}(\beta)$.

解　由定理 7.3.1 的(2)(3)可知

$$\mathrm{Tr}(\beta)=a_0\mathrm{Tr}(1)+a_1\mathrm{Tr}(\alpha)+a_2\mathrm{Tr}(\alpha^2)+a_3\mathrm{Tr}(\alpha^3),$$

所以要计算 $\mathrm{Tr}(\beta)$，只需计算 $\mathrm{Tr}(1)$，$\mathrm{Tr}(\alpha)$，$\mathrm{Tr}(\alpha^2)$，$\mathrm{Tr}(\alpha^3)$即可．显然 $\mathrm{Tr}(1)=1+1+1+1=0$. 根据定义可得 $\mathrm{Tr}(\alpha)=\alpha+\alpha^2+\alpha^4+\alpha^8$，此式可以在域 K 中直接计算．注意到 α 的极小多项式为 $f(x)$，所以 $f(x)=(x-\alpha)(x-\alpha^2)(x-\alpha^4)(x-\alpha^8)=x^4+c_3x^3+c_2x^2+c_1x+c_0$，故 $\mathrm{Tr}(\alpha)=-c_3=c_3$(韦达定理)，由 $f(x)=x^4+x^3+x^2+x+1$ 得到 $\mathrm{Tr}(\alpha)=c_3=1$. 由定理 7.3.1 的(4)可知 $\mathrm{Tr}(\alpha^2)=\mathrm{Tr}(\alpha)=1$. 又由于 $\alpha^5=1$，因此 $\alpha^3=\alpha^8$，即 α^3 与 α 共轭，所以 $\mathrm{Tr}(\alpha^3)=\mathrm{Tr}(\alpha)=1$. 综上我们得到

$$\mathrm{Tr}(1)=0,\ \mathrm{Tr}(\alpha)=\mathrm{Tr}(\alpha^2)=\mathrm{Tr}(\alpha^3)=1,$$

所以

$$\mathrm{Tr}(\beta)=a_1+a_2+a_3.$$

□

定理 7.3.2　设有限域 $F\subseteq E\subseteq K$. 对任意 $\alpha\in K$，有 $\mathrm{Tr}_{K/F}(\alpha)=\mathrm{Tr}_{E/F}(\mathrm{Tr}_{K/E}(\alpha))$和 $\mathrm{N}_{K/F}(\alpha)=\mathrm{N}_{E/F}(\mathrm{N}_{K/E}(\alpha))$，即作为映射来说，$\mathrm{Tr}_{K/F}=\mathrm{Tr}_{E/F}\mathrm{Tr}_{K/E}$和$\mathrm{N}_{K/F}=\mathrm{N}_{E/F}\mathrm{N}_{K/E}$.

证明　用 Galois 群的表示方法来证明．设 $F=\mathbb{F}_q$，$E=\mathbb{F}_{q^d}$，$K=\mathbb{F}_{q^n}$，其中 $n=dt$. 设 σ 为 $\mathbb{F}_{q^n}$ 的 $\mathbb{F}_q$ 上的 Frobenius 自同构，即对任意 $\alpha\in\mathbb{F}_{q^n}$，$\sigma(\alpha)=\alpha^q$，则 $\mathrm{Gal}(K/F)=\langle\sigma\rangle$，$\mathrm{Gal}(K/E)=\langle\sigma^d\rangle$，以及 $\mathrm{Gal}(E/F)=\langle\sigma'\rangle$，其中$\sigma'=\sigma\mid_E$. 所以，对任意 $\alpha\in K$，有

$$\begin{aligned}\mathrm{Tr}_{E/F}(\mathrm{Tr}_{K/E}(\alpha))&=\mathrm{Tr}_{E/F}\Big(\sum_{i=0}^{t-1}\sigma^{di}(\alpha)\Big)=\sum_{j=0}^{d-1}\sigma^j\Big(\sum_{i=0}^{t-1}\sigma^{di}(\alpha)\Big)=\sum_{i=0}^{t-1}\sum_{j=0}^{d-1}\sigma^{di+j}(\alpha)\\&=\sum_{k=0}^{n-1}\sigma^k(\alpha)=\mathrm{Tr}_{K/F}(\alpha).\end{aligned}$$

对范数映射的证明是类似的，留给读者自行证明．　□

下面的定理表明$\mathrm{Tr}_{K/F}(\alpha)$和 $\mathrm{N}_{K/F}(\alpha)$可以由 α 在 F 上的极小多项式的系数表出．

定理 7.3.3　设 $F=\mathbb{F}_q$，$K=\mathbb{F}_{q^n}$. 对于 $\alpha\in K$，设 α 在 F 上的极小多项式为 $f(x)=x^d+c_{d-1}x^{d-1}+\cdots+c_1x+c_0$，则

$$\mathrm{Tr}_{K/F}(\alpha)=-\frac{n}{d}c_{d-1},\quad \mathrm{N}_{K/F}(\alpha)=(-1)^n c_0^{\frac{n}{d}}.$$

证明　设 $E=F(\alpha)$，则 $E=\mathbb{F}_{q^d}$是 $K=\mathbb{F}_{q^n}$ 的子域．因为 $\alpha\in E$，所以$\mathrm{Tr}_{K/E}(\alpha)=\dfrac{n}{d}\cdot\alpha$，故

$$\mathrm{Tr}_{K/F}(\alpha)=\mathrm{Tr}_{E/F}(\mathrm{Tr}_{K/E}(\alpha))=\mathrm{Tr}_{E/F}\Big(\frac{n}{d}\cdot\alpha\Big)=\frac{n}{d}\mathrm{Tr}_{E/F}(\alpha).$$

因为$\mathrm{Tr}_{E/F}(\alpha)=\alpha+\alpha^q+\alpha^{q^2}+\cdots+\alpha^{q^{d-1}}$ 以及 $\alpha,\alpha^q,\alpha^{q^2},\cdots,\alpha^{q^{d-1}}$ 是 $f(x)$的根，所以$\mathrm{Tr}_{K/F}(\alpha)=-\dfrac{n}{d}c_{d-1}$.

对$N_{K/F}(\alpha)$的证明是类似的，留给读者自行证明. □

例 7.3.2 设 $F=\mathbb{F}_2$，$K=\mathbb{F}_{2^4}=\mathbb{F}_2[x]/\langle x^4+x+1\rangle$. 记 $\alpha=x+\langle x^4+x+1\rangle=[x]$，试利用定理 7.3.3 的方法求出 K 中所有非零元的迹和范数.

解 通过计算可以得到表 7.3.1.

表 7.3.1 K 中所有非零元的极小多项式、迹和范数

i	α^i的极小多项式	$\mathrm{Tr}(\alpha^i)$	$\mathrm{N}(\alpha^i)$	注释
0	$x+1$	0	1	$c_{d-1}=1$，$n/d=4$
1	x^4+x+1	0	1	$c_{d-1}=0$，$n/d=1$
2	x^4+x+1	0	1	α^2 共轭于 α
3	$x^4+x^3+x^2+x+1$	1	1	$c_{d-1}=1$，$n/d=1$
4	x^4+x+1	0	1	α^4 共轭于 α
5	x^2+x+1	0	1	$c_{d-1}=1$，$n/d=2$
6	$x^4+x^3+x^2+x+1$	1	1	α^6 共轭于 α^3
7	x^4+x^3+1	1	1	$c_{d-1}=1$，$n/d=1$
8	x^4+x+1	0	1	α^8 共轭于 α
9	$x^4+x^3+x^2+x+1$	1	1	α^9 共轭于 α^3
10	x^4+x+1	0	1	α^{10} 共轭于 α^5
11	x^4+x^3+1	1	1	α^{11} 共轭于 α^7
12	$x^4+x^3+x^2+x+1$	1	1	α^{12} 共轭于 α^3
13	x^4+x^3+1	1	1	α^{13} 共轭于 α^7
14	x^4+x^3+1	1	1	α^{14} 共轭于 α^7

□

迹和范数也可以用线性变换来刻画.

定义 7.3.2 设 $F=\mathbb{F}_q$，$K=\mathbb{F}_{q^n}$. 对于 $\alpha\in K$，定义变换 $\boldsymbol{T}_\alpha$ 为

$$\boldsymbol{T}_\alpha: K\to K,\quad \beta\mapsto\alpha\beta,$$

则 $\boldsymbol{T}_\alpha$ 是 K 上的**线性变换**.

线性代数中我们知道线性变换的迹和行列式就是此线性变换在空间的任意一组基下的矩阵的迹和行列式(与迹的选取无关).

定理 7.3.4 设 $\alpha\in K$，$\boldsymbol{T}_\alpha$ 为定义 7.3.2 中定义的线性变换，则 $\mathrm{Tr}_{K/F}(\alpha)=\mathrm{Tr}(\boldsymbol{T}_\alpha)$，$\mathrm{N}_{K/F}(\alpha)=\det(\boldsymbol{T}_\alpha)$.

证明 设 $E=F(\alpha)$且 α 在 F 上的极小多项式为 $f(x)=x^d+c_{d-1}x^{d-1}+\cdots+c_1x+c_0$，则 $d|n,1,\alpha,\alpha^2,\cdots,\alpha^{d-1}$是 E 在 F 上的一组基，显然有

$$\boldsymbol{T}_\alpha(1,\alpha,\alpha^2,\cdots,\alpha^{d-1})=(1,\alpha,\alpha^2,\cdots,\alpha^{d-1})\boldsymbol{A}$$

其中矩阵 $\boldsymbol{A}$ 为

$$\boldsymbol{A}=\begin{pmatrix}0 & & & & -c_0\\ 1 & 0 & & & -c_1\\ & 1 & \ddots & & \vdots\\ & & \ddots & 0 & -c_{d-2}\\ & & & 1 & -c_{d-1}\end{pmatrix},$$

令 $t=n/d$. 如果我们设 $\beta_1,\beta_2,\cdots,\beta_t$ 是 K 在 E 上的一组基，那么 $\beta_1,\beta_1\alpha,\cdots\beta_1\alpha^{d-1},\beta_2,\beta_2\alpha,\cdots,\beta_2\alpha^{d-1},\beta_t,\beta_t\alpha,\cdots,\beta_t\alpha^{d-1}$ 是 K 在 F 上的一组基，线性变换 $\boldsymbol{T}_\alpha$ 在 F 的这组基下的矩阵为

$$\boldsymbol{M}_\alpha=\begin{bmatrix} A & & & \\ & A & & \\ & & \ddots & \\ & & & A \end{bmatrix},$$

所以线性变换 $\boldsymbol{T}_\alpha$ 的迹为 $\mathrm{Tr}(\boldsymbol{T}_\alpha)=\mathrm{Tr}(\boldsymbol{M}_\alpha)=t\mathrm{Tr}(\boldsymbol{A})=-\frac{n}{d}c_{d-1}$，$\boldsymbol{T}_\alpha$ 的行列式为 $\det(\boldsymbol{T}_\alpha)=\det(\boldsymbol{M}_\alpha)=\det(\boldsymbol{A})^t=((-1)^d c_0)^t=(-1)^n c_0^{\frac{n}{d}}$. 由定理 7.3.3 可知此定理得证.

$\mathrm{N}_{K/F}(\alpha)=\det(\boldsymbol{T}_\alpha)$ 的证明是类似的，留给读者自行证明. □

下面的定理将说明迹映射是 K 到 F 的线性映射，且每个 K 到 F 的线性映射一定为迹映射.

定理 7.3.5 设 $F=\mathbb{F}_q$，$K=\mathbb{F}_{q^n}$，对于给定的 $\alpha\in K$，定义映射 L_α：$K\to F$ 为对任意的 $\beta\in K$ 有 $L_\alpha(\beta)=\mathrm{Tr}_{K/F}(\alpha\beta)$，则 L_α 为线性映射；反之，每个 K 到 F 的线性映射一定为某个 L_α.

证明 显然 L_α 为线性映射. 另一方面，对于 α，$\gamma\in K$，若 $\alpha\neq\gamma$，则 $L_\alpha\neq L_\gamma$. 事实上，若 $L_\alpha=L_\gamma$，则对任意的 $\beta\in K$ 有 $L_\alpha(\beta)=L_\gamma(\beta)$，即 $\mathrm{Tr}_{K/F}((\alpha-\gamma)\beta)=0$. 由于 $\alpha-\gamma\neq 0$，当 β 遍历 K 时，$(\alpha-\gamma)\beta$ 也遍历 K，因此对于任意的 $\beta\in K$ 有 $\mathrm{Tr}_{K/F}(\beta)=0$，与 $\mathrm{Tr}_{K/F}$ 是满射矛盾. 故集合 $L=\{L_\alpha|\alpha\in K\}$ 中有 q^n 个元素. 由线性代数的知识可知 K 到 F 的线性映射恰有 q^n 个，所以 L 中的元素就是所有的 K 到 F 的线性映射. □

7.3.2 多项式基和对偶基

下面我们开始讨论基的问题.

首先我们讨论如何利用基来进行有限域中的代数运算. 设 $\{\alpha_1,\alpha_2,\cdots,\alpha_n\}$ 为 $K=\mathbb{F}_{q^n}$ 在 $F=\mathbb{F}_q$ 上的一组基. 对于 β，$\gamma\in K$，设它们由基 $\{\alpha_1,\alpha_2,\cdots,\alpha_n\}$ 线性表出的结果如下：

$$\beta=b_1\alpha_1+b_2\alpha_2+\cdots+b_n\alpha_n,$$
$$\gamma=c_1\alpha_1+c_2\alpha_2+\cdots+c_n\alpha_n,$$

其中 b_i，$c_i\in F$，$i=1,2,\cdots,n$. 于是有

$$\beta\pm\gamma=(b_1\pm c_1)\alpha_1+(b_2\pm c_2)\alpha_2+\cdots+(b_n\pm c_n)\alpha_n,$$

即 K 中的加法和减法是非常容易进行的，只需把元素在基下的系数(在子域 F 中)对应相加减即可. 而对于乘法来说，我们有

$$\beta\gamma=\sum_{i=1}^n b_i\alpha_i\sum_{j=1}^n c_j\alpha_j=\sum_{i=1}^n\sum_{j=1}^n b_ic_j\alpha_i\alpha_j,$$

设 $\alpha_i\alpha_j$ 由给定的基 $\{\alpha_1,\alpha_2,\cdots\alpha_n\}$ 线性表出的结果为

$$\alpha_i\alpha_j=\sum_{k=1}^n c_{ijk}\alpha_k$$

其中 $c_{ijk}\in F$，则

$$\beta\gamma = \sum_{i=1}^{n}\sum_{j=1}^{n} b_i c_j \sum_{k=1}^{n} c_{ijk}\alpha_k = \sum_{k=1}^{n}\left(\sum_{i=1}^{n}\sum_{j=1}^{n} b_i c_j c_{ijk}\right)\alpha_k,$$

所以在进行乘法时，我们需要先计算 n^3 个常数 c_{ijk}，$1\leqslant i,j,k\leqslant n$，再计算 $\sum_{i=1}^{n}\sum_{j=1}^{n} b_i c_j c_{ijk}$. 因此一般来说乘法是比较复杂的．然而对于一些特殊的基来说，这 n^3 个常数 c_{ijk} 会比较容易计算．

下面我们首先讨论在**多项式基**下的域中乘法计算过程．

定义 7.3.3 设 $\alpha\in K$，其在 F 上的次数 $\deg\alpha=n$(这样的元素一定存在，比如 K 的本原元)，则 $\{1,\alpha,\alpha^2,\cdots,\alpha^{n-1}\}$ 是 K 在 F 上的一组基，称作**多项式基**．

对于上文讨论的域中乘法，利用多项式基，我们可以进行如下计算．对于 $\beta,\gamma\in K$，设 $\beta=b_0+b_1\alpha+b_2\alpha^2+\cdots+b_{n-1}\alpha^{n-1}$，$\gamma=c_0+c_1\alpha+c_2\alpha^2+\cdots+c_{n-1}\alpha^{n-1}$，其中 $b_i,c_i\in F$，$i=0,1,\cdots,n-1$. 令 $b(x)=b_0+b_1x+b_2x^2+\cdots+b_{n-1}x^{n-1}$，$c(x)=c_0+c_1x+c_2x^2+\cdots+c_{n-1}x^{n-1}$，则 $b(x)$，$c(x)\in F[x]$且 $b(\alpha)=\beta$，$c(\alpha)=\gamma$. 设 $f(x)$为 α 在 F 上的极小多项式，则 $\deg f(x)=n$. 在 $F[x]$中做带余除法，有

$$b(x)c(x)=q(x)f(x)+r(x),$$

其中 $q(x)$，$r(x)\in F[x]$且 $\deg r(x)<n$. 带入 $x=\alpha$ 得到 $\beta\gamma=b(\alpha)c(\alpha)=r(\alpha)$.

设 $\beta\neq 0$，下面来计算 β^{-1}. 注意到 $(b(x),f(x))=1$，在 $b(x)$和 $f(x)$上进行 Euclid 算法可以得到

$$g(x)b(x)+h(x)f(x)=1,$$

其中 $g(x)$，$h(x)\in F[x]$且 $\deg g(x)<\deg f(x)$，$\deg h(x)<\deg b(x)$. 带入 $x=\alpha$ 得到 $g(\alpha)b(\alpha)=1$，故 $\beta^{-1}=g(\alpha)$.

例 7.3.3 设 $F=\mathbb{F}_2$，$K=\mathbb{F}_{2^3}=\mathbb{F}_2[x]/\langle x^3+x+1\rangle$. 令 $\alpha=x+\langle x^3+x+1\rangle$，$\beta=1+\alpha^2$，$\gamma=1+\alpha+\alpha^2$，试计算 $\beta\gamma$ 和 β^{-1}.

解 易知 α 为 F 上的 3 次元素且 α 在 F 上的极小多项式为 x^3+x+1，这时 $\{1,\alpha,\alpha^2\}$ 是 $\mathbb{F}_{2^3}$ 在 $\mathbb{F}_2$ 上的多项式基．于是，我们可以使用上面介绍的乘法和逆元的计算方式来求出 $\beta\gamma$ 和 β^{-1}.

设 $b(x)=1+x^2$，$c(x)=1+x+x^2$，则 $b(x)c(x)=1+x+x^3+x^4$，而 $1+x+x^3+x^4 \bmod (x^3+x+1)=x+x^2$，所以 $\beta\gamma=b(\alpha)c(\alpha)=\alpha+\alpha^2$.

在 $1+x^2$ 和 x^3+x+1 上进行 Euclid 算法可以得到

$$x\cdot(1+x^2)+1\cdot(1+x+x^3)=1,$$

所以 $\beta^{-1}=\alpha$. □

定义 7.3.4* 设 $\{\alpha_1,\alpha_2,\cdots,\alpha_n\}$ 和 $\{\beta_1,\beta_2,\cdots,\beta_n\}$ 是 $\mathbb{F}_{q^n}$ 在 $\mathbb{F}_q$ 上的两组基．若存在元素 $c\in\mathbb{F}_{q^n}^*$ 使得对 $i=1,2,\cdots,n$，有 $\alpha_i=c\beta_i$，则称两组基是**等价的**；若存在元素 $d\in\mathbb{F}_q^*$ 使得对 $i=1,2,\cdots,n$，有 $\alpha_i=d\beta_i$，则称两组基是**弱等价的**．

下面介绍在**对偶基**下的域中乘法计算过程．首先介绍对偶基的概念和相关性质．在后续的讨论中我们可以发现，在对偶坐标系统下可以更容易计算 $\mathbb{F}_{q^n}$ 中的乘法．

定义 7.3.5 设 $\{\alpha_1,\alpha_2,\cdots,\alpha_n\}$ 是 $K=\mathbb{F}_{q^n}$ 在 $F=\mathbb{F}_q$ 上的一组基，若存在一组元素 $\{\beta_1,\beta_2,\cdots,\beta_n\}$ 满足

$$\mathrm{Tr}(\beta_j\alpha_i) = \delta_{ij} = \begin{cases}1, & 若\ i=j,\\ 0, & 若\ i\neq j,\end{cases} \quad 1\leqslant i,j\leqslant n,$$

则 $\{\beta_1,\beta_2,\cdots,\beta_n\}$ 也构成 K 在 F 上的一组基，称作 $\{\alpha_1,\alpha_2,\cdots,\alpha_n\}$ 的**对偶基**.

定理 7.3.6* $\mathbb{F}_{q^n}$ 在 $\mathbb{F}_q$ 上的任意一组基都存在对偶基，且其对偶基唯一.

证明 若存在 $d_1,d_2,\cdots,d_n\in F$ 使得 $d_1\beta_1+d_2\beta_2+\cdots+d_n\beta_n=0$，在等式两边同时乘以 α_i 并取迹映射 Tr，可以得到 $d_i=0$，则可推出 $\{\beta_1,\beta_2,\cdots,\beta_n\}$ 在 F 上线性无关，即构成 K 在 F 上的一组基. 进一步地，若存在另一向量组 $\{\gamma_1,\gamma_2,\cdots,\gamma_n\}$ 也满足 $\mathrm{Tr}(\gamma_j\alpha_i)=\delta_{ij}$，$1\leqslant i$，$j\leqslant n$，则对于某个固定的 $1\leqslant j\leqslant n$ 和所有的 $1\leqslant i\leqslant n$ 有 $\mathrm{Tr}((\gamma_j-\beta_j)\alpha_i)=0$. 由于 $\{\alpha_1,\alpha_2,\cdots,\alpha_n\}$ 是 K 的一组基，因此可以推出对任意的 $\alpha\in K$ 有 $\mathrm{Tr}((\gamma_j-\beta_j)\alpha)=0$. 又由 Tr 为满射可得 $\gamma_j-\beta_j=0$，即 $\gamma_j=\beta_j$. 也就是说，基 $\{\beta_1,\beta_2,\cdots,\beta_n\}$ 是被基 $\{\alpha_1,\alpha_2,\cdots,\alpha_n\}$ 唯一确定的. □

下面介绍求出一组基的对偶基的方法. 设 $\{\alpha_1,\alpha_2,\cdots,\alpha_n\}$ 是 K 在 F 上的一组基. 令矩阵 $\boldsymbol{A}=(\mathrm{Tr}(\alpha_i\alpha_j))_{1\leqslant i,j\leqslant n}$，可以验证矩阵 $\boldsymbol{A}$ 可逆，设 $\boldsymbol{B}=\boldsymbol{A}^{-1}$，令

$$(\beta_1,\beta_2,\cdots,\beta_n) = (\alpha_1,\alpha_2,\cdots,\alpha_n)\boldsymbol{B},$$

则 $\{\beta_1,\beta_2,\cdots,\beta_n\}$ 是 $\{\alpha_1,\alpha_2,\cdots,\alpha_n\}$ 的对偶基. 事实上，记 $B=(b_{ij})_{1\leqslant i,j\leqslant n}$，则对 $j=1,2,\cdots,n$，有 $\beta_j=\sum\limits_{k=1}^{n}b_{kj}\alpha_k$，所以对于 $1\leqslant i$，$j\leqslant n$，有

$$\mathrm{Tr}(\beta_j\alpha_i) = \sum_{k=1}^{n}b_{kj}\,\mathrm{Tr}(\alpha_i\alpha_j) = \delta_{ij}.$$

例 7.3.4 设 $F=\mathbb{F}_2$，$K=\mathbb{F}_{2^3}=\mathbb{F}_2[x]/\langle x^3+x+1\rangle$. 令 $\alpha=x+\langle x^3+x+1\rangle$，则 α 是 K 的一个本原元且 $\{1,\alpha,\alpha^2\}$ 是 K 在 F 上的一组基(多项式基). 试求出基 $\{1,\alpha,\alpha^2\}$ 的对偶基.

解 易知 $\mathrm{Tr}(1)=1$，$\mathrm{Tr}(\alpha)=\mathrm{Tr}(\alpha^2)$. 若 $\beta=a_0+a_1\alpha+a_2\alpha^2$，则 $\mathrm{Tr}(\beta)=a_0$，于是 α 的方幂的迹如表 7.3.2 所示.

表 7.3.2 α 的方幂的迹

i	0	1	2	3	4	5	6
α^i	001	010	100	011	110	111	101
$\mathrm{Tr}(\alpha^i)$	1	0	0	1	0	1	1

所以可以求出矩阵 $\boldsymbol{A}$ 为

$$\boldsymbol{A} = \begin{pmatrix}\mathrm{Tr}(\alpha^0) & \mathrm{Tr}(\alpha^1) & \mathrm{Tr}(\alpha^2)\\ \mathrm{Tr}(\alpha^1) & \mathrm{Tr}(\alpha^2) & \mathrm{Tr}(\alpha^3)\\ \mathrm{Tr}(\alpha^2) & \mathrm{Tr}(\alpha^3) & \mathrm{Tr}(\alpha^4)\end{pmatrix} = \begin{pmatrix}1 & 0 & 0\\ 0 & 0 & 1\\ 0 & 1 & 0\end{pmatrix},$$

故

$$\boldsymbol{B} = \boldsymbol{A}^{-1} = \boldsymbol{A}^{\mathrm{T}} = \begin{pmatrix}1 & 0 & 0\\ 0 & 0 & 1\\ 0 & 1 & 0\end{pmatrix},$$

由 $(\beta_0,\beta_1,\beta_2)=(1,\alpha,\alpha^2)\boldsymbol{B}$ 可求出基 $\{1,\alpha,\alpha^2\}$ 的对偶基为 $\{1,\alpha^2,\alpha\}$. □

下面的定理给出了一种不需要计算逆矩阵的求多项式基的对偶基的方法.

定理 7.3.7　设$\{1,\alpha,\alpha^2,\cdots,\alpha^{n-1}\}$是$K$在$F$上的一组多项式基，$\{\beta_0,\beta_1,\beta_2,\cdots,\beta_{n-1}\}$是它的对偶基．设$f(x)=(x-\alpha)(\gamma_0+\gamma_1 x+\cdots+\gamma_{n-1}x^{n-1})$是$\alpha$在$F$上的极小多项式，其中$\gamma_{n-1}=1$，则$\beta_i=\gamma_i(f'(\alpha))^{-1}$，$0\leqslant i\leqslant n-1$.

证明　记矩阵$\boldsymbol{A}=(a_{ij})_{0\leqslant i,j\leqslant n-1}$，$\boldsymbol{B}=(b_{ij})_{0\leqslant i,j\leqslant n-1}$，其中$a_{ij}=\alpha^{iq^j}$，$b_{ij}=\beta_j^{q^i}$，$0\leqslant i,j\leqslant n-1$，则有$\boldsymbol{AB}=\boldsymbol{I}_n$，即$\boldsymbol{B}=\boldsymbol{A}^{-1}$. 设多项式$\beta(x)=\beta_0+\beta_1 x+\cdots+\beta_{n-1}x^{n-1}$，则通过观察$\boldsymbol{B}$的第一行和$\boldsymbol{A}$的各列相乘可以发现

$$\beta(\alpha^{q^i})=\begin{cases}1, & \text{若 } i=0;\\ 0, & \text{若 } 1\leqslant i\leqslant n-1.\end{cases}$$

由拉格朗日插值公式可知，满足上式的次数小于n的唯一多项式为

$$\beta(x)=\frac{(x-\alpha^q)(x-\alpha^{q^2})\cdots(x-\alpha^{q^{n-1}})}{(\alpha-\alpha^q)(\alpha-\alpha^{q^2})\cdots(\alpha-\alpha^{q^{n-1}})},$$

由定理 7.2.10 可知α的极小多项式为$f(x)=(x-\alpha)(x-\alpha^q)\cdots(x-\alpha^{q^{n-1}})$，所以$f'(\alpha)=(\alpha-\alpha^q)(\alpha-\alpha^{q^2})\cdots(\alpha-\alpha^{q^{n-1}})$，故

$$\beta(x)=\frac{f(x)}{(x-\alpha)f'(\alpha)}=\frac{1}{f'(\alpha)}(\gamma_0+\gamma_1 x+\cdots+\gamma_{n-1}x^{n-1}),$$

所以$\beta_i=\gamma_i(f'(\alpha))^{-1}$，$0\leqslant i\leqslant n-1$. □

定义 7.3.6　设$\{\alpha_1,\alpha_2,\cdots,\alpha_n\}$是$K$在$F$上的一组基，$\{\beta_1,\beta_2,\cdots,\beta_n\}$是其对偶基．任意$x\in K$可以表示为

$$x=\sum_{i=1}^{n}x_i\alpha_i=\sum_{i=1}^{n}x'_i\beta_i,$$

我们称$x_1,x_2,\cdots,x_n$为x的**原始坐标**，$x'_1,x'_2,\cdots,x'_n$为x的**对偶坐标**．同时，对任意$1\leqslant i\leqslant n$，有

$$\mathrm{Tr}(x\beta_i)=\mathrm{Tr}\left(\left(\sum_{j=1}^{n}x_j\alpha_j\right)\beta_i\right)=\sum_{j=1}^{n}x_j\delta_{ji}=x_i,$$

同理可得$\mathrm{Tr}(x\alpha_i)=x'_i$，$1\leqslant i\leqslant n$. 也就是说，$x$的原始坐标可由对偶基表出，而$x$的对偶坐标可由原始基表出．

例 7.3.5　设$F=\mathbb{F}_2$，$K=\mathbb{F}_{2^4}=\mathbb{F}_2[x]/\langle x^4+x+1\rangle$. 令$\alpha=x+\langle x^4+x+1\rangle$，则$\alpha$是$K$的一个本原元且$\{1,\alpha,\alpha^2,\alpha^3\}$是$K$在$F$上的一组基．设$x\in K$的原始坐标为$\{x_0,x_1,x_2,x_3\}$，试求$x$的对偶坐标．

解　通过前文介绍的方法可以计算得到其对偶基$\{\beta_0,\beta_1,\beta_2,\beta_3\}=\{\alpha^3+1,\alpha^2,\alpha,1\}$. 任意的$x\in K$可表示为

$$x=\sum_{i=1}^{3}x_i\alpha_i=\sum_{i=1}^{3}x'_i\beta_i,$$

则$x'_0=x_3$，$x'_1=x_2$，$x'_2=x_1$，$x'_3=x_0+x_3$. □

设$\{1,\alpha,\alpha^2,\cdots,\alpha^{n-1}\}$是$K=\mathbb{F}_{q^n}$在$F=\mathbb{F}_q$上的一组多项式基，$\{\beta_0,\beta_1,\beta_2,\cdots,\beta_{n-1}\}$是它的对偶基．下面的讨论中我们将看到在对偶坐标系统下K中的乘法可以更容易地进行计算. 设$x\in K$表示为

$$x = x'_0\beta_0 + x'_1\beta_1 + \cdots + x'_{n-1}\beta_{n-1},$$

其中 $x'_i \in F$，则 $x'_i = \mathrm{Tr}(x\alpha_i)$. 下面我们计算 αx，将 αx 表示为

$$\alpha x = (\alpha x)'_0\beta_0 + (\alpha x)'_1\beta_1 + \cdots + (\alpha x)'_{n-1}\beta_{n-1},$$

其中$(\alpha x)'_i \in F$，于是有

$$(\alpha x)'_i = \mathrm{Tr}(\alpha x \cdot \alpha^i) = \mathrm{Tr}(x\alpha^{i+1}),$$

设 $f(x) = x^n + c_{n-1}x^{n-1} + \cdots + c_1 x + c_0$ 为 α 在 F 上的极小多项式，则

$$\begin{aligned}(\alpha x)'_{n-1} &= \mathrm{Tr}(x\alpha^n) = -\mathrm{Tr}(c_{n-1}x\alpha^{n-1} + c_{n-2}x\alpha^{n-2} + \cdots + c_1 x\alpha + c_0 x)\\ &= -(c_{n-1}x'_{n-1} + c_{n-2}x'_{n-2} + \cdots + c_1 x'_1 + c_0 x'_0),\end{aligned}$$

从而有

$$(\alpha x)'_i = \begin{cases} x'_{i+1}, & i = 0,1,2,\cdots,n-2;\\ -c_{n-1}x'_{n-1} - c_{n-2}x'_{n-2} - \cdots - c_1 x'_1 - c_0 x'_0, & i = n-1.\end{cases}$$

特别地，若 $q=2$，则 $K = \mathbb{F}_{q^n} = \mathbb{F}_{2^n} = \mathbb{F}_2(\alpha)$，其中 α 是 $\mathbb{F}_2$ 上的 n 次元素，则上面的公式可以写成

$$(\alpha x)'_i = \begin{cases} x'_{i+1}, & i = 0,1,2,\cdots,n-2;\\ c_{n-1}x'_{n-1} + c_{n-2}x'_{n-2} + \cdots + c_1 x'_1 + c_0 x'_0, & i = n-1.\end{cases}$$

我们可以使用如图 7.3.1 所示的移位寄存器来计算 αx. 设从左数第 i 个触发器里填上对偶坐标 x'_{n-i}，XOR 表示 $\mathbb{F}_2$ 上的加法器，称为 XOR 门(异或门)，元素 $c_{n-i}=1$(或者 0)表示存在(或者不存在)一条从第 i 个触发器连接到 XOR 门的线．一个移位时钟脉冲进行后，每个触发器的内容(状态值)向右传递，第 n 个触发器的内容移出，第 1 个触发器填上在 XOR 门中计算后的内容 $c_{n-1}x'_{n-1} + c_{n-2}x'_{n-2} + \cdots + c_1 x'_1 + c_0 x'_0$. 于是一个脉冲后，这 n 个触发器的内容就从 x 的对偶坐标变成 αx 的对偶坐标．这种执行 $\mathbb{F}_{2^n}$ 中乘法运算的电路是由美国著名数学家、代数编码学家 Elwyn Berlekamp 设计的，也称为 Berlekamp 移位寄存器．

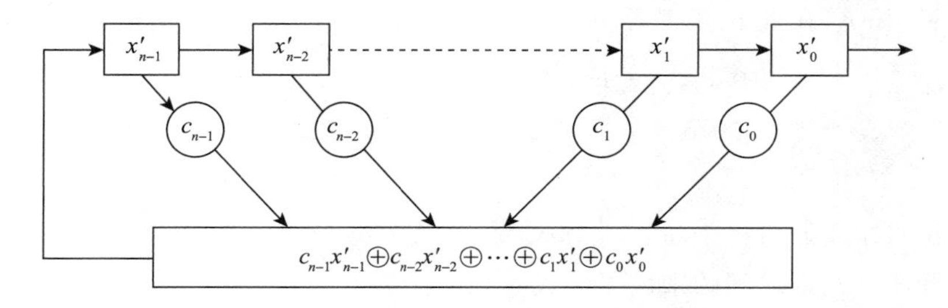

图 7.3.1 Berlekamp 移位寄存器

一般情况下，αx 的对偶坐标可由 x 的对偶坐标用线性反馈移位寄存器得到．进一步地，对于 x，$y \in K$，我们要计算 xy. 用对偶坐标系统将 x 表示为 $x = x'_0\beta_0 + x'_1\beta_1 + \cdots + x'_{n-1}\beta_{n-1}$，用原始坐标系统将 y 表示为 $y = y_0 + y_1\alpha + \cdots + y_{n-1}\alpha^{n-1}$，则

$$yx = \sum_{i=0}^{n-1} y_i\alpha^i x = \sum_{i=0}^{n-1} y_i\Big(\sum_{j=0}^{n-1}(\alpha^i x)'_j\beta_j\Big) = \sum_{j=0}^{n-1}\Big(\sum_{i=0}^{n-1} y_i(\alpha^i x)'_j\Big)\beta_j,$$

故 $(yx)'_j = \sum_{i=0}^{n-1} y_i(\alpha^i x)'_j$.

*7.3.3 正规基

下面介绍另一种常用的基，正规基．

定义 7.3.7 设 $F=\mathbb{F}_q$，$K=\mathbb{F}_{q^n}$．域 K 在 F 上的形如 $\{\alpha,\alpha^q,\cdots,\alpha^{q^{n-1}}\}$ 的基称为 K 在 F 上的**正规基**，即一个 K 中元素 α 在 F 上的所有共轭元组成的基；这样的元素 α 称作 K 在 F 上的**正规元素**(或称 α 生成一个正规基)；若 α 是 K 的本原元，则称 $\{\alpha,\alpha^q,\cdots,\alpha^{q^{n-1}}\}$ 为 K 在 F 上的**本原正规基**．

下面我们将给出一些定理来描述正规基的相关性质，但由于篇幅所限我们将不给出证明，感兴趣的读者可以自己尝试证明或查阅相关资料．

定理 7.3.8 对任意素数幂 q 和正整数 n，存在 $\mathbb{F}_{q^n}$ 在 $\mathbb{F}_q$ 上的正规基，也存在 $\mathbb{F}_{q^n}$ 在 $\mathbb{F}_q$ 上的本原正规基．

定理 7.3.9 正规基的对偶基依然是正规基．

定理 7.3.10 设 p 为素数，q 为 p 的方幂，$F=\mathbb{F}_q$，$K=\mathbb{F}_{q^n}$，其中 $n=p^e$，$e\geqslant 1$，或者 n 为不等于 p 的素数且 q 为模 n 的原根，则满足 $\mathrm{Tr}_{K/F}(\alpha)\neq 0$ 的所有 n 次元素 $\alpha\in K$ 都可以生成 K 在 F 上的正规基.

接下来，我们来介绍正规基在有限域计算中的作用.

首先，正规基在计算 $K=\mathbb{F}_{q^n}$ 中元素的方幂时非常有用．设 $\beta\in K$ 可由一组正规基 $\{\alpha,\alpha^q,\cdots,\alpha^{q^{n-1}}\}$ 表示为 $\beta=a_0\alpha+a_1\alpha^q+\cdots+a_{n-1}\alpha^{q^{n-1}}$，即 β 可由向量 $(a_0,a_1,\cdots,a_{n-1})$ 表示．于是，β^q 可由向量 $(a_{n-1},a_0,\cdots,a_{n-2})$ 表示，即把 β 的表示向量循环右移一位得到．这表明在正规基下，计算一个元素的 q 次幂是非常容易的．同时，在正规基下做加法运算也很容易，就是表示向量的对应分量相加．

其次，我们来讨论在正规基下 K 中的乘法．设 $\{\alpha,\alpha^q,\cdots,\alpha^{q^{n-1}}\}$ 是 K 在 F 上的一组正规基，元素 $\xi,\eta\in K$ 在此正规基下可表示为 $\xi=x_0\alpha+x_1\alpha^q+\cdots+x_{n-1}\alpha^{q^{n-1}}$，$\eta=y_0\alpha+y_1\alpha^q+\cdots+y_{n-1}\alpha^{q^{n-1}}$，其中 $x_i,y_i\in F$，$0\leqslant i\leqslant n-1$，那么有

$$\xi\eta=\sum_{i,j=0}^{n-1}x_iy_i\alpha^{q^i}\alpha^{q^j}=\sum_{i,j=0}^{n-1}x_iy_i\alpha^{q^i+q^j}=\sum_{i,j=0}^{n-1}x_iy_i\,(\alpha^{q^{i-j}+1})^{q^j}.$$

因此，如果我们知道如何将 $\alpha^{q^m}\alpha$，$0\leqslant m\leqslant n-1$ 在正规基 $\{\alpha,\alpha^q,\cdots,\alpha^{q^{n-1}}\}$ 下表示出来，我们就可以进行任意元素之间的乘法了．设

$$\alpha^{q^m}\alpha=\alpha^{q^m+1}=\sum_{k=0}^{n-1}t_{k,m}\alpha^{q^k},$$

其中 $t_{k,m}\in F$，那么有

$$\xi\eta=\sum_{i,j,k=0}^{n-1}x_iy_jt_{k,i-j}\alpha^{q^{k+j}}=\sum_{i,j,m=0}^{n-1}x_iy_jt_{m-j,i-j}\alpha^{q^m}.$$

需注意的是上式中 t 的两个下标都是模 n 意义下的．前面我们介绍过在一般基下计算 K 中元素乘积需要 F 中的 n^3 个常数 c_{ijk}，$1\leqslant i,j,k\leqslant n$，但在正规基下我们只需要 F 中的 n^2 个常数 $t_{i,j}$，$0\leqslant i$，$j\leqslant n-1$.

习题

A 组

1. 证明定理 7.3.1、7.3.2、7.3.3 和 7.3.4 中关于范数的结论．
2. 利用多项式 x^5+x^2+1 写出 $\mathbb{F}_{2^5}$ 中元素的迹的表达式．
3. 令 $F=\mathbb{F}_q$，$K=\mathbb{F}_{q^n}$，$\alpha\in F$，证明 $\mathrm{Tr}_{K/F}(\alpha)=n\cdot\alpha$，$\mathrm{N}_{K/F}(\alpha)=\alpha^n$.
4. 设 α，α^2，α^3 是 $\mathbb{F}_8$ 的基，其中 α 是本原元且满足 $\alpha^3=\alpha+1$. 仿照例 7.3.4，求出矩阵 $\boldsymbol{A}$ 和 $\boldsymbol{B}$，并求出对偶基．
5. 在如下有限域中求出 $\{1,\alpha,\cdots,\alpha^{n-1}\}$ 的对偶基：

   (1) $\mathbb{F}_{32}$：$\alpha^5=\alpha^2+1$；　　(2) $\mathbb{F}_{64}$：$\alpha^6=\alpha+1$.

B 组

6. 仿照定理 7.3.3 给出 $\mathrm{Tr}_{K/F}(\alpha^{-1})$ 和 $\mathrm{N}_{K/F}(\alpha^{-1})$ 关于 α 的极小多项式的系数的表达式．
7. 令 α 是 $F=\mathbb{F}_q$ 上首一 n 次不可约多项式 $f(x)$ 的根，$\{1,\alpha,\cdots,\alpha^{n-1}\}$ 是相应的 $K=\mathbb{F}_{q^n}$ 在 F 上的多项式基．证明 $\{1,\alpha,\cdots,\alpha^{n-1}\}$ 的对偶基同样是一组多项式基当且仅当 $f(x)$ 是二项式，并且 $n\equiv 1 \pmod p$，其中 p 是域 F 的特征．
8. 编程实现本节介绍的 Berlekamp 移位寄存器．

7.4 有限域上的多项式

在 6.4 节中，我们介绍了域上的多项式的相关性质，从本章前三节的内容可以看到，多项式在有限域的研究中同样起着重要的作用．因此在本节中，我们将讨论有限域上的多项式的相关问题．

首先我们介绍一些本节需要的基本概念和性质．

定义 7.4.1 设正整数 n 的标准分解式为 $n=p_1^{e_1}p_2^{e_2}\cdots p_r^{e_r}$，其中 $p_1,p_2,\cdots,p_r$ 是互不相同的素数，$e_i\geqslant 1$，$1\leqslant i\leqslant r$. 我们将如下的函数 $\mu(n)$：

$$\mu(n)=\begin{cases}1, & 若\ n=1;\\ (-1)^r, & 若\ e_1=e_2=\cdots=e_r=1;\\ 0, & 其他.\end{cases}$$

称作 Möbius 函数.

引理 7.4.1 设 n 为正整数，d 是 n 的因子．Möbius 函数满足

$$\sum_{d\mid n}\mu(d)=\begin{cases}1, & 若\ n=1;\\ 0, & 若\ n>1.\end{cases}$$

证明 由定义可知 $\mu(1)=1$. 若 $n>1$，则有

$$\sum_{d\mid n}\mu(d)=\sum_{d\mid p_1p_2\cdots p_r}\mu(d)=\sum_{i=0}^{r}\binom{r}{i}(-1)^i=(1+(-1))^r=0.$$ □

定理 7.4.1（Möbius 反演公式） 设 $a(n)$，$b(n)$ 是定义域为正整数集，值域为一个交换群的两个函数，若交换群中的运算记为加法，则有 $a(n)=\sum_{d\mid n}b(d)$ 当且仅当 $b(n)=$

$\sum_{d|n}\mu\left(\frac{n}{d}\right)a(d)$；若交换群中的运算记为乘法，则有 $a(n)=\prod_{d|n}b(d)$ 当且仅当 $b(n)=\prod_{d|n}a(d)^{\mu(\frac{n}{d})}$.

证明 以加法为例进行证明．若 $a(n)=\sum_{d|n}b(d)$ 成立，则有

$$\sum_{d|n}\mu\left(\frac{n}{d}\right)a(d)=\sum_{d|n}\mu\left(\frac{n}{d}\right)\sum_{e|d}b(e)=\sum_{e|n}b(e)\sum_{d:e|d|n}\mu\left(\frac{n}{d}\right)=\sum_{e|n}b(e)\sum_{f|\frac{n}{e}}\mu(f)=b(n),$$

其中最后一个等号的成立用到了引理 7.4.2 反方向可类似地推出． □

7.4.1 有限域上的多项式分解

下面开始讨论有限域中的多项式分解问题．注意到多项式 $x^{q^n}-x$ 可以唯一地分解为 $F=\mathbb{F}_q$ 上的首一不可约多项式的乘积，且这些首一不可约多项式具有如下特点．

定理 7.4.2 设 $f(x)$是 F 上的首一不可约多项式且 $\deg f(x)=d$，则 $f(x)\mid(x^{q^n}-x)$ 当且仅当 $d\mid n$.

证明 留给读者自行证明． □

记$I_{q,d}(x)$为$F[x]$中所有 d 次首一不可约多项式的乘积(若这样的多项式不存在，则令 $I_{q,d}(x)=1$)．注意到$(x^{q^n}-x)'=-1$，即 $x^{q^n}-x$ 与它的形式微商(与函数求导结果相同)互素，所以 $x^{q^n}-x$ 无重因式，再由定理 7.4.1 可知

$$x^{q^n}-x=\prod_{d|n}I_{q,d}(x).$$

在域 F 上的所有有理函数组成的域 $F(x)=\left\{\frac{p(x)}{q(x)}\,\middle|\,p(x),\ q(x)\in F[x]\right\}$的乘法群中利用 Möbius 反演公式，可以得到

$$I_{q,n}(x)=\prod_{d|n}(x^{q^d}-x)^{\mu(n/d)}.$$

下面我们将通过一个例子来引出将要介绍的内容．设 $q=2$，$n=6$，那么

$$I_{2,6}(x)=\frac{(x^2-x)(x^{64}-x)}{(x^4-x)(x^8-x)}=\frac{(x-1)(x^{63}-1)}{(x^3-1)(x^7-1)}$$

是一个 54 次多项式，这个 54 次多项式是 9 个 $\mathbb{F}_2$ 上的 6 次不可约多项式的乘积．从上式中可以看出，找到这些 6 次不可约多项式需要分解形如 x^m-1 的多项式．类比我们在有理数域 $\mathbb{Q}$ 上分解多项式 x^m-1，我们引入有限域上的分圆多项式．

定义 7.4.2 设 n 为正整数，多项式 $x^n-1\in F[x]$的根(在 F 的扩域中)称为 **n 次单位根**；若某个 n 次单位根 θ 满足$\theta^n=1$ 但对任意的 $1\leqslant k\leqslant n-1$ 都有$\theta^k\neq1$，那么我们称 θ 为 **n 次本原单位根**．

定理 7.4.3 q 元域 $F=\mathbb{F}_q$ 的某个扩域中存在 n 次本原单位根当且仅当 q 与 n 互素．

证明 若 q 与 n 不互素，则 F 的特征 p 整除 n，此时 $x^n-1=(x^{\frac{n}{p}}-1)^p$，即 x^n-1 的根一定是 $x^{\frac{n}{p}}-1$ 的根，所以这时 F 的扩域中不存在 n 次本原单位根．反之，若 q 与 n 互素，设 q 模 n 的乘法阶为 m，则 $q^m\equiv1(\bmod n)$．取 F 的 m 次扩域 $\mathbb{F}_{q^m}$ 的本原元 θ，令 $\zeta=\theta^{\frac{q^m-1}{n}}$，则 $\zeta\in\mathbb{F}_{q^m}$ 就是 n 次本原单位根． □

定理 7.4.4　设 F 为 q 元域，正整数 n 与 q 互素，则 F 的扩域中共有 $\varphi(n)$ 个 n 次本原单位根．

证明　留给读者自行证明． □

定义 7.4.3　设 $F=\mathbb{F}_q$ 为 q 元域，正整数 n 与 q 互素，ζ 为 n 次本原单位根．我们将以所有 n 次本原单位根为根的首一多项式

$$\Phi_n(x)=\prod_{0\leqslant j\leqslant n-1,(j,n)=1}(x-\zeta^j),$$

称作第 n 个**分圆多项式**．

下面介绍一些分圆多项式的性质．

定理 7.4.5　设 n 为正整数，$d\,|\,n$，$\mu(\cdot)$ 为 Möbius 函数，那么有

(1) $x^n-1=\prod\limits_{d|n}\Phi_d(x)$；

(2) $\Phi_n(x)=\prod\limits_{d|n}(x^d-1)^{\mu(n/d)}$.

进一步地，虽然定义中分圆多项式 $\Phi_n(x)$ 的根在 F 的扩域中，但 $\Phi_n(x)$ 是一个 F 上的次数为 $\varphi(n)$ 的首一多项式．

证明　留给读者自行证明． □

定理 7.4.6　设 p 为素数，m 为正整数且 $p\nmid m$，则对任意 $k\geqslant1$ 有

$$\Phi_{mp^k}(x)=\Phi_{mp}(x^{p^{k-1}})=\frac{\Phi_m(x^{p^k})}{\Phi_m(x^{p^{k-1}})}.$$

证明　利用定理 7.4.4 中的(2)式(交换其中的 d 和 n/d)，我们有

$$\Phi_{mp^k}(x)=\prod_{d|mp^k}(x^{mp^k/d}-1)^{\mu(d)}=\prod_{d|mp}(x^{mp^k/d}-1)^{\mu(d)}=\prod_{d|mp^k}((x^{p^{k-1}})^{mp/d}-1)^{\mu(d)}$$
$$=\Phi_{mp}(x^{p^{k-1}}).$$

现在将上式中 mp 的因子 d 按照是否能够被 p 整除分为不相交的两部分，不能被 p 整除的那些因子能够得出

$$\prod_{d|m}(x^{mp^k/d}-1)^{\mu(d)}=\Phi_m(x^{p^k}),$$

而那些能被 p 整除的因子能够得出

$$\prod_{dp|mp}(x^{mp^k/dp}-1)^{\mu(dp)}=\prod_{d|m}(x^{mp^{k-1}/d}-1)^{\mu(pd)}=\prod_{d|m}(x^{mp^{k-1}/d}-1)^{-\mu(d)}$$
$$=(\Phi_m(x^{p^{k-1}}))^{-1}.$$

综上，定理得证． □

例 7.4.1　试求 $\Phi_{72}(x)$.

解　由定理 7.4.5 可得

$$\Phi_{72}(x)=\Phi_{8\cdot9}(x)=\Phi_{8\cdot3}(x^2)=\Phi_{3\cdot2}((x^3)^4)=\Phi_6(x^{12})=x^{24}-x^{12}+1.$$ □

继续 $I_{2,6}(x)$ 的例子，我们可以得到

$$I_{2,6}(x)=\frac{(x-1)(x^{63}-1)}{(x^3-1)(x^7-1)}=\frac{\Phi_1\cdot\Phi_1\cdot\Phi_3\cdot\Phi_7\cdot\Phi_9\cdot\Phi_{21}\cdot\Phi_{63}}{\Phi_1\cdot\Phi_3\cdot\Phi_1\cdot\Phi_7}=\Phi_9\cdot\Phi_{21}\cdot\Phi_{63},$$

其中 Φ_9 的次数为 $\varphi(9)=6$，Φ_{21} 的次数为 $\varphi(21)=12$，Φ_{63} 的次数为 $\varphi(63)=36$. 由此可以看出，在 $\mathbb{F}_2$ 上 Φ_9 不可约，Φ_{21} 是 2 个 6 次不可约多项式的乘积，Φ_{63} 是 6 个 6 次不可约多项式的乘积．所以，为了完全分解 $I_{q,n}(x)$，我们需要分解分圆多项式．下面来考虑分圆多项式 $\Phi_n(x)$ 在域 F 上的分解问题．

定理 7.4.7 设 $F=\mathbb{F}_q$，$(n,q)=1$，$m=\mathrm{ord}_n(q)$，则分圆多项式 $\Phi_n(x)$ 在 F 上可以分解为 $\dfrac{\varphi(n)}{m}$ 个 m 次首一不可约多项式的乘积．

证明 由定理 7.4.2 的证明过程可知，$\mathbb{F}_{q^m}$ 中存在着 n 次本原单位根 ζ，所以 $\Phi_n(x)$ 的所有根为 ζ^j，其中 $0\leqslant j\leqslant n-1$ 且 $(j,n)=1$. 对于 $\Phi_n(x)$ 的每个根 ζ^j，显然 ζ^j 在 F 上的极小多项式是 $\Phi_n(x)$ 在 F 上的不可约因式．先观察 ζ 的极小多项式，由定理 7.2.10 可知此极小多项式的次数 d 为满足 $q^d\equiv 1(\mathrm{mod}\ \mathrm{ord}(\zeta))$ 的最小正整数，由于 $\mathrm{ord}(\zeta)=n$，因此 $d=m$. 这样我们得到一个 $\Phi_n(x)$ 在 F 上的 m 次不可约因式，即 ζ 的极小多项式 $f_\zeta(x)$. 如果 $m\neq\varphi(n)$，则存在 $\Phi_n(x)$ 的根不是 $f_\zeta(x)$ 的根．取一个这样的根 ξ，再求得 ξ 的极小多项式 $f_\xi(x)$，由于 $\mathrm{ord}(\xi)=n$，所以 $f_\xi(x)$ 的次数为 m. 如果继续上述过程，我们可以得到，分圆多项式 $\Phi_n(x)$ 在 F 上的每个不可约因式的次数都是 m，因此定理得证． □

推论 7.4.1 设 $F=\mathbb{F}_q$，$(n,q)=1$，则分圆多项式 $\Phi_n(x)$ 在 F 上不可约当且仅当 $n=1,2,4,p^l,2p^l$，其中 p 为奇素数，l 为正整数，且 q 为模 n 的原根．

证明 由定理 7.4.6 易知，分圆多项式 $\Phi_n(x)$ 在 F 上不可约当且仅当 $m=\varphi(n)$，即 $\mathrm{ord}_n(q)=\varphi(n)$. 由定义 4.2.1 可知 q 为模 n 的原根，从而由定理 4.2.11 可知 n 存在原根的充要条件为 $n=1,2,4,p^l,2p^l$. □

例 7.4.2 试在 $\mathbb{F}_2$ 上分解 $\Phi_7(x)$.

解 容易求出 $\mathrm{ord}_7(2)=3$，又因为 $\deg\Phi_7(x)=\varphi(7)=6$，所以 $\Phi_7(x)$ 在 $\mathbb{F}_2$ 上可以分解为 2 个 3 次不可约多项式的乘积．下面需要我们在域 $\mathbb{F}_{2^3}$ 中找到 7 阶元素，不妨设 $E=\mathbb{F}_2[x]/\langle x^3+x+1\rangle$，令 $\zeta=x+\langle x^3+x+1\rangle$，则容易计算得到 $\mathrm{ord}(\zeta)=7$，所以 ζ 在 $\mathbb{F}_2$ 上的极小多项式为 $f_\zeta(x)=(x-\zeta)(x-\zeta^2)(x-\zeta^4)=x^3+x+1$. 利用 $\Phi_7(x)$ 的另一个根 ζ^3，求出它在 $\mathbb{F}_2$ 上的极小多项式为 $f_{\zeta^3}(x)=(x-\zeta^3)(x-\zeta^6)(x-\zeta^5)=x^3+x^2+1$. 因此，我们得到 $\Phi_7(x)$ 在 $\mathbb{F}_2$ 上的分解为

$$\Phi_7(x)=(x^3+x+1)(x^3+x^2+1)=x^6+x^5+x^4+x^3+x^2+x+1.$$ □

上面我们利用分圆多项式 $\Phi_n(x)$ 的根在 F 上的极小多项式来分解 $\Phi_n(x)$，这需要在 F 的扩域中进行，然而一般情况下找出扩域以及扩域中的运算都是不方便的．因此，我们将介绍一个在有限域上分解多项式的算法，称作 **Berlekamp 算法**，它适用于任意多项式．下面我们依然设 $F=\mathbb{F}_q$ 为 q 元域．

定理 7.4.8 设 $f(x)$ 是域 F 上的首一多项式且 $\deg f(x)=n\geqslant 1$，$h(x)\in F[x]$ 满足 $h(x)^q\equiv h(x)(\mathrm{mod}\ f(x))$，那么有 $f(x)=\prod\limits_{s\in F}(f(x),h(x)-s)$.

证明 因为 F 中的元素都是多项式 y^q-y 的根，于是有 $y^q-y=\prod\limits_{s\in F}(y-s)$. 将 y 替换成 $h(x)$ 可得到 $h(x)^q-h(x)=\prod\limits_{s\in F}(h(x)-s)$. 由于 $h(x)^q\equiv h(x)(\mathrm{mod}\ f(x))$，从而可以

推出 $f(x) \mid \prod_{s\in F}(h(x)-s)$，由此可得 $f(x) \mid (f(x), \prod_{s\in F}(h(x)-s))$. 注意到当$s_1 \neq s_2 \in F$时，$(h(x)-s_1, h(x)-s_2)=1$，故$(f(x), \prod_{s\in F}(h(x)-s)) = \prod_{s\in F}(f(x),h(x)-s)$，于是我们有 $f(x) \mid \prod_{s\in F}(f(x),h(x)-s)$.

另一方面，对于任意 $s\in F$，有$(f(x), h(x)-s) \mid f(x)$. 由于$s_1 \neq s_2$ 时，$(h(x)-s_1, h(x)-s_2)=1$，所以$(f(x), h(x)-s_1)$与$(f(x), h(x)-s_2)$互素，故$(f(x), \prod_{s\in F}(h(x)-s)) \mid f(x)$. 由于 $f(x)$是首一多项式，因此综合上述讨论，定理得证. □

定义 7.4.4 若多项式 $h(x)\in F[x]$满足$h(x)^q \equiv h(x) \pmod{f(x)}$且 $0<\deg h(x)<\deg f(x)$，则称 $h(x)$为 **f-约化多项式**.

通过上述讨论可以发现，若存在 $h(x)\in F[x]$是 f-约化多项式，则对每个 $s\in F$ 都有 $\deg(f(x), h(x)-s)<\deg f(x)$，这时定理 7.4.7 就给出了 $f(x)$的一个非平凡分解. 下面我们给出求 f-约化多项式的方法.

设 $h(x)=a_0+a_1x+\cdots+a_{n-1}x^{n-1}\in F[x]$，则$h(x)^q=a_0+a_1x^q+\cdots+a_{n-1}x^{q(n-1)}$. 对于每个 $0\leqslant i\leqslant n-1$，设

$$x^{qi} \equiv b_{i,0}+b_{i,1}x+\cdots+b_{i,n-1}x^{n-1} \pmod{f(x)},$$

记矩阵 $\boldsymbol{B}=(b_{i,j})_{0\leqslant i,j\leqslant n-1}$，则有

$$h(x)^q = (1,x^q,\cdots,x^{q(n-1)})\begin{pmatrix} a_0 \\ a_1 \\ \vdots \\ a_{n-1}\end{pmatrix} \equiv (1,x,\cdots,x^{n-1})\boldsymbol{B}\begin{pmatrix} a_0 \\ a_1 \\ \vdots \\ a_{n-1}\end{pmatrix} \pmod{f(x)},$$

所以为了满足$h(x)^q\equiv h(x)\pmod{f(x)}$，需要

$$(\boldsymbol{B}-\boldsymbol{I})\begin{pmatrix} a_0 \\ a_1 \\ \vdots \\ a_{n-1}\end{pmatrix}=0.$$

其中，$\boldsymbol{I}$ 是单位矩阵. 也就是说，$h(x)$的系数向量$(a_0,a_1,\cdots,a_{n-1})^{\mathrm{T}}$是齐次线性方程组$(\boldsymbol{B}-\boldsymbol{I})\boldsymbol{X}=0$ 的解向量. 我们通过解这个齐次线性方程组就可以求出 f-约化多项式. 需要注意的是，矩阵 $\boldsymbol{B}-\boldsymbol{I}$ 的第一列为零向量，所以 $\operatorname{rank}(\boldsymbol{B}-\boldsymbol{I})\leqslant n-1$ 且$(a_0,0,\cdots,0)^{\mathrm{T}}$是方程组$(\boldsymbol{B}-\boldsymbol{I})\boldsymbol{X}=0$ 的解，这个解对应的是常数多项式 a_0，并不是 f-约化多项式. 该方程组的满足$(a_1,\cdots,a_{n-1})\neq(0,\cdots,0)$的解$(a_0,a_1,\cdots,a_{n-1})^{\mathrm{T}}$才对应 f-约化多项式，实际上我们只需求出形如$(0,a_1,\cdots,a_{n-1})^{\mathrm{T}}$的非零解即可.

下面来介绍在有限域上分解多项式的 Berlekamp 算法的具体过程.

Berlekamp 算法：给定任意首一多项式 $f(x)\in F[x]$，其次数为 $n>0$. 下面的步骤可以给出 $f(x)$的非平凡分解或者确认 $f(x)$不可约.

第一步：计算 $d(x)=(f(x),f'(x))$. 若 $\deg d(x)>0$，则 $f(x)=d(x)\cdot\dfrac{f(x)}{d(x)}$是$f(x)$的非平凡分解；若 $\deg d(x)=0$，则跳转到第二步．

第二步：根据 $x^{qi}\equiv b_{i,0}+b_{i,1}x+\cdots+b_{i,n-1}x^{n-1}\pmod{f(x)}$计算出矩阵 $\boldsymbol{B}$.

第三步：若 $\operatorname{rank}(\boldsymbol{B}-\boldsymbol{I})=n-1$，则 $f(x)$不可约；若 $\operatorname{rank}(\boldsymbol{B}-\boldsymbol{I})\leqslant n-2$，则求出齐次线性方程组$(\boldsymbol{B}-\boldsymbol{I})\boldsymbol{X}=0$ 的一组非零解$(0,a_1,\cdots,a_{n-1})^{\mathrm{T}}$，令 $h(x)=a_1x+\cdots+a_{n-1}x^{n-1}$.

第四步：对每个 $s\in F$，计算$(f(x),h(x)-s)$，则 $f(x)=\prod\limits_{s\in F}(f(x),h(x)-s)$ 就是$f(x)$的一个非平凡分解．

例 7.4.3 试在 $\mathbb{F}_2$ 上分解 $f(x)=x^5+x+1$.

解 利用 Berlekamp 算法进行分解．容易求出$(f(x),\ f'(x))=1$，于是跳转到第二步．计算 $x^0\equiv1\pmod{f(x)}$，$x^2\equiv x^2\pmod{f(x)}$，$x^4\equiv x^4\pmod{f(x)}$，$x^6\equiv x+x^2\pmod{f(x)}$，$x^8\equiv x^3+x^4\pmod{f(x)}$，于是有

$$\boldsymbol{B}=\begin{pmatrix}1&0&0&0&0\\0&0&0&1&0\\0&1&0&1&0\\0&0&0&0&1\\0&0&1&0&1\end{pmatrix}.$$

接下来解齐次线性方程组$(\boldsymbol{B}-\boldsymbol{I})\boldsymbol{X}=0$，可以求出其基础解系为$(1,0,0,0,0)^{\mathrm{T}}$和$(0,1,0,1,1)^{\mathrm{T}}$，这表明 $f(x)$有 2 个互不相同的不可约因式．取$(0,1,0,1,1)^{\mathrm{T}}$对应的多项式 $h(x)=x+x^3+x^4$，利用 Euclid 算法可求出$(f(x),\ h(x))=x^3+x^2+1$，$(f(x),\ h(x)+1)=x^2+x+1$，所以有

$$f(x)=(x^3+x^2+1)(x^2+x+1).$$

由上面计算我们知道 $f(x)$共有 2 个互不相同的不可约因式，所以如上分解是 $f(x)$在 $\mathbb{F}_2$ 上的完全分解． □

另外，需要说明的是 Berlekamp 算法给出了多项式的非平凡分解，但不一定是完全分解．有兴趣的读者可以参考有限域相关书籍．

7.4.2 有限域上的不可约多项式

有限域上的不可约多项式在理论和应用方面都有着重要作用，例如为了构造有限域 $\mathbb{F}_{p^n}$，我们需要找到一个 $\mathbb{F}_p$ 上的 n 次不可约多项式．因此在本小节中我们将介绍有限域上不可约多项式的相关内容．

定理 7.4.9 设 K 为有限域，$p(x)$，$q(x)\in K[x]$，则有

$$\deg(p(x)\cdot q(x))=\deg p(x)+\deg q(x).$$

证明 这个结论的成立依赖于一个基本事实：域中没有零因子．令

$$p(x)=a_0+a_1x+a_2x^2+\cdots+a_{m-1}x^{m-1}+a_mx^m,$$

$$q(x)=b_0+b_1x+b_2x^2+\cdots+b_{n-1}x^{n-1}+b_nx^n,$$

其中 $a_m\neq0$，$b_n\neq0$. 在乘积 $p(x)\cdot q(x)$中最高次项是 x^{m+n}，它只可能由 $p(x)$和 $q(x)$的首项相乘而来，因此它的系数为 a_mb_n. 又因为 $p(x)$和 $q(x)$的首项系数都不为零，而且域

中非零元素乘积仍非零，所以 x^{m+n} 的系数非零．这就证明了多项式乘积的次数等于各自次数的和．

□

根据这一结论容易得出：如果 $K[x]$中的多项式 $d(x)$是多项式 $f(x)$的一个真因子，则有

$$0 < \deg d(x) < \deg f(x).$$

根据定理 7.4.9，我们可以得到有关有限域上多项式分解的一些简单推论：

推论 7.4.2　每个线性多项式是不可约的，因为不存在次数介于 1 和 0 之间的多项式．

推论 7.4.3　如果一个二次多项式可以真分解，则它必定是两个线性因式的乘积．

推论 7.4.4　如果一个三次多项式可以真分解，则它必定至少有一个线性因式．

推论 7.4.5　如果一个四次或更高次多项式可以真分解，则它可能没有线性因式．

推论 7.4.6　$K[x]$上的多项式 $p(x)$有一个线性因式 $x-a(a\in K)$，当且仅当 $p(a)=0$.

例 7.4.4　$\mathbb{Z}_2[x]$是密码学中常用的域上的多项式环，下面我们以 $\mathbb{Z}_2[x]$为例来展示一些寻找不可约多项式的思路和方法.

$\mathbb{Z}_2[x]$中只有 1 个零次多项式，那就是 1，一般认为零多项式的次数是无穷．

$\mathbb{Z}_2[x]$中刚好有 2 个线性多项式，即 x 和 $x+1$. 根据推论 7.4.2，它们是不可约的．

$\mathbb{Z}_2[x]$中有 4 个二次多项式：x^2，x^2+x，x^2+1，x^2+x+1，下面分别来考察它们的不可约性：

$$x^2 = x \cdot x;$$
$$x^2 + x = x(x+1);$$
$$x^2 + 1 = (x+1)^2;$$

对于 x^2+x+1，容易验证这个多项式没有线性因式，$0^2+0+1=1$，$1^2+1+1=1$，所以 x^2+x+1 在 $\mathbb{Z}_2[x]$是不可约的，它也是 $\mathbb{Z}_2[x]$中唯一的二次不可约多项式．

$\mathbb{Z}_2[x]$中有 8 个三次多项式．若我们只考虑不可约的，则首先可以把常数项为 0 的多项式排除，因为它们必定有线性因式 x. 根据推论 7.4.4，$\mathbb{Z}_2[x]$中所有常数项非零且 x 取 1 得到 0 值的三次多项式，必定有一个因子 $x+1$. 因此 $\mathbb{Z}_2[x]$中只有两个不可约的三次多项式，它们是 x^3+x+1，x^3+x^2+1.

$\mathbb{Z}_2[x]$中有 16 个四次多项式．若常数项为 0，则它必有因子 x；如果非零系数的个数为偶数，则它必有因子 $x+1$，这样只有 4 个可能的四次不可约多项式：

$$x^4 + x^3 + x^2 + x + 1,$$
$$x^4 + x^3 + 1,$$
$$x^4 + x^2 + 1,$$
$$x^4 + x + 1.$$

容易看出，这四个多项式在 $\mathbb{Z}_2[x]$中均没有线性因式．接下来寻找它们的不可约二次因子，由前面的讨论可知，$\mathbb{Z}_2[x]$上的二次不可约多项式为 x^2+x+1，这样就只有 $x^4+x^2+1=(x^2+x+1)^2$ 是可约的，余下的 3 个四次多项式 $x^4+x^3+x^2+x+1$，x^4+x^3+1，x^4+x^2+1 则为 $\mathbb{Z}_2[x]$上的四次不可约多项式．

$\mathbb{Z}_2[x]$中有 32 个五次多项式．除去常数项为 0 的就只剩下 16 个，再排除那些有偶数个非零系数项的多项式(它们有线性因式 $x+1$)，就剩下 8 个需要进一步判断，这 8 个多项

式没有线性因式，所以它们只可能是如下形式的低次多项式的乘积：

$$\text{不可约的二次多项式} \times \text{不可约的三次多项式}.$$

我们已经知道 $\mathbb{Z}_2[x]$中只有一个二次不可约多项式，有两个三次不可约多项式．这样就有两个没有线性因式的五次可约多项式，它们是

$$(x^2+x+1)(x^3+x^2+1)=x^5+x+1,$$
$$(x^2+x+1)(x^3+x+1)=x^5+x^4+1.$$

这样在 $\mathbb{Z}_2[x]$中就有 6 个五次不可约多项式．除了上面排除的两个可约多项式以外，它们必须具有常数项 1 且非零系数个数为奇数．下面给出这 6 个五次不可约多项式：

$$x^5+x^3+x^2+x+1,$$
$$x^5+x^4+x^2+x+1,$$
$$x^5+x^4+x^3+x+1,$$
$$x^5+x^4+x^3+x^2+1,$$
$$x^5+x^3+1,$$
$$x^5+x^2+1.$$

我们将 $\mathbb{Z}_2[x]$中 5 次以内的不可约多项式总结如表 7.4.1 所示．

表 7.4.1 $\mathbb{Z}_2[x]$上的低次不可约多项式

次数	不可约多项式
0	1
1	x，$x+1$
2	x^2+x+1
3	x^3+x^2+1，x^3+x+1
4	$x^4+x^3+x^2+x+1$，x^4+x^3+1，x^4+x+1
5	$x^5+x^3+x^2+x+1$，$x^5+x^4+x^2+x+1$，$x^5+x^4+x^3+x+1$，$x^5+x^4+x^3+x^2+1$，x^5+x^3+1，x^5+x^2+1

□

前文中我们已经介绍了一些简单的结论（推论 7.4.2～推论 7.4.6）来判断多项式的不可约性．除此之外，本节介绍的 Berlakamp 算法或证明一个首一多项式恰为一个元素的极小多项式等方法也能够判断多项式的不可约性．然而上述方法在某些情形下并不是很容易使用的，因此下面我们将给出一些在一般情形下判断多项式不可约性的方法．此后的内容属于了解内容，因此仅给出定理结论并不给出证明过程，感兴趣的读者可以自行查阅相关资料．

下面定理给出了有限域 $\mathbb{F}_q(q=p^n)$上的多项式不可约的充要条件．

定理 7.4.10* 设 $f(x)\in\mathbb{F}_q[x]$为 n 次多项式，则 $f(x)$在 $\mathbb{F}_q$ 上不可约的充要条件为 $f(x)\mid(x^{q^n}-x)$且对所有 $i=1,2,\cdots,\left\lfloor\frac{n}{2}\right\rfloor$有$(f(x),x^{q^i}-x)=1$.

下面定理给出多项式不可约的几个必要条件．

定理 7.4.11* 设 $f(x)\in\mathbb{F}_q[x]$为 n 次不可约多项式且 $n\geqslant 2$，则有

(1) $f(x)$的常数项 $f(0)\neq 0$；

(2) $f(x)$的所有系数之和非零；

(3) $(f(x),\ f'(x))=1$（说明：$f'(x)$是 $f(x)$的形式微商）.

下面我们讨论一类特殊多项式的不可约性，即含有两项的多项式．由于若不可约多项式的次数大于 1，则其常数项一定是非零的，所以我们需要考虑常数项非零的多项式.

定义 7.4.5　我们称只有两个非零项且其中之一为常数项的首一多项式为**二项式**，其形如 $x^t-a\in\mathbb{F}_q[x]$，其中 $a\in\mathbb{F}_q^*$，$t\geqslant 1$.

下面给出有限域 $\mathbb{F}_q$ 上二项式不可约性的判定定理．

定理 7.4.12*　设正整数 $t\geqslant 2$，$a\in\mathbb{F}_q^*$ 且 a 在 $\mathbb{F}_q^*$ 中的阶为 $m>1$，则二项式 x^t-a 在 $\mathbb{F}_q$ 上不可约当且仅当下面两个条件成立：

(1) t 的每个素因子能整除 m 但是不整除 $(q-1)/m$；

(2) 若 $4\mid t$，则 $4\mid(q-1)$.

推论 7.4.7*　设 $a\in\mathbb{F}_q^*$ 且 $\mathrm{ord}(a)=m$，r 是 $q-1$ 的一个素因子但是 r 不整除 $(q-1)/m$，设 k 为非负整数，当 $r=2$ 且 $k\geqslant 2$ 时还假设 $4\mid(q-1)$，那么二项式 $x^{r^k}-a$ 在 $\mathbb{F}_q$ 上不可约．

例 7.4.5　设 k 为非负整数，

(1) 在 $\mathbb{F}_5^*$ 中，$\mathrm{ord}(2)=\mathrm{ord}(3)=4$，由推论 7.5.1 可知二项式 $x^{2^k}-2$ 和 $x^{2^k}-3$ 均在 $\mathbb{F}_5$ 上不可约；

(2) 在 $\mathbb{F}_7^*$ 中，$\mathrm{ord}(2)=\mathrm{ord}(4)=3$，$\mathrm{ord}(3)=\mathrm{ord}(5)=6$，由推论 7.5.1 可知二项式 $x^{3^k}-2$，$x^{3^k}-3$，$x^{3^k}-4$ 和 $x^{3^k}-5$ 均在 $\mathbb{F}_7$ 上不可约．

习题

A 组

1. 计算如下的分圆多项式：

(1) $\Phi_{24}(x)$；　(2) $\Phi_{35}(x)$；　(3) $\Phi_{40}(x)$；　(4) $\Phi_{60}(x)$；　(5) $\Phi_{105}(x)$.

2. 将如下的分圆多项式在给定的有限域上进行分解：

(1) 在 $\mathbb{F}_2$ 上分解 $\Phi_{17}(x)$；　(2) 在 $\mathbb{F}_3$ 上分解 $\Phi_{11}(x)$；

(3) 在 $\mathbb{F}_5$ 上分解 $\Phi_{13}(x)$；　(4) 在 $\mathbb{F}_7$ 上分解 $\Phi_{19}(x)$.

3. 在如下有限域上将 $x^{16}-x$ 分解为不可约因式：

(1) $\mathbb{F}_{16}$；

(2) $\mathbb{F}_2$；

(3) $\mathbb{F}_4$（将 $\mathbb{F}_4$ 中的元素表示为 $\{0,1,\omega,\omega^2\}$，其中 $\omega^2=\omega+1$).

4. 试求 $x^{24}-1$ 在如下有限域上的完全分解：$\mathbb{F}_2$，$\mathbb{F}_3$，$\mathbb{F}_4$，$\mathbb{F}_5$，$\mathbb{F}_7$.

5. 利用 Berlekamp 算法分解多项式 $f(x)=x^{11}+2x^7+2x^5+2x^4+x+2\in\mathbb{F}_3[x]$.

B 组

6. 证明定理 7.4.2、7.4.4 和 7.4.5.

7. 令 p 为素数且 $p\mid m$，证明 $\Phi_{mp}(x)=\Phi_m(x^p)$.

8. 利用 Berlekamp 算法找到 $\Phi_{63}(x)$ 的 6 个六次不可约因式．

9. 编程实现 Berlekamp 算法．

Chapter 8

第8章 椭圆曲线

椭圆曲线是算术代数几何中一类极为重要的曲线，它将朴素的数论与深刻的几何学结合到一起，在当今的数论研究中具有深远的影响．著名的费马大定理的证明，就是借助了椭圆曲线的知识．此外，有限域上椭圆曲线的离散对数计算等问题，构成了公钥密码学的一类主要问题，在信息科学中得到广泛应用.

本章主要介绍椭圆曲线的相关内容，包括仿射空间和射影空间、椭圆曲线、椭圆曲线上的群结构、有限域上的椭圆曲线等.

学习本章之后，我们应该能够：

- 理解 Weierstrass 方程与椭圆曲线的概念和性质；
- 掌握椭圆曲线上的群结构概念及其性质；
- 掌握 GF(p)和 GF(2^m)上的椭圆曲线的计算方法.

8.1 仿射平面与射影平面

在本章后面几节讨论的椭圆曲线概念中，涉及无穷远点的概念，为了更顺畅地引入此概念，本节介绍射影平面的概念及其性质．

定义 8.1.1 域 K 上的集合$K^2=\{(x,y)\mid x,y\in K\}$称为域 K 上的**仿射平面**，K^2 中的元素称为仿射平面上的点，可以用**仿射坐标**(x, y)表示.

例如，中学里讲过的笛卡儿平面就是实数域 $\mathbb{R}$ 上的仿射平面，又称为**欧氏平面**.

定义 8.1.2 设 K 为域，并令 $K^*=K\setminus\{0\}$，集合

$$M=\{(x,y,z)\mid x,y,z\in K\}\setminus\{(0,0,0)\},$$

$\sim$是 M 上的一个等价关系，满足

$$(x_1,y_1,z_1)\sim(x_2,y_2,z_2)\Leftrightarrow\exists\lambda\in K^*,$$
$$x_1=\lambda x_2,y_1=\lambda y_2,z_1=\lambda z_2,$$

则 $M/\sim$称为**域 K 上的射影平面**．通常把$M/\sim$中的等价类称为**射影平面上的点**，并可以用等价类中的任意一个元素作为点的代表元．这个用来表示射影平面上

的点的代表元称为射影平面的**齐次坐标**，记作(X,Y,Z).

由仿射平面和射影平面的定义可知，对于定义在同一个域上的仿射平面和射影平面，当$Z\neq 0$时，射影平面中的点(X,Y,Z)与仿射平面中的点(x,y)可以建立如下对应关系：

$$x = X/Z,$$
$$y = Y/Z.$$

接下来，我们在实数域$\mathbb{R}$(即$K=\mathbb{R}$)上给出仿射平面和射影平面的一个实例，并进一步讨论相关的性质．为此，先引入无穷远点和无穷远直线的概念．我们知道，在欧氏几何中，平面上任意两条不同直线位置关系只有两种——平行和相交，引入无穷远点后，可以将这两种关系统一起来.

如图8.1.1所示，$AB\perp L_1$，AB交L_1于A，$L_1//L_2$，直线AP由AB起绕A点逆时针方向旋转，P为AP与L_2的交点．当$\angle\theta\to 90°$时，有$AP\to L_1$，可设想L_2上有一点P_∞，它是L_1与L_2的交点，我们称之为无穷远点.

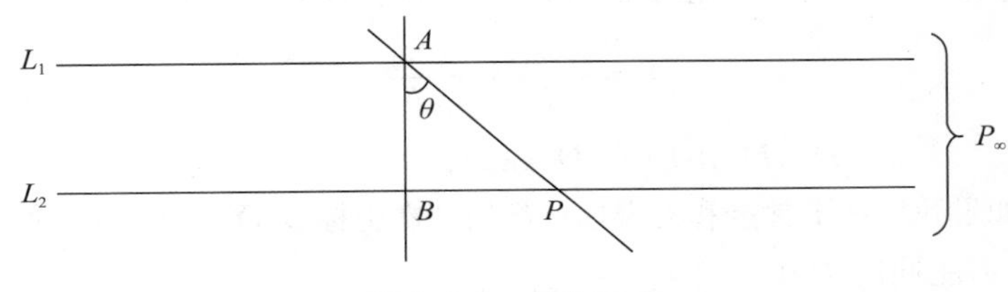

图8.1.1　无穷远点

定义8.1.3　平面上两条平行线的交点称为**无穷远点**.

在无穷远点的定义中，有如下几点需要注意：

(1) 因为平行线是有方向的，所以无穷远点也是有方向的，不同方向平行直线的无穷远点不同；

(2) 一条直线上的无穷远点只能有一个(因为过定点且与已知直线平行的直线只能有一条，而两条直线的交点只有一个)；

(3) 一组相互平行的直线上有公共的无穷远点；

(4) 任何两条相交的直线上有不同的无穷远点.

定义8.1.4　平面内全体无穷远点(各个方向上的无穷远点组成的集合)构成一条**无穷远直线**.

有了无穷远点的概念后，我们来探讨实数域$\mathbb{R}$上的欧氏平面与射影平面之间的关系，即平面直角坐标与齐次坐标之间的关系，进而揭示无穷远点的数学本质．设平面上两条不同直线L_1和L_2的平面直角坐标方程为：

$$L_1: a_1x + b_1y + c_1 = 0,$$

和

$$L_2: a_2x + b_2y + c_2 = 0,$$

其中a_1,b_1不同时为0，a_2,b_2也不同时为0．设

$$D = \begin{vmatrix} a_1 & b_1 \\ a_2 & b_2 \end{vmatrix},\quad D_x = \begin{vmatrix} b_1 & c_1 \\ b_2 & c_2 \end{vmatrix},\quad D_y = \begin{vmatrix} c_1 & a_1 \\ c_2 & a_2 \end{vmatrix},$$

当 $D\neq0$ 时，L_1 和 L_2 相交于一平常点 $P(x_0,y_0)$(为了与无穷远点相区别，我们把原来欧氏平面上的点叫作平常点)，由克莱姆法则可知，$P(x_0,y_0)$的坐标为

$$x_0=\frac{D_x}{D},\quad y_0=\frac{D_y}{D}.$$

可以看出，表征 L_1 和 L_2 的交点 $P(x_0,\ y_0)$位置信息的独立变量有三个，即D_x,D_y,D，因此我们可以抽象地将 P 表示为(D_x,D_y,D)，这恰好是齐次坐标的形式．由齐次坐标的性质有

$$\left(\frac{D_x}{D},\frac{D_y}{D},1\right)=(x_0,y_0,1).$$

当 $D=0$ 时，$L_1//L_2$，我们说 L_1 和 L_2 相交于一个无穷远点P_∞，可以用过原点且平行于 L_1(或 L_2)的一条直线的方向来指出P_∞的方向，这条直线的方程为 $a_1x+b_1y=0$(或 $a_2x+b_2y=0$)．由于 $D=0$，表征P_∞方向信息的独立变量只有两个，即D_x 和 D_y，于是我们可将P_∞抽象地表示为$(D_x,D_y,0)$．设此时 L_1 和 L_2 的斜率为 λ，则有

$$\lambda=-\frac{a_1}{b_1}=-\frac{a_2}{b_2},$$

$$(D_x,D_y,0)=(D_x,\lambda D_x,0)=(1,\lambda,0).$$

综上所述，如果我们把平常点和无穷远点都用齐次坐标(X,Y,Z)的形式来表示，并规定：

(1) X,Y,Z 不能同时为 0；

(2) 当 $Z\neq0$ 时，令 $x=\dfrac{X}{Z}$，$y=\dfrac{Y}{Z}$，则(x,y)表示欧氏平面上的点(平常点)；

(3) 当 $Z=0$ 时，(X,Y,Z)表示无穷远点，此时，当 $X\neq0$ 时，$-\dfrac{Y}{X}$表示此无穷远点对应平行线的斜率，而$(0,Y,0)(Y\neq0)$对应着与 x 轴垂直的一组平行线上的无穷远点．

这样我们就可以把平常点和无穷远点的坐标统一起来．欧氏平面的点加上无穷远点后构成的平面称定义在实数域 $\mathbb{R}$ 上的**射影平面**，从上面的例子可以看出，用齐次坐标可以很方便地表示射影平面上的点．如果将满足等价关系～的所有齐次坐标看成是一个坐标，则齐次坐标与射影平面上的点一一对应．由规定(3)还可以看出，射影平面上所有无穷远点构成的线——无穷远直线的方程为

$$Z=0.$$

例 8.1.1 求欧氏平面上的点(1,2)在定义在实数域 $\mathbb{R}$ 上射影平面的齐次坐标．

解 点(1,2)为平常点，$Z\neq0$，

$$x=X/Z=1,$$
$$y=Y/Z=2.$$

所以，有 $X=Z$，$Y=2Z$，齐次坐标为$(Z,2Z,Z)$，$Z\neq0$．即形如$(Z,2Z,Z)(Z\neq0)$的任意齐次坐标，例如(1,2,1)，(2,4,2)，(1.2,2.4,1.2)等都是欧氏平面上的点(1,2)在射影平面上的齐次坐标． □

例 8.1.2 求欧氏平面上的直线 $ax+by+c=0$ 在定义在实数域 $\mathbb{R}$ 上的射影平面上的齐次坐标方程．

解 将 $x=X/Z$，$y=Y/Z$ 代入 $ax+by+c=0$ 得齐次坐标方程为

$$aX + bY + cZ = 0.$$ □

例 8.1.3　判断欧氏平面上的椭圆是否与无穷远直线相交？欧氏平面上的双曲线呢？

解　欧氏平面上的椭圆方程为

$$\frac{x^2}{a^2} + \frac{y^2}{b^2} = 1.$$

化成实数域上射影平面的齐次坐标方程为

$$\frac{X^2}{a^2} + \frac{Y^2}{b^2} = Z^2.$$

将无穷远直线 $Z=0$ 代入上式，在实数域 $\mathbb{R}$ 上解此方程得

$$X = Y = 0,$$

即 $X=Y=Z=0$，而$(0,0,0)$不是一个合法的齐次坐标，故椭圆与无穷远直线不相交.

关于双曲线的情况(见本节习题 5)，请读者自行完成. □

习题

A 组

1. 在笛卡儿坐标系中，与 x 轴平行的直线上的无穷远点的齐次坐标是什么？与 y 轴平行的直线上的无穷远点的齐次坐标是什么？
2. 证明平面上任何两条相交的直线有不同的无穷远点.
3. 求下列欧氏平面上的曲线在定义在实数域 $\mathbb{R}$ 上射影平面的齐次坐标方程：
   (1) $4x^2+27y^3=0$；　　(2) $y^2+a_1xy+a_3y-x^3-a_2x^2-a_4x-a_6=0$.

B 组

4. 用齐次坐标证明欧氏平面上的抛物线与无穷远直线相切.
5. 用齐次坐标证明欧氏平面上的双曲线与无穷远直线相交于两个点.

8.2　Weierstrass 方程与椭圆曲线

本节我们首先介绍 Weierstrass 方程，椭圆曲线就是由其确定的. 本节主要讨论 Weierstrass 方程的性质.

定义 8.2.1　设 K 为域，$a_1,a_2,a_3,a_4,a_6\in K$，形如

$$y^2 + a_1xy + a_3y = x^3 + a_2x^2 + a_4x + a_6 \tag{8.2.1}$$

的方程称为**域 K 上的 Weierstrass 方程**，通常记为 $E(K)$，a_1,a_2,a_3,a_4,a_6 称为 Weierstrass 方程的**系数**. 这里的域 K 可以是实数域 $\mathbb{R}$、复数域 $\mathbb{C}$ 和有限域等，还可以是本书未涉及的函数域等.

我们可以这样来记录 Weierstrass 方程系数的下标，设 x,y,a_1,a_2,a_3,a_4,a_6 的权值如表 8.2.1 所示.

表 8.2.1　Weierstrass 方程系数权值表

x 的权值	2
y 的权值	3
a_i 的权值	i

则 Weierstrass 方程的每一项权值都是 6，这也是没有系数 a_5 的原因.

如果域 K 的特征不为 2，令 $\eta=y+(a_1x+a_3)/2$，消去 y 的二次项，方程(8.2.1)可化为

$$\eta^2 = x^3+\frac{b_2}{4}x^2+\frac{b_4}{2}x+\frac{b_6}{4}, \tag{8.2.2}$$

其中

$$\begin{cases} b_2 = a_1^2+4a_2 \\ b_4 = a_1a_3+2a_4. \\ b_6 = a_3^2+4a_6 \end{cases} \tag{8.2.3}$$

如果域 K 的特征不为 2、3，令 $\xi=x+b_2/12$，消去 x 的二次项，方程(8.2.2)可化为

$$\eta^2 = \xi^3-\frac{c_4}{48}\xi-\frac{c_6}{864}, \tag{8.2.4}$$

其中

$$\begin{cases} c_4 = b_2^2-24b_4 \\ c_6 =-b_2^2+36b_2b_4-216b_6 \end{cases}. \tag{8.2.5}$$

定理 8.2.1　当域 K 的特征大于 3 时，F 上的 Weierstrass 方程可化简为：

$$y^2 = x^3+ax+b \tag{8.2.6}$$

的形式.

证明　如果域 K 的特征大于 3，在式(8.2.4)中令 $a=-\frac{c_4}{48}$，$b=-\frac{c_6}{864}$，定理得证.

□

定义 8.2.2　域 K 上的平面曲线 $f(x,y)=0$ 上满足

$$\left.\frac{\partial f(x,y)}{\partial x}\right|_{(x_0,y_0)} = \left.\frac{\partial f(x,y)}{\partial y}\right|_{(x_0,y_0)} = f(x_0,y_0)=0$$

的点(x_0,y_0)称为 $f(x,y)=0$ 的**奇异点**，不存在奇异点的平面曲线称为**光滑曲线**.

例 8.2.1　证明平面曲线 $f(x,y)=y^2-x^3=0$ 上存在奇异点.

证明

$$\frac{\partial f(x,y)}{\partial x}=-3x^2,$$

$$\frac{\partial f(x,y)}{\partial y}=-2y,$$

所以

$$\left.\frac{\partial f(x,y)}{\partial x}\right|_{(0,0)} = \left.\frac{\partial f(x,y)}{\partial y}\right|_{(0,0)} = f(0,0)=0,$$

故(0,0)是平面曲线 $y^2-x^3=0$ 的奇异点. 在实数域 $\mathbb{R}$ 上，$y^2-x^3=0$ 的图像如图 8.2.1 所示.　□

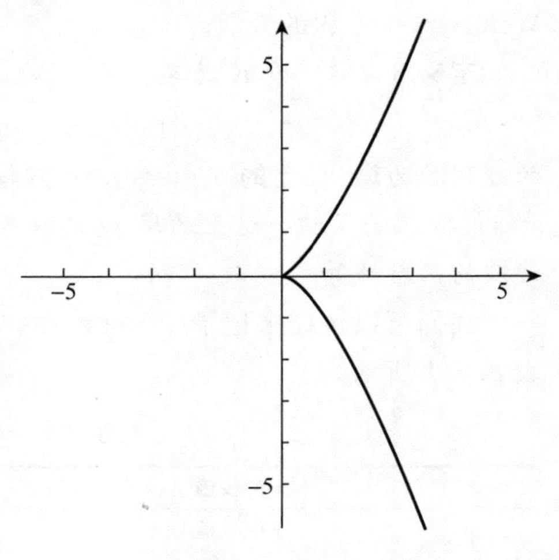

图 8.2.1　实数域 $\mathbb{R}$ 上 $y^2-x^3=0$ 的图像

例 8.2.2　证明平面曲线 $f(x,\ y)=y^2-x^3+3x-2=0$ 上存在奇异点.

证明

$$\frac{\partial f(x,y)}{\partial x}=-3x^2+3,$$

$$\frac{\partial f(x,y)}{\partial y}=-2y,$$

所以

$$\left.\frac{\partial f(x,y)}{\partial x}\right|_{(1,0)}=\left.\frac{\partial f(x,y)}{\partial y}\right|_{(1,0)}=f(1,0)=0,$$

故$(1,0)$是平面曲线 $y^2-x^3+3x-2=0$ 的奇异点．在实数域 $\mathbb{R}$ 上，$y^2-x^3+3x-2=0$ 的图像如图 8.2.2 所示．□

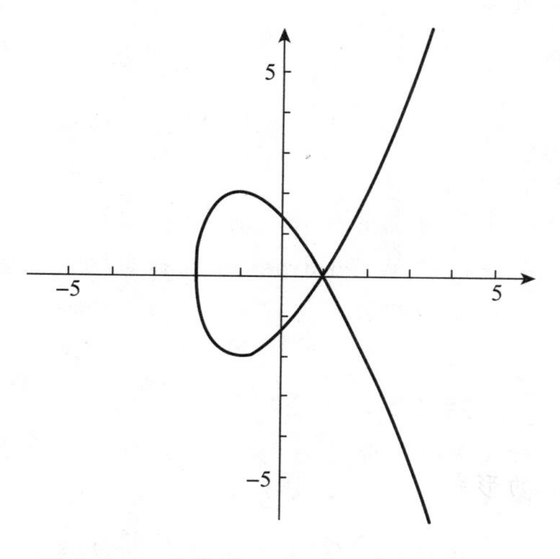

图 8.2.2　实数域 $\mathbb{R}$ 上 $y^2-x^3+3x-2=0$ 的图像

定理 8.2.2　当域 K 的特征大于 3 时，F 上的 Weierstrass 方程

$$y^2=x^3+ax+b$$

的曲线为光滑曲线的充要条件是

$$4a^3+27b^2\neq 0.$$

证明　令 $f(x,y)=y^2-x^3-ax-b$，若 $f(x,y)=0$ 有奇异点，则必存在某个点(x_0,y_0)，使得

$$\left.\frac{\partial f(x,y)}{\partial x}\right|_{(x_0,y_0)}=\left.\frac{\partial f(x,y)}{\partial y}\right|_{(x_0,y_0)}=f(x_0,y_0)=0.$$

令

$$\frac{\partial f}{\partial y}=2y=0$$

可得 $y_0=0$，代入 $f(x,y)=0$ 得 $x_0^3+ax_0+b=0$. 所以，存在 $x_0\in K$ 使得

$$\frac{\partial f}{\partial x}=\left.\frac{\partial(x^3+ax+b)}{\partial x}\right|_{(x_0,0)}=0$$

的充要条件是一元三次方程 $x^3+ax+b=0$ 有重根．也就是说，$f(x,y)=0$ 上有奇异点的充要条件是一元三次方程 $x^3+ax+b=0$ 有重根．而 $x^3+ax+b=0$ 的有重根充要条件是存在 $x_1,x_2\in K$，使得

$$x^3+ax+b=(x-x_1)^2(x-x_2)=x^3-(2x_1+x_2)x^2+(x_1^2+2x_1x_2)x-x_1^2x_2.$$

通过对照两边的系数，可得 $2x_1+x_2=0$，所以等式可化简为

$$x^3+ax+b=(x-x_1)^2(x-x_2)=x^3-3x_1^2x+2x_1^3.$$

因此，$f(x,y)=0$ 上有奇异点的充要条件是存在 $x_1\in K$ 使得

$$a=-3x_1^2,\quad b=2x_1^3,$$

即

$$4a^3+27b^2=4(-3x_1^2)^3+27(x_1^3)^2=0.$$

所以，K 上的 Weierstrass 方程 $y^2=x^3+ax+b$ 的曲线为光滑曲线的充要条件是

$$4a^3+27b^2\neq 0.$$

□

定理 8.2.3　设域 K 上的 Weierstrass 方程 $y^2+a_1xy+a_3y=x^3+a_2x^2+a_4x+a_6$ 与无

穷远直线的交点为 O，则 O 对应于斜率为无穷大的直线，即 O 是所有斜率为无穷大的平行线的交点.

证明　只需要证明当 $x\to\infty$ 时，$y'\to\infty$ 即可．对 Weierstrass 方程使用隐函数求导得：

$$2yy'+a_1(y+xy')+a_3y'=3x^2+2a_2x+a_4,$$

即

$$y'=\frac{3x^2-a_1y+2a_2x+a_4}{2y+a_1x+a_3},$$

所以

$$\lim_{x\to\infty}y'=\lim_{x\to\infty}\frac{3x^2-a_1y+2a_2x+a_4}{2y+a_1x+a_3}=\infty.$$ □

定义 8.2.3　若域 F 上的 Weierstrass 方程

$$y^2+a_1xy+a_3y=x^3+a_2x^2+a_4x+a_6$$

的曲线为光滑曲线，则曲线的所有点(x,y)加上无穷远点 O 组成的集合称为**域 F 上的椭圆曲线**，该 Weierstrass 方程称为**椭圆曲线方程**.

由定理 8.2.2 可知，实数域 $\mathbb{R}$ 上的椭圆曲线方程为

$$y^2=x^3+ax+b(4a^3+27b^2\neq 0).$$

定义 8.2.4　设 $E(F)$是椭圆曲线，域 K 是域 F 的扩域(例如，F 为有理数域 $\mathbb{Q}$，K 为实数域 $\mathbb{R}$；或者 F 为 $\mathbb{F}_q$，K 为 $\mathbb{F}_{q^m}$；或者 F 为任意域，K 为 F 的代数闭包)，则 $E(K)$也是椭圆曲线，$E(F)$上的点当然也在 $E(K)$上，$E(F)$上的点称为 $E(K)$上关于域 F 的有理点.

注意，$E(K)$上关于域 F 的有理点的坐标值不一定是有理数，除非集合 F 为有理数集 $\mathbb{Q}$.

例 8.2.3　求证实数域 $\mathbb{R}$ 上的 Weierstrass 方程 $y^2=x^3-x$ 是椭圆曲线方程.

证明　$4a^3+27b^2=4\times(-1)^3+27\times 0^2=4\neq 0$，所以方程 $y^2=x^3-x$ 是椭圆曲线方程．其图像(注意图像上没有表示出无穷远点)如图 8.2.3 所示. □

同理可证明实数域 $\mathbb{R}$ 上的 Weierstrass 方程 $y^2=x^3+x+1$ 也是椭圆曲线方程，其图像如图 8.2.4 所示.

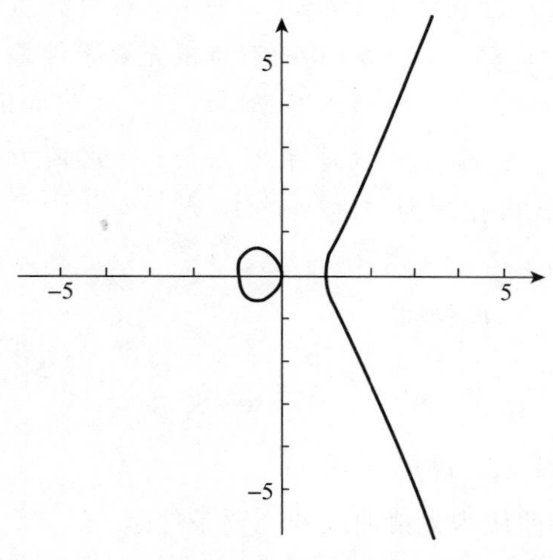

图 8.2.3　实数域 $\mathbb{R}$ 上 $y^2=x^3-x$ 的图像

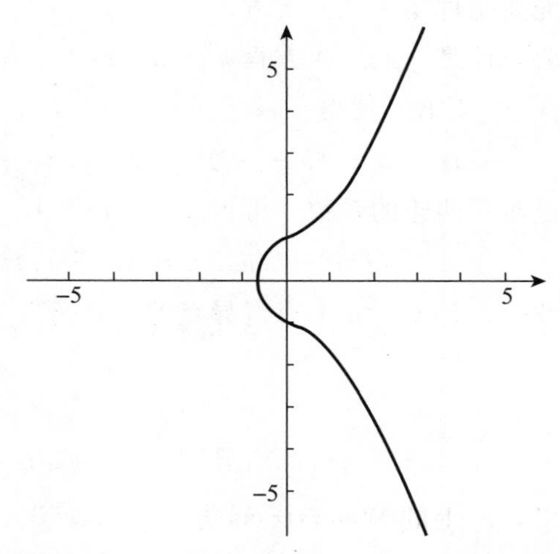

图 8.2.4　实数域 $\mathbb{R}$ 上 $y^2=x^3+x+1$ 的图像

最后，图 8.2.5 给出了实数域 $\mathbb{R}$ 上几种方程形如 $y^2=x^3+ax+b$ 的椭圆曲线的图像：

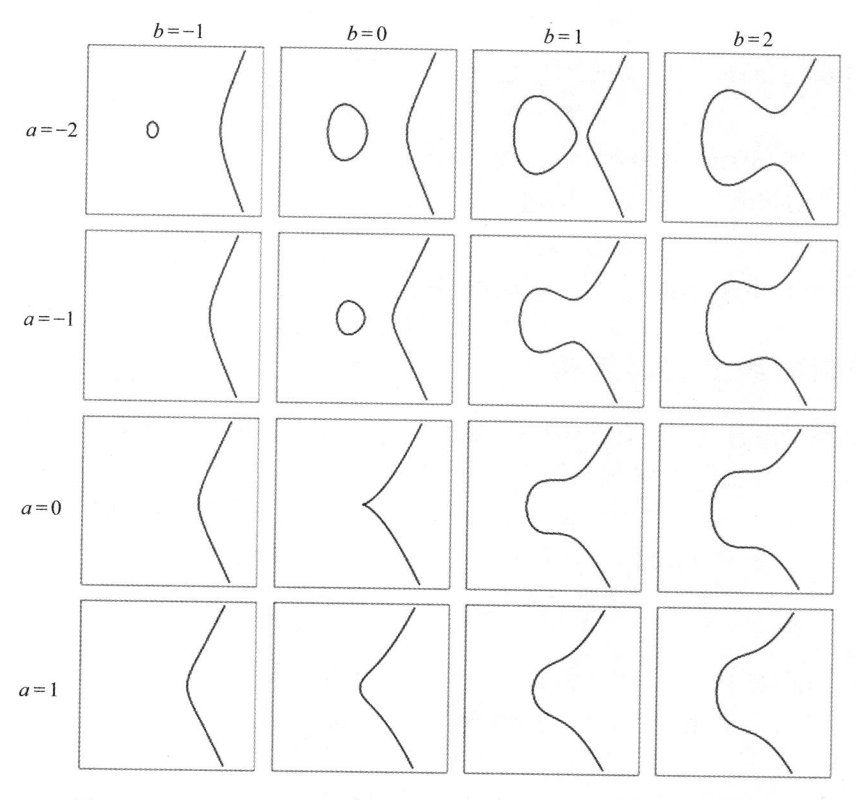

图 8.2.5　实数域 $\mathbb{R}$ 上几种形如 $y^2=x^3+ax+b$ 的椭圆曲线的图像

（**注意**：a 和 b 同时为 0 时，方程 $y^2=x^3$ 的曲线上存在奇异点，故不是椭圆曲线）

以上我们用仿射坐标研究了 Weierstrass 方程．令 $x=\dfrac{X}{Z}$，$y=\dfrac{Y}{Z}$，方程(8.2.1)可以化为

$$Y^2Z+a_1XYZ+a_3YZ^2=X^3+a_2X^2Z+a_4XZ^2+a_6Z^3, \tag{8.2.7}$$

其中 $a_1,a_2,a_3,a_4,a_6\in K$，方程(8.2.7)称为 Weierstrass 方程的**齐次坐标形式**．容易验证，凡是满足方程(8.2.1)的平常点(x,y)，其齐次坐标$(x,y,1)$一定满足方程(8.2.7)，另外齐次坐标为$(0,1,0)$的无穷远点也满足方程(8.2.7)，且在齐次坐标等价意义下$(0,1,0)$是唯一满足方程(8.2.7)的无穷远点，我们将这个无穷远点记为 O，即

$$O=(0,1,0),$$

易知无穷远点 O 在与 y 轴平行的直线上，是所有斜率为无穷大的平行线的交点．由此可见，Weierstrass 方程的齐次坐标形式比仿射坐标形式多包含了一个无穷远点 O.

定义 8.2.5　设

$$F(X,Y,Z)=Y^2Z+a_1XYZ+a_3YZ^2-X^3-a_2X^2Z-a_4XZ^2-a_6Z^3,$$

若对任意齐次坐标点(X,Y,Z)，偏导数$\dfrac{\partial F}{\partial X}$，$\dfrac{\partial F}{\partial Y}$，$\dfrac{\partial F}{\partial Z}$不同时为 0，则称 Weierstrass 方程(8.2.7)为**非奇异的**或**光滑的**，否则就称之为**奇异的**.

习题

A 组

1. 给定域 K 且 $\mathrm{char}K\neq 2,3$，试将 K 上的射影方程：

$$X^3+Y^3=cZ^3,\quad c\in K^*,$$

表示为仿射平面上的 Weierstrass 方程．

2. 说明 c_4,c_6 的权值分别为 4 和 6.

B 组

3. 证明实数域 $\mathbb{R}$ 上的 Weierstrass 方程 $Y^2Z=X^3$ 是奇异的．

8.3 椭圆曲线上的群结构

椭圆曲线上点与点之间有着非常深刻的内在联系，通过巧妙的定义椭圆曲线上的点对特定的运算——我们称之为“加法”，可以构成 Abel 群．正是因为椭圆曲线具有这一优良特性，才使它在密码学领域中有着广泛的应用．下面我们给出椭圆曲线上点的加法定义.

定理 8.3.1(Bezout 定理) 设 E 是域 F 上的 Weierstrass 方程，点 P 和 Q 是 E 在 F 上的有理点，则过点 P 和 Q 的直线一定与 E 交于一点．设此交点为 R，则 R 也是 E 在 F 上的有理点.

记 $R=PQ$. 若 $P=Q$，则 R 为 E 在 P 点的切线与 E 的另一个交点；若过 P 和 Q 的直线在 Q 点与 E 相切，则 $R=PQ=Q$. 另外，容易推出：

$$PQ=QP,$$
$$(PQ)P=Q,$$
$$(PQ)Q=P,$$
$$(QP)P=Q,$$
$$(QP)Q=P.$$

定义 8.3.1 设 P，Q 是椭圆曲线 E 上的两点，$R=PQ$，O 为无穷远点．点 P 与 Q 之间的加法定义为

$$P+Q=O(PQ)=OR,$$

即 R 是过 P 和 Q 的直线与 E 的第三个交点，$P+Q$ 是过 O 与 R 的直线与 E 的第三个交点. 图 8.3.1 描述了这种加法的几何意义，图 8.3.1a 是 $P\neq Q$ 的情况，图 8.3.1b 是 $P=Q$ 的情况．根据椭圆曲线上无穷远点 O 的定义，过点 O 和 R 的直线与 y 轴平行.

注意：椭圆曲线上点 P 与 Q 的“加法”不是 P 与 Q 的相应坐标值之间的加法，不要将椭圆曲线上点的加法与解析几何里的向量加法混淆.

在平面解析几何的范围内考虑椭圆曲线问题时，无穷远点 O 不能在图 8.3.1 中表示出来．理解椭圆曲线上的加法定义时要默认无穷远点 O 存在．比如定义 8.3.1 中平行于 Y 轴的直线 OR 和椭圆曲线的交点应该有三个，第三个点就是 O. 这从另外一个方面说明，定义椭圆曲线时“人为”引入的无穷远点 O 是实际存在的，而且也是有重要意义的.

还有一点需要注意的是，如果 E 是定义在域 F 上的椭圆曲线，K 是 F 的扩域，P，Q 是 E 上的关于 K 的有理点，则过 P，Q 的直线与 E 的第三个交点一定是 E 上关于 K 的有

理点．这是因为过 P，Q 的直线和椭圆曲线联立方程的系数都取自域 K，而方程组有三个解，其中两个解就是 P 和 Q，第三个解必为关于 K 的有理点.

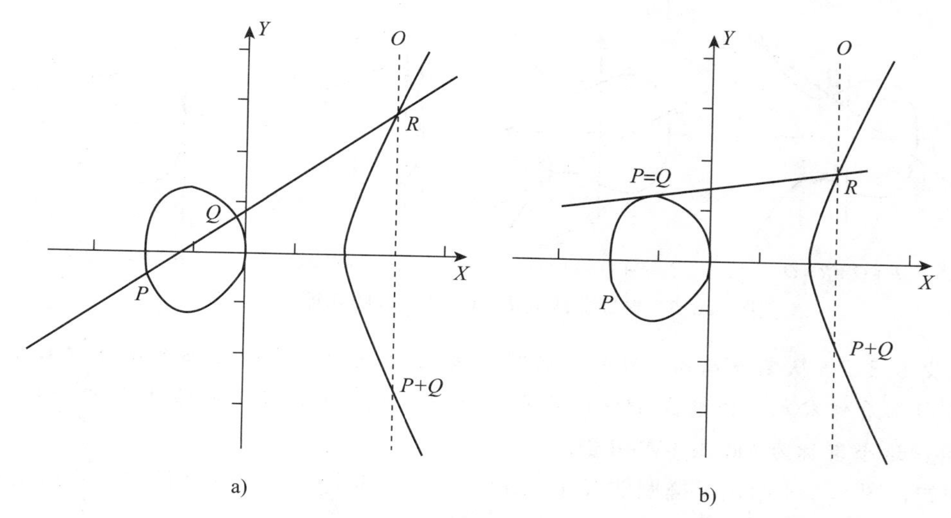

图 8.3.1 椭圆曲线上点的加法

需要特别指出的是，点 $P+Q$ 与点 R 不一定关于 x 轴对称，原因是椭圆曲线的图像不一定关于 x 轴对称．例如，实数域 $\mathbb{R}$ 上椭圆曲线 $y^2-xy=x^3+1$(如图 8.3.2 所示).

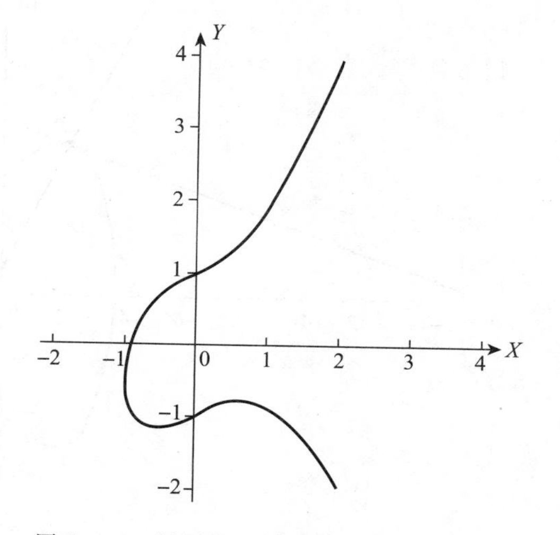

图 8.3.2 椭圆曲线 $y^2-xy=x^3+1$ 的图像

定理 8.3.2 椭圆曲线 E 上点的加法具有如下性质：

(1) 对任意 P，$Q\in E$，设 $R=PQ$，则 $P+Q+R=O$；

(2) 对任意 $P\in E$ 有 $P+O=P$；

(3) 对任意 P，$Q\in E$ 有 $P+Q=Q+P$；

(4) 对任意 $P\in E$，存在 $-P\in E$，使得 $P+(-P)=O$；

(5) 对任意 P，Q，$R\in E$，有 $(P+Q)+R=P+(Q+R)$.

证明 (1) 因为椭圆曲线与无穷远直线只有一个交点 O，所以在椭圆曲线上有

$$OO=O,$$

因此

$$(P+Q)+R=OR+R=O((OR)R)=OO=O.$$

图 8.3.3 给出了 $P+Q+R=O$ 的几种不同情况.

(2) $P+O=O(PO)=P$.

(3) $P+Q=O(PQ)=O(QP)=Q+P$.

(4) 设 $P'=PO$，则 $PP'=P(PO)=O$，$O(PP')=OO=O$，所以 $P+P'=O$，$-P=$

$P'=PO$.

(5) 可通过各种情况进行验证，过程比较烦琐，感兴趣的读者可自行查阅相关资料.

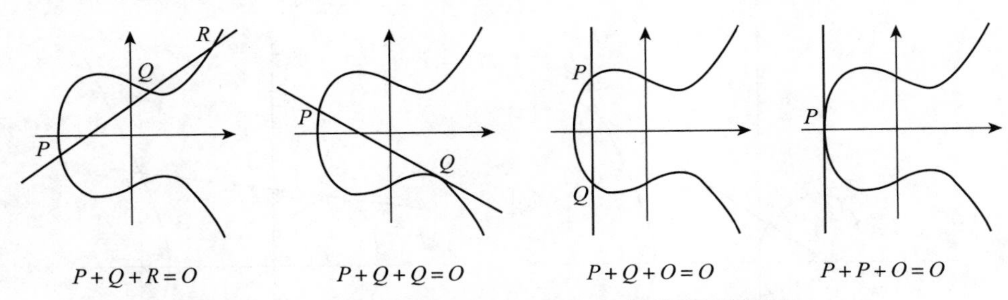

图 8.3.3 椭圆曲线上 $P+Q+R=O$ 的几种不同情况 □

定义 8.3.2 从定理 8.3.2 可知，椭圆曲线 E 上点的加法运算满足结合律和交换律，可以将 O 点看作零元，任意点 $P\in E$ 都存在逆元 $-P$，于是椭圆曲线上点的加法可构成 Abel 群，这个群称为 Mordell-Weil 群.

例如，图 8.3.4 给出了椭圆曲线 $y^2=x^3-10x+15$ 上一点 P 的 3 倍加的几何意义.

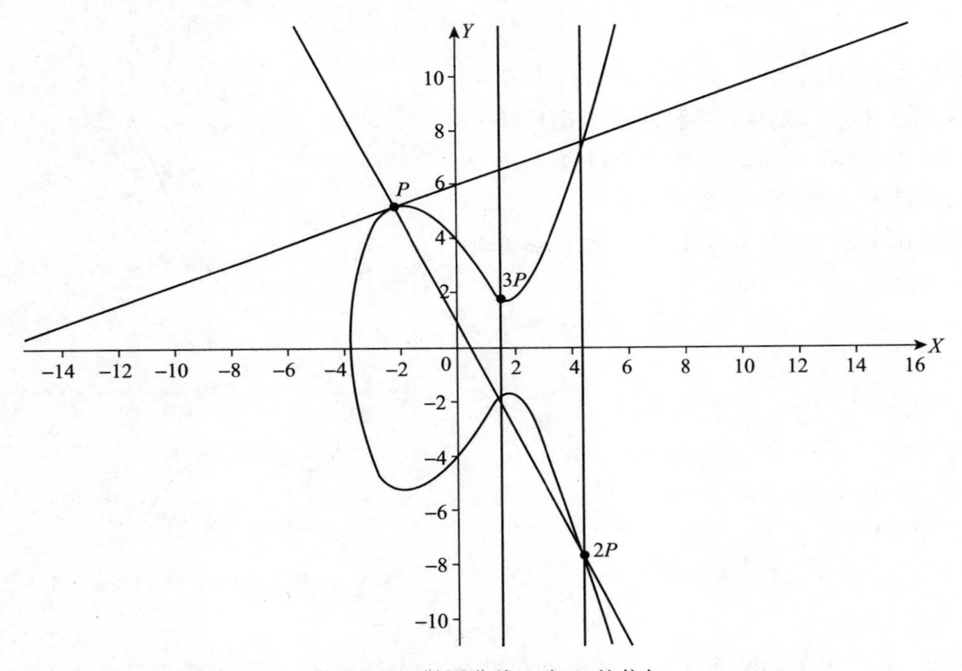

图 8.3.4 椭圆曲线上点 P 的倍加

下面我们给出椭圆曲线上点加运算的代数描述.

定理 8.3.3 设椭圆曲线 E 的 Weierstrass 方程为

$$y^2+a_1xy+a_3y=x^3+a_2x^2+a_4x+a_6,$$

设 $P_1=(x_1,y_1)$，$P_2=(x_2,y_2)$是 E 上异于无穷远点 O 的两个点，则有

$$-P=(x_1,-y_1-a_1x-a_3),$$

若$P_2=-P_1$，则$P_1+P_2=O$；若$P_2\neq -P_1$，设$P_3=(x_3,y_3)=P_1+P_2$，则 x_3,y_3 可

由下式给出

$$\begin{cases} x_3 = k^2 + a_1k - a_2 - x_1 - x_2 \\ y_3 = k(x_1 - x_3) - a_1x_3 - y_1 - a_3 \end{cases},$$

其中参数 k 定义为

$$k = \begin{cases} \dfrac{y_2 - y_1}{x_2 - x_1}, & x_1 \neq x_2(\text{对应于点加}) \\ \dfrac{3x_1^2 + 2a_2x_1 + a_4 - a_1y_1}{2y_1 + a_1x_1 + a_3}, & x_1 = x_2(\text{对应于倍加}) \end{cases},$$

证明

(1) 设 $P_1=(x_1,y_1)\neq O$，则其负元 $-P_1=(x'_1,y'_1)$ 为过 P_1 和 O 的直线与 E 的第三个交点，显然 $x'_1=x_1$，过 P_1 和 O 的直线方程为

$$x = x_1.$$

代入 Weierstrass 方程得

$$y^2 + (a_1x + a_3)y - (x^3 + a_2x^2 + a_4x + a_6) = 0.$$

由韦达定理可知

$$y_1 + y'_1 = -(a_1x_1 + a_3),$$
$$y'_1 = -y_1 - a_1x_1 - a_3,$$

于是证明了 $-P_1=(x_1,-y_1-a_1x_1-a_3)$.

(2) 若 $P_2=-P_1$，则 $P_1+P_2=O$. 若 $P_2\neq -P_1$，我们来求 $P_3=(x_3,y_3)=P_1+P_2$. 设 $P'_3=(x'_3,y'_3)=P_1\ P_2$，即 P'_3 是过 P_1 和 P_2 的直线与 E 的第三个交点，显然 $x_3=x'_3$. 考虑过 P_1 和 P_2 的直线

$$L: y = kx + t,$$

当 $x_1\neq x_2$ 时，直线 L 的斜率 k 为

$$k = \frac{y_2 - y_1}{x_2 - x_1},$$

当 $x_1=x_2$ 时，直线 L 的斜率 k 为(可以用偏导数来计算)

$$k = \frac{3x_1^2 + 2a_2x_1 + a_4 - a_1y_1}{2y_1 + a_1x_1 + a_3},$$

将 $y=kx+t$ 代入 Weierstrass 方程得

$$x^3 - (k^2 + a_1k - a_2)x^2 + (a_4 - 2kt - a_1t - a_3k)x + a_6 - t^2 - a_3t = 0,$$

由韦达定理可知

$$x_1 + x_2 + x_3 = k^2 + a_1k - a_2,$$

即

$$x_3 = k^2 + a_1k - a_2 - x_1 - x_2,$$

代入方程 $y=kx+t$ 得

$$y'_3 = -(kx_3 + t) - a_1x_3 - a_3.$$

因此有

$$\begin{aligned} y_3 &= -y'_3 - a_1x_3 - a_3 = -(kx_3 + t) - a_1x_3 - a_3 = -(kx_3 + y_1 - kx_1) - a_1x_3 - a_3 \\ &= k(x_1 - x_3) - a_1x_3 - y_1 - a_3, \end{aligned}$$

可得

$$\begin{cases} x_3 = k^2 + a_1 k - a_2 - x_1 - x_2 \\ y_3 = k(x_1 - x_3) - a_1 x_3 - y_1 - a_3 \end{cases}. \qquad \square$$

在数论有关的实际计算以及编码、密码学中，我们常用到有限域(在某些情况下也会设计一些 p-adic 域[⊖]和复数域)．有限域上的椭圆曲线和 p-adic 域上的椭圆曲线没有直观的图形表示，复数域上椭圆曲线的图形是一个三维空间中的环面．在这些情况下思考问题会缺乏直观性，此时最好借用实数域上椭圆曲线的图形来辅助我们思考．

习题

A 组

1. 设 E 是有理数域 $\mathbb{Q}$ 上椭圆曲线

$$E: y^2 = x^3 + 17,$$

其上的点

$$P_1 = (-2,3), P_2 = (-1,4), P_3 = (2,5), P_4 = (4,9), P_5 = (8,23).$$

(1) 试验证：$P_5 = -2P_1$ 和 $P_4 = P_1 - P_3$；

(2) 计算：$2P_2$ 和 $P_1 + P_3$.

2. 设 E 是有理数域 $\mathbb{Q}$ 上椭圆曲线

$$E: y^2 = x^3 - x,$$

验证$(3, \pm 5)$是椭圆曲线 E 上的点，并求出这条曲线上另外的一个点．

3. 证明：若点 $P=(x, 0)$是椭圆曲线上的点，则 $2P=O$.

B 组

4. 给定习题 1 中椭圆曲线上的点 $P_6 = (43,282)$，$P_7 = (52,375)$，试用 P_1, P_3 生成 P_6，P_7，即将 P_6, P_7 表示为 $mP_1 + nP_3$.

5. 证明：若 P, Q, R 是椭圆曲线上的点，则 $P+Q+R=O$ 的充要条件是 P, Q, R 共线．

8.4　有限域上的椭圆曲线

上一节中给出了任意域上椭圆曲线的 Mordell-Weil 群的运算公式．在现代密码学中最常用的椭圆曲线是有限域 $\mathbb{F}_{p^n}$ 上的椭圆曲线，特别是 $\mathbb{Z}_p$($p>3$ 且为素数)上的椭圆曲线和 $\mathbb{F}_{2^m}$ 上的椭圆曲线.

定义 8.4.1　当 p 为大于 3 的素数时，有限域 $\mathbb{Z}_p$ 上的 Weierstrass 方程

$$y^2 \equiv x^3 + ax + b \pmod p \quad (4a^3 + 27b^2 \not\equiv 0 \pmod p) \tag{8.4.1}$$

上的所有点，再加一个无穷远点 O 构成的集合，称为**有限域 $\mathbb{Z}_p$ 上的椭圆曲线**.

由定理 8.2.2 可知，条件 $4a^3 + 27b^2 \not\equiv 0 \pmod p$ 可保证方程(8.2.8)的曲线是光滑曲线.

在密码学中，有限域 $\mathbb{Z}_p$ 上的椭圆曲线方程可简记为有限域$E_p(a,b)$.

例 8.4.1　求 $\mathbb{Z}_7$ 上椭圆曲线 $E_7(3,3)$: $y^2 \equiv x^3 + 3x + 2 \pmod 7$上的所有点，在 7 的最

⊖　p-adic 域是一种特殊的局部域，相关内容可参考有关局部域的书籍．

小非负完全剩余系内运算，并画出其图像.

解　$x \in \mathbb{Z}_7$，x 从 7 的最小非负完全剩余系中取值，即 $x \in \{0,1,2,3,4,5,6\}$，列表计算对应的 y 值如表 8.4.1 所示。

表 8.4.1　$E_7(3,3)$上每个 x 对应的 y 值的计算结果

x	y^2	$\left(\frac{y^2}{p}\right)$	y
0	2	1	3,4
1	6	−1	无解
2	2	1	3,4
3	3	−1	无解
4	1	1	1,6
5	2	1	3,4
6	5	−1	无解

所以，椭圆曲线 $E_7(3,3)$共有 9 个点，即(0,3)，(0,4)，(2,3)，(2,4)，(4,1)，(4,6)，(5,3)，(5,4)，O. **注意**：不要忘记无穷远点 O. 其图像如图 8.4.1 所示.

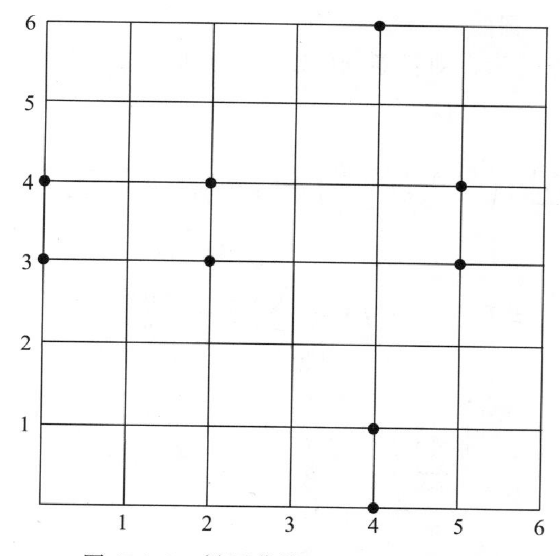

图 8.4.1　椭圆曲线 $E_7(3,3)$的图像

□

从图 8.4.1 中可以看出，有限域 $\mathbb{Z}_p$ 上的椭圆曲线并不是一条连续的曲线，而是一系列离散的点，曲线的切线、斜率等概念不像实数域上的椭圆曲线那样有明确的几何意义，只能从抽象的角度来理解.

定义 8.4.2　有限域 $\mathbb{F}_{2^m}$ 上椭圆曲线的 Weierstrass 方程定义为

$$y^2 + xy = x^3 + ax + b(b \neq 0).$$

注意条件 $b \neq 0$(这是因为当 $b=0$ 时，曲线存在奇异点). 特别地，当 $a=0$，$b=1$ 或 $a=1$，$b=1$ 时，该椭圆曲线称为 **Koblitz 曲线**，常记作 $K\text{-}m$，此类曲线在实现椭圆曲线密码体制时速度较快.

定义 8.4.3　设 E 为域 F 上的椭圆曲线，E 在域 F 上的有理点的个数称为 E 的阶，记

为 $\#E$.

例如，$E_7(3,3)$上有 9 个点，所以 $\#E_7(3,3)=9$. 显然，有限域上椭圆曲线的阶也是有限的. 关于 $\mathbb{Z}_p$ 上椭圆曲线的阶，我们有如下定理：

定理 8.4.1 (Hasse 定理) $\mathbb{Z}_p$ 上的椭圆曲线$E_p(a,b):y^2\equiv x^3+ax+b(\bmod p)$的阶 $\#E$ 满足

$$|\#E-(p+1)|\leqslant 2\sqrt{p}.$$

证明 首先，$E_p(a,b)$中至少有 1 个点，即无穷远点 O. 另外，对任意 $x\in\mathbb{Z}_p$：

(1) 若$\left(\frac{x^3+ax+b}{p}\right)=0$，则有 $y=0$，即满足$\left(\frac{x^3+ax+b}{p}\right)=0$ 的 x 对应着$E_p(a,b)$上的 1 个点；

(2) 若$\left(\frac{x^3+ax+b}{p}\right)=1$，则 y 有两个不同的解，即满足$\left(\frac{x^3+ax+b}{p}\right)=1$ 的 x 对应着 $E_p(a,b)$上的 2 个点；

(3) 若$\left(\frac{x^3+ax+b}{p}\right)=-1$，则 y 无解，即满足$\left(\frac{x^3+ax+b}{p}\right)=-1$ 的 x 对应着$E_p(a,b)$上的 0 个点.

以上 3 条结论可以概括为：对任意 $x\in\mathbb{Z}_p$，x 对应着$E_p(a,b)$上的$\left(\frac{x^3+ax+b}{p}\right)+1$ 个点，所以有

$$\#E=1+\sum_{x\in\mathbb{Z}_p}\left(\left(\frac{x^3+ax+b}{p}\right)+1\right)=1+p+\sum_{x\in\mathbb{Z}_p}\left(\frac{x^3+ax+b}{p}\right),$$

即

$$\#E-(1+p)=\sum_{x\in\mathbb{Z}_p}\left(\frac{x^3+ax+b}{p}\right).$$

Hasse 进一步证明了

$$\left|\sum_{x\in\mathbb{Z}_p}\left(\frac{x^3+ax+b}{p}\right)\right|\leqslant 2\sqrt{p},$$

所以，

$$|\#E-(p+1)|\leqslant 2\sqrt{p}.$$

□

Hasse 定理还可以写成

$$(\sqrt{p}-1)^2\leqslant \#E\leqslant(\sqrt{p}+1)^2.$$

这个定理告诉我们，当 p 足够大时，$\#E$ 的数量级约等于 p.

下面我们讨论有限域中椭圆曲线上的加法.

对于 $\mathbb{Z}_p$ 上的椭圆曲线

$$E_p(a,b):y^2\equiv x^3+ax+b(\bmod p)\quad (4a^3+27b^2\not\equiv 0(\bmod p)),$$

将该方程与标准 Weierstrass 方程相比较，可得

$$a_1=a_2=a_3=0,\ a_4=a,\ a_6=b,$$

由此可导出$E_p(a,b)$上点的逆元公式和加法公式. 设$P_1=(x_1,y_1)$，$P_2=(x_2,y_2)$是 $E_p(a,b)$

上的异于无穷远点 O 的两个点，则

$$-P_1=(x_1,-y_1-a_1x_1-a_3(\bmod p))=(x_1,-y_1(\bmod p)),$$

若$P_2=-P_1$，则$P_1+P_2=O$；若$P_2\neq -P_1$，设$P_3=(x_3,y_3)=P_1+P_2$，则

$$\begin{cases}x_3\equiv k^2+a_1k-a_2-x_1-x_2\equiv k^2-x_1-x_2(\bmod p);\\ y_3\equiv k(x_1-x_3)-a_1x_3-y_1-a_3\equiv k(x_1-x_3)-y_1(\bmod p).\end{cases}$$

其中参数 k 定义为

$$k=\begin{cases}\dfrac{y_2-y_1}{x_2-x_1}(\bmod p), & x_1\neq x_2(\text{对应于点加});\\ \dfrac{3x_1^2+2a_2x_1+a_4-a_1y_1}{2y_1+a_1x_1+a_3}\equiv\dfrac{3x_1^2+a}{2y_1}(\bmod p), & x_1=x_2(\text{对应于倍加}).\end{cases}$$

对于域 $\mathbb{F}_{2^m}$ 上的椭圆曲线

$$E: y^2+xy=x^3+ax+b(b\neq 0),$$

设$P_1=(x_1,y_1)$，$P_2=(x_2,y_2)$是 E 上的异于无穷远点 O 的两个点，则有

$$-P_1=(x_1,y_1+x_1),$$

若$P_2=-P_1$，则$P_1+P_2=O$；若$P_2\neq -P_1$，设$P_3=(x_3,y_3)=P_1+P_2$，则当 $x_1\neq x_2$ 时，x_3，y_3 可由下式给出

$$\begin{cases}x_3=\left(\dfrac{y_2+y_1}{x_2+x_1}\right)^2+\dfrac{y_2+y_1}{x_2+x_1}+a+x_1+x_2;\\ y_3=\dfrac{(y_2+y_1)(x_1+x_3)}{x_2+x_1}+x_3+y_1.\end{cases}$$

当 $x_1=x_2$ 时，x_3，y_3 可由下式给出

$$\begin{cases}x_3=x_1^2+\dfrac{b}{x_1^2};\\ y_3=x_1^2+\left(x_1+\dfrac{y_1}{x_1}\right)x_3+x_3.\end{cases}$$

例 8.4.2 已知(1,4)和(3,1)是 $\mathbb{Z}_5$ 中椭圆曲线

$$E_5(2,3): y^2\equiv x^3+2x+3(\bmod 5)$$

上的点，求(1,4)+(3,1).

解

$$k\equiv\frac{y_2-y_1}{x_2-x_1}\equiv\frac{1-4}{3-1}\equiv 1(\bmod 5),$$

$$\begin{cases}x_3\equiv k^2-x_1-x_2\equiv 1^2-1-3\equiv 2(\bmod 5);\\ y_3\equiv k(x_1-x_3)-y_1\equiv 1(1-2)-4\equiv 0(\bmod 5).\end{cases}$$

所以

$$(1,4)+(3,1)=(2,0).$$

□

例 8.4.3 已知 $P=(1,\ 3)$为 $\mathbb{Z}_{2\,773}$中椭圆曲线

$$E_{2\,773}(2,3): y^2\equiv x^3+4x+4(\bmod 2\,773)$$

上的点，求 $2P$.

解

$$k \equiv \frac{3x_1^2+a}{2y_1} \equiv \frac{3\times 1^2+4}{2\times 3} \equiv \frac{7}{6} \equiv 7\times 2\,311 \equiv 2\,312 \pmod{2\,773},$$

$$\begin{cases} x_3 \equiv k^2-x_1-x_2 \equiv 2\,312^2-1-1 \equiv 1\,771 \pmod{2\,773}; \\ y_3 \equiv k(x_1-x_3)-y_1 \equiv 2\,312(1-1\,771)-3 \equiv 705 \pmod{2\,773}. \end{cases}$$

所以有

$$2P = P+P = (1\,771,705).$$

□

例 8.4.4 以 $\mathbb{Z}_2$ 上的不可约多项式 $f(x)=x^3+x+1$ 为本原多项式，可以构造有限域

$$\mathbb{F}_{2^3}=\{0,1,t,t^2,t^3=1+t,t^4=t+t^2,t^5=1+t+t^2,t^6=1+t^2\}(\bmod f(t)),$$

因此可以求出有限域 $\mathbb{F}_{2^3}$ 上的椭圆曲线 E：$y^2+xy=x^3+t^3x+1$ 上所有点

$$\{O,(0,1),(t^2,1),(t^2,t^2+1),(1+t,t^2),(1+t,1+t+t^2),(1+t+t^2,1),$$
$$(1+t+t^2,t+t^2),(1+t^2,t),(1+t^2,1+t+t^2)\},$$

令 $P=(0,1)$，$Q=(t^2,1)$，计算 $P+Q$，$2Q$.

解 首先计算 $P+Q$. 根据公式可知

$$\begin{cases} x_3=\left(\dfrac{y_2+y_1}{x_2+x_1}\right)^2+\dfrac{y_2+y_1}{x_2+x_1}+a+x_1+x_2=\left(\dfrac{1+1}{t^2+0}\right)^2+\dfrac{1+1}{t^2+0}+t^3+0+t^2=1+t+t^2; \\ y_3=\dfrac{(y_2+y_1)(x_1+x_3)}{x_2+x_1}+x_3+y_1=\dfrac{(1+1)(0+1+t+t^2)}{t^2+0}+1+t+t^2+1=t+t^2. \end{cases}$$

所以，$P+Q=(1+t+t^2,\ t+t^2)$.

下面计算 $2Q$. 根据公式可知

$$\begin{cases} x_3=x_1^2+\dfrac{b}{x_1^2}=(t^2)^2+\dfrac{1}{(t^2)^2}=1+t^2; \\ y_3=x_1^2+\left(x_1+\dfrac{y_1}{x_1}\right)x_3+x_3=(t^2)^2+\left(t^2+\dfrac{1}{t^2}\right)(1+t^2)+(1+t^2)=1+t+t^2. \end{cases}$$

所以，$2Q=(1+t^2,\ 1+t+t^2)$.

□

表 8.4.2 比较了实数域 $\mathbb{R}$、$\mathbb{Z}_p$ 和 $\mathbb{F}_{2^m}$ 上的椭圆曲线点加公式、倍加公式和逆元公式.

表 8.4.2 实数域 $\mathbb{R}$、$\mathbb{Z}_p$ 和 $\mathbb{F}_{2^m}$ 上的椭圆曲线群运算公式

类型	实数域上的椭圆曲线	$\mathbb{Z}_p$ 上的椭圆曲线	$\mathbb{F}_{2^m}$ 上的椭圆曲线
方程	$y^2=x^3+ax+b$	$y^2\equiv x^3+ax+b \pmod p$	$y^2+xy=x^3+ax+b$
条件	$4a^3+27b^2\neq 0$	$p>3$ 且 $4a^3+27b^2\not\equiv 0 \pmod p$	$b\neq 0$
点加公式 $(x_3,y_3)=(x_1,y_1)+(x_2,y_2)$	$x_3=k^2-x_1-x_2$ $y_3=k(x_1-x_3)-y_1$ $k=(y_2-y_1)/(x_2-x_1)$	$x_3\equiv k^2-x_1-x_2 \pmod p$ $y_3\equiv k(x_1-x_3)-y_1 \pmod p$ $k\equiv (y_2-y_1)/(x_2-x_1) \pmod p$	$x_3=k^2+k+a+x_1+x_2$ $y_3=k(x_1+x_3)+x_3+y_1$ $k=(y_2+y_1)/(x_2+x_1)$
倍加公式 $(x_3,y_3)=2(x_1,y_1)$	$x_3=k^2-2x_1$ $y_3=k(x_1-x_3)-y_1$ $k=(3x_1^2+a)/2y_1$	$x_3\equiv k^2-2x_1 \pmod p$ $y_3\equiv k(x_1-x_3)-y_1 \pmod p$ $k\equiv (3x_1^2+a)/2y_1 \pmod p$	$x_3=k^2+k+a$ $y_3=x_1^2+(k+1)x_3$ $k=(x_1^2+y_1)/x_1$
逆元公式 $(x_2,y_2)=-(x_1,y_1)$	$x_2=x_1$ $y_2=-y_1$	$x_2=x_1$ $y_2\equiv -y_1 \pmod p$	$x_2=x_1$ $y_2=x_1+y_1$

定义 8.4.4 设 P 是椭圆曲线 E 上的点，d 为正整数，则

$$dP = \underbrace{P + P + \cdots + P}_{d\text{个}P}$$

称为 P 的**倍积**(或**标量积**).

与计算整数模幂运算的“平方-乘算法”(详见算法 2.3.1)类似，可以使用“倍加-和”(Double-And-Add)算法来计算椭圆曲线上点的倍积，其基本步骤如下：

算法 8.4.1 倍加-和算法

输入：椭圆曲线 E，E 上的点 P 和正整数 d，d 的二进制为 $d_t d_{t-1} \cdots d_0$；

输出：$T = dP$；

```
1. T←d_t;
2.   FOR i=t−1 DOWNTO 0
3.     T←T+T;
4.     IF d_i=1 THEN
5.       T←T+P;
6.     END IF
7. END FOR
8. RETURN T;
```

例 8.4.5 在椭圆曲线 $E_{17}(2,2)$：$y^2 \equiv x^3 + 2x + 2 \pmod 7$ 上取点 $P=(5,1)$，计算 $10P$.

解 $10 = (1010)_2$

d_i	1	0	1	0
操作	Initial	Double	Double+Add	Double
计算结果	(5,1)	2(5,1)=(6,3)	2(6,3)=(3,1) (3,1)+(5,1)=(9,16)	2(9,16)=(7,11)

所以 $10P=(7,11)$. □

定义 8.4.5 设 P 是椭圆曲线 E 上的一点，若存在最小的整数 n，使得 $nP=O$，则称 n 是**点 P 的阶**，记作 $\text{ord } P=n$.

例如，在椭圆曲线 $E_{13}(11,12)$：$y^2 \equiv x^3 + 11x + 12 \pmod{13}$ 上，取点 $P=(2,4)$，则有

n	1	2	3	4	5	6	7	8
nP	(2,4)	(0,5)	(8,12)	(12,0)	(8,1)	(0,8)	(2,9)	O

所以，$\text{ord } P=8$.

如果椭圆曲线 E 上点 P 的阶存在，由群论中的拉格朗日定理可知 $\text{ord } P \mid \# E$. 事实上，有限域上的椭圆曲线上所有的点 P 的阶都是存在的.

设 P 是椭圆曲线 E 上的点，$\text{ord } P=n$，则以 P 为生成元，可以生成 E 上点加群的一个 n 阶循环子群. 即

$$< P > = \{P, 2P, 3P, \cdots, nP\} = \{P, 2P, 3P, \cdots, O\},$$

且

$$|<P>| = \text{ord } P.$$

例如，在椭圆曲线$E_{13}(11,12)$：$y^2 \equiv x^3+11x+12 \pmod{13}$上，取点 $P=(2,4)$，则 ord $P=8$，$<P>=\{O,(2,4),(0,5),(8,12),(12,0),(8,1),(0,8),(2,9)\}$，这是一个 8 阶循环子群.

当$\#E$为素数时，根据拉格朗日定理，对任意 $P\in E$，$P\neq O$，显然有 ord $P>1$. 而$\#E$只有平凡因子(1 和$\#E$)，所以

$$\text{ord } P = \#E,$$

因此

$$|<P>| = \#E.$$

也就是说，当$\#E$为素数时，对任意 $P\in E$，$P\neq O$，$<P>$包含 E 上的所有点．或者说，素数阶椭圆曲线上所有点可以构成一个循环群，除了 O 之外的任意点都是这个循环群的生成元.

例如，椭圆曲线 $E_7(4,6)$：$y^2\equiv x^3+4x+6 \pmod 7$上共有 11 个点：

$$\{O,(1,2),(1,5),(2,1),(2,6),(4,3),(4,4),(5,2),(5,5),(6,1),(6,6)\}.$$

即$\#E_7(4,6)=11$，在$E_7(4,6)$上取 O 之外的任意点 P，都有$|<P>|=11$，且以 P 为生成元生成的循环子群中都包含$E_7(4,6)$上的所有点．例如当 $P=(4,3)$时，有

n	1	2	3	4	5	6	7	8	9	10	11
nP	(4,3)	(1,2)	(6,1)	(5,5)	(2,1)	(2,6)	(5,2)	(6,6)	(1,5)	(4,4)	O

故$|<P>|=11$，且

$$<P> = \{O,(1,2),(1,5),(2,1),(2,6),(4,3),(4,4),(5,2),(5,5),(6,1),(6,6)\}.$$

习题

A 组

1. 设 E 是 $\mathbb{Z}_7$ 上的椭圆曲线

$$E: y^2 \equiv x^3+3x+2 \pmod 7,$$

   (1) 求$\#E$；

   (2) 已知点 $A=(0, 3)$在 E 上，求 ord A；

   (3) 验证 ord $A \mid \#E$.

2. 已知 $E_{11}(1,6)$上一点 $G(2,7)$，求 $2G$ 到 $13G$ 所有的值.

3. 已知椭圆曲线

$$y^2 \equiv x^3+2x+2 \pmod{17}$$

   的阶为 19，验证 Hasse 定理成立．

4. 求 $E_{17}(1,1)$上的所有点，并求这些点的阶．

5. 点 $Q=(10,5)$是有限域 $\mathbb{Z}_{23}$上椭圆曲线 E：$y^2\equiv x^3+13x+22 \pmod{23}$上的点，试计算点 Q 的阶，以及由 Q 生成的循环子群．

B 组

6. 由多项式 $p(x)=x^4+x+1$ 定义的域 $\mathbb{F}_{2^4}$，选取生成元 $g=(0010)$(表示多项式 x)，

(1) 求 $\mathbb{F}_{2^4}$ 上椭圆曲线 $y^2+xy=x^3+g^4x^2+1$ 上的所有点；

(2) 验证 $P_1=(g^6, g^8)$，$P_2=(g^3, g^{13})$ 是椭圆曲线上的点，并求 P_1+P_2 和 $2P_1$.

7. 编程实现 $\mathbb{Z}_p$ 上的椭圆曲线计算器，要求如下：

(1) 输入方程 $E_p(a,b): y^2=x^3+ax+b \pmod p$ 参数 p,a,b，判断 $E_p(a,b)$ 是不是一条椭圆曲线（提示：$E_p(a,b)$ 是椭圆曲线的充要条件是 p 为素数且 $4a^3+27b^2\neq 0 \pmod p$）.

(2) 如果 $E_p(a,b)$ 是椭圆曲线：

1) 求 $E_p(a,b)$ 上所有点的坐标和 $E_p(a,b)$ 的阶（提示：请勿遗漏无穷远点 O）；

2) 输入点 P 的坐标 (x,y)，判断 P 是否在 $E_p(a,b)$ 上，如果 P 在 $E_p(a,b)$ 上，求 P 的阶；

3) 输入点 P 的坐标 (x,y) 和正整数 k，求 kP.

(3) 画出 $E_p(a,b)$ 的图像.

测试用例：

1) 输入参数：$(p,a,b)=(11,0,0)$，输出：$E_p(a,b)$ 不是椭圆曲线；

2) 输入参数：$(p,a,b)=(19,3,7)$，输出：$E_p(a,b)$ 是椭圆曲线，$E_p(a,b)$ 上所有点的坐标如表 8.4.3 所示.

表 8.4.3 $E_p(a,b)$ 上所有点的坐标

x	y_1	y_2
0	8	11
1	7	12
3	9	10
4	8	11
8	7	12
10	7	12
12	2	17
13	1	18
14	0	
15	8	11
16	3	16

加上无穷远点，共 22 个点，$E_p(a,b)$ 阶为 22.

①输入：点 P 的坐标 $(1,2)$，输出：P 不在 $E_p(a,b)$ 上；

②输入：点 P 的坐标 $(1,7)$，输出：P 在 $E_p(a,b)$ 上，P 的阶为 11；

③输入：点 P 的坐标 $(1,7)$ 和正整数 7，输出：$kP=(15,11)$.

8. 编程实现椭圆曲线快速倍积算法（倍加-和算法）.

第9章 密码学中的数学问题

密码学的基础是数学，重要的密码算法和密码协议(特别是公钥密码算法)大都是基于一些数学问题构造的，例如RSA算法基于大整数分解问题，ElGamal算法基于有限域乘法群上的离散对数问题，ECC算法是基于有限域椭圆曲线群上的离散对数问题等．前面几章，我们介绍了数论、代数系统和椭圆曲线方面的内容，这些内容都是现代密码学中对密码算法和密码协议的构造和分析使用的最主要的数学工具．在本章中，我们将介绍前面几章的数学知识在密码学中的应用，主要介绍密码学中的一些数学问题、数学知识在密码学算法和协议方案设计中的应用、密码学算法和协议方案的安全性基础等．

学习本章之后，我们应该能够：

- 了解当前重要的密码算法中涉及的数学问题；
- 理解公钥密码方案设计中涉及的数学问题及其计算的困难性；
- 了解公钥密码方案设计原理及其安全性基础.

说明：对于本章中涉及的算法，建议读者进行具体实现，以便更好地理解算法的基本原理、掌握算法的具体计算过程．

9.1 素性检测

很多公钥密码算法(例如RSA算法、ElGamal算法和ECC算法)都会用到大素数，如何快速生成指定位数大素数，在现代密码学中是一个非常重要的问题.生成指定位数大素数的基本步骤如下：

(1) 随机生成一个指定位数的大奇数 p'，作为候选素数；

(2) 判断 p'是素数还是合数.

可以看出，生成大素数过程中最核心的一步是判断一个随机整数是否为素数．给定一个随机整数，判断其是否是一个素数的过程称作**素性检测**.

在本节中，我们将讨论**素性检测算法**．素性检测算法可分为两类：一是确定性素性检测算法；二是概率素性检测算法．**确定性素性检测算法**可以明确判断候选素数 p'是合数还是素数，不存在判断出错的可能，但其计算复杂度往往比较高．在**概率素性检测算法**中，如果判断候选素数 p'是合数，那么 p'一定是合数；如果判断 p'是素数，那么 p'在一定概率下是素数，也有可能判断错了，p'其实是合数．概率素性检测算法虽然存在判断出错的可能，但其计算复杂度远小于确定性素性检测算法，为了提高算法的准确度，可以选择合适的参数对候选素数 p'进行多次测试，从而把算法出错的概率控制在足够小的范围内．目前密码工程中使用的素性检测算法一般是概率素性检测算法．

首先我们介绍一些概率素性检测算法所需的基础数学知识．

引理 9.1.1　令 n 为素数，那么对任意 $b\in\mathbb{Z}_n^*$，有

$$b^{\frac{n-1}{2}}\equiv\left(\frac{b}{n}\right)(\bmod n),$$

其中$\left(\frac{b}{n}\right)$是雅可比符号．

定义 9.1.1　令 n 为奇合数，并且$(b,n)=1$．若有

$$b^{\frac{n-1}{2}}\equiv\left(\frac{b}{n}\right)(\bmod n),\tag{9.1.1}$$

则称 n 为关于基 b 的**欧拉伪素数**．

定理 9.1.1　令 n 为奇合数，那么在 $\mathbb{Z}_n^*$ 中至少存在一半的数使得式(9.1.1)不成立．

证明　令 $b_1,b_2,\cdots,b_k$为 $\mathbb{Z}_n^*$ 中所有满足式(9.1.1)的数，$b\in\mathbb{Z}_n^*$ 为不满足式(9.1.1)的数．根据雅可比符号的性质可知，对于$1\leqslant i\leqslant k$，由于

$$b^{\frac{n-1}{2}}\not\equiv\left(\frac{b}{n}\right)(\bmod n),\quad b_i^{\frac{n-1}{2}}\equiv\left(\frac{b_i}{n}\right)(\bmod n),$$

因此有

$$\left(\frac{b}{n}\right)\left(\frac{b_i}{n}\right)=\left(\frac{bb_i}{n}\right)\not\equiv(bb_i)^{\frac{n-1}{2}}(\bmod n).$$

这意味着 $bb_1,\cdots,bb_k$都不满足式(9.1.1)，而 $bb_1,\cdots,bb_k$是 $\mathbb{Z}_n^*$ 中 k 个不同的数，因此在 $\mathbb{Z}_n^*$ 中至少存在k 个不同的元素使得式(9.1.1)不成立．　□

定义 9.1.2　令 n 为奇合数，$n-1=2^st$，$2\nmid t$，$s\geqslant1$．令 $b\in\mathbb{Z}_n^*$，$(b,n)=1$．若对于某个 $r(0\leqslant r<s)$，有

$$b^t\equiv1(\bmod n)\ 或\ b^{2^rt}\equiv-1(\bmod n),$$

则称 n 为关于基 b 的**强伪素数**．

定理 9.1.2　令 n 为奇合数，$b\in\mathbb{Z}_n^*$，那么 n 是关于基 b 的强伪素数的概率不超过$\frac{1}{4}$．

此定理的证明很复杂，感兴趣的读者可以自行查阅相关参考文献[⊖]．

下面我们来介绍两种素性检测方法：Solovay-Strassen 算法和 Miller-Rabin 算法．

Solovay-Strassen 算法利用雅可比符号来进行素性检测，基本思想是：分别计算雅可

⊖ RIVEST R，SHAMIR A，ADLEMAN L. A method for obtaining digital signatures and public-key cryptosystems[J]. *Communications of the ACM*，1978，21(2)：120-126.

比符号 $x \leftarrow \left(\frac{a}{p}\right)$ 和 $y \leftarrow a^{\frac{p-1}{2}} \pmod p$，若 $x \equiv y \pmod p$，则输出素数；否则输出合数．此算法利用了欧拉判别条件，合数的结论总是正确的，但输出素数时不一定正确．算法的具体过程如算法 9.1.1 所示．

算法 9.1.1　Solovay-Strassen 算法

输入：大于 2 的奇数 p 和参数 t；
输出："p 是合数"或"p 可能是素数"；
1. **FOR** $i=1$ **TO** t
2. 　随机选取一个小于 p 的整数 a_i，$a_i \neq a_j (j<i)$；
3. 　**IF** $(a,p) \neq 1$ **THEN**
4. 　　**RETURN** p 是合数；
5. 　**END IF**
6. 　计算雅可比符号 $x=\left(\frac{a}{p}\right)$ 和 $y \equiv a^{\frac{p-1}{2}} \pmod p$；
7. 　**IF** $x \neq y$ **THEN**
8. 　　**RETURN** p 是合数；
9. 　**END IF**
10. **END FOR**
11. **RETURN** p 可能是素数；

由定理 9.1.1 可知，若 $x=y$，则 p 是合数的概率不超过 $\frac{1}{2}$，于是若算法最终输出"p 可能是素数"，则 p 是合数的概率不超过 $\frac{1}{2^t}$. 因此，我们可以根据安全性和效率的需求来选取合适的参数 t.

例 9.1.1　利用 Solovay-Strassen 算法判断 $p=193$ 是否是素数．

解　随机选取 $a=137$，则有 $\left(\frac{a}{p}\right)=\left(\frac{137}{193}\right)=1$，$a^{\frac{p-1}{2}} \pmod p \equiv 137^{\frac{193-1}{2}} \pmod{193}=1$，即 $\left(\frac{a}{p}\right) \equiv a^{\frac{p-1}{2}} \pmod p$，所以 193 是以 137 为基的欧拉伪素数．

取 $a=150$，则有 $\left(\frac{a}{p}\right)=\left(\frac{150}{193}\right)=1$，$a^{\frac{p-1}{2}} \pmod p \equiv 150^{\frac{193-1}{2}} \pmod{193}=1$，即 $\left(\frac{a}{p}\right) \equiv a^{\frac{p-1}{2}} \pmod p$，所以 193 是以 150 为基的欧拉伪素数．

取 $a=2$，则有 $\left(\frac{a}{p}\right)=\left(\frac{2}{193}\right)=1$，$a^{\frac{p-1}{2}} \pmod p \equiv 2^{\frac{193-1}{2}} \pmod{193}=1$，即 $\left(\frac{a}{p}\right) \equiv a^{\frac{p-1}{2}} \pmod p$，所以 193 也是以 2 为基的欧拉伪素数.

事实上，193 确实是素数．□

下面我们来介绍另一种素性检测算法——Miller-Rabin 算法，基本思想是：根据费马小定理，若 p 是素数，则对于一个小于 p 的整数有 $a^{p-1} \pmod p = 1$. 因此，给定需要判定素性的整数 p，若在区间内能找到一个整数 a 使得 $a^{p-1} \pmod p \neq 1$，则足以说明 p 是一个合数．上述过程中需要我们计算 $a^{p-1} \pmod p$，一个自然的想法是能不能少计算一点. 可以发现由于 p 是奇数，故 $p-1$ 是偶数，不妨设 $p-1=2t$，于是 $a^{p-1}=(a^t)^2$. 那么我们可以考查 $a^t \pmod p$，若结果为±1，就直接输出"素数"，没必要再继续进行计算了(因为平方后就会得到 $a^{p-1} \pmod p=1$)，这样就节省了时间. 以此类推，我们可以将 p 表示为 $p-1=2^k t$，这样就有 $a^{p-1}=(a^t)^{2^k}$，于是我们就可以依次考查 $a^t,(a^t)^2,(a^t)^{2^2},\cdots,(a^t)^{2^{k-1}}$. 若序列中出现了一个−1，那么就输出"素数"并停止计算. 依据上面的分析过程，我们可以得到 Miller-Rabin 算法，算法 9.1.2 给出了该算法的具体过程.

算法 9.1.2　Miller-Rabin 素性检测算法

输入：大于 2 的奇数 p 和参数 s
输出："p 是合数"或"p 可能是素数"

```
1. 将 p 写成 1+2^b m 形式，其中 m 为奇数，b≥1；
2. FOR i=1 TO t
3.    随机选取一个小于 p 的整数 a_i，a_i≠a_j(j<i)；
4.    计算 z≡a^m(mod p)；
5.    IF z=1 OR z=−1 THEN
6.      GOTO 3
7.    END IF
8.    FOR k=1 TO b−1
9.        z←z^2(mod p)；
10.       IF z=1 THEN
11.          RETURN p 是合数；
12.       END IF
13.       IF z=−1 THEN
14.          GOTO 3
15.       END IF
16.    END FOR
17.    IF k=b 且 z≠−1 THEN
18.       RETURN p 是合数；
19.    END IF
20. END FOR
21. RETURN p 可能是素数；
```

Miller-Rabin 算法的速度比 Solovay-Strassen 算法更快，是因为由定理 9.1.2 可知，p 是一个素数的概率是 $\frac{3}{4}$. Miller-Rabin 算法已经作为标准的检测算法列入 IEEE P1363 的附录和 NIST 的数字签名标准的附录，作为密码学标准使用.

例 9.1.2　利用 Miller-Rabin 算法判断 $n=193$ 是否是素数.

解　$n=193=1+3\times 2^6$，$m=3$，$b=6$，随机选取 $a=137$，则有

j	0	1	2	3	4	5
$a^{3\cdot 2^j} \pmod{193}$	14	3	9	81	−1	1

所以，193 是以 137 为基的强伪素数；取 $a=150$，则有

j	0	1	2	3	4	5
$a^{3\cdot 2^j}$ (mod 193)	9	81	−1	1	1	1

所以，193 是以 150 为基的强伪素数；取 $a=2$，则有

j	0	1	2	3	4	5
$a^{3\cdot 2^j}$ (mod 193)	8	64	43	112	−1	1

所以，193 是以 2 为基的强伪素数．事实上，193 确实是素数．□

9.2　大整数分解问题

整数分解问题是一个很容易理解的问题，但大整数分解问题绝不是一个容易的问题．大整数分解的困难性要比素性检验的困难性大得多，因为素性检验结果的正确性不需要通过整数分解来证明．大整数分解问题虽然已有数百年历史，但其真正引起数学家、计算机科学家和密码学家的高度关注却是近几十年的事情．大整数分解属于 NP 类问题，是否存在多项式时间的算法是国际数学界和计算机科学界极其关注的问题．大整数分解问题是公钥密码学的基础，许多公钥密码体制的安全性是基于大整数分解的难解性，所以大整数分解的进展更是关乎信息安全的大事．随着近些年计算机计算能力的飞速提升和密码学的广泛应用，大整数分解已然成为世界关注的热点问题．

定义 9.2.1(大整数分解问题)　给定一个大整数 N，它是两个大素数的乘积，但其因子 p 和 q 未知，我们将寻找 p 和 q，使其满足 $N=p\cdot q$ 的问题称作**大整数分解问题**．

我们除了需要知道大整数分解是一个难解问题之外，还需要知道当前能够分解大整数的最快算法，从而使得我们在使用公钥密码体制时选取合适的安全参数．例如在对 RSA 加密体制进行破解时，我们需要对 $n=pq$ 进行分解，其中 p 和 q 是两个比特长度相近的大素数．早期 RSA 算法的安全性只需要 n 的比特长度为 256 比特，而现如今要保证 RSA 算法的安全性则需要 n 的比特长度为 2048 比特．这种现象反映了计算机计算能力的提升以及大整数分解算法的进步．

试除法，也称 Eratosthenes 筛法，是最早也是最简单的整数分解方法．试除法用素数表里小于 $\sqrt{n}$ 的素数一个一个地去验证其是否整除 n．这种方法所需的计算复杂度为 $O\left(\frac{\sqrt{n}}{\ln n}\right)$．毋庸置疑，试除法肯定能完全分解大整数，但是效率却非常低．17 世纪法国著名数学家费马用平方差来重写要分解的大整数，使分解大整数的问题转化成了寻找满足要求的平方数，大大提高了分解的效率．虽然费马分解效率比试除法高得多，但随着要分解的大整数不断变大，费马算法的效率依然显得很低．直到 20 世纪七八十年代，一些比较高效的算法才逐渐出现．1974 年，J. M. Pollard 提出了 Pollard $\rho-1$ 分解法，它是基于费马小定理的分解方法．1975 年，J. M. Pollard 又提出来了 Pollard ρ 分解法，它是基于生日悖论的分解方法，J. M. Pollard 提出的这两种算法都是概率算法，有一定的局限性．1986 年，H. Lenstra 提出了更高效的椭圆曲线法．1975 年，Morrison 和 Brillhart 提出了连分式分解法(可参见 1.4 节)，它是最早的基于分解基的分解算法．1981 年，C. Pomerance 在线

性筛法的基础上提出了二次筛法，二次筛法整体来说仍属于分解基算法．二次筛法的成名在于它成功分解了 RSA-129，当时轰动世界．二次筛法是当前用于分解十进制位数小于 110 位的整数的最快方法，渐近计算时间为

$$e^{(1+O(1))(\ln n)^{\frac{1}{2}}(\ln(\ln n))^{\frac{1}{2}}}.$$

随后又出现了数域筛法，数域筛法是目前运行效率最高的整数分解算法之一，数域筛法则是当前分解大整数(十进制位数大于 110 位的整数)的最快方法，渐近计算时间为

$$e^{(1.923+O(1))(\ln n)^{\frac{1}{3}}(\ln(\ln n))^{\frac{2}{3}}}.$$

1999 年，Peter Shor 提出了在量子计算机上运行的整数分解算法，被称作 Shor 算法．该算法能够在多项式时间内分解大整数，这就意味着在量子计算环境下大整数分解问题不再是一个困难问题.

二次筛法和数域筛法是当前效率最高的分解算法，但是涉及的数学知识较为复杂，因此我们只详细介绍基础的费马分解算法、Pallard ρ 分解算法和 Pollard $\rho-1$ 分解算法．对于二次筛法和数域筛法的具体内容感兴趣的读者可参考相关文献[⊖].

1. 费马分解算法

对于奇整数 n，当我们能够获得方程

$$n = x^2 - y^2$$

的整数解时，我们也就获得了 n 的两个因子，因为

$$n = (x-y)(x+y).$$

反过来，当获得如下整数分解

$$n = ab(a \geqslant b \geqslant 1)$$

的时候，我们也就获得了上面方程的整数解，因为

$$n = \left(\frac{a+b}{2}\right)^2 - \left(\frac{a-b}{2}\right)^2.$$

该方法过程为，首先确定最小的整数 k，使得$k^2 \geqslant n$. 然后，对下面的数列

$$k^2-n,(k+1)^2-n,(k+2)^2-n,(k+3)^2-n,\cdots,((n+1)/2)^2-n$$

按顺序进行测试，直到找到一个整数 $m \geqslant \sqrt{n}$ 使得m^2-n 是一个平方整数，从而也就找到了一对因子，如果一直运行到上面数列最后一个数才找到平方整数，那么 n 就是素数没有非平凡因子．

例 9.2.1 对 $n=119\ 143$ 进行整数分解．

解 因为$345^2<119\ 143<346^2$，所以 $k=346$，

$$346^2 - 119\ 143 = 573,$$
$$347^2 - 119\ 143 = 1\ 266,$$
$$348^2 - 119\ 143 = 1\ 961,$$
$$349^2 - 119\ 143 = 2\ 658,$$

⊖ POMERACE C. The quadratic sieve factoring algorithm[J]. *Advances in Cryptology*—EUROCRYPT，1984，209，169-182. 和 BRIGGS M E. An introduction to the general number field sieve[D]. Blacksburg：Virginia Polytechnic Institute，Blacksburg，Virginia，1998.

$$350^2 - 119\,143 = 3\,357,$$
$$351^2 - 119\,143 = 4\,058,$$
$$352^2 - 119\,143 = 4\,761 = 69^2,$$

所以，$n=(352-69)(352+69)=283\times 421$. □

2. Pollard ρ 分解算法

首先，确定一个简单的二次以上整系数多项式，例如 $f(x)=x^2+a$，$a\neq -2$ 和 0. 然后，从一个初始值 x_0 开始，利用迭代公式

$$x_{k+1}\equiv f(x_k)\pmod n$$

计算一个序列 $x_1, x_2, x_3, \cdots$令 d 为 n 的一个非平凡因子，因为模 d 的剩余类个数比模 n 的剩余类个数少很多，所以很可能存在 x_k 和 x_j 属于同一个模 d 的剩余类，同时又属于不同的模 n 的剩余类．因为 $d\mid(x_k-x_j)$而 $n\nmid(x_k-x_j)$，所以(x_k-x_j, n)是 n 的非平凡因子.

例 9.2.2 求 $n=2\,189$ 的一个非平凡因子．

解 选择 $x_0=1$ 和 $f(x)=x^2+1$，得到序列 $x_1=2$，$x_2=5$，$x_3=26$，$x_4=677$，$x_5=829$，…因为$(x_5-x_3,\ n)=11$. 所以 11 是一个因子． □

如果在该算法中，我们对序列中的任意两个量的差都进行计算的话，那么计算的开销就太大了．改进方法是只对$(x_{2k}-x_k)$进行计算.

例 9.2.3 求 $n=30\,623$ 的一个非平凡因子．

解 选择 $x_0=3$ 和 $f(x)=x^2-1$，得到序列 8,63,3 968,4 801,21 104,28 526,18 319,18 926,….

$$(x_2-x_1, n)=1,$$
$$(x_4-x_2, n)=1,$$
$$(x_6-x_3, n)=1,$$
$$(x_8-x_4, n)=113,$$

所以 113 是一个因子． □

如果算法在运行预先规定的步数后不成功，可以重新选择 x_0 或者 $f(x)$再开始处理．

3. Pollard $\rho-1$ 分解算法

这个方法对如下的情况起作用：奇合数 n 有一个素因子 ρ，而且 $\rho-1$ 是小素数之积.

该算法需要预先选择一个整数 k，只要 k 充分大，就可以保证$(\rho-1)\mid k!$，接着选择一个整数 a，使 $1<a<\rho-1$，计算 $a^{k!}\equiv m\pmod n$. 因为存在整数 j，使 $k!=j(\rho-1)$，所以

$$m\equiv a^{k!}\equiv a^{j(\rho-1)}\equiv(a^{\rho-1})^j\equiv 1^j\equiv 1\pmod\rho,$$

也就是 $\rho\mid(m-1)$. 因此$(m-1,n)>1$，只要 $m\not\equiv 1\pmod n$，$(m-1,n)$必为 n 的非平凡因子.

例 9.2.4 求 $n=2\,987$ 的一个非平凡因子．

解 选 $a=2$ 和 $k=7$.

$$2^{7!}\equiv 755\pmod{2\,987},$$
$$(755-1, 2\,987)=29,$$

所以，29 是一个非平凡因子． □

虽然我们不介绍二次筛法和数域筛法的详细过程，但在这里我们给出这两种方法以及连分数分解算法和椭圆曲线法等方法的基本思路：如果我们能够找到两个整数 x 和 y，

满足

$$x^2 \equiv y^2 \pmod n,$$

且

$$x \not\equiv \pm y \pmod n,$$

那么$(x-y,n)$和$(x+y,n)$是n的非平凡因子．例如，我们可以验证$10^2 \equiv 32^2 \pmod{77}$，那么，根据上面的分析我们就知道$(32-10,77)=11$和$(32+10,77)=7$都是77的非平凡因子．连分数分解算法、二次筛法和数域筛法之间的不同主要在于如何构造满足上面同余条件的两个整数x和y.

感兴趣的读者可以自行查阅上述整数分解算法的相关材料．

9.3 RSA问题

RSA问题是Rivest、Shamir和Adleman三位密码学家于1978年在著名的RSA公钥密码体制中提出的，其反映了RSA加密算法(或数字签名算法)的安全等级．尽管目前仍没有人能够证明解决RSA问题的困难度与解决整数分解问题的困难度相同，我们仍然认为RSA问题是一个困难问题．这样的话，我们就可以基于RSA问题的困难度来设计RSA加密算法，换句话说，如果破解RSA加密算法的困难度等同于解决RSA问题的难度，那么我们可以将RSA加密算法看作是安全的．我们在讨论一个密码算法的安全性时，通常会表述为“若一个密码学假设(Cryptographic Assumption)是困难的，则认为该密码算法是安全的”，而一个密码学假设往往与一个数学困难问题相关．

定义9.3.1　令p和q是两个比特长度相近的大素数．若$n=pq$是长度至少为1 024比特的整数，并且$p-1$和$q-1$有大素数因子，则称n为**成熟合数**(Ripe Composite Number).

定义9.3.2(RSA问题)　令$n=pq$是一个成熟合数，e是一个正奇数且满足$(e,\varphi(n))=1$.给定一个随机整数$c\in\mathbb{Z}_n^*$，我们将寻找一个整数m使其满足$m^e\equiv c \pmod n$的问题称作**RSA问题**．

基于RSA问题，RSA假设可表述为不存在多项式时间的算法来解决RSA问题，相应的整数分解假设可表述为不存在多项式时间的算法来对$n=pq$进行分解．

在RSA问题的基础上，Baric和Pfitzmann，Fujisaki和Okamoto两组密码学家于1997年分别独立地定义了强RSA问题.

定义9.3.3　令$n=pq$为RSA问题中的模数，G是$\mathbb{Z}_n^*$的一个循环子群．给定G中的一个随机元素z，我们将寻找一组整数$(u,e)\in G\times\mathbb{Z}_n$使其满足$z\equiv u^e \pmod n$的问题称作**强RSA问题**．

强RSA假设的表述如下：对于任意的多项式$P(l)$，在多项式时间内找到满足$z\equiv u^e \pmod n$的解$(u,e)\in G\times\mathbb{Z}_n$的概率小于$\frac{1}{P(l)}$，其中$l$是$n$的比特长度．

从定义9.3.2中可以看出，RSA问题本质上就是在$\mathbb{Z}_n^*$中寻找e次方根的问题，也可以看作是寻找模n的e次剩余，特殊之处在于限定了$n=pq$以及e是一个正奇数；而从定义9.3.3中可以看出，强RSA问题本质上则是在$\mathbb{Z}_n^*$中寻找任意的一个e次剩余($e>3$).从两个问题的本质上我们可以看出，事实上解决强RSA问题不会难于解决RSA问题，也就是说，强 RSA 假设是一个比 RSA 假设更强的密码学假设．RSA 问题和强 RSA 问题形式上的不同也使得二者在密码学中用于构造不同的密码学方案，RSA 问题通常用于构造公钥加密方案，而强 RSA 问题通常用于构造群签名方案．关于 RSA 问题和强 RSA 问题更详细的内容，感兴趣的读者可以自行查阅相关资料[⊖].

总的来说，基于 RSA 问题或其衍生问题(例如强 RSA 问题)的密码算法通常归类于基于整数分解问题的密码体制．有了 RSA 类型的问题后，基于大整数分解问题的算法可以有更灵活的设计和更多的特性，许多具有实际应用的密码体制，如盲签名、群签名以及电子现金等，都是基于 RSA 相关问题的．

9.4 二次剩余问题

我们在第 3 章同余方程中已经详细介绍了二次剩余的相关内容，事实上二次剩余在密码学中有着许多应用，在本节中我们将进一步介绍密码学涉及的二次剩余的一些特性.

定义 9.4.1 若整数 n 满足 $n=pq$，其中 p 和 q 是素数且 $p\equiv 3(\bmod 4)$，$q\equiv 3(\bmod 4)$，则称 n 为 **Blum 数**.

除了特别说明，本节中提到的二次剩余均在 $\mathbb{Z}_n^*$ 中，其中 n 是 Blum 数．关于 Blum 数，我们有如下一些结论.

定理 9.4.1 如果 n 是一个 Blum 数，那么 -1 是模 n 的二次非剩余，且 $\left(\frac{-1}{n}\right)=1$.

此定理的证明过程较为简单，读者可自行证明．定理 9.4.1 在一些密码算法中非常重要，这也是我们介绍 Blum 数的原因．

定义 9.4.2(二次剩余问题) 令 $n=pq$ 是两个大素数之积．对于一个任意选取的模 n 的二次剩余 a，称求出一个 x 使其满足 $x^2\equiv a(\bmod n)$的问题为**二次剩余问题**．

定理 9.4.2 对于任意模 n 的二次剩余 a，方程 $x^2\equiv a(\bmod n)$有 4 个模 n 下的解．

证明 由中国剩余定理可知，求解方程 $x^2\equiv a(\bmod n)$等价于求解方程组

$$\begin{cases}x^2\equiv a(\bmod p)\\x^2\equiv a(\bmod q)\end{cases}$$

设$\pm x_0$ 为 $x^2\equiv a(\bmod p)$的根，$\pm x_1$ 为 $x^2\equiv a(\bmod q)$的根．因此，方程 $x^2\equiv a(\bmod n)$的 4 个根为

$$\begin{cases}x\equiv\pm x_0(\bmod p)\\x\equiv\pm x_1(\bmod q)\end{cases}$$

□

定理 9.4.3 对于每个模 n 的二次剩余 a，方程 $x^2\equiv a(\bmod n)$的 4 个解中只有一个解是模 n 的二次剩余．

证明 由定理 9.4.2 的证明过程，我们可设方程的 4 个根为$\pm u$，$\pm v$，其满足

$$u\equiv v(\bmod p),\ u\equiv -v(\bmod q),$$

⊖ BARIC N, PFITZMANN B. Collision-free accumulators and fail-stop signature schemes without trees[J]. EUROCRYPT, 1997, 11: 480-464. 和 FUJISAKI E, OKAMOTO T. Statistical zero knowledge protocols to prove modular polynomial relations. CRYPTO, 1997, 17: 16-30.

因此有$\left(\frac{u}{n}\right)=-\left(\frac{v}{n}\right)$. 不妨设$\left(\frac{u}{n}\right)=1$，那么有$\left(\frac{u}{p}\right)=\left(\frac{u}{q}\right)=1$或$\left(\frac{-u}{p}\right)=\left(\frac{-u}{q}\right)=1$，因此 u 和 $-u$ 中一定有一个是模 n 的二次剩余．

总之，对于每个二次剩余 a，方程 $x^2\equiv a(\bmod n)$的 4 个解 x_1,x_2,x_3,x_4 满足

$$\left(\frac{x_1}{p}\right)=\left(\frac{x_1}{q}\right)=1,\quad \left(\frac{x_2}{p}\right)=\left(\frac{x_2}{q}\right)=-1,$$

$$\left(\frac{x_3}{p}\right)=-\left(\frac{x_1}{q}\right)=1,\quad \left(\frac{x_4}{p}\right)=-\left(\frac{x_4}{q}\right)=-1.$$

□

上述结论展示了模 Blum 数的二次剩余的一些特殊性质，而下面的定理则反映了二次剩余在密码学中的重要性．

定理 9.4.4　*对 n 进行分解等价于解决模 n 的二次剩余问题．*

证明　首先我们需要证明，如果对于每个输入 n，存在一个多项式时间算法 A 输出 n 的一个因子，那么对于每组输入(n,x)(其中 x 是 n 的二次剩余)，一定存在一个多项式时间算法 B 输出 x 在模 n 下的平方根．算法 B 的过程如下：

(1) 令 $A(n)=p$(此等式表示算法 A 的输入为 n 时输出为 p)，那么有 $q=\frac{n}{p}$；

(2) 由定理 9.4.2 可知，我们可以找到 x 在模 n 下的 4 个平方根．

然后我们需要证明，如果对于每组输入(n,x)(其中 x 是 n 的二次剩余)，存在一个多项式时间算法 B 输出 x 在模 n 下的平方根，那么对于每个输入 n，一定存在一个多项式时间算法 A 以$\frac{1}{2}$的概率输出 n 的因子．算法 A 的过程如下：

(1) 随机选取一个数 a 满足$\left(\frac{a}{n}\right)=-1$. 对于一个输入 $x\equiv y^2(\bmod n)$，B 输出 x 在模 n 下的 1 个平方根 b；

(2) 如果$\left(\frac{b}{n}\right)=1$，那么 n 的一个素因子为 $\gcd(n,a-b)$或 $\gcd(n,a+b)$.

□

在本节的最后，我们给出一个常用的关于二次剩余的密码学假设．

定义 9.4.3(二次剩余的判定)　*令 $n=pq$ 是两个大素数之积．对于一个随机选取的元素 $a\in\mathbb{Z}_n^*$，判定 a 是否为模 n 的二次剩余是一个困难问题．*

尽管二次剩余判定问题的困难度仍没有被证明，但普遍认为该问题是一个困难问题，并将其应用于构造概率加密算法．

我们在第 3 章的 3.5 节中介绍了 Rabin 密码算法(例 3.5.2)，该密码算法是二次剩余在密码学中的一个经典应用．在本节中，我们将介绍另一种密码算法——Goldwasser-Micali 公钥加密算法(下文中称 GM 加密或 GM 密码)，作为二次剩余问题在密码学中的应用实例，并且 GM 密码算法是一个概率加密算法．

例 9.4.1　在 GM 加密算法中，私钥为两个素数(p,q)，公钥为$(n=pq,t)$，其中 t 是一个随机的模 p 和 q 的二次非剩余. 对于一个明文比特 m，加密过程为

$$c\equiv\begin{cases}tx^2(\bmod n), & m=1\\ x^2(\bmod n), & m=0\end{cases}$$

其中 x 为随机选取的整数，满足 $1\leqslant x\leqslant n-1$. 对于一个密文 c，解密过程为

$$m=\begin{cases}1, & \left(\frac{c}{p}\right)=\left(\frac{c}{q}\right)=-1\\ 0, & \left(\frac{c}{p}\right)=\left(\frac{c}{q}\right)=1.\end{cases}$$

设私钥为(5,7)，公钥为(35,3)，明文为(11010)，试给出加密、解密过程和安全性分析．

解 加密过程为

$$c_1\equiv tx_1^2\equiv 3\times 8^2 \pmod{35}\equiv 17 \pmod{35}$$
$$c_2\equiv tx_2^2\equiv 3\times 4^2 \pmod{35}\equiv 13 \pmod{35}$$
$$c_3\equiv tx_3^2\equiv 3^2 \pmod{35}\equiv 9 \pmod{35}$$
$$c_4\equiv tx_4^2\equiv 3\times 6^2 \pmod{35}\equiv 3 \pmod{35}$$
$$c_5\equiv tx_5^2\equiv 7^2 \pmod{35}\equiv 14 \pmod{35}$$

其中 x_1,x_2,x_3,x_4,x_5 为随机选取的整数．因此加密得到的密文为(17,13,9,3,14).

解密过程为

$$\left(\frac{c_1}{p}\right)=\left(\frac{17}{5}\right)=-1,\quad \left(\frac{c_1}{q}\right)=\left(\frac{17}{7}\right)=-1$$
$$\left(\frac{c_2}{p}\right)=\left(\frac{13}{5}\right)=-1,\quad \left(\frac{c_2}{q}\right)=\left(\frac{13}{7}\right)=-1$$
$$\left(\frac{c_3}{p}\right)=\left(\frac{9}{5}\right)=1,\quad \left(\frac{c_3}{q}\right)=\left(\frac{9}{7}\right)=1$$
$$\left(\frac{c_4}{p}\right)=\left(\frac{3}{5}\right)=-1,\quad \left(\frac{c_4}{q}\right)=\left(\frac{3}{7}\right)=-1$$
$$\left(\frac{c_5}{p}\right)=\left(\frac{14}{5}\right)=1,\quad \left(\frac{c_5}{q}\right)=\left(\frac{14}{7}\right)=1$$

因此，解密所得的明文为(11010).

下面开始分析加密算法的安全性．首先给出几个事实：

(1) 由第 3 章的定理 3.3.2 可知，对于一个奇素数 p，模 p 的二次剩余和非二次剩余都有$\frac{p-1}{2}$个；

(2) 若 n 是两个互不相同的素数 p 和 q 的乘积，则 a 是模 n 的二次剩余当且仅当 a 是模 p 和模 q 的二次剩余，因此模 n 的二次剩余共有$\frac{p-1}{2}\cdot\frac{q-1}{2}=\frac{(p-1)(q-1)}{4}$个；

(3) 设 $n\geqslant 3$ 为一个奇数，令$J_n=\left\{a\in\mathbb{Z}_n^*\ \middle|\ \left(\frac{a}{n}\right)=1\right\}$，$Q_n$ 为所有模 n 的二次剩余的集合，$\widetilde{Q}_n=J_n-Q_n$ 为所有伪二次剩余的集合．若 n 是两个互不相同的素数 p 和 q 的乘积，则$|Q_n|=|\widetilde{Q}_n|=\frac{(p-1)(q-1)}{4}$，即$J_n$ 中二次剩余和伪二次剩余的数量各占一半．

由于 x 是从 $\mathbb{Z}_n^*$ 随机选择的，那么 $x^2 \pmod n$是模 n 的一个随机二次剩余，$tx^2 \pmod n$是模 n 的随机伪二次剩余．一个攻击者截获密文 c 后，计算雅可比符号$\left(\frac{c}{n}\right)$，但是无论明文是 0 还是 1，均有$\left(\frac{c}{n}\right)=1$. 因此，攻击者得不到任何关于明文的额外信息，只能猜测.所以说 GM 方案是安全的．

□

9.5 离散对数问题

在前面两节介绍的 RSA 问题和二次剩余问题的困难度都可以归结到大整数分解问题，在本节中我们将介绍另一种在密码学中常用的困难问题——离散对数问题.

离散对数问题和大整数分解问题是公钥密码学中最主要的两个困难问题，从这两个问题出发，我们可以将公钥密码算法的构造分为两大类——基于离散对数的密码算法构造和基于大整数分解的密码算法构造. 类似于 RSA 问题可以衍生出强 RSA 问题，离散对数问题同样可以衍生出多种形式的数学难题，本节我们将介绍这些问题.

定义 9.5.1 设 p 为素数，g 为 p 的原根(也可以称 g 为循环群 $\mathbb{Z}_p^*$ 的生成元). 对于任意的 $y\in\mathbb{Z}_p^*$，存在一个唯一的 x，$1\leqslant x<p-1$ 使得 $g^x\equiv y(\bmod p)$，我们称 x 为在模 p 下以 g 为底 y 的**离散对数**.

定义 9.5.2(有限域上的离散对数问题) 设 p,q 为两个素数，$G=\{g^i\mid 0\leqslant i\leqslant q-1, g\in\mathbb{Z}_p^*\}$为阶为 q 的有限域 $\mathbb{Z}_p^*$ 上的乘法群. 给定一个元素 $y\in G$，找到一个整数 $x\in\mathbb{Z}_q$，使得 $y=g^x$ 的问题，称为**有限域上的离散对数问题**.

类似地，我们还可以构造：

(1) 有限域 $\mathbb{F}_{p^n}$ 上的离散对数问题；

(2) 有限域 $\mathbb{Z}_p^*$ 椭圆曲线群上的离散对数问题.

本质上，三者都是离散对数问题，有限域 $\mathbb{F}_{p^n}$ 上的离散对数问题是有限域 $\mathbb{Z}_p^*$ 扩域上的离散对数问题，有限域 $\mathbb{Z}_p^*$ 椭圆曲线群上的离散对数问题是将生成元由 $\mathbb{Z}_p^*$ 上的一个数变成椭圆曲线上的一个点元素，而点的横纵坐标、椭圆曲线方程中的系数、椭圆曲线上的运算限定在有限域 $\mathbb{Z}_p^*$ 上. 更进一步，当前的研究热点双线性对(详见 9.6 节)，起初被提出的目的就是通过将有限域 $\mathbb{Z}_p^*$ 椭圆曲线群映射到有限域 $\mathbb{F}_{p^n}$ 乘法群上，以试图将有限域上椭圆曲线群的离散对数问题降低为有限域上的离散对数问题.

事实上，求离散对数的过程就是寻找指数的过程. 从第 4 章内容可知，已知 g 和 x 来计算 $y\equiv g^x(\bmod p)$并不困难，然而截止到目前为止，不存在多项式时间算法来计算其逆过程，也就是计算离散对数. 目前最好的计算离散对数的算法是数域筛法(Number Field Sieve，NFS)，其时间开销为

$$e^{(1.923+O(1))(\ln q)^{1/3}(\ln(\ln q))^{2/3}}.$$

比较数域筛法解决离散对数问题和解决整数分解问题时的时间开销可以发现，两种问题的困难度是差不多的，但是当前仍然无法从数学角度证明哪个问题更难.

下面我们将介绍两种离散对数问题的其他形式，它们在密码学中有着广泛应用.

定义 9.5.3 设 p 为素数，g，h 为 p 的两个无关的原根(即以 h 为底 g 的离散对数是未知的). 对于任意的与 p 互素的整数 a，我们将 a 表示为 $a\equiv g^\alpha h^\beta(\bmod p)$，那么称$(\alpha,\beta)$为 a 在模 p 下以 g,h 为底的表示.

上述定义可以扩展到更多原根的情形.

定义 9.5.4 设 p 为素数，$g_1,g_2,\cdots,g_s$ 为 p 的 s 个无关的原根. 对于任意与 p 互素的整数 a，我们将 a 表示为

$$a \equiv g_1^{\alpha_1} g_2^{\alpha_2} \cdots g_s^{\alpha_s} \pmod{p},$$

那么称$(\alpha_1, \alpha_2, \cdots, \alpha_s)$为$a$在模$p$下以$g_1, g_2, \cdots, g_s$为底的表示.

上面两个定义中的表示方法在密码学中有着重要应用，它们可以用于设计群签名(Group Signature)和可追踪的盲签名(Traceable Blind Signature)，而可追踪的盲签名可用于设计数字现金协议.

下面我们介绍另一种在密码学中常用的离散对数问题形式——有限域上椭圆曲线群的离散对数问题．第8章中，我们对椭圆曲线进行了介绍，其中重点介绍了椭圆曲线上的群结构．这种群结构在密码学中有着重要应用，是构造基于椭圆曲线的密码算法的数学基础，下面介绍的离散对数问题就是基于椭圆曲线上的群结构的.

定义 9.5.5 (有限域椭圆曲线群上的离散对数问题) 设p, q为两个素数，$E_p(a,b)$：$y^2 \equiv x^3 + ax + b \pmod{p}$是有限域$\mathbb{Z}_p^*$上的椭圆曲线，$G$是$E_p(a,b)$上的所有点构成的群的一个循环子群，其阶为$q$，$P$是$G$的生成元．给定$G$中任意的点$Q$，找到一个整数$x \in \mathbb{Z}_q$，使得$Q = xP$的问题，称为**有限域椭圆曲线群上的离散对数问题**.

下面我们来介绍一个关于离散对数问题的密码学假设.

定义 9.5.6 (Diffie-Hellman 问题) 设p为素数，g为p的原根．任意a，$b \in \mathbb{Z}_p^*$可以表示为

$$a \equiv g^x \pmod{p}, \ b \equiv g^y \pmod{p},$$

其中x, y是未知的．Diffie-Hellman 问题是找到一个c使其满足

$$c \equiv g^{xy} \pmod{p}.$$

类似于 RSA 问题是 RSA 加密算法的安全性基础，Diffie-Hellman 问题(以下简写为 DH 问题)是 Diffie-Hellman 密钥交换协议的安全性基础．当前 DH 问题的困难度还没有被证明，但普遍认为 DH 问题是困难的.

DH 问题和离散对数问题之间的关系如下：若离散对数问题能够在多项式时间内被解决，则 DH 问题也能够在多项式时间内被解决；反之则未必成立．已经证明在某些条件下，这两个问题是等价的，但即使是在这些条件下，解决离散对数问题仍是困难的，否则离散对数问题就无法应用于密码学了.

离散对数问题的求解算法分为两大类：通用算法和专用算法．通用算法适用于任意循环群上的离散对数问题，专用算法适用于特定循环群(比如$\mathbb{Z}_p^*$)上的离散对数问题．通用算法主要有：穷举法、商克法(Shank's Method，又称小步大步法)、Pollard ρ 算法和 Pohlig-Hellman 算法；专用算法主要有指数积分法(适用于求解$\mathbb{Z}_p^*$上的离散对数问题)．在密码学中，我们要重点关注这些算法的时间复杂度和空间复杂度．显然，用穷举法求解有限循环群G上的离散对数问题时，时间复杂度为$O(|G|)$，空间复杂度为$O(1)$．下面介绍几种穷举法之外的其他经典算法.

1. 商克法

商克法又称小步大步法，是一种求解离散对数问题的通用算法．设G为有限循环群，α是G的生成元，$\beta \in G$，用商克法求$x \equiv \log_\alpha \beta \pmod{|G|}$的原理如下.

取$m = \lceil \sqrt{|G|} \rceil$(即$m$为群的阶的算术开方根向上取整)，则当$0 \leqslant x_g$，$x_b < m$时，$x_g m + x_b$可遍历集合$\{0, 1, 2, \cdots, |G|\}$内的全体整数，而$x \in \{0, 1, 2, \cdots, |G|\}$，所以一定存在整

数 x_g, x_b，使得

$$x = x_g m + x_b (0 \leqslant x_g, x_b < m). \tag{9.5.1}$$

寻找 $0 \leqslant x_g$，$x_b < m$，使得 $\alpha^{x_g m + x_b} = \beta$，即

$$\beta(\alpha^{-m})^{x_g} = \alpha^{x_b}. \tag{9.5.2}$$

只要找到了满足式(9.5.2)的(x_g, x_b)，就可以代入式(9.5.1)求得 x_g, x_b. 我们可以使用分治策略寻找 x_g 和 x_b：

- 小步(Baby-Step)：对所有的 $0 \leqslant x_b < m$，计算 α^{x_b}，并按 α^{x_b} 的升序排列存储(α^{x_b}, x_b)以备检索，于是得到一张包含 m 项的表，建立该表需要做 m 次群运算.
- 大步(Giant-Step)：对于 x_g 在范围 $0 \leqslant x_g < m$ 内的所有可能取值，计算 $\beta(\alpha^{-m})^{x_g}$ 并在小步中建立的表内查找是否存在某个 x_b 使得式(9.5.2)成立，若成立，则(x_g, x_b)即我们所求，代入式(9.5.1)得 x，算法结束，该步最多需要做 m 次群运算.

例 9.5.1　已知 $\alpha = 11$ 是循环群 $\mathbb{Z}_{29}^*$ 的一个生成元，用商克法求 $\beta = 3$ 的离散对数，即在 $\mathbb{Z}_{29}^*$ 上求 $x \equiv \log_{11} 3 \pmod{28}$.

解　$\mathbb{Z}_{29}^*$ 的阶为 28，取 $m = \lceil \sqrt{|G|} \rceil = 6$.

小步：对所有 $x_b \in \{0,1,2,3,4,5\}$ 计算 $\alpha^{x_b} \pmod{29}$，并按 α^{x_b} 的升序排列存储$(\alpha^{x_b} \pmod{29}, x_b)$得到表 9.5.1.

表 9.5.1　$\alpha^{x_b} \pmod{29}$的计算结果

x_b	0	2	1	5	4	3
$\alpha^{x_b} \equiv 11^{x_b} \pmod{29}$	1	5	11	14	25	26

大步：对于 x_g 在范围 $0 \leqslant x_g < m$ 内的所有可能取值，计算 $\beta(\alpha^{-m})^{x_g} \pmod{29}$并在小步中建立的表内查找是否存在某个 x_b 使得$\beta(\alpha^{-m})^{x_g} \equiv \alpha^{x_b} \pmod{29}$成立，如果存在，$(x_g, x_b)$即我们所求. 由$11^{-1} \pmod{29} \equiv 8$，得

$$\beta(\alpha^{-m})^{x_g} \equiv 3\,(11^{-6})^{x_g} \equiv 3\,[(11^{-1})^6]^{x_g} \equiv 3\,(8^6)^{x_g} \equiv 3\,(13)^{x_g} \pmod{29},$$

列表计算如表 9.5.2 所示.

表 9.5.2　$\beta(\alpha^{-m})^{x_g} \pmod{29}$的计算结果

x_g	0	1	2
$\beta(\alpha^{-m})^{x_g} \equiv 3\,(13)^{x_g} \pmod{29}$	3	10	14

所以$\beta(\alpha^{-m})^2 = \alpha^5$，故 $x \equiv x_g m + x_b \equiv 2 \times 6 + 5 \equiv 17 \pmod{28}$. □

商克法小步造表，时间复杂度和空间复杂为均为 $O(\sqrt{|G|})$；大步查表，空间复杂度为 $O(1)$，时间复杂度不超过 $O(\sqrt{|G|})$. 所以，商克法的总时间复杂度和空间复杂度都为 $O(\sqrt{|G|})$. 对于循环群 G 的离散对数问题，如果仅从抵抗商克法求解的角度来看，要想提供 80 位的安全等级(即使求解此离散对数问题的复杂度超过 $O(2^{80})$)，G 的阶应不小于 2^{160}. 对于 $\mathbb{Z}_p^*$ 上的离散对数问题，如果仅从抵抗商克法求解的角度来看，要想提供 80 位的安全等级，素数 p 的位数至少应为 160 位. 但是，需要注意的是，除了商克法之外，

$\mathbb{Z}_p^*$上的离散对数问题还存在更快的算法.

2. Pollard ρ 算法

Pollard ρ 算法也是一种求解离散对数问题的通用算法，它是一种随机模拟算法，其原理是概率论中的“生日悖论”.

“生日悖论”研究的问题是：一个有 k 名同学的班级中，至少有两名同学生日相同的概率是多少？不妨忽略闰年，设一年有 365 天，一个班级中有 k 位同学，$k<365$，设至少有两名同学生日相同的概率为 $P(k)$，全班同学生日都不相同的概率为 $Q(k)$. 要使 k 名同学的生日都不相同，给这 k 名同学编号，则有：

- 第 1 名同学的生日可以在一年的 365 天中随机选择，共有 365 种可能取值；
- 第 2 名同学的生日只能在剩下的 365−1=364 天中随机选择，共有 364 种可能取值；
- 第 3 名同学的生日只能在剩下的 365−2=363 天中随机选择，共有 363 种可能取值；
- ……

以此类推，第 k 名同学的生日共有 $365-(k-1)$种可能取值；如果不考虑“k 名同学的生日都不相同”这一条件，让这 k 名同学从一年的 365 天中随机选择生日的话，则共有 365^k 次可能的选择方案，所以

$$Q(k) = \frac{365 \times (365-1) \times (365-2) \times \cdots \times (365-(k-1))}{365^k} = \left(1-\frac{1}{365}\right) \times \left(1-\frac{2}{365}\right) \times \cdots \times \left(1-\frac{k-1}{365}\right),$$

即

$$Q(k) = \prod_{i=1}^{k-1}\left(1-\frac{i}{365}\right),$$

所以

$$P(k) = 1-Q(k) = 1-\prod_{i=1}^{k-1}\left(1-\frac{i}{365}\right),$$

试算如下：

k	$Q(k)$	$P(k)$
1	1.000 000	0.000 000
2	0.997 260	0.002 740
3	0.991 796	0.008 204
4	0.983 644	0.016 356
5	0.972 864	0.027 136
6	0.959 538	0.040 462
7	0.943 764	0.056 236
8	0.925 665	0.074 335
9	0.905 376	0.094 624
10	0.883 052	0.116 948
11	0.858 859	0.141 141
12	0.832 975	0.167 025

（续）

k	$Q(k)$	$P(k)$
13	0.805 590	0.194 410
14	0.776 897	0.223 103
15	0.747 099	0.252 901
16	0.716 396	0.283 604
17	0.684 992	0.315 008
18	0.653 089	0.346 911
19	0.620 881	0.379 119
20	0.588 562	0.411 438
21	0.556 312	0.443 688
22	0.524 305	0.475 695
23	0.492 703	0.507 297

可见，一个班级中有 23 位同学时，至少有两名同学生日相同的概率已经超过了 0.5. $P(k)$随着 k 增加的曲线如图 9.5.1 所示.

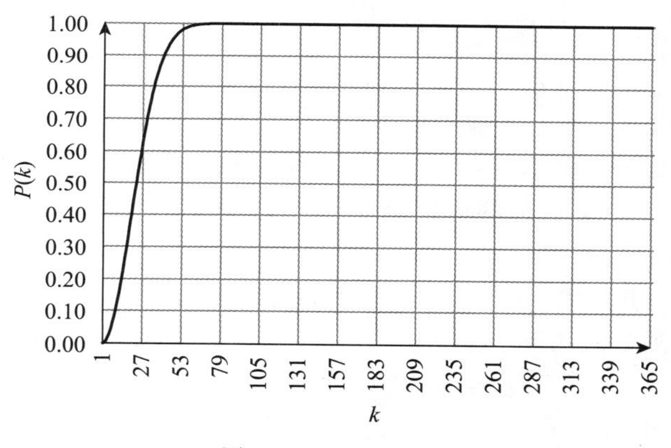

图 9.5.1 生日悖论

从图 9.5.1 中可以看出，在 k 小于 100 时，$P(k)$随 k 的增加而迅速增加，然后趋近于 1. 实际上，当 k 为 100 时，$P(k)$的值已经为 0.999 999 693，也就是说，一个有 100 名同学的班级，几乎可以肯定至少存在两名同学生日相同. 这个结论与人们的直觉相反，所以称为“生日悖论”.

“生日悖论”研究的问题本质上是 k 名同学从 365 个可能的生日中随机选择一个生日，至少有两名同学选择了同一生日的概率. 设正整数 $k<n$，将此问题推广到一般情况，可以描述为：

(1) 将 k 只鸽子随机放入 n 个鸽巢，至少两只鸽子被放入同一个鸽巢的概率；

(2) k 只鸽子从 n 个鸽巢中随机选择一个鸽巢，至少有两只鸽子选择了同一鸽巢的概率；

(3) 从 n 个小球中随机取出一个小球然后再放回，连续取放 k 次，至少有一个小球被取出过两次的概率；

(4) 设 G 是一个有限群，$|G|=n$，对 G 中元素进行随机抽样，每次抽样从 G 中随机选择一个元素，连续进行 k 次抽样，G 中至少有一个元素被选中两次的概率.

以上 4 个概率是相等的，记为 $P(k, n)$，则

$$P(k,n)=1-\prod_{i=1}^{k-1}\left(1-\frac{i}{n}\right),$$

当 n 取较小的值时，可以进行数值计算；当 n 取值较大时，可采用近似计算．我们知道，当 x 足够小时，有 $1-x\approx e^{-x}$，所以，当 n 足够大时有

$$1-\frac{i}{n}\approx e^{-\frac{i}{n}},$$

故有

$$P(k,n)=1-\prod_{i=1}^{k-1}\left(1-\frac{i}{n}\right)\approx 1-\prod_{i=1}^{k-1}e^{-\frac{i}{n}}=1-e^{-\sum_{i=1}^{k-1}\frac{i}{n}}=1-e^{-\frac{k(k-1)}{2n}},$$

当 k 足够大时，有 $k(k-1)\approx k^2$. 所以，当 k 和 n 都足够大时，

$$P(k,n)\approx 1-e^{-\frac{k(k-1)}{2n}}\approx 1-e^{-\frac{k^2}{2n}},$$

整理上式可知，当 k 和 n 都足够大时，有

$$k\approx\sqrt{n\left(2\ln\left(\frac{1}{1-P(k,n)}\right)\right)}.$$

令 $P(k,n)=0.5$，代入上式可得

$$k\approx\sqrt{n}.$$

这个结论告诉我们，当 n 足够大且 k 的数量级大于 $\sqrt{n}$ 的数量级时，基本上可以使 $P(k,n)>0.5$. 设 G 是一个有限群，$|G|=n$，对 G 中元素进行随机抽样，每次抽样从 G 中随机选择一个元素，如果 n 足够大，抽样次数大于 $\sqrt{n}$，基本上可使 G 中至少有一个元素被选中两次的概率超过 0.5.

设 G 为循环群，α 是 G 的生成元，$\beta\in G$. Pollard ρ 算法求解 $x\equiv\log_\alpha\beta(\bmod\ |G|)$ 的思路是：设计两个随机整数数列 a_t 和 b_t（$0\leqslant a_t<|G|$，$0\leqslant b_t<|G|$，$t=0,1,2,\cdots$），然后计算

$$\gamma_t=\alpha^{a_t}\beta^{b_t}(t=0,1,2,\cdots),$$

直到找到一对整数 i 和 j，$0\leqslant i<j$，使得 $\gamma_i=\gamma_j$，即

$$\alpha^{a_i}\beta^{b_i}=\alpha^{a_j}\beta^{b_j}$$

成立，将 $\alpha^x=\beta$ 代入上式得 $\alpha^{a_i}\alpha^{b_ix}=\alpha^{a_j}\alpha^{b_jx}$，因此有

$$a_i+b_ix=a_j+b_jx,$$

所以

$$x\equiv\frac{a_i-a_j}{b_j-b_i}(\bmod\ |G|).$$

在具体实现中，可以将 G 大致均匀地分成 S_1,S_2,S_3 三部分，定义数列

$$\gamma_t=\alpha^{a_t}\beta^{b_t}(t=0,1,2,\cdots),$$

其中 $\gamma_0=\alpha^0\beta^0=1$，当 $t>0$ 时

$$a_t\equiv\begin{cases}2a_{t-1}(\bmod\ |G|), & \gamma_{t-1}\in S_1\\ a_{t-1}+1(\bmod\ |G|), & \gamma_{t-1}\in S_2\ ,\\ a_{t-1}(\bmod\ |G|), & \gamma_{t-1}\in S_3\end{cases}$$

$$b_t\equiv\begin{cases}2b_{t-1}(\bmod\ |G|), & \gamma_{t-1}\in S_1\\ b_{t-1}(\bmod\ |G|), & \gamma_{t-1}\in S_2\ ,\\ b_{t-1}+1(\bmod\ |G|), & \gamma_{t-1}\in S_3\end{cases}$$

即

$$\gamma=\begin{cases}\gamma_{t-1}^2, & \gamma_{t-1}\in S_1\\ \alpha\gamma_{t-1}, & \gamma_{t-1}\in S_2\\ \beta\gamma_{t-1}, & \gamma_{t-1}\in S_3\end{cases}.$$

这里应该注意的是，群 G 的单位元不再处于 S_1 中，否则数列γ_t 一旦在某个时刻出现单位元，该时刻后的所有项都将是单位元.

例 9.5.2　已知 $\alpha=11$ 是循环群 $G=\mathbb{Z}_{29}^*$ 的一个生成元，用 Pollard ρ 算法求 $\beta=3$ 的离散对数.

解　$|G|=28$，设$\gamma_t\equiv\alpha^{a_t}\beta^{b_t}\pmod{29}$，$a_0=b_0=0$，$\gamma_0=\alpha^0\beta^0=1$，取 $S_1=\{\gamma_t\mid\gamma_t\pmod 3\equiv 0\}$，$S_2=\{\gamma_t\mid\gamma_t\pmod 3\equiv 1\}$，$S_3=\{\gamma_t\mid\gamma_t\pmod 3\equiv 2\}$，则有：

当$\gamma_{t-1}\pmod 3\equiv 0$ 时，$a_t\equiv 2a_{t-1}\pmod{28}$，$b_t\equiv 2b_{t-1}\pmod{28}$；

当$\gamma_{t-1}\pmod 3\equiv 1$ 时，$a_t\equiv a_{t-1}+1\pmod{28}$，$b_t\equiv b_{t-1}$；

当$\gamma_{t-1}\pmod 3\equiv 2$ 时，$a_t\equiv a_{t-1}$，$b_t\equiv b_{t-1}+1\pmod{28}$.

取 $t=0,1,2,\cdots$，依次计算γ_t 的值，直到出现重复的值，列表计算如表 9.5.3 所示.

表 9.5.3　a_t、b_t、$\gamma_t(t=0,1,\cdots,7)$的计算结果

t	0	1	2	3	4	5	6	7
a_t	0	1	1	2	4	5	6	6
b_t	0	0	1	1	2	2	2	3
$\gamma_t\equiv\alpha^{a_t}\beta^{b_t}\pmod{29}$	1	11	4	15	22	10	23	11

可见，当 $t=1$ 和 $t=7$ 时，γ_t 出现重复的值，即$\gamma_1\equiv\gamma_7\pmod{29}$，所以

$$x\equiv\frac{a_1-a_7}{b_7-b_1}\pmod{28}\equiv\frac{1-6}{3-0}\pmod{28}\equiv-5\times 3^{-1}\pmod{28}\equiv 17\pmod{28}.$$ □

例 9.5.3　研究椭圆曲线 E：$y^2=x^3+8x+8\pmod{19}$上的离散对数问题，已知 $\#E=13$，$\alpha=(6,14)$，$\beta=(9,7)$是 E 上的点，用 Pollard ρ 算法求正整数 x 使之满足 $\beta=x\alpha$.

解　因为 $\#E=13$ 为素数，且 $\alpha\neq O$，所以$<\alpha>=\#E=13$，方程 $\beta=x\alpha$ 一定有解. 设$\gamma_t=a_t\alpha+b_t\beta$，其中 a_t，b_t 为整数，$a_0=b_0=1$，$\gamma_0=\alpha+\beta=(1,6)$，令 $\gamma_{t,x}$表示γ_t 的横坐标. 采用以下伪随机策略改变 a_t 和 b_t 的值：

- 若 $\gamma_{t-1,x}\pmod 3=0$，则 $a_t=2a_{t-1}\pmod{\#E}$，$b_t=2b_{t-1}\pmod{\#E}$；
- 若 $\gamma_{t-1,x}\pmod 3=1$，则 $a_t=a_{t-1}+1\pmod{\#E}$，$b_t=b_{t-1}$；
- 若 $\gamma_{t-1,x}\pmod 3=2$，则 $a_t=a_{t-1}$，$b_t=b_{t-1}+1\pmod{\#E}$.

列表计算如表 9.5.4.

表 9.5.4　$a_t\alpha+b_t\beta$，$\gamma_t(t=0,1,\cdots,7)$的计算结果

t	0	1	2	3	4
$a_t\alpha+b_t\beta$	$P+Q$	$2P+Q$	$3P+Q$	$4P+Q$	$8P+2Q$
γ_t	(1,6)	(10,10)	(4,3)	(6,5)	(4,3)

所以，$3\alpha+\beta=8\alpha+2\beta$，$5\alpha+\beta=O$，$\beta=-5\alpha=8\alpha$，$x=8$. □

该算法由 John Pollard 于 1978 年提出，之所以叫作 Pollard ρ 算法，是因为其计算过

程中γ_t的取值一般可以连接成字母ρ的形状．例如，例 9.5.2 计算过程中的γ_t可连接成如图 9.5.2 所示的形状，如果在计算过程中出现某个$\gamma_t=\gamma_0$，则图中没有ρ的“尾巴”．

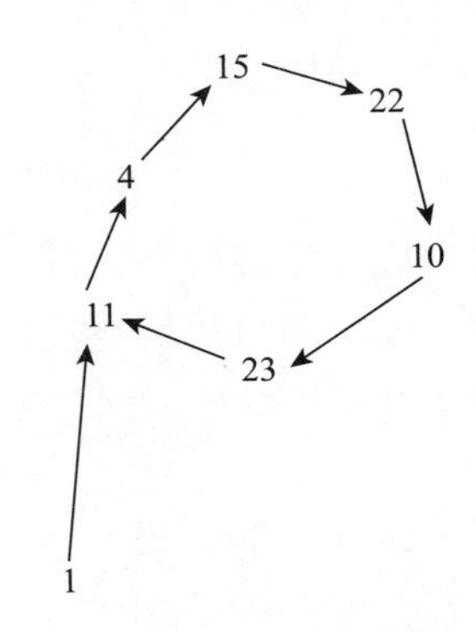

图 9.5.2　Pollard ρ 算法的名称来源

对于数列$\gamma_t(t=0,1,2,\cdots)$，如果存在两个整数i和j，$0\leqslant i<j$，使得$\gamma_i=\gamma_j$，就称在数列γ_t中找到了一个**碰撞**．Pollard ρ 算法何时结束，取决于何时在数列γ_t中找到碰撞．而计算γ_t的过程相当于对有限循环群G中元素进行随机抽样，每次抽样从G中随机选择一个元素．由前面关于生日悖论的讨论，如果群G的阶$|G|$足够大，那么当抽样次数大于$\sqrt{|G|}$时，基本上可使G中至少有一个元素被选中两次的概率超过 0.5，也就是说，当$t>\sqrt{|G|}$时，基本上可在数列γ_t中找到一个碰撞的概率超过 0.5. 所以，Pollard ρ 算法的平均时间复杂度为$O(\sqrt{|G|})$.

例 9.5.2 中的 Pollard ρ 算法执行过程需要存储数列$\gamma_t(t=0,1,2,\cdots)$的值以检查是否出现碰撞，如果以这种方式执行，Pollard ρ 算法的平均空间复杂度也将是$O(\sqrt{|G|})$，这样的话，Pollard ρ 算法相比于商克法就没有什么优势了．但是，如果使算法不再致力于寻找数列γ_t中的第一个碰撞，而是改为寻找任何一个后面的碰撞，就可以不存储数列γ_t而在数列γ_t中找到碰撞了．设$\gamma_{u+\lambda}=\gamma_u$是第一个碰撞，那么，对于所有的非负整数$s$都有$\gamma_{u+\lambda+s}=\gamma_{u+s}$，这就提供了一个连续的碰撞流．特别地，当$s=\lambda-u$时，有碰撞$\gamma_{2\lambda}=\gamma_\lambda$. 于是，我们可以寻找碰撞$\gamma_{2\lambda}=\gamma_\lambda$，其好处是，对于每个$s$，仅需要比较$\gamma_{2s}$和$\gamma_s$，不需要将$\gamma_s$与数列中前面的所有项进行比较，所以不需要存储数列$\gamma_t$的项.

可以通过同时计算两个数列$\gamma_t(t=0,1,2,\cdots)$和$\gamma_{2t}(t=0,1,2,\cdots)$来寻找碰撞$\gamma_{2\lambda}=\gamma_\lambda$. 其中$\gamma_t$称为“慢数列”，$\gamma_{2t}$称为“快数列”. 依次比较$\gamma_1$和$\gamma_2$，$\gamma_2$和$\gamma_4$，$\gamma_3$和$\gamma_6$，以此类推，直到找到一个整数$\lambda$，使得$\gamma_{2\lambda}=\gamma_\lambda$. 此时，离散对数的解为

$$x\equiv\frac{a_{2\lambda}-a_\lambda}{b_\lambda-b_{2\lambda}}(\bmod\ |G|).$$

如果$b_\lambda=b_{2\lambda}$，算法失败，此时可以让a_0和b_0在集合$\{0,1,\cdots,|G|-1\}$中随机取值，然后重新运行算法.

这种在数列γ_t中寻找碰撞的算法称为 Floyd 碰撞检测算法．用这种方法重新计算循环群$G=\mathbb{Z}_{29}^*$中以$\alpha=11$为生成元，$\beta=3$的离散对数，列表计算表 9.5.5 所示．

表 9.5.5　利用 Floyd 算法计算 $\mathbb{Z}_{29}^*$ 中 11 为生成元，3 的离散对数的过程

t	a_t	b_t	γ_t	a_{2t}	b_{2t}	γ_{2t}
0	0	0	1	0	0	1
1	1	0	11	1	1	4
2	1	1	4	4	2	22
3	2	1	15	6	2	23
4	4	2	22	6	4	4
5	5	2	10	14	8	22
6	6	2	23	16	8	23

所以

$$x \equiv \frac{16-6}{2-8} (\bmod 28),$$

此方程有两个解：$x \equiv 3 (\bmod 28)$和$x \equiv 17 (\bmod 28)$，代入验证得只有$x \equiv 17 (\bmod 28)$满足题意.

使用这种方法执行 Pollard ρ 算法，不需要存储数列$\gamma_t (t=0,1,2,\cdots)$的值，只需要常数级的存储空间，所以算法的空间复杂度为$O(1)$. 从这一点来看，Pollard ρ 算法是优于商克法的 . 然而，Pollard ρ 算法的实际执行时间更加不可预测，算法可能因为一个不可接受的等待响应时间而失败.

3. Pohlig-Hellman 算法

Pohlig-Hellman 算法基于中国剩余定理，它只适用于求解合数阶循环群上的离散对数问题，而且必须已知循环群的阶的所有素因子.

设有限循环群 G 的阶$|G| = p_1^{e_1} p_2^{e_2} \cdots p_s^{e_s}$($p_i$为素数，$e_i \geqslant 0$，$i=1,2,\cdots,s$)，$\alpha$ 是 G 的生成元，$\beta \in G$，求 $x = \log_\alpha \beta$. Pohlig-Hellman 算法的思路是依次求出

$$x_i \equiv x (\bmod p_i^{e_i}) (i = 1,2,\cdots,s),$$

然后再用中国剩余定理求出 $x(\bmod |G|)$.

Pohlig-Hellman 算法的复杂度取决于$|G|$的最大素因子.

4. 指数积分法

指数积分法只适用于求解循环群 $\mathbb{Z}_p^*$ 和$GF(2^m)^*$上的离散对数问题，具有亚指数级的时间复杂度，是目前求解 $\mathbb{Z}_p^*$ 和$GF(2^m)^*$上的离散对数问题的最优算法 . 当使用 $\mathbb{Z}_p^*$ 上的离散对数问题设计密码算法时，从对抗指数积分法的角度来看，若想提供 80 位的安全等级，p 至少应为 1 024 位的大素数.

最后，我们对比分析一下常用离散对数求解算法的复杂度，以求解 $\mathbb{Z}_p^*$ 上的离散对数问题为例，设 p 为 n 位的大素数，对比结果如表 9. 5. 6 所示 .

表 9. 5. 6　常见离散对数求解算法的性能对比

	平均时间复杂度	空间复杂度
穷举法	$O(2^{n-1})$	$O(1)$
商克法	$O(2^{n/2})$	$O(2^{n/2})$
Pollard ρ 算法	$O(2^{n/2})$	$O(1)$
Pohlig-Hellman 算法	$O(2^{m/2})$ (m 为 $p-1$ 的最大素因子的位数)	
指数积分法	n 的亚指数函数	

9.6　双线性对问题

双线性对是离散对数问题衍生出的一种重要的数学问题，其在密码学的密码协议设计中有着重要应用，如构造短签名、基于身份的加密(签名)、无证书加密(签名)、一轮三方密钥协商协议等 . 本节我们将对双线性对的数学原理和困难问题进行简要介绍.

首先我们来介绍双线性对的基本概念和数学原理．

定义 9.6.1 设 p 为素数．令 G_1 是阶为 p 的加法循环群，G_2 是阶同样为 p 的乘法循环群；0 表示 G_1 的单位元，1 表示 G_2 的单位元．若映射 $e:G_1\times G_1\to G_2$ 满足：

(1) 双线性性：对于任意的 $P,Q\in G_1$ 和 $a,b\in\mathbb{Z}_p^*$，有 $e(aP,bQ)=e(P,Q)^{ab}$；

(2) 非退化性：存在 $P,Q\in G_1$ 使得 $e(P,Q)\neq 1$；当然，有 $e(0,Q)=e(P,0)=1$；

(3) 可计算性：对于任意的 $P,Q\in G_1$，存在有效计算 $e(P,Q)$ 的算法，

则称映射 e 为**双线性映射**或**双线性对**或**双线性配对**．

上述定义是抽象意义上的双线性对的定义，而在密码学应用中，我们通常使用定义在有限域椭圆曲线群上的双线性对．

定义 9.6.2 令 G_1 为有限域椭圆曲线上的离散对数加法群，G_2 为有限域上的离散对数乘法群，G_1,G_2 阶为素数 p. 若映射e：$G_1\times G_1\to G_2$ 满足：

(1) 双线性性：对于任意的 $P,Q,R\in G_1$，有 $e(P+Q,R)=e(P,R)e(Q,R)$，$e(P,Q+R)=e(P，Q)e(P，R)$；

(2) 非退化性：如果 P 是 G_1 的生成元，则 $e(P,P)$是 G_2 的生成元；

(3) 可计算性：对于任意的 P，$Q\in G_1$，存在有效计算 $e(P,Q)$的算法，

则称映射 e 为有限域椭圆曲线上的**双线性映射**或**双线性对**或**双线性配对**．

与前几节中介绍的大整数分解和离散对数问题类似，我们同样可以基于双线性对来定义相应的数学困难问题．首先我们给出几种其他形式的 Diffie-Hellman 问题．

定义 9.6.3(Computational Diffie-Hellman 问题) 令 G_1 是一个阶为 p 的加法循环群，P 是 G_1 的生成元．G_1 中的**计算 Diffie-Hellman 问题**(CDH 问题)为：对于未知的整数 a，$b\in\mathbb{Z}_p^*$，给定(P,aP,bP)，计算出 $abP\in G_1$.

定义 9.6.4(Decisional Diffie-Hellman 问题) 令 G_1 是一个阶为 p 的加法循环群，P 是 G_1 的生成元．G_1 中的**判定 Diffie-Hellman 问题**(DDH 问题)为：对于未知的整数 $a,b,c\in\mathbb{Z}_p^*$，给定(P,aP,bP,cP)，判断 $c\equiv ab(\bmod p)$是否成立．若(P,aP,bP,cP)满足这个条件，则称它为一个 **Diffie-Hellman 元组**，可记作 $cP=DH_P(aP,bP)$.

定义 9.6.5(Gap Diffie-Hellman 问题) 令 G_1 是一个阶为 p 的加法循环群，P 是 G_1 的生成元．G_1 中的**间隔 Diffie-Hellman 问题**(GDH 问题)为：在 DDH 预言机的帮助下，求解一个给定元组(P,aP,bP)的 CDH 问题．其中，DDH 预言机的作用是判断(P,aP,bP,cP)是否满足 $c\equiv ab(\bmod p)$.

定义 9.6.6(q-Strong Diffie-Hellman 问题) 令 G_1 是一个阶为 p 的加法循环群，P 是 G_1 的生成元．G_1 中的 **q-强 Diffie－Hellman 问题**(q-SDH 问题)为：给定$(P,xP,x^2P,\cdots,x^qP)$，计算

$$\left(c,\frac{1}{x+c}P\right)\in\mathbb{Z}_p\times G_1.$$

在上述各种形式的 DH 问题的基础上，我们可以定义多种基于双线性对的困难问题．

定义 9.6.7(Bilinear Diffie-Hellman 问题) 令 G_1 是一个阶为 p 的加法循环群，G_2 是一个阶为 p 的乘法循环群，P 是 G_1 的生成元，e：$G_1\times G_1\to G_2$ 是一个双线性映射．**双线性 Diffie-Hellman 问题**(BDH 问题)为：对于未知的整数 $a,b,c\in\mathbb{Z}_p^*$，给定(P,aP,bP,cP)，

计算$e(P,P)^{abc}\in G_2$.

定义 9.6.8(Decisional Bilinear Diffie-Hellman 问题)　令G_1是一个阶为p的加法循环群，G_2是一个阶为p的乘法循环群，P是G_1的生成元，e：$G_1\times G_1\to G_2$是一个双线性映射．**判定双线性 Diffie-Hellman 问题**(DBDH 问题)为：对于未知的整数$a,b,c\in\mathbb{Z}_p^*$，给定(P,aP,bP,cP)和$z\in G_2$，判断$z=e(P,P)^{abc}$是否成立．

定义 9.6.9(Gap Bilinear Diffie-Hellman 问题)　令G_1是一个阶为p的加法循环群，G_2是一个阶为p的乘法循环群，P是G_1的生成元．**间隔双线性 Diffie-Hellman 问题**(GBDH 问题)为：在 DBDH 预言机的帮助下，求解一个给定元组(P,aP,bP,cP)的 BDH 问题．其中，DBDH 预言机的作用是判断(P,aP,bP,cP)是否满足$z=e(P,P)^{abc}$.

上述问题通常被视为困难问题，但它们的困难程度却是不同的．一般来说我们认为解决判定问题不比解决计算问题更难，例如，如果能够求解 BDH 问题，那么 DBDH 问题一定能够解决．需要特别说明的是，DDH 问题在G_1中是困难的，但在双线性映射e：$G_1\times G_1\to G_2$下却是容易的，这是因为我们可以通过检查等式$e(aP,bP)=e(P,cP)$是否成立来判断$c\equiv ab(\mathrm{mod}\ p)$是否成立．

例 9.6.1　密钥交换(Key Exchange)又叫密钥协商(Key Agreement)，是一种能够让参与者在公共信道上通过交换某些信息来共同建立一个共享密钥的密码协议．我们可以利用双线性对构造一个通过一轮通信即可完成的三方密钥协商协议．设G_1是一个加法循环群，G_2是一个乘法循环群，P是G_1的生成元，e：$G_1\times G_1\to G_2$是一个双线性映射，A、B、C 为想要进行协商的三方．协商过程如下：

(1) A 选择随机数a，计算aP，将结果发送给 B 和 C；

(2) B 选择随机数b，计算bP，将结果发送给 A 和 C；

(3) C 选择随机数c，计算cP，将结果发送给 A 和 B；

(4) A 计算$e(bP,cP)^a$；

(5) B 计算$e(aP,cP)^b$；

(6) C 计算$e(aP,bP)^c$；

那么，A、B、C 分别计算出的结果就是协商出的密钥．上述过程成立的原因是

$$e(bP,cP)^a=e(aP,cP)^b=e(aP,bP)^c=e(P,P)^{abc}.$$

参考文献

[1] 柯召，孙琦. 数论讲义：上册[M]. 北京：高等教育出版社，1986.

[2] 孟道骥. 抽象代数I：代数学基础[M]. 北京：科学出版社，2010.

[3] 贾春福，钟安鸣，杨骏. 信息安全数学基础[M]. 北京：机械工业出版社，2017.

[4] 贾春福，钟安鸣，赵源超. 信息安全数学基础[M]. 2版. 北京：清华大学出版社，2010.

[5] 任伟. 信息安全数学基础——算法、应用与实践[M]. 北京：清华大学出版社，2016.

[6] IRELAND K，ROSEN M. A classical introduction to modern number theory[M]. New York：Springer，1990.

[7] SILVERMAN J H，TATE J T. Rational points on elliptic curves[M]. New York：Springer，2013.

[8] VAN DER WAERDEN B L. Algebra[M]. New York：Springer，2003.

[9] 陈恭亮. 信息安全数学基础[M]. 2版. 北京：清华大学出版社，2014.

[10] WANG X Y，XU G X，WANG M Q，et al. Mathematical foundations of public key cryptography[M]. Boca Raton：CRC Press，2015.

[11] KENNETH H R. Elementary number theory and its applications[M]. 6th ed. New Jersey：Addison Wesley，2010.

推荐阅读

计算机安全：原理与实践(原书第4版)

作者：[美] 威廉·斯托林斯（William Stallings）[澳] 劳里·布朗（Lawrie Brown）

译者：贾春福 高敏芬 等 ISBN: 978-7-111-61765-5

本书特点：

对计算机安全和网络安全领域的相关主题进行了广泛而深入的探讨，同时反映领域的最新进展。内容涵盖ACM/IEEE Computer Science Curricula 2013中计算机安全相关的知识领域和核心知识点，以及CISSP认证要求掌握的知识点。

从计算机安全的核心原理、设计方法、标准和应用四个维度着手组织内容，不仅强调核心原理及其在实践中的应用，还探讨如何用不同的设计方法满足安全需求，阐释对于当前安全解决方案至关重要的标准，并通过大量实例展现如何运用相关理论解决实际问题。

除了经典的计算机安全的内容，本书紧密追踪安全领域的发展，完善和补充对数据中心安全、恶意软件、可视化安全、云安全、物联网安全、隐私保护、认证与加密、软件安全、管理问题等热点主题的探讨。

本书提供丰富的实际动手项目和在线学习资源，帮助读者巩固所学知识。这些项目涉及网络攻防、安全评估、防火墙、安全主题研究、安全编程等。

推荐阅读

人人可懂的密码学(原书第2版)

作者：[英] 基思 M.马丁（Keith M. Martin）译者：贾春福 钟安鸣 高敏芬 等

ISBN：978-7-111-66311-9

本书以通俗易懂的语言，从密码学产生的背景、经典的加密算法、常见的加密系统、密钥管理等角度对密码学进行了全面介绍，特别分析了日常生活中互联网、移动电话、wifi网络、银行卡、区块链等应用中使用的密码学技术，帮助读者理解密码学在实际生活中的应用。本书关注现代密码学背后的基本原理而非技术细节，读者有高中水平的数学知识，无需理解复杂的公式推导，即可理解本书的内容。本书适合作为高校密码学相关通识课程的教材，也适合作为对密码学感兴趣的读者的入门读物。

写给工程师的密码学

作者：[德] 罗伯特 · 施米德(Robert Schmied) 译者：袁科 周素芳 贾春福

ISBN：978-7-111-71663-1

本书主要关注实现各类安全目标所使用的基本密码算法，在介绍各种密码算法时，为读者提供丰富的计算实例，使读者能够“知其然，知其所以然”。内容上，本书主要涉及密码学的数学基础和通信系统的基本概念，包括：数论、概率论和抽象代数基础，通信系统安全相关的基本概念，古典密码学、私钥密码体系和公钥密码体系的基本概念与工作模式，生成消息摘要的基本技术和数字签名体系等。通过对底层定义的推导证明，以及用伪代码的形式描述算法，帮助相关领域的工程师更好地理解算法的工作原理，并将其运用在实际工作中。